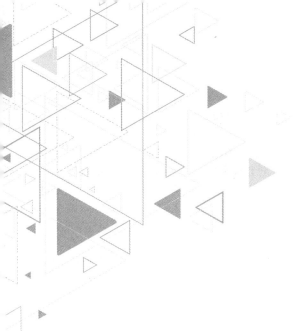

21世纪高等学校计算机专业
核心课程规划教材

北京高校优质本科教材

计算机操作系统

（第4版·微课视频版）

◎ 郁红英 王磊 王宁宁 武磊 李春强 编著

清华大学出版社
北京

内 容 简 介

本书全面系统地介绍了现代操作系统的基本理论和最新技术,并具体分析了 Windows 和 Linux 中的实现技术和方法。

全书分为 12 章,为了便于没有先修"计算机原理""计算机组织结构"课程的读者阅读,本书增设了第 0 章,简单介绍了计算机系统,尤其是计算机硬件组成。第 1 章概述了操作系统的定义、发展、功能、特征和类型;第 2～8 章分别介绍进程与线程、进程同步与通信、调度与死锁、存储管理、虚拟存储管理、设备管理和文件管理;第 9 章和第 10 章分别讲述 Windows 和 Linux 两个常用操作系统的实现技术;第 11 章介绍操作系统安全。每章后附有思考与练习题,与本书配套的《计算机操作系统实验指导》(清华大学出版社)中有对应思考与练习题的详细解答。

本书可作为普通高等院校"操作系统"课程的教材,也可作为相关专业技术人员学习计算机操作系统的参考书。

本书封面贴有清华大学出版社防伪标签,无标签者不得销售。
版权所有,侵权必究。举报: 010-62782989,beiqinquan@tup.tsinghua.edu.cn。

图书在版编目(CIP)数据

计算机操作系统: 微课视频版/郁红英等编著. —4 版. —北京: 清华大学出版社,2022.1(2024.9 重印)
21 世纪高等学校计算机类专业核心课程系列教材
ISBN 978-7-302-57761-4

Ⅰ. ①计… Ⅱ. ①郁… Ⅲ. ①操作系统－高等学校－教材 Ⅳ. ①TP316

中国版本图书馆 CIP 数据核字(2021)第 050755 号

策划编辑: 魏江江
责任编辑: 王冰飞
封面设计: 刘　键
责任校对: 徐俊伟
责任印制: 曹婉颖

出版发行: 清华大学出版社
　　　　网　　址: https://www.tup.com.cn,https://www.wqxuetang.com
　　　　地　　址: 北京清华大学学研大厦 A 座　　　　邮　编: 100084
　　　　社 总 机: 010-83470000　　　　　　　　　　　邮　购: 010-62786544
　　　　投稿与读者服务: 010-62776969,c-service@tup.tsinghua.edu.cn
　　　　质量反馈: 010-62772015,zhiliang@tup.tsinghua.edu.cn
　　　　课件下载: https://www.tup.com.cn,010-83470236
印 装 者: 小森印刷霸州有限公司
经　　销: 全国新华书店
开　　本: 185mm×260mm　　印　张: 23.75　　字　数: 610 千字
版　　次: 2008 年 8 月第 1 版　 2022 年 1 月第 4 版　　印　次: 2024 年 9 月第10次印刷
印　　数: 105501～110500
定　　价: 59.80 元

产品编号: 088041-01

前　言

党的二十大报告指出：教育、科技、人才是全面建设社会主义现代化国家的基础性、战略性支撑。必须坚持科技是第一生产力、人才是第一资源、创新是第一动力，深入实施科教兴国战略、人才强国战略、创新驱动发展战略，开辟发展新领域新赛道，不断塑造发展新动能新优势。高等教育与经济社会发展紧密相连，对促进就业创业、助力经济社会发展、增进人民福祉具有重要意义。

"操作系统"是一门技术性很强的课程，是计算机及其相关专业的必修课。它强调理论与实践的结合，注重实践训练。由于操作系统涉及的原理和算法比较抽象，使很多学生难以理解和掌握。作者根据多年的教学经验与体会，同时汲取国内外操作系统优秀教材的精华，本着提高学生素质、培养创新意识的理念编写了本书。

本书将理论与实践相结合，全面系统地介绍了现代操作系统的基本理论和最新技术，并具体分析了 Windows 和 Linux 中的实现技术和方法。本书有以下几个特点：

（1）内容全面，讲解系统。在内容讲解上注意由浅入深，由表及里。先引出问题，再给出概念、实现技术和相关算法。全书分为 12 章，第 1 章简单介绍操作系统的定义、发展历程、功能、特征和类型，对于操作系统新技术，如单核系统、多核系统、集群系统也进行了介绍；由于进程管理的内容较多，本书分三章加以介绍，分别是第 2 章进程与线程、第 3 章进程同步与通信和第 4 章调度与死锁；存储管理则分为第 5 章存储管理和第 6 章虚拟存储管理两章进行介绍，其中，第 5 章存储管理介绍一般存储管理的技术和方案，有关虚拟存储的相关技术和问题在第 6 章虚拟存储管理进行讨论；第 7 章讨论设备管理，在介绍一般设备管理相关技术和传统外部存储介质的基础上增加非易失性存储介质的内容及非易失性存储设备应用场景；第 8 章讨论文件管理；第 9 章和第 10 章分别介绍 Windows 和 Linux 两个主流操作系统的实现原理和技术，读者在学习完第 1～8 章对操作系统基本原理和技术有所了解之后可以看看这些技术在 Windows 和 Linux 操作系统中是如何实现的，也可以比较一下两个操作系统各自的特点和不足；第 11 章操作系统安全介绍安全操作系统的相关概念及其重要组成部分，介绍一些主流操作系统安全机制及对云计算操作系统中两款典型的云平台综合管理系统——Windows Azure 及 Chrome OS，旨在将信息技术前沿与操作系统安全基本理论相结合，使读者进一步了解并掌握操作系统安全的发展现状与未来趋势；开设操作系统的高校，有些没有开设先修课"计算原理"或"计算机组织结构"，这使得学生在学习操作系统时有些困难，为此增加了第 0 章计算机系统概述。

（2）理论配有实例。本书以 Windows 和 Linux 为实例，分别介绍操作系统理论在这个实际操作系统中的具体应用，以充实的内容在抽象概念与实际实现之间架设了桥梁。

(3) 理论与实践相结合。"操作系统"课程的特点之一是实验的难度大。本书配套有《计算机操作系统实验指导》(清华大学出版社),其中设计了不同类型的实习题,对每个实习题都进行了较为详细的实验指导,并配有经过测试的源程序代码供学生参考。

(4) 为便于教学,本书提供丰富的配套资源,包括教学大纲、教学课件、电子教案、试卷及答案示例、实验报告模版、在线作业和 900 分钟的微课视频。

> **资源下载提示**
>
> **课件等资源**:扫描目录上方的二维码下载。
>
> **在线作业**:扫描封底作业系统二维码,登录网站在线做题及查看答案。
>
> **视频等资源**:扫描封底刮刮卡中的二维码,再扫描书中相应章节中的二维码,可以在线学习。

本书可作为普通高等院校"操作系统"课程的教材,也可作为相关专业技术人员学习计算机操作系统的参考书。

本书由郁红英、王磊、王宁宁、武磊、李春强编著。其中,第 2～6 章、第 8 章由郁红英编写,第 0 章、第 11 章由王磊、郁红英编写,第 1 章、第 7 章由郁红英、王宁宁编写,第 9 章由郁红英、武磊编写,第 10 章由郁红英、李春强编写。

在本书的修订过程中,作者听取了许多高校授课教师与广大读者的大量意见和建议,在此谨致谢意!

作者深知水平有限,书中难免有错误和不足之处,恳请同行和广大读者,特别是使用本书的教师和学生多提宝贵意见。

作　者

2021 年 8 月

目　录

配套资源下载

第 0 章　计算机系统概述 ··· 1
  0.1　计算机系统及其结构 ··· 1
  0.2　计算机硬件 ·· 2
      0.2.1　中央处理器 ··· 3
      0.2.2　存储器 ··· 4
      0.2.3　I/O 系统 ··· 5
      0.2.4　总线 ·· 6
      0.2.5　启动计算机 ··· 8
  0.3　指令的执行 ·· 8
      0.3.1　取指令与执行指令 ·· 8
      0.3.2　I/O 函数 ··· 9
  0.4　中断 ·· 9
      0.4.1　中断与指令周期 ·· 10
      0.4.2　中断处理 ··· 11
      0.4.3　多个中断 ··· 12
  思考与练习题 ··· 13

第 1 章　操作系统引论 ··· 14
  1.1　操作系统的定义 ·· 14
      1.1.1　资源管理的观点 ·· 14
      1.1.2　用户的观点(扩展机器的观点) ··· 15
  1.2　操作系统的产生和发展 ·· 16
      1.2.1　第一代计算机没有操作系统 ··· 16
      1.2.2　第二代计算机有了监控系统 ··· 16
      1.2.3　第三代计算机操作系统得到极大的发展 ································· 17
      1.2.4　第四代计算机操作系统向多元化方向发展 ······························ 19
  1.3　操作系统的特征 ·· 19

1.4 操作系统的功能 ·· 20
  1.4.1 进程管理 ·· 20
  1.4.2 存储管理 ·· 21
  1.4.3 设备管理 ·· 22
  1.4.4 文件管理 ·· 23
  1.4.5 操作系统接口 ·· 24
1.5 操作系统的类型 ·· 25
  1.5.1 批处理操作系统 ·· 25
  1.5.2 分时操作系统 ·· 26
  1.5.3 实时操作系统 ·· 28
  1.5.4 微机操作系统 ·· 30
  1.5.5 多处理机操作系统 ·· 37
  1.5.6 网络操作系统 ·· 38
  1.5.7 分布式操作系统 ·· 39
  1.5.8 嵌入式操作系统 ·· 41
1.6 操作系统的体系结构 ··· 41
  1.6.1 单核系统 ·· 41
  1.6.2 多核系统 ·· 42
  1.6.3 集群系统 ·· 44
思考与练习题 ·· 46

第2章 进程与线程 ·· 48

2.1 进程的引入 ·· 48
  2.1.1 单道程序的顺序执行 ·· 48
  2.1.2 多道程序的并发执行 ·· 49
  2.1.3 程序并发执行的条件 ·· 50
  2.1.4 进程的概念 ·· 51
2.2 进程的状态及组成 ··· 52
  2.2.1 进程的基本状态 ·· 52
  2.2.2 进程的挂起状态 ·· 54
  2.2.3 进程控制块 ·· 56
2.3 进程控制 ·· 58
  2.3.1 操作系统内核 ·· 58
  2.3.2 进程的创建与撤销 ·· 59
  2.3.3 进程的阻塞与唤醒 ·· 60
  2.3.4 进程的挂起与激活 ·· 62
2.4 线程 ·· 62
  2.4.1 线程的概念 ·· 63

2.4.2　线程与进程的比较 ··· 65
　　　2.4.3　线程的实现 ··· 67
　　　2.4.4　多线程问题 ··· 72
　思考与练习题 ··· 73

第 3 章　进程同步与通信 ·· 75

　3.1　进程同步与互斥 ·· 75
　　　3.1.1　并发原理 ··· 75
　　　3.1.2　临界资源与临界区 ··· 77
　　　3.1.3　互斥实现的硬件方法 ·· 78
　　　3.1.4　互斥实现的软件方法 ·· 80
　　　3.1.5　信号量和 P、V 操作 ·· 82
　3.2　经典进程同步与互斥问题 ·· 84
　　　3.2.1　生产者—消费者问题 ·· 84
　　　3.2.2　读者—写者问题 ··· 86
　　　3.2.3　哲学家进餐问题 ··· 87
　　　3.2.4　打瞌睡的理发师问题 ·· 88
　3.3　AND 信号量 ··· 90
　　　3.3.1　AND 信号量的引入 ··· 90
　　　3.3.2　用 AND 信号量解决实际应用 ··· 91
　3.4　管程 ·· 93
　　　3.4.1　管程的思想 ··· 93
　　　3.4.2　管程的结构 ··· 93
　　　3.4.3　用管程解决实际应用 ·· 94
　3.5　同步与互斥实例 ·· 96
　　　3.5.1　Solaris 的同步与互斥 ··· 96
　　　3.5.2　Windows 的同步与互斥 ·· 97
　　　3.5.3　Linux 的同步与互斥 ·· 98
　3.6　进程通信 ·· 98
　　　3.6.1　进程通信的类型 ··· 98
　　　3.6.2　进程通信中的问题 ··· 99
　　　3.6.3　消息传递系统的实现 ·· 100
　　　3.6.4　客户端—服务器系统通信 ·· 102
　思考与练习题 ··· 103

第 4 章　调度与死锁 ·· 105

　4.1　调度类型与准则 ·· 105
　　　4.1.1　调度类型 ··· 105

4.1.2　进程调度方式 …………………………………………………………… 106
　　4.1.3　进程调度时机 …………………………………………………………… 106
　　4.1.4　调度的性能准则 ………………………………………………………… 107
4.2　调度算法 …………………………………………………………………………… 108
　　4.2.1　先来先服务调度算法 …………………………………………………… 108
　　4.2.2　短作业(进程)优先调度算法 …………………………………………… 109
　　4.2.3　时间片轮转调度算法 …………………………………………………… 109
　　4.2.4　优先权调度算法 ………………………………………………………… 111
　　4.2.5　多级反馈队列调度算法 ………………………………………………… 112
　　4.2.6　多种调度算法的比较 …………………………………………………… 112
4.3　死锁的基本概念 …………………………………………………………………… 113
　　4.3.1　死锁的定义 ……………………………………………………………… 113
　　4.3.2　死锁产生的原因 ………………………………………………………… 114
　　4.3.3　可重复使用资源和可消耗资源 ………………………………………… 116
　　4.3.4　死锁产生的必要条件 …………………………………………………… 117
4.4　死锁的预防与避免 ………………………………………………………………… 118
　　4.4.1　死锁的预防 ……………………………………………………………… 118
　　4.4.2　死锁的避免 ……………………………………………………………… 119
　　4.4.3　银行家算法 ……………………………………………………………… 120
4.5　死锁的检测与解除 ………………………………………………………………… 123
　　4.5.1　资源分配图 ……………………………………………………………… 123
　　4.5.2　死锁的解除 ……………………………………………………………… 125
　　4.5.3　鸵鸟算法 ………………………………………………………………… 125
思考与练习题 ……………………………………………………………………………… 126

第 5 章　存储管理

5.1　程序的装入和链接 ………………………………………………………………… 127
　　5.1.1　重定位 …………………………………………………………………… 127
　　5.1.2　链接 ……………………………………………………………………… 129
5.2　连续分配存储管理方式 …………………………………………………………… 130
　　5.2.1　单一连续分区 …………………………………………………………… 130
　　5.2.2　固定分区 ………………………………………………………………… 131
　　5.2.3　可变分区 ………………………………………………………………… 132
　　5.2.4　动态重定位分区 ………………………………………………………… 134
5.3　页式存储管理 ……………………………………………………………………… 134
　　5.3.1　页式存储管理的基本原理 ……………………………………………… 134
　　5.3.2　页式存储管理的地址变换 ……………………………………………… 136
　　5.3.3　页表的硬件实现 ………………………………………………………… 137

    5.3.4 页表的组织 ·· 138
 5.4 段式存储管理 🎥 ·· 139
    5.4.1 段式存储管理的基本原理 ··· 140
    5.4.2 段式存储管理系统的地址变换 ·· 140
    5.4.3 分段和分页的区别 ··· 141
    5.4.4 段的共享与保护 ··· 141
 5.5 段页式存储管理 ·· 144
    5.5.1 段页式存储管理的基本原理 ·· 144
    5.5.2 段页式存储管理的地址变换 ·· 145
    5.5.3 段页式存储管理系统举例 ··· 146
 思考与练习题 ·· 148

第 6 章 虚拟存储管理 ·· 149

 6.1 虚拟存储器的引入 🎥 ·· 149
    6.1.1 局部性原理 ·· 149
    6.1.2 虚拟存储器 ·· 149
    6.1.3 虚拟存储器的特征 ··· 150
 6.2 请求页式存储管理 🎥 ·· 150
    6.2.1 请求页式存储管理系统的实现 ··· 150
    6.2.2 请求页式存储管理驻留集管理 ··· 151
    6.2.3 请求页式存储管理的调入策略 ··· 153
    6.2.4 请求页式存储管理的页面置换算法 ·································· 154
    6.2.5 请求页式存储管理系统的性能 ··· 156
 6.3 请求段式存储管理 🎥 ·· 158
    6.3.1 请求段式存储管理的地址实现 ··· 158
    6.3.2 动态链接 ·· 159
 思考与练习题 ·· 161

第 7 章 设备管理 ·· 163

 7.1 I/O 管理概述 🎥 ·· 163
    7.1.1 I/O 管理的功能 ·· 163
    7.1.2 I/O 硬件组成 ··· 164
    7.1.3 I/O 设备 ·· 165
    7.1.4 设备控制器 ·· 166
    7.1.5 设备通道 ··· 168
 7.2 I/O 控制方式 🎥 ·· 170
    7.2.1 程序直接控制方式 ··· 170
    7.2.2 中断控制方式 ··· 171

7.2.3 DMA 控制方式 …………………………………………………………………… 173
7.2.4 通道控制方式 …………………………………………………………………… 174
7.3 I/O 系统 ………………………………………………………………………………… 175
7.3.1 设备分配 ………………………………………………………………………… 176
7.3.2 SPOOLing 技术 ………………………………………………………………… 180
7.3.3 设备驱动程序 …………………………………………………………………… 182
7.3.4 中断处理程序 …………………………………………………………………… 183
7.4 磁盘管理 ………………………………………………………………………………… 186
7.4.1 磁盘结构和管理 ………………………………………………………………… 186
7.4.2 磁盘调度 ………………………………………………………………………… 189
7.4.3 独立磁盘冗余阵列 ……………………………………………………………… 191
7.4.4 非易失性存储器 ………………………………………………………………… 195
7.5 缓冲管理 ………………………………………………………………………………… 202
7.5.1 缓冲 ……………………………………………………………………………… 202
7.5.2 磁盘高速缓存 …………………………………………………………………… 206
7.5.3 提高磁盘 I/O 速度的其他方法 ………………………………………………… 208
思考与练习题 …………………………………………………………………………………… 208

第 8 章 文件管理 ………………………………………………………………………………… 210

8.1 文件概述 ………………………………………………………………………………… 210
8.1.1 文件类型 ………………………………………………………………………… 210
8.1.2 文件属性 ………………………………………………………………………… 211
8.1.3 文件的操作 ……………………………………………………………………… 212
8.1.4 文件访问方式 …………………………………………………………………… 212
8.2 文件结构和文件系统 …………………………………………………………………… 213
8.2.1 文件结构 ………………………………………………………………………… 213
8.2.2 有结构文件的组织 ……………………………………………………………… 214
8.2.3 文件系统 ………………………………………………………………………… 215
8.3 目录 ……………………………………………………………………………………… 217
8.3.1 文件控制块和索引节点 ………………………………………………………… 217
8.3.2 单级目录 ………………………………………………………………………… 219
8.3.3 两级目录 ………………………………………………………………………… 220
8.3.4 树形目录 ………………………………………………………………………… 221
8.3.5 目录的查询 ……………………………………………………………………… 223
8.3.6 文件的共享 ……………………………………………………………………… 224
8.4 文件系统实现 …………………………………………………………………………… 227
8.4.1 文件系统的格式 ………………………………………………………………… 227

  8.4.2 文件的存储结构 …… 228
  8.4.3 空闲存储空间的管理 …… 232
 8.5 文件系统的可靠性 …… 235
  8.5.1 坏块管理 …… 235
  8.5.2 备份 …… 235
  8.5.3 文件系统一致性问题 …… 236
  8.5.4 数据一致性控制 …… 238
 8.6 保护机制 …… 238
  8.6.1 保护域 …… 238
  8.6.2 保护矩阵的实现 …… 240
  8.6.3 分级安全管理 …… 241
 思考与练习题 …… 243

第 9 章 Windows 操作系统 …… 245

 9.1 Windows 的特点和结构 …… 245
  9.1.1 Windows 的特点 …… 245
  9.1.2 Windows 的结构 …… 246
 9.2 Windows 进程管理 …… 248
  9.2.1 Windows 的进程和线程 …… 248
  9.2.2 Windows 的互斥与同步 …… 253
  9.2.3 Windows 的进程通信 …… 254
  9.2.4 Windows 的线程调度 …… 256
 9.3 Windows 内存管理 …… 261
  9.3.1 Windows 的地址空间布局 …… 261
  9.3.2 Windows 的地址变换机制 …… 263
  9.3.3 Windows 的内存分配 …… 265
  9.3.4 Windows 的页面共享 …… 268
  9.3.5 Windows 的驻留集 …… 268
  9.3.6 Windows 的物理内存管理 …… 269
 9.4 Windows 设备管理 …… 272
  9.4.1 Windows 的 I/O 系统结构 …… 272
  9.4.2 Windows 的 I/O 系统的数据结构 …… 273
  9.4.3 Windows 的 I/O 系统的设备驱动程序 …… 275
  9.4.4 Windows 的 I/O 处理 …… 276
  9.4.5 Windows 的磁盘管理 …… 277
  9.4.6 Windows 的高速缓存管理 …… 279
  9.4.7 Windows 的高速缓存支持的操作 …… 280
 9.5 Windows 文件管理 …… 282
  9.5.1 Windows 文件系统概述 …… 283
  9.5.2 NTFS 卷及其结构 …… 286

9.5.3 NTFS 的可恢复性、可靠性和安全性 ………………………………………… 289
思考与练习题 ……………………………………………………………………………… 291

第 10 章 Linux 操作系统 ……………………………………………………………… 292

10.1 Linux 内核设计 …………………………………………………………………… 292
  10.1.1 内核设计目标 ………………………………………………………………… 292
  10.1.2 微内核与单内核 ……………………………………………………………… 293
  10.1.3 Linux 内核结构 ………………………………………………………………… 294
10.2 Linux 系统的启动与初始化 ……………………………………………………… 295
  10.2.1 初始化系统 …………………………………………………………………… 295
  10.2.2 操作系统的初始化 …………………………………………………………… 295
  10.2.3 init 进程 ……………………………………………………………………… 296
10.3 Linux 进程管理 …………………………………………………………………… 297
  10.3.1 Linux 中的进程与线程 ………………………………………………………… 297
  10.3.2 进程与线程的创建和撤销 …………………………………………………… 299
  10.3.3 进程调度 ……………………………………………………………………… 300
  10.3.4 进程通信 ……………………………………………………………………… 301
10.4 Linux 内存管理 …………………………………………………………………… 302
  10.4.1 虚拟内存管理 ………………………………………………………………… 303
  10.4.2 物理内存管理 ………………………………………………………………… 304
10.5 Linux 文件管理 …………………………………………………………………… 305
  10.5.1 虚拟文件系统 ………………………………………………………………… 305
  10.5.2 文件系统的安装与卸载 ……………………………………………………… 307
  10.5.3 EXT2 逻辑文件系统 …………………………………………………………… 309
10.6 Linux 设备管理 …………………………………………………………………… 311
  10.6.1 Linux 设备管理概述 …………………………………………………………… 311
  10.6.2 Linux 设备的类型 ……………………………………………………………… 312
  10.6.3 中断 …………………………………………………………………………… 313
  10.6.4 缓存和刷新机制 ……………………………………………………………… 314
  10.6.5 磁盘调度 ……………………………………………………………………… 314
思考与练习题 ……………………………………………………………………………… 316

第 11 章 操作系统安全 ………………………………………………………………… 317

11.1 操作系统安全概述 ………………………………………………………………… 317
  11.1.1 操作系统的脆弱性 …………………………………………………………… 317
  11.1.2 安全操作系统的重要性 ……………………………………………………… 319
11.2 操作系统的安全机制 ……………………………………………………………… 320
  11.2.1 硬件安全机制 ………………………………………………………………… 320
  11.2.2 软件安全机制 ………………………………………………………………… 323
11.3 操作系统安全评测 ………………………………………………………………… 328

11.3.1　操作系统安全评测方法 ……………………………………………… 328
　　　11.3.2　国内外计算机系统安全评测准则 ……………………………………… 328
　　　11.3.3　美国国防部可信计算机系统评测准则 ………………………………… 330
　　　11.3.4　CC(ISO/IEC 15408-1999) …………………………………………… 331
　　　11.3.5　中国计算机信息系统安全保护等级划分准则 ………………………… 332
　11.4　分布式操作系统安全 …………………………………………………………… 333
　　　11.4.1　加密和数据签名 ………………………………………………………… 333
　　　11.4.2　身份认证 ………………………………………………………………… 334
　　　11.4.3　防火墙 …………………………………………………………………… 336
　11.5　Linux 操作系统安全性 ………………………………………………………… 337
　　　11.5.1　标识与鉴别 ……………………………………………………………… 337
　　　11.5.2　存取控制 ………………………………………………………………… 338
　　　11.5.3　审计与加密 ……………………………………………………………… 339
　　　11.5.4　网络安全 ………………………………………………………………… 340
　　　11.5.5　备份 ……………………………………………………………………… 340
　11.6　Windows 2000/XP 操作系统安全 ……………………………………………… 341
　　　11.6.1　Windows 2000/XP 安全模型 …………………………………………… 341
　　　11.6.2　Windows 的注册表、文件系统及系统的激活和授权机制 …………… 344
　11.7　主流操作系统安全机制 ………………………………………………………… 346
　　　11.7.1　Windows Vista/Windows 7/Windows 10 操作系统 ………………… 346
　　　11.7.2　Android 操作系统 ……………………………………………………… 354
　　　11.7.3　Mac OS & iOS 操作系统 ……………………………………………… 356
　11.8　云操作系统 ……………………………………………………………………… 359
　　　11.8.1　Windows Azure ………………………………………………………… 359
　　　11.8.2　Google Chrome OS ……………………………………………………… 360
　11.9　要点及小结 ……………………………………………………………………… 361
　思考与练习题 …………………………………………………………………………… 361

参考文献 ……………………………………………………………………………… 363

第0章

计算机系统概述

计算机系统是一个复杂系统,包括硬件资源(中央处理器、主存储器、各种外围设备)和软件资源(程序、数据)。硬件是计算机系统运行的物质基础,物理设备按系统结构的要求构成一个有机整体,为软件运行提供载体和支撑。如果说软件系统是计算机的灵魂,操作系统便是灵魂中的基石,它作为配置在计算机硬件上的第一层软件,是对硬件系统的第一次扩充。操作系统直接工作于硬件之上,负责管理这些资源,并为应用程序进行软硬件的合理配置,因而操作系统与计算机硬件密不可分。所以在深入研究操作系统之前,必须对计算机系统的硬件结构有一个基本了解。本章将介绍计算机系统硬件的基本知识。

计算机系统的硬件主要由中央处理器(CPU)、存储器、输入输出控制系统和各种输入输出设备组成。中央处理器是对信息进行高速运算和处理的部件。存储器可分为主存储器和辅助存储器(磁盘、光盘、非易失性存储器等),用于存放各种程序和数据,主存储器可被中央处理器直接访问。输入输出设备(如键盘、鼠标、打印机、显示器、语音输入输出设备、绘图仪等)是计算机与用户间的交互接口部件。输入输出控制系统管理外围设备(包括各种辅助存储器和输入输出设备)与主存储器之间的信息传递。

0.1 计算机系统及其结构

计算机系统的最外层是使用计算机的人,内层便是硬件。人与计算机硬件之间的接口是计算机软件(分为系统软件、支撑软件以及应用软件)。在计算机上配置的各种软件中,操作系统是最重要的,它管理并优化各种软硬件资源,为上层应用提供接口和方便,在计算机系统中起到指挥管理的作用。

一般来说,计算机软件可以分为系统软件、支撑软件和应用软件三类。系统软件是计算机系统中最靠近硬件层次的、不可缺少的软件,操作系统为系统软件。系统软件与具体的应用领域无关,解决任何领域的问题一般都要用到系统软件。支撑软件是支撑其他软件的开发和维护的软件,如各种接口软件、软件开发工具和环境等。应用软件是特定应用领域的专用软件,如人口普查软件、飞机订票软件、财务管理软件等。系统软件、支撑软件和应用软件三者既有分工,又相互结合,而且相互有所覆盖、交叉和变动,并不能截然分开。例如,操作系统是系统软件,但从另一角度来看,它也支撑其他软件的开发,故也可看作是支撑软件。

计算机硬件是借助电、磁、光、机械等原理构成的各种物理部件的组合,是系统赖以工作的实体。硬件层包括所有硬件资源,提供了基本的可计算性实体,是操作系统和上层软件赖以工作的基础。对外界面由机器指令系统组成,操作系统及其外层软件通过执行机器指令访问和控制各种硬件资源。迄今为止,计算机硬件的组织结构仍采用冯·诺依曼基本原理,即存储程序控制原理。它一般归纳为控制器、运算器、存储器、输入设备和输出设备五类部件。人们通常把控制器和运算器做在一起,称为中央处理机(Central Processing Unit,CPU),把输入设备和输出设备统称为输入输出设备(I/O设备)。

计算机系统便是由上述软件结合计算机硬件组成的一种层次式结构。层次结构的最大特点是把整体问题局部化,把一个大型复杂的操作系统分解成若干单向依赖的层次,由各层的正确性来保证整个操作系统的正确性。采用层次结构,能使结构清晰,便于调试,有利于功能的增、删和修改,正确性容易得到保证,也提高了系统的可维护性和可移植性。计算机系统层次结构如图 0-1 所示。

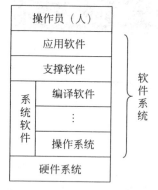

图 0-1　计算机系统层次结构

0.2　计算机硬件

操作系统与硬件系统关系密切。这是因为从系统角度来看,计算机系统中的硬件资源在操作系统的组织与管理下有效完成计算机工作任务,是实现用户服务需求的物质基础;而从用户角度来看,操作系统隐藏了硬件的复杂细节,为用户提供了一台功能经过扩展的机器或虚拟机。出于这个原因,这里先要简单介绍现代个人计算机的硬件部分,然后深入探讨操作系统的具体工作细节。

现代个人计算机可以抽象为类似于图 0-2 所示的模型。通用计算机系统由一个或多个 CPU 和若干设备控制器通过共同的总线相互连接。该总线实现了对共享内存的访问。每个设备控制器负责一种特定类型的设备。

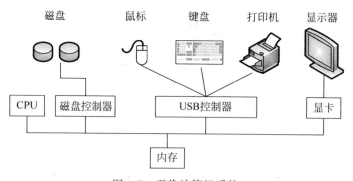

图 0-2　现代计算机系统

从逻辑结构上讲,典型的冯·诺依曼计算机是以运算器为中心的,而现代计算机已转化为以存储器为中心,如图 0-3 所示,各部件的功能如下所述。

(1) 运算器用来完成算术运算和逻辑运算,并暂存运算的中间结果。

(2) 存储器用来存放数据和程序。

(3) 控制器用来控制、指挥程序和数据的输入、运行以及处理运算结果。

(4) 输入设备用来将人们熟悉的信息形式转换为机器能识别的信息形式,常见的有键盘、鼠标、扫描仪等。

(5) 输出设备可将机器运算结果转换为人们熟悉的信息形式,如显示器输出、打印机输出等。

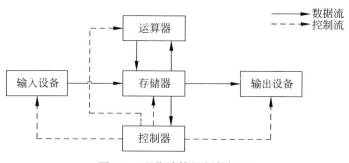

图 0-3　现代计算机硬件框图

如图 0-3 所示，计算机硬件主要由存储器、控制器、运算器、输入设备和输出设备五大子系统组成，这五大子系统在控制器的协调指挥下有条不紊地工作。事实上，由于运算器和控制器在逻辑关系和电路结构上的密切关联，这两大部件通常集成在同一芯片上，称为中央处理器，将输入设备与输出设备简称为 I/O 设备，I/O 设备可称为外部设备。CPU 与主存储器合起来称为主机。

进一步细化，可分析 CPU 由算术逻辑单元和控制单元两核心部件构成，如图 0-4 所示。算术逻辑单元(Arithmetic Logic Unit，ALU)简称算逻部件，用来完成算术逻辑运算。控制单元(Control Unit，CU)用来解释从主存储器中取出的指令，并通过发出各种操作命令来执行指令。

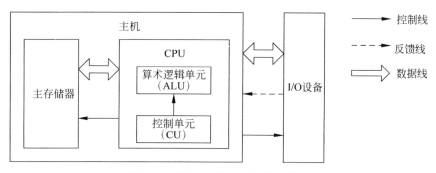

图 0-4　CPU、主机、主存、I/O 关系

图 0-4 中的主存储器也称内存，它只是存储器系统中的一类，可用于存放程序和数据，并直接与 CPU 交换信息。事实上还存在另一类存储器，即辅助存储器，简称辅存或外存。

接下来的内容将从中央处理器(CPU)、存储器、I/O 系统以及连接它们的系统总线入手，进一步剖析计算机硬件的内部结构。

0.2.1　中央处理器

中央处理器(CPU)是计算机的"大脑"，在很大程度上决定了一台计算机的性能。CPU 在每个工作周期中首先从内存中提取指令，之后对其解码以确定其类型和操作数，最后执行；重复取指、解码并执行下一指令，直至所有程序执行完毕。进一步分析，CPU 必须具有控制程序的顺序执行(指令控制)、产生完成每条指令所需的控制命令(操作控制)、对各种操作加上时间上的控制(时间控制)、对数据进行算术运算和逻辑运算(数据加工)以及处理中断等功能。

根据CPU的功能不难设想,要从内存中取指令,必须有一个寄存器专用于存放当前指令的地址;要分析指令,必须有存放当前指令的寄存器和对指令操作码进行译码的部件;要执行指令,必须有一个能发出各种操作命令序列的控制部件CU;要完成算术运算和逻辑运算,必须有存放操作数的寄存器和实现逻辑运算的部件ALU;为了处理异常情况和特殊请求,还必须有中断系统。可见,CPU由四大组件构成,如图0-5所示,将其进一步细化可得到CPU内部结构如图0-6所示,其中的ALU部件实际上只对CPU内部寄存器的数据进行操作。

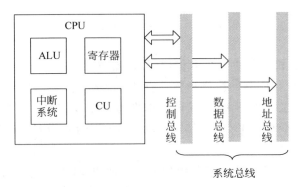

图 0-5　使用系统总线的CPU

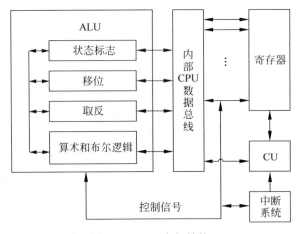

图 0-6　CPU内部结构

操作系统必须了解所有寄存器才能完成CPU执行指令的操作。CPU寄存器通常设在CPU内部,大致分为两类,一类属于用户可见寄存器,称为通用寄存器,通常为CPU执行机器语言访问的寄存器;另一类是用户不可见的寄存器,称为专用寄存器,如状态标志寄存器(PSW)、存储器地址寄存器(MAR)、存储器数据寄存器(MDR)、程序计数器(PC)和指令寄存器(IR),专用寄存器对指令执行起到重要作用。

0.2.2　存储器

存储器是计算机系统中的记忆设备,用来存放程序和数据。理想情形下,存储器应该具备大容量、高速度、低价位(价格/位,简称位价)的特性,但是大容量和高速度是相互制约的,所以单个存储部件很难同时满足这三个特性。为最大化体现这三个特性,存储器系统采用了分层结构,基于不同的处理方式来进行存储,图 0-7 形象地反映了这种分层结构,以及各层间的相互关系。图中从顶层至底层位价越来越低,速度越来越慢,容量越来越大,CPU 的访问频度也越来越少。

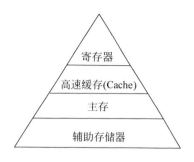

图 0-7 存储器分层结构

存储器的顶层是 CPU 内部寄存器,通常制作在 CPU 芯片内,并与 CPU 具有同材质、同速度的特点,因而存取无延迟。一个 CPU 可以有几十个寄存器,寄存器中的数据直接在 CPU 内部参与运算,它们的速度最快、位价最高,但容量小。

高速缓存(Cache)是 CPU 与内存之间的临时存储器,它的容量比内存小,但存取速度却比内存快很多。Cache 的出现主要是为了解决 CPU 运算速度与内存读写速度不匹配的矛盾。最常用的 Cache 制作在 CPU 内部或者非常接近 CPU 的地方。Cache 中的数据是内存中的一小部分,也是短时间内 CPU 即将访问的数据,当 CPU 调用大量数据时,就可避开内存直接从 Cache 中调用,从而加快读取速度。

当某程序需要读取内存中的信息时,CPU 首先检查所需要的信息是否存在于 Cache 中,如果在,就称为高速缓存命中,缓存满足请求;如果不在,就称为高速缓存未命中,Cache 就要付出较大时间代价去访问内存,从内存获取信息并存入 Cache 中。合理使用缓存可以带来计算机性能的改善,大大提高存取性能。现代 CPU 中设计了两级缓存,第一级缓存称为 L1 Cache,是 CPU 的第一层高速缓存,分为数据缓存(Data Cache,D-Cache)和指令缓存(Instruction Cache,I-Cache),二者分别存放频繁使用的数据以及执行这些数据相关指令的解码;第二级缓存称为 L2 Cache,是 CPU 的第二层高速缓存,因为只存储数据,所以没有 D-Cache 和 I-Cache 之分。L1 和 L2 缓存的区别在于时序,对 L1 缓存的访问不存在时延,而对 L2 缓存的访问则会延迟一或两个时钟周期。一些高端领域的 CPU 还设有第三级缓存(L3 Cache),它是为读取 L2 Cache 未命中的数据而设计的一种 Cache。L3 Cache 的应用可以进一步降低内存延迟,同时提升大数据量计算时处理器的性能。

主存储器,简称主存,也称为内存。主存是存储器系统的主力,和 CPU 直接交换信息,用来存放运行的程序和数据。所有不能在 Cache 中得到满足的访问请求都会转往主存。主存一般采用半导体存储单元,包括随机访问存储器(Random Access Memory,RAM)和只读存储器(Read Only Memory,ROM)。因为 RAM 是最重要的存储器,所以主存通常称为随机访问存储器(RAM),既可以从中读取数据,也可以写入数据。当计算机电源关闭时,存于 RAM 中的数据就会丢失,因此它也被称为易失性存储器。而只读存储器(ROM)在出厂前就被编程完毕,信息一经写入便永久保存,即使机器断电,数据也不会丢失,例如用于启动计算机的引导加载模块就存放在 ROM 中。

上述三类存储器都由速度不同、价位不等的半导体存储材料制成,它们都设置在主机内。

辅助存储器,也称为外部存储器,简称外存,其容量比主存大,存取速度低于内存速度。辅助存储器用来存放程序和数据文件。

0.2.3 I/O 系统

除 CPU 和存储器两大模块外,计算机硬件系统的第三个关键部分就是输入输出模块,又称输入/输出系统(I/O 系统)。I/O 系统由 I/O 软件和 I/O 硬件两部分组成。I/O 软件将用户编制的程序(或数据)输入主机,将运算结果输送到用户,其间最重要的任务是实现 I/O 系统与主机工作的协调。I/O 硬件是多种多样的,在带有接口的 I/O 系统中,一般包括接口模块及 I/O 设备两大部分。I/O 设备一般包括设备控制器和设备本身两个部分。设备控制器是插在电路板上的一块或一组芯片,是 I/O 设备的电子部分,它从操作系统接收命令,协调和控制一台或者多台 I/O 设备的操作,实现设备操作与整个系统操作的同步,在小型机和微型机上通常以印刷电路卡的形式插入计算机主板中。很多设备控制器可以管理 2 台、4 台甚至 8 台同样的设备。设备控制器本身有一些缓冲区和一组专用寄存器,负责在外部设备和本地缓冲区之间转移数据。

  I/O 设备的另一个部分是设备本身。设备本身有个相对简单的标准化接口,该接口隐藏在设备控制器中,所以操作系统总是与设备控制器打交道,而不是直接与设备交互。设备种类不同导致了设备控制器类别各异,这些对设备控制器发布指令并接收其响应的软件,称为设备驱动程序。每个设备控制器厂家都会为所支持的操作系统提供相应的设备驱动程序,使用时设备驱动程序被装入操作系统,在核心态下运行。

  I/O 设备大致分为三类,分别为人机交互设备、计算机信息的存储设备和机-机通信设备。人机交互设备是实现人与机器之间交换信息的工具。将人可识别的信息转换成机器可识别信息的工具有键盘、鼠标、摄像头、扫描仪、手写板等,将计算机结果转换成人可识别信息的设备有打印机、显示器、音箱等。存储设备多数为计算机系统的辅助存储器,如磁盘、光盘、非易失性存储器等。机-机通信设备是用来实现一台计算机与其他计算机或系统完成通信任务的设备,例如调制解调器及 D/A、A/D 转换设备等。

  I/O 设备的组成可由图 0-8 中点画线框内的结构来描述,I/O 接口是指主机与 I/O 设备之间设置的一个硬件电路及其相应的软件控制。不同的 I/O 设备具有不同的设备控制器,这些设备控制器均通过 I/O 接口与主机进行交互。

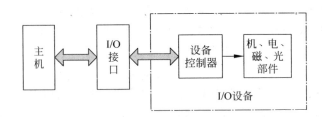

图 0-8 I/O 设备结构框图

0.2.4 总线

  计算机系统五大子系统之间的互连方式有分散连接和总线连接两种。早期的计算机大多采用分散连接方式,为有效实现 I/O 设备种类、数量增加与主机连接的效率与灵活性,出现了总线连接方式。总线是连接多个部件的信息传输线,是各部件共享的传输介质。总线实际上是由许多传输线或通路组成的,每条线可以一位一位地传输二进制代码,一串二进制代码可以在一段时间内逐一完成传输;若干条传输线可以同时传输若干位二进制代码,例如 16 条传输线组成的总线可以同时传输 16 位二进制代码。

采用总线连接的计算机结构是以 CPU 为中心的双总线结构,如图 0-9 所示。其中一组总线连接 CPU 和主存称为存储总线(M 总线);另一组用来建立 CPU 和各 I/O 设备之间交换信息的通道,称为输入/输出总线(I/O 总线)。各种 I/O 设备通过 I/O 接口挂到 I/O 总线上,便于增删。但这种结构在 I/O 设备与主存交换信息时仍要占用 CPU,因此还会影响 CPU 的工作效率。

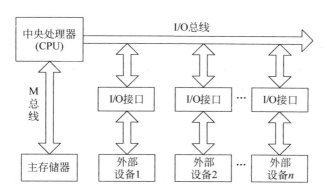

图 0-9　面向 CPU 的双总线结构

若考虑将 CPU、主存和 I/O 设备(通过 I/O 接口)都连接到同一组总线上形成单总线结构,如图 0-10 所示,将会使得 CPU 在 I/O 设备与主存交换信息时仍可继续处理其他任务,从而大大提高 CPU 工作效率。但由于存在各部件占用总线时的冲突问题,需要设置总线判优逻辑确定各部件的优先级来决定谁占用总线。

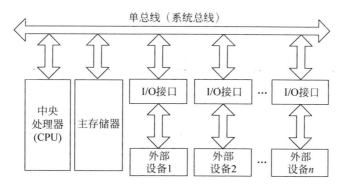

图 0-10　单总线结构

还有一种以存储为中心的双总线结构,它在单总线的 CPU 和主存之间增设了一组存储总线,供主存和 CPU 传输信息以减轻系统总线的负担,如图 0-11 所示。

实际上,系统总线结构远不止这些,如 Pentium 系统有 8 条总线,包括 Cache 总线、本地总线、内存总线、外围部件互连(Peripheral Component Interconnect,PCI)总线、小型计算机系统接口(Small Computer System Interface,SCSI)总线、通用串行(Universal Serial Bus,USB)总线、电子集成驱动(Integrated Drive Electronics,IDE)总线和工业标准架构(Industry Standard Architecture,ISA)总线等。

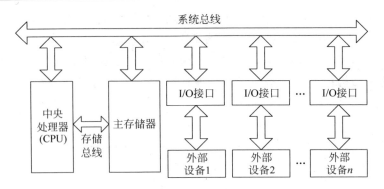

图 0-11 以存储器为中心的双总线结构

0.2.5 启动计算机

在计算机主板上安装有基本输入输出系统(Basic Input Output System,BIOS)程序,内置底层 I/O 软件,包括键盘、显示器、磁盘的 I/O 以及其他过程。在计算机启动时,BIOS 开始运行。它首先检查 RAM 数量、键盘和其他设备是否安装并正常启动;接着扫描 ISA 和 PCI 总线,并找出连接其上的所有设备,若现有设备不同于上次启动,则配置新设备;然后,BIOS 依照 CMOS 存储器中的设备清单决定启动何种设备,默认情况下从硬盘启动,启动设备上的第一个扇区被读入内存并执行,启动时按照分区表检查程序,将活动分区的第二个启动装载模块读入操作系统并执行;最后,操作系统询问 BIOS,获得配置信息,当获得全部设备驱动程序后,操作系统将其调入内核,初始化相关表单,创建需要的进程,并在每个终端上启动图形用户界面(Graphical User Interface,GUI)。

0.3 指令的执行

中央处理器执行的程序是由一组保存在主存储器中的指令组成的。最简单的指令处理包括两个步骤,首先处理器从主存储器中一次读(取)一条指令,然后执行每条指令。程序执行是由不断重复取指令和执行指令的过程组成的。指令执行可能涉及很多操作,这取决于指令自身。

一条单一的指令需要处理的时间称为一个指令周期。如图 0-12 所示,最简单的指令周期可用两个步骤来描述,这两个步骤分别称为取指阶段和执行阶段。仅当机器关机、发生某些未发现的错误或者遇到与停机相关的程序指令时,程序执行才会停止。

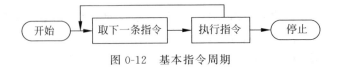

图 0-12 基本指令周期

0.3.1 取指令与执行指令

在每个指令周期开始时,处理器从主存储器中取一条指令。在典型的处理器中,程序计数器(Program Counter,PC)保存下一次要取的指令地址。除非有其他情况,否则中央处理器在每次取指令后总是递增 PC,使得它能够按顺序取得下一条指令(即位于下一个主存储器地址的指令)。取到的指令被放置在中央处理器的一个寄存器中,这个寄存器称为指令寄存器(Instruction Register,IR)。然后中央处理器解释指令并执行对应的操作。

0.3.2 I/O 函数

程序执行时会遇到一些 I/O 函数,如 printf()、write(),I/O 控制器(例如磁盘控制器、显示控制器等)可以直接与处理器交换数据。正如处理器可以通过指定存储单元的地址来启动对主存储器的读和写一样,处理器也可以从 I/O 控制器中读数据或向 I/O 控制器中写数据。对于后一种情况,处理器需要指定被某一 I/O 控制器控制的具体设备。

在某些情况下,允许 I/O 控制器直接与主存储器发生数据交换,以减轻中央处理器的负担。此时,中央处理器允许 I/O 控制器具有从主存储器中读或往主存储器中写的特权,这样 I/O 控制器与主存储器之间的数据传送无须通过处理器完成。在这类传送过程中,I/O 控制器对主存储器发出读命令或写命令,从而免去了处理器负责数据交换的任务。这个操作称为直接存储器存取(Direct Memory Access,DMA)。

0.4 中 断

所有计算机都提供了允许其他模块(I/O、存储器)中断处理器正常处理过程的机制。表 0-1 列出了最常见的中断类别。

表 0-1 中断的分类

类 别	说 明
程序中断	由指令执行的结果产生,例如算术溢出、除数为 0、执行非法的机器指令以及访问非法地址
时钟中断	由中央处理机的计时器产生,允许操作系统以一定规律执行函数
I/O 中断	由 I/O 控制器产生,用于通知中央处理机一个操作正常完成或出现错误
硬件故障中断	由诸如掉电或主存储器奇偶错误之类的故障产生

中断最初是用于提高中央处理器效率的一种手段。例如,大多数 I/O 设备比中央处理器慢得多,假设中央处理器使用如图 0-12 所示的指令周期方案给一台打印机传送数据,在每一次写操作后,中央处理器必须暂停并保持空闲,直到打印机完成工作。暂停的时间长度可能相当于成百上千个不涉及主存储器的指令周期。显然,这对于中央处理器的使用来说是非常浪费的。假设有一个 1GHz CPU 的 PC,大约每秒执行 10^9 条指令,一个典型的硬盘的旋转速度是 7200r/min,这样大约旋转半转的时间是 4ms,可见 CPU 比硬盘要快 400 万倍。

如图 0-13 所示,用户程序在处理过程中交织执行一条 I/O 函数(系统调用 WRITE)。竖实线表示程序中的代码段,代码段(1)、(2)和(3)表示不涉及 I/O 的指令序列。WRITE 调用要执行一个 I/O 程序,它执行真正的 I/O 操作。此 I/O 程序由如下所述三部分组成。

(1) 图中标记为(4)的指令序列用于为实际的 I/O 操作做准备。这包括复制将要输出到特定缓冲区的数据,为设备命令准备参数。

(2) 实际的 I/O 命令。如果不使用中断,当执行此命令时,程序必须等待 I/O 设备执行请求的函数(或周期性地检测 I/O 设备的状态或轮询 I/O 设备)。程序可能通过简单地重复执行一个测试操作的方式进行等待,以确定 I/O 操作是否完成。

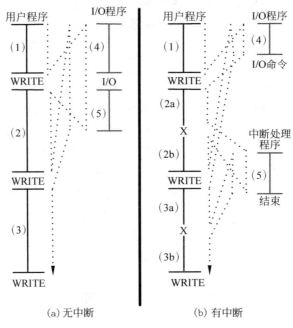

图 0-13 有中断和无中断指令执行比较

(3) 图中标记为(5)的指令序列用于完成操作,包括设置一个表示操作成功或失败的标记。

图中虚线代表中央处理器执行的路径,也就是说,这条线显示了指令执行的顺序。当遇到第一条 WRITE 指令之后,用户程序被中断,I/O 程序开始执行;在 I/O 程序执行完成后,WRITE 指令之后的用户程序立即恢复执行。

由于完成 I/O 操作可能花费较长的时间,I/O 程序需要挂起等待操作完成,因此用户程序会在 WRITE 调用处停留相当长的一段时间。

0.4.1 中断与指令周期

利用中断功能,中央处理器可以在 I/O 操作的执行过程中执行其他指令。考虑图 0-13(b)所示的控制流,和前文所述一样,用户程序到达系统调用 WRITE 处,但在处理完图中标记为(4)的为数不多的几条指令序列,为实际的 I/O 操作做好准备后,控制返回用户程序。在这期间,外部设备忙于从主存储器接收数据并输出。此时 I/O 操作和用户程序中指令的执行是并发的。

当外部设备做好服务的准备,也就是说,当它准备从中央处理器接收更多的数据时,该外部设备的 I/O 模块给中央处理器发送一个中断请求信号。这时中央处理器会做出响应,暂停当前程序的处理,转去处理服务于特定 I/O 设备的程序,这个程序称为中断处理程序(Interrupt Handler)。在对该设备的服务响应完成后,中央处理器恢复原先的执行。图 0-13(b)中用 X 标示的地方是发生中断的点。注意:中断可以在程序中的任何位置发生,而不是在一条指定的指令处。

总结一下图 0-13 所示的两种情况。

(1) 无中断,图 0-13(a)所示。用户程序在代码段(1)、(2)之间有一条系统调用 WRITE,它的执行序列是代码段(1)、(4)、I/O 命令、(5),然后是代码段(2)。

(2) 有中断,图 0-13(b)所示。同样用户程序在代码段(1)、(2)之间有一条系统调用

WRITE,系统的执行序列是代码段(1)、(4)、(2a)直到遇到中断暂停在图中 X 处,转去执行中断处理程序和(5)。注意:这里代码段(2a)和 I/O 命令是并发执行的。

从用户程序的角度看,中断打断了正常执行的序列,中断处理完成后再恢复执行,如图 0-14 所示。因此,用户程序并不需要为中断添加任何特殊的代码,中央处理器和操作系统负责中断用户程序,然后在同一个地方恢复执行。

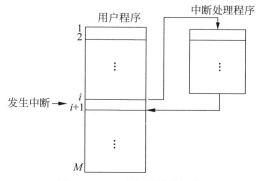

图 0-14 通过中断转移控制

为适应中断产生的情况,在指令周期中要增加一个中断阶段,如图 0-15 所示(可以与图 0-12 对照)。在中断阶段,中央处理器检查是否有中断发生,即检查是否出现中断信号。如果没有中断,中央处理器继续运行,并在取指阶段取当前程序的下一条指令;如果有中断,中央处理器挂起当前程序的执行,并执行一个中断处理程序。这个中断处理程序通常是操作系统的一部分,它确定中断的性质,并执行所需要的操作。例如,在前面的例子中,中断处理程序判定哪一个 I/O 模块产生了中断,并转到往该 I/O 模块中写更多数据的程序。当中断处理程序完成后,处理器在中断点恢复对用户程序的执行。

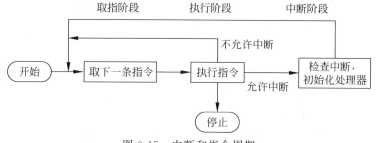

图 0-15 中断和指令周期

很显然,在这个处理中有一定的开销,在中断处理程序中必须执行额外的指令以确定中断的性质,并决定采用适当的操作。然而,如果简单地等待 I/O 操作的完成将花费更多的时间,因此使用中断效率更高。

0.4.2 中断处理

中断发生时需要处理很多事件,包括中央处理器硬件中的事件以及软件中的事件。图 0-16 显示了一个典型的中断处理所要处理的事件序列。

(1) 设备给中央处理器发出一个中断信号。

(2) 中央处理器在响应中断前结束当前指令的执行,如图 0-15 所示。

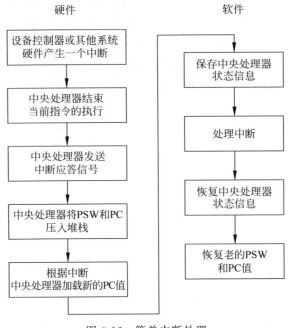

图 0-16　简单中断处理

（3）中央处理器对中断进行判定，确定中断源，并给提交中断的设备发送应答信号。

（4）保存中央处理器当前现场信息。首先是从中断点恢复当前程序所需要的信息，即 PSW 和 PC，它们被压入系统堆栈。

（5）中央处理器把响应此中断的中断处理程序入口地址装入 PC，可以针对每类中断有一个中断处理程序，也可以针对每个设备和每类中断各有一个中断处理程序，这取决于计算机系统结构和操作系统的设计。如果有多个中断处理程序，中央处理器就必须决定调用哪一个，这个信息可能已经包含在最初的中断信号中，否则中央处理器必须给发中断的设备发送请求，以获取含有所需信息的响应。

（6）虽然在第（5）步中被中断程序相关的 PC 和 PSW 被保存到系统堆栈中，但还有一些其他信息需要保存，如中央处理器寄存器中的内容，因为中断处理程序可能会用到这些寄存器，因此所有这些值和任何其他状态信息都需要保存。

（7）中断处理程序现在可以开始处理中断，其中包括检查与 I/O 操作相关的状态信息或其他引起中断的事件，还可能包括给 I/O 设备发送附加命令或应答。

（8）当中断处理结束后，被保存的寄存器值从栈中释放并恢复到寄存器中。

（9）最后的操作是从栈中恢复 PSW 和 PC 的值，以便前面被中断的程序可以继续执行。

保存被中断程序的所有状态信息并在以后恢复这些信息是十分重要的，这是由于中断并不是程序调用的一个例程，它可以在任何时候发生，因而可以在用户程序执行过程中的任何一点上发生，它的发生是不可预测的。

0.4.3　多个中断

前文讨论了发生一个中断的情况。假设当中央处理器正在处理一个中断时，又发生一个或者多个中断，这就会出现多个中断的情况。

处理多个中断有两种方法。第一种方法是当正在处理一个中断时,禁止再发生中断。禁止中断的意思是中央处理器将对任何新的中断请求信号不予理睬。如果在这期间发生了中断,通常中断保持挂起,当中央处理器再次允许中断时,再由中央处理器检查处理。因此,当用户程序正在执行并且有一个中断发生时,立即禁止中断;当中断处理程序完成后,恢复用户程序之前再允许中断,并且由中央处理器检查是否还有中断发生。这个方法很简单,所有中断都严格按顺序处理,但缺点是没有考虑相对优先级和时间限制的要求。第二种方法是定义中断优先级,允许高优先级的中断打断低优先级的中断处理程序的运行。

思考与练习题

1. 如何理解计算机系统的层次结构?
2. 简述计算机硬件、软件、操作系统三者之间的关系。
3. 冯·诺依曼计算机的特点是什么?
4. 试画出计算机硬件组成框图。
5. 计算机中哪些部件可以存储信息?
6. 什么是 I/O 接口?其功能是什么?
7. 存储容量和内存容量有何区别?
8. CPU 有哪些功能?CPU 结构是怎样的?

第1章 操作系统引论

计算机由硬件和软件组成,操作系统是配置在计算机硬件上的第一层软件,是对硬件系统的第一次扩充,可见操作系统是与计算机硬件密不可分的。从资源管理的角度来看,操作系统对计算机系统内的所有软、硬件资源进行管理和控制,优化资源的利用,协调系统内的各种活动,处理可能出现的各种问题。

操作系统伴随着计算机技术的飞速发展经历了几个阶段,从第一代的手工系统到监控系统,从单道系统到多道批处理系统、分时系统及实时系统。操作系统的发展不仅体现了计算机日益发展的软件研究成果,也体现了计算机硬件技术发展及计算机系统结构改进的发展成果。

在计算机系统中,操作系统占有特别重要的地位,其他所有软件,如汇编程序、编译程序、数据库系统及大量的应用软件,都依赖于操作系统的支持,取得它的服务,操作系统是所有其他软件运行的基础。

操作系统具有其他软件不具备的特征,考察其特征有利于理解操作系统的功能及实现方法。

1.1 操作系统的定义

视频讲解

1.1.1 资源管理的观点

操作系统是用来管理计算机系统的,现代计算机系统的硬件包括中央处理机、主存储器、时钟、磁盘、终端、激光打印机以及网络接口和其他设备,操作系统的任务是在相互竞争的程序之间有序地控制中央处理机、主存储器以及其他输入输出设备的分配。

以程序的打印操作为例,假如系统中正在运行着若干个程序,而这些程序在多道的环境中是并发运行的,如果在运行的过程中有两个程序需要在打印机上打印输出,而系统只有一台打印机,可能出现的情况就是,出现在打印纸上的第一行内容是第一个程序的,第二、三行是第二个程序的,第四行又是第一个程序的。总之,打印的结果是一些无法看懂的数据。有了操作系统的管理,就会把打印机的使用管理起来,采用的方法就是把程序需要打印的内容先存储起来,等程序计算结束后,再在操作系统的统一控制和协调下对每个程序进行打印。也就是说,在程序要求打印时,系统并没有真正为其进行打印,而是等时机成熟后再进行真正的打印。

同样的道理,对于系统中的磁盘等一些其他资源,都有必要进行统一管理,从设备的利用率上考虑,不但要管理、控制好这些设备,还要让用户的程序共享这些设备以及存储在这些设备上的信息。

因此,操作系统的任务就是跟踪程序的运行情况,了解程序需要什么资源,并满足它们的资源请求,记录它们对资源的使用情况,以及协调各个程序和用户对资源使用请求的冲突,并在此基础上最大可能地提高各种资源的利用率。从这一角度上考虑,操作系统是系统资源的管理者,它必须完成以下工作。

(1) 跟踪和监控程序的运行情况,记录程序的运行状态。

(2) 进行计算机各种资源(如处理机、内存和输入输出设备)的分配。

(3) 回收资源,以便再分配。

因此,操作系统是控制和管理计算机的软、硬件资源,合理组织计算机的工作流程,以方便用户使用的程序集合。

从资源管理的角度,操作系统被划分成处理机管理、存储管理、设备管理、文件管理及用户接口。

1.1.2 用户的观点(扩展机器的观点)

从用户的角度来观察操作系统,配置了操作系统的计算机与原来物理的、没有安装任何操作系统的计算机是迥然不同的,用户既不关心计算机的工作细节,也不关心操作系统的内部结构和实现方案,只想得到功能更强、服务质量更好的系统。从用户的角度,通常用虚拟机的概念去描述操作系统。

一个未配置任何软件的计算机称为裸机,由于计算机上没有配置任何帮助用户解决问题的软件,用户想在计算机上做些事情就非常困难,他不仅要懂得计算机的工作细节,而且要用计算机的语言(机器语言)与它交互。所以用户不喜欢裸机的工作环境。

为了方便用户,提高计算机的工作效率,需要为计算机配置各种软件去扩充计算机的功能,每当在原来的计算机上增加一种软件,用户就感觉构造了一台功能更强的"新"计算机,这种扩充之后的计算机只是增加了软件,硬件环境没有改变,称为虚拟机。

操作系统对于用户来说就是一台虚拟机,是帮助用户解决问题的设备,用户要求它性能稳定、可靠,使用起来简单、灵活。除此之外,用户还要求操作系统提供如下功能。

(1) 为用户创造适宜的工作环境,便于用户控制自己的程序运行。

(2) 应配置各种子系统(编辑程序、编译程序、装配程序和调试程序等)以及程序库(如服务程序库和应用程序库),便于用户编写、调试、修改和运行自己的程序,增强用户的解题能力。

(3) 为了简化输入输出操作,统一资源的分配管理,系统应提供方便的数据操作接口。

(4) 为用户使用计算机提供灵活、方便、友好的用户界面。

裸机是计算机系统的物质基础,没有硬件就不能执行指令和实施最原始、最简单的操作,软件也就失去了效用;若只有硬件,没有配置相应的软件,计算机就不能发挥它的潜在能力,硬件资源也就没有活力。因此硬件和软件这二者是相互依赖、互相促进的。可以这样说,没有软件的裸机是一个僵尸,而没有硬件的软件是一个幽灵。只有软件和硬件结合在一起,才能称得上是一个计算机系统。

在计算机上配置的各种软件中,操作系统是最重要的,它将计算机系统中的各种软、硬件资源有机地管理起来为用户服务,使计算机系统真正体现完整性和可用性。除了操作系统以外,为方便用户描述需要计算机完成的各种任务,计算机上还配置了程序设计语言,有将这种语言翻译成机器语言的编译系统,有管理用户信息的数据库管理系统,还有方便用户解决各类问题的应用程序等。图 1-1 描述了计算机系统的组成。

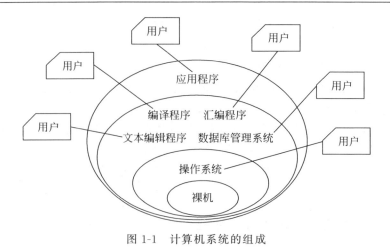

图 1-1　计算机系统的组成

1.2　操作系统的产生和发展

操作系统的形成和发展与计算机硬件的发展密不可分。计算机的发展经历了四代,随着每一代计算机性能的不断提高,运行其上的操作系统也从无到有、从简单到复杂地逐步发展起来,成为一个非常重要的系统软件。

1.2.1　第一代计算机没有操作系统

第一台冯·诺依曼体系的计算机于 20 世纪 40 年代中期问世,当时的计算机是用真空管构造成的。这个巨大的机器使用了数万个电子管,占用了几个房间的地方,然而其运行速度比现在家庭用的个人计算机还要慢。

在第一代计算机上运行的程序全部使用机器语言写成,没有程序设计语言,操作系统更是不会有。当时使用计算机采用手工方式进行操作,即程序员提前将程序写在卡片上,然后通过卡片输入机输入计算机,再利用控制台开关启动程序运行,程序运行完毕后,程序员才能取出结果,这样的过程完全是在人工干预下完成的。

由此可以看出,在第一代计算机上没有操作系统,对计算机的操作完全是人工操作方式,这种人工操作方式有如下所述两个缺点。

(1) 用户完全独占计算机。也就是说,计算机的全部资源只供一个用户使用。

(2) 计算机等待人工操作。当用户操作时计算机要等待,CPU 空闲,可见在第一代计算机上计算机资源的利用率是非常低的。

1.2.2　第二代计算机有了监控系统

20 世纪 50 年代,晶体管的发明极大地改变了计算机的运行状况,此时的计算机已经很可靠,厂商开始成批地生产和销售。这个时期的计算机可以长期运行,完成一些有用的工作。

第二代计算机产生后,从事计算机工作的人员开始有了明确的分工,即设计员、操作员、维护员和程序员;程序不再用机器语言直接书写,出现了汇编语言和高级语言,如 FORTRAN 语言。

为了解决人工干预的问题,人们首先提出了从一个作业到下一个作业的运行自动转换的方式,从而出现了早期的单道批处理系统(Simple Batch System)。其思想是将所有作业用一台相对比较便宜的计算机(如 IBM 1401)输入到磁带上,此计算机称为输入输出机,实施数值运算、速度较快的计算机称为主机(如 IBM 7094)。大批的作业在输入输出机的控制下输入磁带后,用一个特殊的程序来控制作业的读入和运行,这个特殊的程序称为作业控制语言(Job Control Language,JCL)书写,它能控制程序的运行,如图 1-2 所示。运行后的结果输出到磁带上,而不直接打印(输出到磁带上的时间比打印要快)。一个作业运行完毕,系统自动运行另一个作业,成批的作业运行完后,操作员才取下磁带,并把磁带拿到输入输出机上进行打印输出。此时的打印是以脱机的形式进行的,输出的同时,另一批作业已经在主计算机上运行了。

由于程序和数据的输入都不是在主机的控制之下进行的,而是在一台专门用作输入输出的计算机的控制之下进行的,或者说,输入输出工作是在脱离主机的情况之下进行的,故称为脱机输入输出(Off Line I/O),如图 1-3 所示。反之,如果输入和输出工作是在主机的控制之下进行的,则称为联机输入输出。脱机输入输出的主要优点有以下几方面。

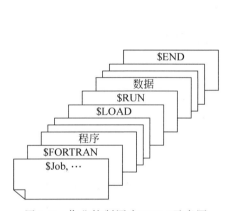

图 1-2 作业控制语言(JCL)示意图

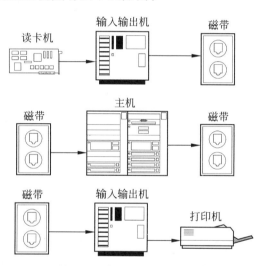

图 1-3 脱机输入输出示意图

(1) 减少了 CPU 的空闲时间。输入和输出工作是在另一台输入输出机上进行的,不占用主机的时间,从而减少 CPU 的空闲等待时间。

(2) 提高了输入输出的速度。当 CPU 需要数据时,直接从磁带机上输入,而不需要从低速的 I/O 设备上输入,从而大大缓解了 CPU 与 I/O 设备速度不匹配的矛盾。

第二代计算机主要用于科学和工程计算,程序大多用 FORTRAN 语言书写。该语言适用于做数值运算。当时主机上用的控制程序称为监控程序(Monitor),其功能比较简单,是操作系统的雏形。例如用于 IBM 7094 上的监控程序为 IBSYS,该系统较为著名,对其他系统有着广泛的影响。

1.2.3 第三代计算机操作系统得到极大的发展

20 世纪 60 年代中期产生了多道程序设计技术。其思想是把多个程序同时放入主存储器或内存储器(后文简称内存),使它们共享系统中的资源。当内存中仅有一道程序时,每逢该程序在运行中发出 I/O 请求,CPU 空闲,在输入或输出完成之后,CPU 才继续工作,尤其是 I/O

设备的低速性,更使得 CPU 的利用率显著降低。图 1-4(a)展示了单道程序的运行情况,从图中可以看出,在 $t_2 \sim t_3$、$t_6 \sim t_7$ 时间间隔内 CPU 空闲。在引入了多道程序设计技术后,由于可同时把多道程序装入内存,并可使它们交替执行,这样一来,当正在运行的程序因 I/O 而暂停执行、CPU 空闲时,系统可调度另一道程序运行,使 CPU 一直处于忙碌状态。图 1-4(b)为多道程序的运行情况,从图中可以看出,多道程序设计技术具有以下几个方面的特点。

(1) 多道,即计算机内存中同时存放多道相互独立的程序。

(2) 宏观上并行,是指同时进入系统的多道程序都处于运行过程中。

(3) 微观上串行,是指在单处理机环境下,内存中的多道程序轮流占用 CPU,交替执行。

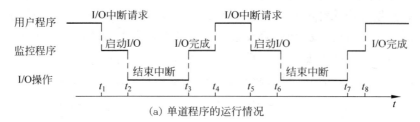

(a) 单道程序的运行情况

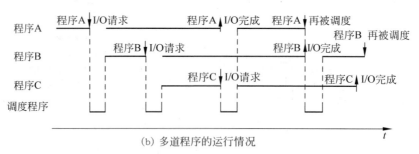

(b) 多道程序的运行情况

图 1-4 单道程序和多道程序的运行情况

多道程序设计技术在使 CPU 的利用率大大提高的同时也使得内存得到了充分的利用,内存中装入了多道程序,并使这些程序并发执行,无疑会提高内存和 I/O 设备的利用率。同时,在 CPU、I/O 设备不断忙碌的同时,也必然会大幅度提高系统的吞吐量,从而降低程序运行所需要的费用。

第三代计算机上实现的另一项技术是 SPOOLing(Simultaneous Peripheral Operation On-Line)技术(也称作假脱机技术)。卡片拿到机房后能够很快地用卡片输入机输入到磁盘中,当 CPU 空闲,该作业被调度后立即从磁盘读出,装入内存运行,输出时也是如此。当采用了 SPOOLing 技术后,就不再需要一台机器作为输入输出机,也就不必将磁带从一台机器到另一台机器搬来搬去。

由于多道程序设计的引入,操作系统变得复杂了,其性能也提高了,它很适合于大型的科学计算和繁忙的数据处理。但是这种批处理系统对用户来说有一个很不方便的地方,就是用户的要求不能得到很快的响应。从一个作业被提交到得到运算结果往往长达数小时,有时一个标点符号的误用造成编译失败,也会浪费程序员几个小时的时间。

用户对响应时间的要求导致了分时系统(Time Sharing)的出现。实质上它是多道程序设计技术的一个变种。在一台计算机上同时连接有多个联机终端,每个用户都有一个终端,CPU 分时为多个用户服务。也就是说,用户的程序是由自己通过联机终端直接控制的,而每一个用户的程序不再是在 CPU 上运行完毕后退出,而是运行一段时间后让出 CPU,使其他用户的程序得以执行。因此,CPU 可以为几个用户的作业轮流服务。由于调试程序的用户常常是发出简短的命令,且计算机的运行速度要比人的速度快得多,所以计算机能够为许多用户提供交互式的服务,而且 CPU 空闲时还能在后台运行大的作业。

第一个分时系统叫 CTSS,是由麻省理工学院(MIT)开发的。该系统最初在 IBM 709 上开发,后来又移植到 IBM 7094 上。此后,麻省理工学院、贝尔实验室(Bell)和通用电器公司(GE)决定联合开发一种公共计算服务系统,即能够同时支持数百个分时用户的机器,该系统称作 MULTICS(MULTiplexed Information and Computing Service)。MULTICS 在当时引入了许多操作系统领域的概念雏形,最终成功地用在麻省理工学院的实际工作环境以及其他少数系统中。虽然该操作系统没有得到推广,但对以后的操作系统产生了巨大的影响。

多道批处理系统和分时系统的出现标志着操作系统的形成。

1.2.4 第四代计算机操作系统向多元化方向发展

随着大规模集成电路(每平方厘米芯片上集成数千个晶体管)的发展,计算机逐步向着微型化、网络化和智能化的方向发展。

在 IBM PC 和其他采用 Intel 80X86 芯片的个人计算机上,从 20 世纪 80 年代初一直到 90 年代中期,微软公司的 MS-DOS 操作系统都占据了主流地位。尽管 MS-DOS 最初的版本相当简陋,但其后的版本不断更新,增加了许多新的特性,使它拥有了相当可观的用户群。

在非 Intel 计算机领域和工作站上,UNIX 占据了统治地位,尤其对于采用 RISC 芯片的高性能计算机,这些计算机具有小型机的计算能力,但却仅供一个用户专用。

虚拟存储管理技术的出现,使计算机的内存管理方面前进了一大步,早在 1968 年,P. Denning 就提出了局部性理论,为虚拟内存管理技术奠定了理论基础。虚拟内存管理技术就是将作业的一部分装入内存,该作业就可运行的存储体系。Intel 80286 及 80386 芯片的出现使虚拟内存管理技术在微型计算机上实现成为可能。

从 20 世纪 80 年代中期开始,为了满足用户通信的要求和资源共享的目的,个人计算机连接成了网络,运行其上的网络操作系统和分布式操作系统开始崛起。

在网络操作系统中,用户知道多台计算机的存在,能够登录到一台远端的个人计算机上,并可以进行文件的复制和远端资源的访问。在计算机网络中,每台计算机都有自己的本地操作系统和本地用户。

而在分布式操作系统控制之下,用户不会感知他的程序在哪个计算机上运行,也不知道文件存放在哪里,所有一切都由操作系统自行高效地管理和完成。在分布式操作系统上,一个应用程序通常分成若干个模块,并分别在多台计算机上运行,所以需要复杂的多处理机调度算法来获得最大的并行度。

1.3 操作系统的特征

操作系统作为一种系统软件,区别于其他软件,有其自身的特征,具体如下所述。

1. 并发性

并发就是指两个或两个以上的事物在同一时间间隔发生。并发和并行很相似,但它们是有区别的。并行是指两个或两个以上的事物在同一时刻发生。操作系统的并发性具体体现在用户程序与用户程序之间的并发执行以及用户程序和操作系统程序之间的并发执行。

在单处理机环境里,某一时刻,CPU上仅能运行一个程序,程序是交替执行的。但多道程序设计技术的引入,使得多个程序在一个小的时间间隔内并发执行成为可能。所以准确地说,宏观上,多个程序是同时向前推进的;微观上,程序之间是交替执行的。

操作系统必须具备管理各种并发活动,建立监控并发活动的实体,分配必要资源的能力。

2. 共享性

共享是指计算机中的各种资源供在其上运行的程序共同享用。这种共享是在操作系统的统一控制下实现的。共享有两种方式,即互斥共享方式和共同访问方式。

并发和共享是一对"孪生兄弟",是操作系统中两个最基本的特征,它们互为存在条件。一方面,资源的共享以程序的并发执行为条件,若系统不允许程序并发执行,也就不存在共享的问题;另一方面,只有操作系统提供对资源共享的可能,才能使程序真正做到并发执行。

3. 虚拟性

在操作系统中,虚拟是指通过某种技术手段把一个物理实体变成多个逻辑上的对应物。物理实体是实际存在的,而逻辑实体是虚的,是用户的一种感觉。

例如,在多道程序设计下的分时系统中,虽然只有一个CPU,但每个用户都认为有一个CPU专门在为其服务。也就是说,利用多道程序设计技术把一个物理上的CPU变成了多个逻辑上的CPU,这些逻辑上的CPU也称为虚处理机。

同样,SPOOLing技术把一台物理上的输入输出设备变成了多个逻辑上的输入输出设备。

从以上可以看出,操作系统的虚拟性主要是通过分时使用的方法实现的。所有逻辑设备的工作量之和必然等于实际物理设备的工作量。

4. 不确定性

操作系统的运行在一个不确定的环境中进行,也就是说,人们不能对目前所运行的程序的行为做出判断。因为在多道程序环境下,进程的执行是"走走停停"的,内存中的多个程序,何时运行、何时暂停、以怎样的速度向前推进以及每个程序需要多少时间才能完成都是不可预知的。人们无法知道运行着的程序会在什么时候做什么事情,因而一般来说无法确切地知道操作系统正处于什么样的状态。但是,这并不能说操作系统不能很好地控制,这种不确定性是允许的。无论如何,只要在相同的环境下,一个程序无论执行多少次,其运行结果是相同的。但是它执行的时间可能不同,因为它每次执行时操作系统要处理的状况可能不同。

1.4 操作系统的功能

视频讲解

操作系统的宗旨是提高系统资源的利用率和方便用户。为此,它的首要任务就是管理系统中的各种资源,使程序有条不紊地运行。操作系统的功能包括进程管理功能、存储管理功能、设备管理功能和文件管理功能。此外,为了方便用户使用计算机,操作系统还必须向用户提供一个方便的用户接口。

1.4.1 进程管理

进程管理也称处理机管理。计算机系统中最重要的资源是中央处理机,没有它,任何计算都不可能进行。在处理机管理中,为了提高CPU的利用率,操作系统采用了多道程序设计技术。当一个程序因等待某一事件而不能运行下去时,就把处理机的占有权转让给另一个可运行的程序。或者,当出现了一个比当前运行的程序更重要的可运行程序时,后者就能抢占处理机。为了描述多道程序的并发执行,引入了进程的概念,通过进程管理协调多道程序之间的关系,可以解决对中央处理机的调度分配及回收等问题。进程管理可以分为以下几个方面。

1. 进程控制

在多道程序环境中,要使一个作业运行,就要为之创建一个或多个进程,并给它分配必需的资源。该进程完成其任务后,要立即撤销该进程,并回收其占有的资源。进程控制就是创建进程、撤销进程以及控制进程在运行过程中的状态转换。

2. 进程同步

进程在执行过程中是以不可预知的方式向前推进的,进程之间有时需要进行协调。这种协调关系有以下两种。

(1) 互斥方式。系统中有些资源要求同时只能有一个进程对它们进行访问,如打印机或程序中的一段代码。多个进程在对这些资源进行访问时,应采用互斥方式。

(2) 同步方式。进程在执行时,有时需要协作,一个进程运行时需要另一个进程的运行结果,此时就要求进程的执行必须按照规定的次序进行,否则就得不到需要的结果。进程之间的这种协作关系称为进程同步。

为了实现进程之间的互斥和同步,操作系统必须设置相应的机制,而最简单的进程互斥和同步机制就是信号灯,有关内容将在第 2 章介绍。

3. 进程通信

多道程序环境下的诸多进程在执行过程中有时需要传递信息,例如有三个进程,分别是输入进程、计算进程和打印进程。输入进程负责输入数据,然后传给计算进程;计算进程利用输入的数据进行计算,并把计算结果送给打印进程;打印进程将结果打印出来。这三个进程需要传递信息,进程通信的任务就是用来实现相互合作进程之间的信息传递。

相互合作的进程可以在同一计算机系统中,也可以在不同的计算机系统中。不同计算机系统中进程之间的通信也称为计算机网络通信。

4. 进程调度

引入多道程序设计技术后,计算机的内存中将同时存放若干个程序,进程调度的任务就是从若干个已经准备好运行的进程中,按照一定的算法选择一个进程,让其占用中央处理机,使之投入运行。

1.4.2 存储管理

存储管理要管理的资源是内存。它的任务是方便用户使用内存,提高内存的利用率以及从逻辑上扩充内存。

随着内存芯片的集成度不断提高,价格不断下降,应该说,内存的价格已经不再昂贵,但是受到 CPU 寻址能力的限制,在一台单处理机计算机系统中,内存的容量还是受到一定的限制。

内存管理包括内存分配、地址映射、内存保护和内存扩充。

1. 内存分配

如果有一个以上的用户程序要在计算机上运行,则它们的程序和数据必须占用一定的内存空间。操作系统为要运行的程序分配内存空间,使其能被装入内存,投入运行。当程序需要增加内存空间时,操作系统能为正在运行的程序分配附加内存空间,以便适应程序和数据动态增长的需要。

当程序运行完毕,收回其占用的内存。

2. 地址映射

程序员在写程序时,无法预知其写好的程序将来要放置在内存的什么位置、占用多大内存,并且程序员也希望摆脱存储地址、存储空间大小等细节问题。一个应用程序编译后产生的机器代码的地址是从 0 开始的,程序中的其他地址也都是相对于起始地址来计算的。而程序装入内存时,程序不可能都从内存的 0 号单元开始放,因此程序在装入内存时必须有一个地址的变换过程,这一过程就是地址映射,也称为地址重定位。

3. 内存保护

在多道程序的环境中,内存中不只存放一道程序,而是有多个用户的程序,并且还有操作系统本身的程序放在其中。为了防止某道程序干扰和破坏其他用户程序或系统程序,存储管理必须保证每个用户程序只能访问自己的存储空间,而不能存取任何其他范围内的信息,也就是要提供一定的存储保护机制。存储保护机制一般需要硬件的支持,当然更需要软件的配合和管理。

4. 内存扩充

由于内存的容量是有限的,因而不能满足用户的全部需要,若用户的程序比较大或需要运行的程序比较多,操作系统就无法满足用户的要求,操作系统的性能不能得到用户的肯定。内存扩充的任务不是增加物理内存的容量,而是利用软件的手段,从逻辑上扩充内存,或者说让用户感觉到的内存容量比实际的大得多。

这种从逻辑上扩充内存容量的方法,简单地说就是仅将用户程序的一部分装入内存就可以使之运行,当程序需要运行不在内存中的那部分程序时,再将需要的那部分程序装入内存,此时若内存没有空闲空间,就将目前暂时不运行的程序先置换出去。

这样一来,既满足了用户的要求,改善了系统的性能,又基本上不增加硬件的投资。这一软件的手段也称作虚拟存储器。

1.4.3 设备管理

设备管理是操作系统中最庞杂、最琐碎的部分,这样说的原因如下。

(1) 设备管理中涉及很多实际物理设备,它们品种繁多、用法各异。

(2) 各种外部设备都能与主机并行工作,有些设备还能被多个程序共享。

(3) 主机与外部设备的速度极不匹配,相差几个数量级或更多。

设备管理的主要任务如下。

(1) 完成用户提出的输入输出请求,为用户分配外部设备。

(2) 提高外部设备的利用率。

(3) 尽可能提高输入输出的速度。

(4) 方便用户使用外部设备。

要完成以上任务,设备管理需要提供如下所述的功能。

1. 设备分配

应用程序在运行过程中随时都有可能需要请求外部设备。设备分配的任务就是根据用户的输入输出请求为之分配所需的设备,如果输入输出设备和 CPU 之间还存在设备控制器和通道,设备分配时还要分配控制器和通道。

设备有独占设备和共享设备之分。在进行设备分配时应根据不同的设备类型选择不同的设备分配方法,对于独占设备,还要考虑设备分配出去后系统是否安全;对于共享设备要考虑程序在使用设备时互不干扰的问题。另外,在设备分配时有时还要使用虚拟技术,以满足输入输出设备与CPU之间速度不匹配的矛盾。

2. 设备控制

设备控制就是实现物理的输入输出操作。即组织使用设备的有关信息,启动设备,实施具体的输入输出操作。

设备控制通常是CPU与设备之间的通信。即由CPU向指定设备发出输入输出指令,要求它完成指定的I/O操作,然后等待由设备发来的中断请求,及时响应和进行处理。

3. 设备的无关性

设备的无关性是指应用程序独立于具体的物理设备,用户的程序与实际使用的物理设备无关。用户的程序不局限于某个具体的物理设备,提高了用户程序的可适应性,而且易于实现输入输出的重定向。即用户的程序在输入或输出结果时,如果换一种设备,用户的程序无须修改,只需要在输入输出时重新指定一个物理设备即可。

1.4.4 文件管理

程序和数据等信息是以文件的形式存储在计算机中的,所以信息资源管理也称文件管理。文件管理要解决的问题是向用户提供一种简便、统一的存取和管理信息的方法,并同时解决信息的共享、安全保密等问题。

为此,文件管理应具有以下主要功能。

1. 文件存储空间的管理

为方便用户使用,对于一些当前需要使用的系统文件和用户文件,一般放在可随机存取的磁盘上,若用户自己对文件的存储进行管理,不仅给用户增加了很多困难,也十分低效。因而,需要由文件系统对诸多文件及文件的存储空间实施统一的管理。其主要任务是为每个文件分配必要的存储空间,提高存储空间的利用率,并提高文件系统的工作速度。

2. 目录管理

为了能使用户方便地找到其所需要的文件,通常由系统为每个文件建立一个目录项。目录项的内容包括文件名、文件属性、文件在磁盘上的物理位置等。若干个目录项可构成一个目录文件。

目录管理的任务如下。

(1) 为每个文件建立其目录项,对众多目录项加以有效的管理,实现按名存取。即用户只需要提供文件名就可以对文件进行存取。

(2) 实现文件的共享。

(3) 提供快速的目录查询手段,以提高文件的检索速度。

3. 文件的读写管理

文件的读写是对文件的最基本操作,即根据用户的请求,从文件所存储的物理介质如磁盘上读入数据或将数据写到磁盘上去。在进行文件读写时,首先由用户给出文件名,文件管理系统根据文件名检索文件目录,从而得到文件在存储介质上的物理位置;再根据用户提出的读写记录位置找到用户需要的记录,然后由设备控制程序实施对存储介质的具体操作。

4. 文件的存取控制

为了防止系统中的文件被非法窃取和破坏,在文件系统中必须提供有效的存取控制功能,以实现下述目标。

(1) 防止未经核准的用户存取文件。

(2) 防止冒名顶替存取文件。

(3) 防止以不正确的方式使用文件。

在文件系统中可以采取多级保护措施来达到上述目标,具体如下。

(1) 系统级存取控制。用口令和对口令加密的方法进行,防止非法用户进入系统。

(2) 用户级存取控制。对用户进行分类和对用户分配适当的文件存取权限。

(3) 文件级存取控制。通过对文件设置文件属性(只读、只可执行、可读/写)来控制对文件的存取。

1.4.5 操作系统接口

为了方便用户使用操作系统,操作系统向用户提供了用户与操作系统的接口,该接口分为命令接口和程序接口。

1. 命令接口

为方便用户控制自己的作业,操作系统向用户提供了命令接口。命令接口又可分为联机命令接口、脱机命令接口和图形用户界面接口。

(1) 联机命令接口。

联机命令接口是为联机用户提供的,它由一组键盘操作命令及命令解释程序组成。当用户在终端上输入一条命令后,系统便立即转入命令解释程序,对该命令进行解释并执行该命令,在执行指定功能后返回,等待用户输入下一条命令。这样,用户可通过输入不同的命令,来实现对作业的控制。

(2) 脱机命令接口。

脱机命令接口是为批处理用户提供的,也称批处理用户接口。它由一组作业控制语言(JCL)组成。批处理用户不能直接控制自己的作业,只能委托系统代为控制,用户用作业控制语言把需要对作业进行的控制写在作业说明书上,然后将作业连同作业说明书一起交给系统,当作业被执行时,系统就根据作业说明书上的指示对作业进行控制和干预,作业就一直按作业说明书的指示被控制运行,直到结束。

(3) 图形用户界面接口。

图形用户界面接口采用图形化的操作界面,用非常容易识别的各种图标将系统的各项功能、各种应用程序和文件直观、逼真地表示出来。用户可通过点击鼠标完成对应用程序和文件的操作。它是现代操作系统推崇的一种用户接口形式。

2. 程序接口

程序接口又称为系统调用,是为用户能在程序一级访问操作系统功能而设置的,是用户程序取得操作系统服务的唯一途径。它由一组系统调用构成,每个系统调用完成一个特定的功能。在高级语言中,往往提供了与各个系统调用相对应的库程序,因而应用系统可以通过调用库程序来使用系统调用。

1.5 操作系统的类型

视频讲解

根据操作系统具备的功能、特征及提供的应用环境等方面的差别,其可以被划分为不同的类型,基本类型有三种,分别为批处理操作系统、分时操作系统和实时操作系统,这三种操作系统已基本成熟。随着计算机系统的发展,又出现了一些新型的操作系统,主要有微机操作系统、多处理机操作系统、网络操作系统、分布式操作系统和嵌入式操作系统。这些操作系统类型各有其特点,应用于不同的领域,满足不同的需求。

1.5.1 批处理操作系统

批处理操作系统是一种基本的操作系统类型。在该系统中,用户的作业(包括程序、数据及程序的处理步骤)被成批地输入到计算机中,然后在操作系统的控制下,用户的作业自动执行。

1. 批处理操作系统的形式

批处理操作系统在计算机的产生和发展过程中曾经起过很重要的作用,有两种形式,分别为单道批处理操作系统和多道批处理操作系统。

1)单道批处理操作系统

单道批处理操作系统是在早期的计算机系统上实现的,因为当时的计算机系统非常昂贵,为了充分地利用它,所以尽量让其连续地执行,减少计算机的空闲时间。通常将一批作业以脱机的形式输入到磁带上,然后在系统的控制下使这批作业连续自动地执行。

自动处理过程是这样的,首先在系统的控制下将磁带上的第一个作业装入内存,并将控制权交给作业,使之运行。当作业处理完成后再把控制权交还给系统,系统再将磁带上的第二个作业调入内存,使第二个作业运行。如此下去,直到磁带上的作业全部运行完毕。

由于系统对作业的处理是成批进行的,内存中始终只保持一个作业,故称为单道批处理操作系统。

单道批处理操作系统是最早出现的一种操作系统,严格地说,它的功能比较简单,并非今天所理解的操作系统,但它相比于人工操作方式已经有了很大的进步。单道批处理操作系统有以下主要特征。

(1)自动性。磁带上的一批作业能自动地逐一执行,无须人工干预。

(2)顺序性。磁带上的作业进入内存的顺序与各道作业的完成顺序完全相同,也就是说先调入内存的作业先完成。

(3)单道性。内存中一直只有一个作业。一个作业完成并退出内存之后,另一个作业才可进入内存。

2)多道批处理操作系统

多道批处理操作系统是在多道程序设计技术引入后产生的。在该系统中,用户提交的作业先存放在外存上并排成一个队列,该队列称为"后备队列"。然后由作业调度程序按一定的算法从后备队列中选择若干个作业调入内存,内存中的作业由系统为之建立进程,在进程调度程序的统一调度下,若干个进程交替执行。

(1)相比于单通批处理操作系统,多道批处理操作系统有以下优点。

① CPU 的利用率得到提高。在单道批处理操作系统中,由于内存中只有一个作业,当该

作业发出输入输出请求后,CPU 空闲,必须等到其输入输出完成后才能继续运行。因为输入输出设备的速度很低,致使 CPU 的空闲时间很长。引入了多道程序设计之后的多道批处理操作系统中,内存中存放了多个作业,它们在 CPU 上交替执行。这样,当一个程序因为请求输入输出暂停时,系统会调度另一道程序运行,从而使 CPU 始终处于忙碌状态,CPU 的利用率也就提高了。

② 提高了内存和输入输出设备的利用率。作业调度程序在调度时,可以考虑作业的大小和内存空间的容量。如果运行的作业都比较小,在单道批处理操作系统中因内存中只能有一个作业,同样也会造成内存空间的浪费。而在多道批处理操作系统中,作业大时,内存中的作业数可以少些,当作业小时,内存中的作业可以多些,从而充分利用了内存空间,也提高了内存的利用率。同样的道理,输入输出设备也从单道环境中的串行使用转化为多道环境下的并发执行,从而提高了输入输出设备的利用率。

③ 增加了系统的吞吐量。由于 CPU、内存、输入输出设备在多道环境下都忙碌了起来,必然大幅度提高系统的吞吐量,降低了作业运行的成本。

(2) 多道批处理操作系统有以下主要特征。

① 多道性。内存中同时驻留多道作业,使它们并发执行,提高了资源的利用率。

② 无序性。作业进入内存的顺序与各道作业的完成顺序无严格的对应关系。也就是说,先调入内存的作业可能较后或最后完成。

③ 调度性。从作业提交到完成,需要经过两次调度,即作业调度和进程调度。

2. 批处理操作系统的优缺点

批处理操作系统早在 20 世纪 60 年代就产生了,至今大多数大、中、小型机上仍然有配置,其旺盛的生命力表明它有一定的优点,具体如下所述。

1) 优点

(1) 资源利用率高。在多道批处理操作系统中,由于内存中装有多道程序,它们共享资源,保持系统中的资源处于忙碌状态,从而使各种资源得到充分的利用。

(2) 系统吞吐量大。系统吞吐量是指单位时间内所完成的总工作量。由于系统中的资源一直处于忙碌的状态,并且仅当作业完成或出错不能运行时操作系统才换另一个作业运行,系统的开销小。

2) 缺点

批处理操作系统也有一定的缺点,主要表现在以下两个方面。

(1) 平均周转时间长。作业的周转时间是指从作业进入系统开始直至其完成并退出系统为止所经历的时间。在批处理操作系统中,由于作业要排队,依次进行处理,因而作业的周转时间较长,通常要几个小时,甚至几天。

(2) 无交互能力。用户把作业提交后直到作业完成,都不能与自己的作业进行交互,这对于修改和调试程序极为不便。可能只是对程序中一个小错误的修改,也要用户等上几小时,然后才能知道程序的运行结果。

1.5.2 分时操作系统

1. 分时技术的引入

让用户通过控制台直接操作,控制自己程序的运行,是用户欢迎的一种工作方式,因为在这种方式下,用户可以向计算机发出各种控制命令,使系统按自己的意图控制程序的运行。另外,在程序的运行过程中,系统可以输出一些必要的信息,如报告程序的运行情况、操作结果等,以便让用户根据输出信息决定下一步的工作。

20世纪60年代产生了一种新的操作系统,这就是分时操作系统。在分时操作系统中,一个计算机和许多终端设备连接,每个用户可以通过终端向计算机发出命令,请求完成某项工作,而操作系统要分析从终端发来的命令,完成用户提出的要求,重复上述交互会话过程,直到用户完成预计的全部工作为止。

在分时操作系统中,计算机能够同时为多个终端用户服务,而且能在很短的时间内响应用户的要求。因为系统采用了分时技术,把处理机时间划分成很短的时间片轮流分配给各个联机用户程序使用,如果某个作业在分配给它的时间片用完之前程序还未执行完毕,该作业就暂时中断,等待下一轮继续执行,此时将处理机让给另一个作业使用。这样,每个用户的要求都能得到快速响应,给每个用户的印象是他独占着一台计算机。

2. 分时操作系统中要解决的关键问题

为了实现分时操作系统,必须解决一系列的问题,其中最关键的问题是如何使用户能与自己的作业交互,即当用户在自己的终端上输入命令时系统应能及时接收、处理该命令,并将处理结果返回给用户,接着用户可输入下一条命令,此即人机交互。应当强调的是,即使有多个用户同时通过自己的键盘输入命令,系统也应能全部及时接收并处理。

1) 及时接收

要及时接收用户输入的命令或数据并不困难,只需要在系统中配置一块多路卡。例如,当要在主机上连接8个终端时,需要配置8用户的多路卡。多路卡的作用是使主机能同时接收用户从各个终端上输入的数据。此外,还需要为每个终端配置一个缓冲区,用来暂存用户输入的命令。

2) 及时处理

人机交互的关键是用户输入命令后能及时地控制自己的作业运行或修改自己的作业。为此,各个用户的作业都必须在内存中,且应能频繁地获得处理机而运行;否则,用户输入的命令将无法作用到自己的作业上。为了实现人机交互,应该做到以下两点。

(1) 使所有用户作业都直接进入内存。

(2) 在不长的时间内,例如3s内,就能使每个作业都运行一次,这样方能使用户输入的命令获得及时的处理。

3. 分时操作系统的实现形式

分时操作系统在其历史发展过程中经历了从简单到复杂的过程,分时操作系统的实现形式有以下三种类型。

1) 单道分时操作系统

第一个分时操作系统CCTS是在20世纪60年代初由美国麻省理工学院建立的,它属于单道分时操作系统。其特点是内存中只驻留一个作业(程序),其他作业都放在外存上。每当内存中的作业运行一个时间片之后,便被调至外存(称为调出),再从外存上选一个作业装入内存(称为调入)并运行一个时间片,依此方法使所有作业都能在一规定的时间内轮流运行一个时间片,这样便能使所有用户都能与自己的作业交互。

由于单道分时操作系统只有一个作业驻留内存,在多个作业的轮流运行过程中,每个作业往往可能频繁地调进调出多次,系统开销大,系统的性能也较差。

2) 具有前台和后台的分时操作系统

在单道分时操作系统中,作业调进调出时 CPU 空闲,内存中的作业在执行输入输出时 CPU 也空闲。为了充分利用 CPU,引入了前台和后台的概念。

在具有前台和后台的系统中,内存被划分为前台区和后台区两部分,前台区存放按时间片调进、调出内存的作业流,后台区存放批处理作业。当前台调进、调出,或前台无作业可运行时,才运行后台区中的作业。

3) 多道分时操作系统

将多道程序设计技术引入分时操作系统中后,可在内存中存放多道作业,由系统将具备运行条件的所有作业排成一个队列,使它们依次获得一个时间片来运行。由于切换作业是在内存进行,不用调入、调出,所以程序的运行速度得到提高,多道分时系统具有较好的系统性能。现代的分时操作系统都属于多道分时操作系统。

4. 分时操作系统的特征

分时操作系统是操作系统的一种类型。它一般采用时间片轮转法,使一台计算机同时为多个终端用户服务。每个用户都能保证足够快的响应时间,并提供交互会话功能。分时操作系统与批处理操作系统的主要差别在于,所有用户都是通过联机终端直接与计算机交互,对自己的程序有一定的控制能力。

分时操作系统具有以下特征。

(1) 多路性。众多联机用户可以同时使用一台计算机,系统按分时原则为每个用户服务,也是同时性。宏观上,是多个用户同时工作,共享系统中的资源;而微观上则是每个用户轮流使用计算机。

(2) 独占性。由于分时操作系统采用时间片轮转法使一台计算机同时为多个终端用户服务,因此,客观效果是这些用户彼此之间感觉不到其他用户也在使用这台计算机,好像自己独占一台计算机一样。一般分时操作系统的响应时间控制在 3s 之内,用户就会感到满意,因为这时用户感觉不到等待。

(3) 交互性。交互性即用户和计算机之间进行会话,用户从终端输入命令,提出要求,系统收到命令后分析用户的要求并完成,然后把运算结果通过屏幕或打印机告诉用户,用户可以根据运算结果提出下一步的要求,直到完成全部工作。

(4) 及时性。用户请求能在很短的时间内获得响应,此时,时间间隔是以人们所能接受的等待时间确定的,通常为 2~3s。

需要说明的是,在一个具体的计算机系统中,往往配置的操作系统是结合了批处理能力和分时能力的。它以前/后台的方式提供服务,前台以分时方式为多个联机终端服务,当终端用户较少或没有终端用户时,系统采用批处理方式处理后台的作业。

1.5.3 实时操作系统

1. 实时操作系统的引入

早期的计算机基本是用于科学和工程问题的数值计算。在 20 世纪 50 年代后期,计算机开始用于生产过程的控制,形成实时操作系统。到了 20 世纪 60 年代中期,计算机进入第三代(集成电路时期),机器性能得到了极大的提高,整个计算机系统的功能大大增强了,计算机的应用领域越来越宽广,例如钢铁、纺织、制药生产的过程控制和航空航天系统中的实时控制。更为重要的是,计算机广泛用于信息管理(如仓库管理)、医疗诊断、网络教学、气象预报、地质勘探、图书检索、飞机订票、银行储蓄、出版编辑等。

实时操作系统是操作系统的又一种类型。对外部输入的信息,实时操作系统能够在规定的时间内处理完毕并做出反应。实时的含义是指计算机对于外来信息能够及时处理,并在被控对象允许的范围内做出快速反应。实时操作系统对响应时间的要求比分时操作系统更高,一般要求秒级、毫秒级甚至微秒级。

2. 实时操作系统的类型

将计算机应用到实时控制中,实现实时操作,即组成各种各样的实时操作系统。实时操作系统按使用方式的不同可以分成如下所述两类。

1) 实时控制系统

当把计算机用于生产过程的控制,形成以计算机为中心的控制系统时,系统要求能够实时采集现场数据,并对所采集的数据进行及时的处理,进而自动控制相应的执行机构,使某些参数能按预定的规律变化,以保证产品的质量和提高产量。类似地,也可将计算机用于武器的控制,如导弹的自动控制、飞机的自动驾驶等。

2) 实时信息处理系统

通常,要求对信息进行实时处理的系统称为实时信息处理系统。该系统由一台或多台主机通过通信线路连接成百上千台远程终端,计算机接收从远程终端发来的服务请求,根据用户提出的问题对信息进行检索和处理,并在很短的时间内为用户做出正确的回答。典型的实时信息处理系统有飞机自动订票系统、情报检索系统等。用户可通过终端向计算机提出某种要求,而计算机处理后通过终端将处理结果通知给用户。

3. 实时操作系统的特殊要求

实时操作系统除了应具备一般操作系统的功能外,还有一些特殊的要求,具体如下所述。

1) 高可靠性

实时操作系统一个重要的设计目标就是高可靠性。尤其在实时控制系统中,任何故障都可能造成难以弥补的损失。因此,在实时系统中,必须采用相应的硬件和软件容错技术来提高系统的可靠性。常用的技术之一是双工体制,即用两台相同的计算机并行运行,其中一台作为主机,实现实时控制或实时信息处理;另一台作为备用机,一旦主机出现故障,备用机可以接替其工作继续执行。

2) 过载防护

系统必须设置某种防护机构,以保证系统出现过载时仍能正常工作。当系统出现短暂的过载时,可通过配置适量的缓冲区予以平滑。当系统出现持续的过载时,要采取某种措施来防止超载。例如,一旦出现过载,可以采用拒绝新任务的方法,也可以抛弃一些不重要的任务,以保证重要的任务顺利完成。

3) 对截止时间的要求

实时操作系统因控制着某个外部事件,往往带有某种程度的紧迫性。要处理的实时任务有一些是呈周期性的实时任务,即按指定的周期循环执行,以便周期性地控制某个外部事件。有一些实时任务没有周期性,但必须有一个截止时间,它又分为开始截止时间和完成截止时间。开始截止时间要求必须在某时间以前开始执行指定的操作,完成截止时间要求某任务必须在某时间以前完成。

4. 实时操作系统与分时操作系统的比较

分时操作系统具有的多路性、独立性、及时性和交互性这四大特征,实时系统也同样具备,另外,实时操作系统对可靠性的要求比较高。下面从这五个方面对分时操作系统和实时操作系统做一个比较。

(1) 多路性。实时信息处理系统与分时操作系统一样具有多路性。操作系统按分时原则为多个终端用户提供服务。而实时控制系统的多路性主要表现在经常对多路的现场信息进行采集以及对多个对象或多个执行机构进行控制。

(2) 独立性。不管是实时信息处理系统还是实时控制系统,与分时操作系统一样具有独立性。每个终端用户在向实时操作系统提出服务请求时,是彼此独立地工作,互不干扰。

(3) 及时性。实时信息处理系统对及时性的要求与分时系统类似,都以人们能够接受的等待时间来确定。而实时控制系统则对及时性要求更高,是以控制对象所要求的开始截止时间或完成截止时间来确定的,一般为秒级、几百毫秒级、毫秒级,甚至有的要求低于几百微秒。

(4) 交互性。实时信息处理系统具有交互性,但人与系统的交互仅限于访问系统中某些特定的专用服务程序。它不像分时操作系统那样向终端用户提供数据处理、资源共享等服务。实时控制系统的交互性要求系统具有连续人机对话的能力,也就是说,在交互的过程中要对用户的输入有一定的记忆和进一步推断的能力。

(5) 可靠性。分时操作系统虽然也要求具有可靠性,但相比之下,实时操作系统则要求系统高度可靠。因为任何差错都可能造成巨大的经济损失,甚至产生无法预料的后果。因此,在实时操作系统中,都要采取多级容错措施,来保证系统及数据的安全性。

1.5.4 微机操作系统

大规模集成电路的应用促进了微机的产生,配置在微机上的操作系统称为微机操作系统。按微机的内部地址长度,微机操作系统可分为 8 位、16 位、32 位和 64 位。

微机操作系统中有单任务的、多任务的,有单用户的,也有多用户的。单任务操作系统就是只允许用户执行一个单一的任务(做一件事情);多任务操作系统可以支持用户同时执行多个任务(做多件事情)。单用户操作系统是指在一台计算机上只能有一个终端用户;多用户的操作系统支持多个终端用户同时使用一台计算机。

下面简单介绍几个有代表性的微机操作系统。

1. CP/M 操作系统

CP/M 是 Control Program Monitor 的缩写,设计人是 Gray Kildall,它是在 1975 年由 Digital Research 公司率先推出的。CP/M 是一个单用户单任务的操作系统,是一个带有软盘系统的 8 位机操作系统,配置在以 Intel 8080、8085、Z80 芯片为基础的微机上,如 TRS-80 Mode I。1979 年,带有硬盘功能的 CP/M 2.2 版本推出,由于 CP/M 具有较好的层次结构、可适应性、可移植性及易学易用性,使之在 8 位微机中占据了统治地位,成为事实上的 8 位微机操作系统的标准。

1981 年推出的 CP/M-86 是 16 位微机上的一个单用户、单任务的操作系统,可以在 IBM PC 上运行。

2. MS-DOS 操作系统

DOS 是 Disk Operation System 的缩写。MS-DOS 是美国 Microsoft 公司的产品,主设计人是 Tim Paterson。1981 年 10 月 MS-DOS 1.0 版本诞生。此时 IBM 公司正在推出其个人

计算机产品 IBM-PC,因此 IBM 公司和 Microsoft 公司签署协议,使用 MS-DOS 作为 IBM-PC 个人计算机上的操作系统,并更名为 PC-DOS。于是 DOS 操作系统与 IBM-PC 一起推出。最初的 MS-DOS 与 PC-DOS 除了文件名不同外没有什么区别,二者的版本号也是基本对应的。20 世纪 90 年代之后,两公司在发展策略上有一些分歧,PC-DOS 停止了新版本的更新,只有 MS-DOS 又推出了 5.0 版本,之后推出了 6.0 和 6.2 版本。

MS-DOS 是 IBM PC 系列计算机及其各种兼容机的主流操作系统,拥有 6000 万的用户,普及程度远远超过其他操作系统,成为 16 位微机上的标准操作系统。

MS-DOS 成功的原因首先在于它的发展策略正确。它总是不断推出新版本,增添新功能以支持不断更新的硬件,从而满足用户的新需求;同时,新版本兼容老版本,绝不抛弃老用户。MS-DOS 取得巨大成功的另一个原因在于它最初的设计思想及其追求的目标是正确和恰当的,那就是为用户的上机操作和应用软件开发提供良好的外部环境。首先是用户可以非常方便地使用几十个 DOS 命令,或以命令行的形式直接输入,或在 DOS 4.0 以上的版本用 DOS Shell 菜单驱动完成上机所需的一切操作;其次,用户可以用汇编语言或 C 语言来调用 DOS 支持的十多个中断功能和上百个系统调用。而且,用户通过 DOS 提供的服务功能所开发的应用程序具有代码清晰、简洁和实用性强等优点。

尽管 DOS 发展到 4.0 以后具有多任务的特性,但其能力有限。所以,DOS 最终仍是基于单用户、单任务的操作系统。其在内存管理上采用的是静态分配。DOS 内核的不可重入性、I/O 控制和修改中断向量缺乏自我保护等方面都存在缺陷。最主要的局限在于 80286、80386、80486 及 Pentium 等各类微机在 DOS 下工作在实模式上,未能发挥 80286、80386、80486 及 Pentium CPU 保护模式的优异性能。换句话说,DOS 仍是基于 8086/8088 的操作系统,因此作为 80286、80386、80486 及 Pentium 等高档微机的操作系统,DOS 面临着单用户、多任务操作系统 OS/2、Windows 及多用户、多任务操作系统 UNIX 的巨大挑战。在 Windows 95 推出后,Windows 95 的命令行用户界面采用的是 DOS 7.0,这也是 DOS 的最后一个版本。随着 Windows 95 的普及,DOS 在 20 世纪 90 年代以后逐渐退出历史舞台。

3. OS/2 操作系统

1987 年 4 月,在 IBM 公司宣布下一代个人计算机系统 PS/2(Personal System)的同时,又发表了 OS/2。OS/2 是个人计算机上配置的单用户、多任务操作系统,不仅可运行于 PS/2 的 50、60、80 机型上,也可以运行在 IBM PC/AT 机及其各种 80286、80386 的兼容机上。

OS/2 的第一个版本是 1.0,它支持多任务,属于 16 位微机的操作系统。它仍使用命令行的输入方式,没有图形和窗口功能。其在 OS/2 1.0 的基础上增加了表示层管理程序,并具有图形和窗口功能,成为 OS/2 1.1 版。之后,IBM 公司又推出了 OS/2 1.2 版(标准版),它是 OS/2 的 2.0 版,是针对 Intel 80386 开发的,它充分利用了 80386 微处理机的性能,是一个 32 位的版本,支持多个虚拟 DOS 机。

OS/2 的引入主要有两方面的原因,一个是 MS-DOS 的某些局限性,妨碍了它的进一步发展;另一个原因就是 Intel 80286 的出现,该处理机不仅性能优良,且能运行所有在 8086 处理机下编写的程序。也就是说,硬件的发展促使新的、能充分发挥硬件功能的操作系统软件的产生,而 MS-DOS 的局限性使其难以担当此重任,因此新的操作系统出现的时机已经到了。

虚拟内存管理是 OS/2 的主要特征之一。它打破了 640KB 内存工作区的限制,应用程序可以访问 16MB 的地址空间。它使用的是请求段式内存管理方案,利用段的换进、换出在内存和硬盘之间移动程序和数据。代码共享和动态链接是它的请求段式内存管理方案带来的最大优势。OS/2 的 2.X 版是建立在 Intel 80386 基础上的,支持的最大物理内存达到 4GB,它不仅分段,也支持分页,即将一个段分成若干个页,每页的大小通常是 4KB,通过请求调页机制实现虚拟存储器。

OS/2 使用完全先进的多任务方式,它为每个任务分配一个优先级,且每个任务轮流执行一个时间片。每个任务的优先级有时间临界、一般和空闲三个级别。时间临界优先级分配给那些若在指定时间内不及时响应就会失败的程序,大多数应用程序运行在一般优先级上,只有当系统中没有可运行的其他任务时才被运行的应用程序具有空闲优先级。OS/2 使用管道、队列、共享存储区和信号量等多种形式来实现进程之间的通信。OS/2 的多任务能力是完善和先进的。

OS/2 的文件系统与 MS-DOS 3.X 版本的文件系统兼容,二者都采用层次式目录结构、相同的文件名命名方法和相同的文件格式。OS/2 在功能的实现技术上做了如下所述一些改进。

(1) 磁盘的划分。最初的 OS/2 版本对磁盘的划分是将整个磁盘划分成若干个卷,每个卷的容量限制在 32MB 以下,以便与 MS-DOS 兼容。但在之后的版本中,卷的容量可以大于 32MB。

(2) 异步输入输出。当进程请求 I/O 时,OS/2 允许进程在启动 I/O 后立即返回去执行其后继的操作,不必等待 I/O 完成后才返回。

(3) 增加了数据缓冲区的容量。在 MS-DOS 和 OS/2 中,每个标准磁盘盘块的大小是 512B,磁盘数据缓冲区的大小也应是 512B 或它的整数倍。但 MS-DOS 运行的最大缓冲区的大小是 4KB,而 OS/2 则扩大为 64KB。

(4) 文件共享。由于 OS/2 是多任务的操作系统,所以它提供了多个线程或多个进程共享同一文件的功能。

OS/2 向用户提供的应用程序接口(Application Program Interface,API)是一组功能很强的系统调用。一般情况下,用户必须通过 API 使用系统资源。只有当用户申请并获得 I/O 特权后,方可直接控制 I/O 设备。

OS/2 的表示管理(Presentation Manager)是用户与应用程序交互作用的外壳。OS/2 具有清晰的用户界面,OS/2 的窗口功能比较齐全,允许用户建立和删除窗口,允许用户定义窗口的位置、大小以及观察多个作业的运行情况,还可以在窗口之间传送数据。在 OS/2 的支持下,可以绘制各种高质量的图形,也可以进行图像处理。OS/2 不用屏幕设备驱动程序,而用三个动态链接的程序包向屏幕、鼠标和键盘提供高性能、与设备无关的接口。OS/2 的窗口表示管理程序的图形程序设计接口部分,提供了 300 多种不同性能的基本程序,以让用户方便地使用绘图功能。由于 OS/2 具有强大的绘图支持能力,又称为面向图形处理的操作系统。

OS/2 支持 DOS 兼容环境,大多数 DOS 应用程序可运行在 OS/2 的 DOS 方式下。

4. UNIX 操作系统

UNIX 是一个多用户、多任务的分时操作系统。最早是在 1969 年由美国电话和电报公司(AT&T)贝尔实验室(Bell Lab)的 Ken Thompson 和 Dennis Ritchie 两个人在 DEC 公司的 PDP-7 上设计实现的。从 1969 年至今,它不断地发展、演变,并被广泛应用于超级小型机、小型机、大型机甚至超大型机。20 世纪 80 年代以来,其又凭借性能的完善和可移植性,在微机上日益流行起来。UNIX 名扬计算机界,众多用户争先恐后地使用它。由于 UNIX 的巨大成功和它对计算机科学所做出的贡献,两位主设计人 Ken Thompson 和 Dennis Ritchie 曾获得了国际计算机界的"诺贝尔奖"——ACM 图灵奖。

UNIX 系统取得巨大成功的根本原因在于 UNIX 本身的性能和特点。正如图灵奖评选委员会对 UNIX 的评价指出的那样:"UNIX 系统的成功在于它对一些关键思想所作的恰如其分的选择和精悍的实现。UNIX 系统关于程序设计的新思想方法成了整整一代软件设计师的楷模。UNIX 为程序员提供了一种可以利用他人工作成果的机构。"

具体地说,UNIX 系统有以下特点。

(1) 内核短小精悍,与核外程序有机结合。UNIX 系统在结构上分成两层,为内核程序和核外程序。内核心包括进程管理、存储管理、设备管理和文件管理。UNIX 系统内核设计得非常精巧,合理的取舍使之提供了最基本的服务。核外程序充分利用内核的支持,向用户提供大量的服务,甚至终端命令解释程序也放在了核外程序层,核外程序与用户的程序被一样看待,它们都作为文件被保存在文件系统中,把常驻内存的内核和不必常驻内存的核外程序分开而又有机地结合,不仅使核心短小精悍,便于使用和维护,也使 UNIX 用户能不断把一些优秀程序加到核外程序层中去,使 UNIX 系统便于扩充。

(2) 采用树形结构的文件系统。文件分成普通文件、目录文件和特殊文件。一个文件系统保持有一个根目录,其下可能有若干文件和目录,每个目录下都可以拥有若干个文件或子目录。这样的文件组织方式不仅便于对文件进行分类和查找,而且容易实现文件的保护和保密。UNIX 系统还允许用户在自己的可装卸的文件存储器设备上建立一个子文件系统,并把它连接到原有文件系统的某个末端节点上,从而形成一棵子树。当用户不用它时,还可以把此子文件系统卸下来。

(3) 把设备如同文件一样看待。对于系统中所配置的每一种设备,包括磁盘、磁带、终端、打印机、通信线路等,UNIX 都有一个特殊的文件与之一一对应。用户可使用普通的文件操作手段对设备进行 I/O 操作。例如用户可用文件复制命令把磁盘中的某个文件复制到打印机这一特殊的文件上,从而由打印机输出这个文件的内容。特殊文件与普通文件在用户面前有相同的语法和语义,使用相同的保护机制,这既简化了系统设计,又便于用户使用。

(4) UNIX 是一个真正的多用户、多任务的操作系统。系统初启时,引导程序把系统内核放入内存低地址的 48KB 内。然后经过内部的初启程序为系统建立进程 0 和进程 1。进程 0 是所有进程的祖先,也是系统中唯一的核心态进程,它负责把磁盘上准备运行的进程换入内存,所以有时也把它称为对换进程。进程 1 负责为每个终端建立一个进程,执行 Shell 解释程序。每个终端的 Shell 解释进程等待用户输入命令,一旦有用户输入命令,就要对其进行分析,并为之建立一个子进程来执行这个命令,命令执行完,相应的子进程即被撤销。用户还可以指定一个命令在后台运行,同时在前台执行其他命令。

(5) UNIX 向用户提供了一个良好的使用界面。该用户界面包括两种界面,一种是用户在终端上使用命令与系统进行交互作用的界面;另一种是面向用户程序的界面,称为系统调用。

UNIX 系统的用户界面就是操作系统的外壳(Shell)。Shell 既起着命令解释程序的作用,同时又是一种程序设计语言,具有许多高级语言所具备的复杂控制结构与变量运算功能,因此也可用来编写程序,即所谓的 Shell 编程。

所谓系统调用,是指操作系统内核提供诸如文件读写、设备 I/O 操作、进程控制等功能的子程序,用户程序通过一些特殊的指令调用这些子程序,从而访问系统的各种软、硬件资源并取得操作系统的服务。UNIX 不仅在汇编语言级,而且还在 C 语言一级中提供了系统调用的手段,这给程序设计带来了很大的方便。

(6) 良好的可移植性。与完全用汇编语言写成的 MS-DOS 不同,UNIX 系统的全部系统实用程序以及内核程序的 90% 都是用 C 语言书写的。由于 C 语言编译程序有着良好的可移植性,因此用 C 语言书写的 UNIX 操作系统也具有良好的可移植性。这不仅意味着 UNIX 系统易于从一种硬件系统移植到另一种硬件系统,而且在某一种硬件系统上开发的 UNIX 应用程序也易于移植到其他配置了 UNIX 的系统上去。这些正是 UNIX 系统得以普及和取得成功的重要原因之一。

UNIX 系统的各种版本比较多。AT&T 公司从 1970 年到 1978 年不断改进并推出了 UNIX V1~V7 版本,从 1981 年发表 UNIX System Ⅲ 开始,UNIX 不再使用版本号的排列,而改为按系统号(System)排列,1989 年推出了 UNIX System V 的 4.0 版。UNIX 系统发展的另外一个系列是由美国加利福尼亚大学伯克利分校开发的,它们分别是 BSD 1.0、BSD 2.0,直到 1983 年的 BSD 4.2。

进入 20 世纪 80 年代以来,UNIX 进入了微型计算机市场。1980 年,Microsoft 公司在 UNIX V7 的基础上根据微机的特点对 UNIX 进行了修改和扩充,这就是 XENIX 系统。1983 年,Microsoft 公司又在 UNIX System Ⅲ 的基础上改写了 XENIX,发表了 XENIX 3.0。1984 年,随着 IBM PC/AT 机的推出,Microsoft 发表了 PC/AT XENIX 1.0。1986 年,Microsoft 公司根据 UNIX System V 发表了 PC/AT XENIX V。1987 年,AT&T 公司和 Intel 公司联合推出 UNIX System VRelease 3,与此同时,Microsoft 公司也发表了 XENIX V/386。后来,AT&T 和 Microsoft 公司又联合推出了 UNIX System VRelease 4。

XENIX 与 UNIX 内核差别比较大,核外差别比较小。从用户使用的角度看,Shell 命令解释程序、基本命令和主要实用程序的用法几乎完全一样。所以 XENIX 是在微机上能够运行的 UNIX,二者在本质上没有多少不同。目前微机上运行的 UNIX 版本有 SCO UNIX、Linux 等。

5. Linux 操作系统

Linux 正以势不可当的态势迅猛发展,其前景是极为广阔的。Linux 本质的特点是其自由性和开放性。自由意味着全世界范围内知识共享,而开放则意味着 Linux 对所有人都敞开大门。Linux 内核源代码的开放给希望研究操作系统内部世界的人提供了条件,让喜欢迎接挑战的人们可以充分地检验自己的勇气和耐力。

Linux 是在微机上比较成功的类 UNIX 操作系统。1984 年,Richard Stallman 独立开发出一个类 UNIX 的内核。之后,芬兰学生 Linus Torvalds 于 1991 年基于 Intel 80386 开发了 Linux 操作系统。Stallman 的理想就是"开发出一个质量高而自由的操作系统"。为此他创立了自由软件基金会,Linux 在加入自由软件组织后,经过 Internet 上全体开发者的共同努力,已成为能够支持各种体系结构(包括 Alpha、SPARC、PowerPC、MC680x0、IBM System/390 等)的具有很大影响的操作系统。

Linux 具有以下特点。

(1) 与 UNIX 兼容。Linux 具有 UNIX 的特性,遵循 POSIX 标准。UNIX 的所有主要功能在 Linux 中都有相应的工具或应用程序。Linux 系统使用的命令多数都与 UNIX 命令在名称、格式、功能上相同。

(2) 自由软件。Linux 与 GNU 项目紧密结合,它的许多重要组成部分直接来自 GNU 项目。由于它的源代码是公开的,激发了世界范围内热衷于计算机事业的人们的创造力。通过

Internet，Linux 得到了广泛的传播。

（3）便于定制和再开发。由于 Linux 源代码开放，任何人都可以根据自己的需要重新编译内核，以适应自己的需要。Linux 带有内核编译工具，给用户裁剪、修改内核提供了方便。

（4）多任务。Linux 是一个真正的多任务操作系统，它设计之初工作在 Intel 80386 及以上的 Intel 处理机的保护模式下，因此它支持 32 位及以上的处理机，Linux 还支持多种硬件平台。

6．Windows 操作系统

Windows 的最大吸引力是它的图形用户界面。图形用户界面的起源是美国 Xerox 公司，该公司的著名研究机构 PARC(Palo Alto Research Center)于 1981 年推出了第一个商用的图形用户接口(Graphic User Interface，GUI)系统 Star 8010 工作站。紧接着，苹果公司也看到了 GUI 的重要性和广阔的市场前景，开始着手研制自己的 GUI 系统，并于 1983 年研制成功了 Apple Lisa。随后不久，苹果公司又推出了 Apple Macintosh，这是世界上第一个成功的商用 GUI 系统。

1) Windows 的产生

Microsoft 公司早在 1981 年就在公司内部制订了发展 GUI 的计划，1983 年，Microsoft 公司决定把这一计划命名为 Microsoft Windows，并向外界宣布提出 Windows。但是一直到 1985 年 11 月 Microsoft 公司才正式发布 Windows 1.0。应该特别说明的是，Microsoft 公司的 Windows 的早期版本不能称得上是一个操作系统，它是基于 DOS 的。Windows 1.0 和 Windows 2.0 是基于 Intel X86 微处理机芯片的，由于硬件和 DOS 操作系统的限制，这两个版本没有取得成功。Windows 3.0 版本对内存管理、图形用户界面做了重大的改进，使图形用户界面更加美观，并支持虚拟内存管理。Windows 3.1 对 Windows 3.0 版本做了一些改进，引入了可缩放的 TrueType 字体技术，还引入了一种新的文件管理程序，改进了系统的可靠性。

2) Windows 95

Windows 95 又名 Chicago，是 Microsoft 公司推出的能独立运行的操作系统。它是一个真正意义上的操作系统，不需要 DOS 的支持，可以直接安装在裸机上。Windows 95 在 Windows 操作系统的发展历史上是一个重要的产品。Windows 95 采用 32 位处理技术，还兼容以前的 DOS 程序，在 Windows 的发展历史上起到了承前启后的作用。

3) Windows NT

Windows NT 设计之初，其任务非常明确，就是要开发一种个人计算机上的操作系统，满足个人计算机发展的需要，具体设计目标包括鲁棒性、可扩展性和可维护性、可移植性、高性能及兼容 POSIX 并满足 C2 安全标准。

另外，为了适应网络发展的需要，Windows NT 设计成客户端/服务器方式的网络操作系统，Windows NT 提供了两个产品，即运行于服务器上的 Windows NT Server 和运行于客户端上的 Windows NT Workstation。

4) Windows 2000

Windows 2000 是个人计算机上的商务操作系统，该平台建立在 Windows NT 的技术之上，具有高可靠性。它通过简化系统管理降低了操作耗费，是一种小到移动设备、大到电子商务服务器都适用的操作系统。

Windows 2000 有四种产品，即 Windows 2000 Professional、Windows 2000 Server、Windows 2000 Advanced Server、Windows 2000 Datacenter Server。其中，Windows 2000 Professional 是 Windows NT Workstation 的新版本；Windows 2000 的服务器版本有三个，其

中 Windows 2000 Server 用于工作组和部门服务器；Windows 2000 Advanced Server 用于应用程序服务器和更强劲的部门服务器；Windows 2000 Datacenter Server 用于运行核心业务的数据中心服务器系统。

5）Windows XP

2001年推出的 Windows XP 是一个把消费性操作系统和商业性操作系统融合在一起的 Windows 操作系统。它结束了两条腿走路的历史，是既适合家庭用户，又适合商业用户使用的新型 Windows 操作系统。Windows XP 有三个版本，有两个是对应家庭用户和商务用户需求的 Windows XP Home Edition 和 Windows XP Professional；第三个是面向那些从事复杂科学研究、高性能设计与工程应用程序开发或三维动画生成环境，有64位的 Windows XP 64Bit Edition。

6）Windows Vista

2007年10月，Windows Vista 发布。Windows Vista 的主要改进在于优化了 Windows XP 的视觉效果和少量系统核心功能。微软在该系统上首次引入了 Aero 半透明视觉效果、UAC 系统安全机制及增强的开始菜单搜索。同时，微软还改进了一些系统内置应用，包括邮箱、日历、DVD Maker 及图片库等。UAC 安全机制让不少 Windows 老用户感到极为不适，加之新系统对计算机硬件有较严苛的要求，因此 Vista 的普及过程十分缓慢。而且也有不少用户对该系统的稳定性和兼容性提出质疑。

7）Windows 7

2009年10月，Windows 7 发布。Windows 7 在上一代产品的基础上对界面进行了更多优化，并就用户对 Windows Vista 所提出的问题进行了改善。从视觉效果来看，Windows 7 在任务栏上首次引入标签功能，即用户可将某一应用"钉"在任务栏，并能通过鼠标悬放预览非激活状态下的应用程序的运行情况。Windows 7 的受欢迎程度大幅好于 Windows Vista。

8）Windows 8

2012年10月，Windows 8 发布。Windows 8 开始的设计是应对触屏控制的日趋流行，因此微软颠覆了 Windows 一贯的界面和操作习惯，首次推出曾被称为 Metro 的开始界面风格。新系统中包括照片、视频、邮件和音乐等内置应用都对触屏操控做了优化，此外，微软还为 Windows 8 特别增加了一个应用下载在线商城。Windows 8 并没有放弃兼容和兼顾传统的 Windows 应用及用户习惯。标准版 Windows 8 保留了近似 Windows 7 的传统桌面，除缺少开始键外，桌面在外观和使用上与 Windows 7 无异。为兼顾低功耗平板电脑市场，微软特别开发了支持 ARM 架构芯片的 Windows 8 RT 操作系统，在界面和操作上与标准版 Windows 8 无异，但传统的 Windows 应用程序无法被安装至该操作系统中。

9）Windows 10

Windows 10 于2015年7月29日正式发布，是微软发布的最后一个独立 Windows 版本。Windows 10 操作系统在易用性和安全性方面有了极大的提升，除了针对云服务、智能移动设备、自然人机交互等新技术进行融合外，还对固态硬盘、生物识别、高分辨率屏幕等硬件进行了优化完善与支持。

7. Mac OS X

Mac OS 是苹果公司为 Mac 系列产品开发的专属操作系统。Mac OS 是苹果 Mac 系列产品的预装系统，处处体现着简洁的宗旨。

Mac OS 是全世界第一个基于 FreeBSD 系统采用面向对象设计技术的全面的操作系统。面向对象操作系统是史蒂夫·乔布斯(Steve Jobs)于 1985 年被迫离开苹果后成立的 NeXT 公司所开发的。后来苹果公司收购了 NeXT 公司,史蒂夫·乔布斯重新担任苹果公司 CEO,Mac 开始使用的 Mac OS 系统得以整合到 NeXT 公司开发的 Openstep 系统上。

2000 年 9 月,苹果公司推出了 Mac OS X Public Beta,2001 年 3 月推出了 Mac OS X 10.0 Cheetah,同年 9 月,Mac OS X 10.1 Puma 推出。2002 年 8 月,苹果公司接着推出 Mac OS X 10.2 Jaguar,同年 10 月,Mac OS X 10.3 Panther 推出。在 2005 年 4 月举办的苹果全球开发者大会上,苹果公司正式发布 Mac OS X 10.4 Tiger。Mac OS X 10.5 Leopard 是 2006 年 8 月 7 日的世界开发者大会中所发布的。Mac OS X 10.6 Snow Leopard 于 2008 年 6 月在 WWDC 上由苹果 CEO 史蒂夫·乔布斯宣布发布,2009 年下半年推出。2010 年 10 月,苹果发布了 Mac OS X 10.7 系统,苹果还对全系列的 iLife 系列软件进行了更新。MAC OS X 10.8 Mountain Lion 于 2012 年 7 月 MAC 发布,MAC OS X 10.9 Mavericks 于 2013 年 6 月发布。MAC OS X 10.9 Mavericks 是首个不使用猫科动物命名的系统,而转用美国加州的景点名。

Mac OS X 以人为本,最大的特点是漂亮、设置简单、稳定性强、易用。它的全 64 位技术、强大的图像处理功能、多核编译功能受到许多使用者的青睐。

1.5.5 多处理机操作系统

1. 多处理机操作系统的引入

计算机发展了五六十年的历史表明,提高计算机性能的主要途径有两条,一是提高计算机系统元器件的运行速度;二是改进计算机系统的体系结构。早期的计算机系统基本上都是单处理机系统。进入 20 世纪 70 年代后,出现了多处理机系统(Multiprocessor System,MPS),试图从计算机体系结构上来改善系统性能。而引入多处理机系统的原因可归结为以下几方面。

(1) 增加系统的吞吐量。系统中的处理机数目增多,可使系统在一较短的时间内完成更多的工作。但是,为了使多台处理机能协调地工作,系统必须为此付出一定的开销,因此利用 N 台处理机运行时所获得的加速比达不到 N 倍。

(2) 节省投资。在达到相同处理能力的情况下,与用 N 台独立的计算机系统相比,采用具有 N 个处理机的系统,可以节省费用。这是因为 N 个处理机被装在一个机箱内,并且用同一电源和共享一部分资源,如外部设备、内存等。

(3) 提高系统的可靠性。在多处理机系统中通常都具有系统重构的功能。即当其中任何一台处理机发生故障时,系统能立即将该处理机上处理的任务迁移到其他一个或多个处理机上去处理,整个系统仍能正常工作,只是系统的性能略有降低。例如,对于一个含有 10 个处理机的系统,当其中一个处理机出现故障时,系统的性能大约会降低 10%。

2. 多处理机操作系统的类型

多处理机系统中配置的多处理机操作系统可分成两种模式,即非对称多处理机模式和对称多处理机模式。

(1) 非对称多处理机模式(Asymmetric Multiprocessing Model)又称为主—从模式。在这种模式中,处理机分为主处理机和从处理机两类。主处理机只有一个,其上配置了操作系统,用于管理整个系统的资源,并负责为各个从处理机分配任务。从处理机可以有多个,它们执行预先规定的任务,及由主处理机所分配的任务。早期的大型系统中较多采用这种主—从模式的多处理机操作系统。一般地说，主—从模式的操作系统易于实现，但资源利用率比较低。

（2）对称多处理机模式(Symmetric Multiprocessing Model)下，通常所有处理机都是相同的，在每个处理机上都有一个操作系统，且每个处理机上的操作系统是相同的。操作系统用来管理本地资源，控制进程的运行以及各个处理机之间的通信。这种模式的优点是允许多个进程同时运行。例如，若系统中有 N 个处理机，可同时运行 N 个进程而不会引起系统性能的恶化。然而，必须小心地控制输入输出，以保证能将数据送至适当的处理机。同时，还必须注意使各个处理机的负载平衡，以免有的处理机超载运行，而有的处理机却空闲。

1.5.6 网络操作系统

1. 计算机网络的产生

随着微电子技术的发展，微型计算机的功能越来越强，价格越来越便宜，即价格/性能比迅速下降。微型计算机和相应的外部设备配置在一起构成了微型计算机系统，它的功能和原有的小型机相当，甚至接近中型机。这样的系统用于完成某一方面的工作，如工厂的库存记录、生产监视、工资和账单的计算管理等，都是十分方便的。但是，单个微机系统的资源，特别是软件资源是有限的，所以它的性能也是有限的。例如，当需要建立一个大型数据库时，微机就有困难；又如，要对一个大型程序进行高速计算，微机也显得力不从心。然而，这些功能在一个较大型的计算机系统中一般都具备。那么，微机用户能否很方便地使用大型机的资源呢？

计算机技术和通信技术的结合使得资源共享和计算能力分散的愿望成为可能，这两种技术的结合已经对计算机的组成方式产生了深远的影响。计算机中心的概念迅速变得陈旧起来，计算机系统的模式面临着更新。在这种新模式中，计算任务是由大量分立而又互相连接的计算机来完成的，某一台计算机上的用户可以使用其他计算机系统上的资源。这就引出了计算机网络的概念。计算机网络就是利用通信线路，将分散在不同地点的一些独立自治的计算机系统相互连接起来，按照网络协议进行数据传输及通信，实现资源共享的计算机系统的集合体。这里有两点非常重要，就是独立自治和互连。独立自治指计算机网络中的各个计算机是平等的，任何一台计算机都不能强制性地启动、停止或控制另一台计算机。互连指的是两台计算机之间能彼此交换信息，这一连接不一定必须有线，也可以采用微波和地球卫星来实现。

在计算机网络中，所有程序、数据和其他资源可被网络上任一个用户使用，而不必考虑资源与用户的物理位置，还能实现负载均衡，即网络内某台计算机的负载过重时，其他计算机可以分担。

计算机网络使用户能够突破地域条件的限制使用远端的计算机，并借助网络相互交换情报、消息、文件，从而大大扩展了计算机的应用范围。

2. 网络操作系统的模式

计算机网络产生后，管理和控制计算机网络的网络操作系统也相应产生了。网络操作系统有以下两种模式。

1) 客户端/服务器模式(Client/Server)

该模式是在 20 世纪 80 年代发展起来的，目前仍然是一种广为流行的网络工作模式。

网络上的各个计算机称为节点，在客户端/服务器模式中，有两种形式的节点，就是服务器节点和客户端节点。

（1）服务器是网络的控制中心，其任务是向客户端提供一种或多种服务。服务器可以有多种类型,如提供文件服务的文件服务器、提供打印服务的打印服务器及提供数据库功能的数据库服务器等。服务器中包含有大量的服务程序和服务支撑软件。

(2) 客户端是用户本地处理和访问服务器的计算机节点。客户端中包含本地处理软件和访问服务器上的服务程序的软件接口。

客户端/服务器模式具有分布处理和集中控制的特征。

2) 对等模式(Peer to Peer)

采用对等模式操作系统的计算机网络中,各个节点是对等的。即每台计算机在网络中的功能和地位是相同的,每一个节点既可以作为客户端去访问其他节点,又可以作为服务器向其他节点提供服务。在网络中,既无服务处理中心,也无控制中心。换句话说,网络服务和控制功能分布于各个节点上。可见,该模式具有分布处理及分布控制的特征。

3. 网络操作系统的功能

任何没有配置网络软件的计算机网络系统都是难以使用的。计算机网络产生后,为了方便用户使用计算机网络,实现用户通信和资源共享,并提高计算机网络的利用率和吞吐量,必须在计算机网络上增加一种软件,以完成上述功能,因此,网络操作系统应运而生。网络操作系统应具有下述五个方面的功能。

(1) 网络通信。这是计算机网络最基本的功能,其任务就是在源计算机和目标计算机之间实现无差错的数据传输。

(2) 资源共享管理。对网络中的共享资源(硬件和软件)实施有效的管理,协调各个用户对共享资源的使用,保证数据的安全性和一致性。在局域网中,典型的共享资源有硬盘、打印机、文件和数据。

(3) 网络服务。在前面两个功能的基础上为了方便用户而直接向用户提供的多种有效的服务,主要有电子邮件服务、文件传输、文件存取、文件管理服务、共享硬盘服务及共享打印机服务。

(4) 网络管理。网络管理最基本的任务是安全管理,通过存取控制来确保存取数据的安全性;通过容错技术来保证系统出现故障时数据的安全性;此外,还要对网络性能进行监视,对网络使用情况进行统计,以便为提高网络性能提供必要的信息,如进行网络维护和记账等。

(5) 互操作能力。20世纪80年代后期推出的操作系统都已提供了联网功能,以便于将微机连接到网络上。20世纪90年代推出的网络操作系统又提供了一定的互操作能力。所谓互操作有两方面的含义,一是在客户端/服务器模式下的局域网络环境中,指连接在服务器上的多种客户端和主机,不仅能与服务器通信,而且还能以透明的方式访问服务器上的文件系统;二是在互联网络环境下的互操作,指不同网络间的客户端不仅能通信,而且也能以透明的方式访问其他网络中的文件服务器。

1.5.7 分布式操作系统

1. 分布式操作系统简介

一组相互连接并能交换信息的计算机形成了计算机网络。计算机网络中的计算机之间可以相互通信,任何一台计算机上的用户都可以共享网络中其他计算机上的资源。但是,计算机网络并不是一个一体化的系统,它没有标准的、统一的接口。网络上的各个节点计算机有各自的系统调用命令和数据格式等,如一台计算机上的用户希望使用网络上另一台计算机上的资源,它必须指明是哪个节点上的哪台计算机,并以哪台计算机的命令、数据格式来请求服务才能实现。另外,为了实现一个共同的任务,分布在不同计算机上的各合作进程的同步协作也难以自动实现。因此,计算机网络的功能对用户来说是不透明的,存在的主要问题有以下几方面。

(1) 网络上的不同计算机中,对某一种计算机所编写的程序如何在另一类计算机上运行。

(2) 在具有不同数据格式、字符编码的计算机之间如何实现数据共享。

(3) 解决分布在不同计算机上的诸多进程自动同步和合作问题。

另外,大量的实际应用要求有一个完整的一体化系统,而且又具有分布处理的能力。如在分布事务处理、分布数据处理、办公自动化系统等实际应用中,用户希望以统一的界面、标准的接口去使用系统的各种资源,去实现所需要的各种操作。这就导致了分布式操作系统的产生。

一个分布式操作系统是由若干个计算机经互联网连接而形成的系统,这些计算机都有自己的局部存储器和输入输出设备,它们既可以独立工作,有高度的自治性,又相互协同合作,能在系统范围内实现资源管理、动态分配任务,并能并行运行分布式程序。

分布式操作系统的基础可以是一个计算机网络,因为计算机之间的通信是经由通信链路的消息交换完成的。它和网络操作系统一样具有模块性、并行性、自治性和通信性等特点。但是,它相比于网络操作系统又有进一步的发展。分布式操作系统相比于网络操作系统具有以下特点。

(1) 多机合作。分布式操作系统的并行性意味着多机合作。多机合作就是自动的任务分配和协调。分布式操作系统的任务就是任务分配,分配程序可将多个任务分配到多个处理单元上,使这些任务并行执行,从而加速这些任务的执行。而在网络操作系统中,每个用户的任务通常都在本地计算机上处理。所以在网络操作系统中通常没有任务分配程序。

(2) 健壮性是分布式操作系统的另一个特征。当系统中有一台甚至多台计算机或通路发生故障时,其余部分可自动重构成为一个新的系统,该系统可以工作,甚至可以继续其失效部分的工作。当故障排除后,系统自动恢复到重构前的状态。这种自动恢复就是系统的健壮性。这一特征使系统具有良好的可用性和可靠性。而在网络操作系统中,其系统的重构功能很弱。

(3) 透明性。分布式操作系统通常很好地隐藏了系统内部的实现细节。如对象的物理位置、并发控制、系统故障对用户都是透明的。一个分布式操作系统是一体化的系统,是在整个系统中统管全局的操作系统,它负责全系统的资源分配和调度、任务划分、信息传输、控制协调等工作,并为用户提供一个统一的界面、标准的接口。用户通过这一界面实现所需的操作和使用系统的资源。至于操作是在哪一台计算机上执行或使用哪台计算机的资源,则是系统的事情,用户是不知道的,也就是说,系统对用户是透明的。

(4) 在分布式系统中,分布在各个站点上的软、硬件资源可供全系统中的所有用户共享,并能以透明的方式对它们进行访问。而网络操作系统虽然也能提供资源的共享,但所共享的资源大多设置在网络服务器中,而其他计算机上的资源一般由使用该台计算机的用户所独占。

分布式系统是具有强大生命力的新生事物,许多科学工作者和学者正在进行深入研究,相信它一定会蓬勃发展起来。

2. 华为鸿蒙操作系统

鸿蒙(Harmony OS,开发代号 Ark)是基于微内核的全场景分布式操作系统。该系统具有轻量化、小巧、功能强大的优势,率先被应用在智能手表、智慧屏、车载设备和智能音箱等智能终端上。

2012年12月,华为在芬兰设立研究中心,开始规划鸿蒙操作系统。2019年5月,华为已为该系统申请商标。同月,华为向欧洲知识产权局提交了 HUAWEI ARK OS 商标申请。2019 年 8 月 9 日,华为在开发者大会上正式发布鸿蒙 OS 1.0。2020 年 9 月 10 日,华为推出鸿蒙 OS 2.0。

鸿蒙操作系统有以下四个特性。

(1) 首次使用分布式架构,实现跨终端无缝协同体验。鸿蒙操作系统的分布式操作系统架构和分布式软总线技术通过公共通信平台、分布式数据管理、分布式能力调度和虚拟外设,对应用开发者屏蔽了相应分布式应用底层技术的实现难度,使开发者能够聚焦自身的业务逻辑,开发跨终端分布式应用,为最终消费者带来跨终端无缝协同体验。

(2) 确定时延引擎和高性能进程间通信(Inter-Process Communication,IPC)技术使系统更加流畅。为了满足万物互联的全场景智慧时代对操作系统提出的新要求,鸿蒙操作系统将硬件能力与终端解耦,通过分布式软总线连接不同终端,使应用可以轻松调用其他终端的硬件外设能力,为消费者带来跨终端无缝协同体验。

(3) 基于微内核架构,使终端设备更可信、安全。鸿蒙操作系统采用全新的微内核设计,拥有安全、低时延等特点。微内核设计的基本思想是简化内核功能,在内核之外的用户态尽可能多地实现系统服务,同时,加入相互之间的安全保护。微内核只提供最基础的服务,如多进程调度和多进程通信等。

(4) 通过统一集成开发环境(Integrated Development Environment,IDE)支撑开发者实现一次开发、多端部署,从而实现跨终端生态共享。

1.5.8 嵌入式操作系统

计算机发展的趋势之一是体积越来越小,掌上电脑和嵌入式系统已经出现。掌上电脑也称为 PDA(Personal Digital Assistants,个人数字助手),它体积小,可装在衣袋里,便于携带。它实现的功能非常有限,只有电子通讯录、记事本等,它具有网络功能,可以连接 Internet。

嵌入式计算机,顾名思义即将计算机嵌入其他设备,这些设备无处不在,大到汽车发动机、机器人,小到电视机、微波炉、移动电话。运行在其上的操作系统比较简单,只实现所要求的控制功能。

嵌入式操作系统往往具有实时系统的特性,由于嵌入式计算机内存容量一般较小,这要求嵌入式操作系统必须有效管理内存空间,分配出去的内存使用完毕后要全部收回,由于嵌入式操作系统一般不使用虚拟存储技术,这使得开发人员不得不在有限的物理内存空间上做文章。

多数嵌入式计算机所用的处理机速度远低于个人计算机的速度,这主要是为了减少电源功耗,因为处理机的速度越快,耗电就越多。

1.6 操作系统的体系结构

1.6.1 单核系统

单处理器是目前多数操作系统采用的硬件,其特点是只有一个 CPU,并且一次只能执行一个包括用户进程的通用指令集。在单处理器系统中,配置了键盘、磁盘以及图像控制器等多种专用处理器,以及一些实现系统之间数据移动的 I/O 处理器(控制器)。这些处理器(控制器)具有共同的特点,即执行有限的指令集而不执行用户进程。在大多数情景下,这些专用的处理器主要由操作系统来管理,由操作系统进行任务分发并进行任务执行状态的监控。例如,操作系统的主 CPU 向磁盘控制器的专用处理器发送了一些命令请求,磁盘控制器接收指令,并且按照指令要求执行相关的动作,如磁盘调度与磁盘队列。磁盘专用处理器分担主 CPU 的功能,使得主 CPU 不必执行磁盘调度等工作。例如,计算机的键盘具有专门的控制器微处理器,将击键转换为代码并发送给 CPU。

在一些特殊的情况下,专用处理器是集成到硬件的,作为计算机的底层组件,操作系统不能直接与此类处理器进行通信,但是此类处理器可以自主完成任务。需要注意的是,此类专用处理器虽然可以独立完成任务,但是并不是单独的处理器,也不能作为多处理器系统的构成组件。界定单处理器的标准是只有一个通用的 CPU。后续本书介绍的操作系统也主要是单核系统。

1.6.2 多核系统

1. 多核系统的引入

单处理器的操作系统,运用在早期的计算机和手机等电子产品中。近年来,多核处理器逐步普及之后,单核操作系统逐步被双核乃至多核操作系统所取代。

多核处理器是指在一枚处理器中集成两个或多个完整的计算引擎(内核),多个内核组装在同一块硅片上,通过系统总线方式进行互联,采用快速通道等方式进行高速通信,能够支持总线上的多个处理器,由总线控制器提供所有总线控制信号和命令信号。多处理器系统也称为多核系统,随着计算量的快速增大,传统的单处理器系统已不能满足需求,多处理器系统开始在计算领域崭露头角并且逐渐主导计算领域。多核系统在硬件上表现为两个或多个紧密通信的 CPU,共享总线、时钟、外设与内存等。多核系统的特点主要有三个:吞吐量大、规模经济以及较强的可靠性。多核系统的容错能力突出,能够容忍单个部件错误,并且在单个部件出错情况下仍然继续运行。

2. 多核系统的处理模式

多核操作系统不仅包含传统单核操作系统的所有功能,而且由于内核数量的增加,多核操作系统的复杂性也更高,表现在异构多核与同构多核的处理方式、任务的调度机制和策略、临界资源的处理方式以及多核之间的同步问题。多核操作系统支持多核芯片的多处理模式主要有以下三种,如表 1-1 所示。

表 1-1 多核操作系统支持多核芯片的多处理模式

处 理 模 式	说　明
非对称多处理(AMP)	每个 CPU 内核运行一个独立的操作系统或同一操作系统的独立实例
对称多处理(SMP)	一个操作系统的实例,可以同时管理所有 CPU 内核,且应用并不绑定某一个内核
混合多处理(BMP)	一个操作系统的实例,可以同时管理所有 CPU 内核,但每个应用被锁定于某个指定的核心

非对称多处理(AMP)的每个 CPU 内核运行一个独立的操作系统或者同一操作系统的独立实例,即每个处理器都有各自特定的任务。在 AMP 处理模式下,系统中的处理器分为两大类,一类是主处理器,负责控制整个系统,并且向其他处理器分配规定的任务;另一类是从处理器,负责完成主处理器分配的任务。两类服务器的地位和功能不同,是主——从关系,主处理器调度从处理器,并安排工作。AMP 在包编译前就要决定部署在哪个核上,每个核上运行

的软件可以不同。包可以带操作系统,也可以不带,主要用于对实时性要求很高的系统,一般用于 RPU(Read Process Unit,实时处理单元)系统,主要便于判断发现系统的中断情况与错误等。

AMP 模式的主要特点是,各个操作系统拥有自己专用的内存,并且相互之间通过访问受限的共享内存进行通信。AMP 模式的操作系统结构要实现系统资源的分配离不开用户的参与。在应用方面,AMP 模式的应用比较少,商用操作系统中仅有 Wind River 公司的 VxWorks 提供 AMP 模式的配置。

SMP 模式的操作系统构架是多核处理器技术的一种变体,能够同时管理所有 CPU 内核,且应用并不绑定某一个内核,由一个操作系统实例控制所有处理器。不同于 AMP 模式,SMP 模式中所有 CPU 具有相同的地位,并且运行同一个操作系统,共享系统内存和外设资源;SMP 模式的操作系统具有可共享内存、较高的性能和功耗比以及易实现负载均衡等优点,更能发挥多核处理器的硬件优势。

SMP 硬件平台主要由 SMP 处理器(多核处理器或者多个对等的单核处理器)、外设、存储设备以及总线组成。其中 SMP 多核处理器或者多个单核处理器的地位相同,能够公平地共享外设资源与访问内存。SMP 系统的内存结构是 UMA(Unified Mernory Access,统一内存访问)体系结构,共享缓存。SMP 多核系统对于用户是透明的,如同多个标准处理器共同工作,此类设计能够方便系统开发和使用人员充分使用处理核,其典型的双核硬件平台架构如图 1-5 所示。

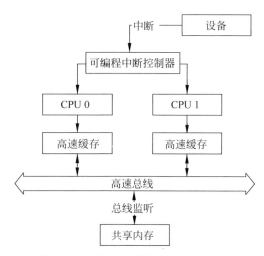

图 1-5 双核 SMP 硬件平台典型结构

目前主流的操作系统,包括 Intel 多核软件开发工具系列,支持的操作系统都是 SMP 系统。IBM 的商用版本 UNIX 的 AIX 是 SMP 模式应用的一个典型例子,它保证了进程的并行进行和各自性能的独立。

BMP 和 SMP 类似,也是一个 OS 管理所有内核,但是不同的是,在 BMP 模式下每个应用被锁定于某个指定的核心。BMP 能够满足强实时、高吞吐量业务需求,能够结合 SMP 高级资源管理和 AMP 应用控制的混合功能,具有透明资源管理功能。同时让开发者将业务线程绑定在指定的 CPU 核上,既满足不同业务的性能需求,同时也互不干扰。

3. 多核系统发展的技术路线

目前,面向可扩展多核操作系统主要集中在三种技术路线。

(1) 改进传统宏内核架构,以适应多核体系结构。
(2) 基于功能分布思想。
(3) 借鉴分布式系统的数据分布思想以及消息通信机制。

改进传统的宏内核是目前多核系统最广泛的议题,Windows 和 Linux 是目前世界上使用最广泛的多核系统,很多研究基于它们进行宏内核改进,例如典型的 Corey 操作系统是 MIT 等组织在 Linux 基础上通过修改操作系统接口实现的,其采用的多核模式是 SMP 模式,主要是针对当前主流的 Cache 一致性 SMP 多核处理器。其设计思想是"应用程序控制数据的共享",即通过应用程序对内核间共享资源进行控制,减少多核之间不必要的资源传递与更新,以达到更高效地利用多内核的目的。

基于功能分布思想将不同的核划分为不同的功能,不同功能之间通过共享内存或消息传递开发功能分布式多核操作系统。功能分布式多核操作系统是一类将多核按照功能划分的操作系统,不同核心所使用的内核可以是宏内核或微内核。该类操作系统开辟了新的多核性能扩展路线,从原有的数据并行到新的功能分布。由于功能分布对数据的耦合度大大低于数据并行,因此可扩展性显著高于传统多核操作系统。其典型代表是 MIT 开发的面向多核与云计算的 FOS 系统。

借鉴分布式系统的数据分布思想以及消息通信机制,创新设计数据分布式多核操作系统。其典型代表为由瑞士苏黎世联邦理工学院与剑桥微软研究院联合开发的 Barrelfish 系统,这个系统主要基于 Multikernel 体系结构,能够高效管理使用异构的硬件资源,适应多核处理器的发展。

功能分布和数据分布的多核系统主要利用分布式设计思想,从结构和功能上对多核操作系统进行分布式处理优化,划分子系统并且降低子系统的耦合度,从而提高多核系统的可扩展性,使它逐渐成为未来操作系统的发展趋势。在应用层面上,多处理器系统起初主要应用于服务器,后来也应用于桌面和笔记本系统。近来,多处理器也出现在移动设备上,如智能手机和平板电脑,多核系统在嵌入式系统的应用已成为趋势。

1.6.3 集群系统

1. 集群系统引入

集群系统是一组独立的计算机(节点)的集合体,节点间通过高性能的互联网络连接,各节点除了作为一个单一的计算资源供交互式用户使用外,还可以协同工作,并表示为一个单一的、集中的计算资源,供并行计算任务使用。基于集群技术,多台 PC 或工作站的计算能力大幅提升,可以匹敌大型机,并且造价低廉,易于构建,具有较好的可扩展性。目前在很多领域,集群系统已经开始取代大型机,成为一种新的计算基础设施。

集群系统将多个 CPU 组合在一起,因此它本质上也是一种多处理器系统。但是集群系统与前述的多处理系统又不同,它表现为松耦合,即集群系统主要是由多个独立节点或者多个独立系统组成,而每个节点或者系统又可以看成是一个单处理器系统或者一个多核系统。集群系统是分布式系统的一种,一个集群通常由一群处理器密集构成,集群操作系统专门服务于这样的集群。

随着大数据以及云计算的高速发展,集群系统的发展越来越广泛,其具有强大的工作站系统处理能力、高效快速的处理器系统以及集群节点间通信的高宽带和小延迟。目前集群系统比传统的并行计算更有优势,在已有的网络系统中,它的融入性更强,并且具有成熟的开发工具、良好的扩展性以及强大的处理器性能。

2. 集群系统模式

集群系统主要分为两种模式：非对称模式与对称模式。非对称模式指的是存在节点对，一个节点运行应用程序，另一个节点处于热备份模式，一旦运行程序的节点发生故障，处于热备份模式的节点能够及时检测到并且及时变成活动服务器；对称模式指的是节点对的两个主机都是主程序运行机，并且互相监视，此种模式更加高效。

3. 集群系统特点

集群系统主要有以下三个特点。

(1) 高可用性。集群系统具有高可用性，当集群中一个或者多个系统出错，集群中的其他系统仍可继续工作，为整个集群的计算提供服务。集群系统通过在系统中增加冗余，使集群节点具有相应软件层，执行监视功能，获取整个系统的高可用性。

(2) 完整性。集群系统具有完整性，各个节点都是集群系统的一部分，包括工作站、笔记本、PC 或者 SMP 处理器。每个节点拥有自己的磁盘，各节点有自己完整的操作系统。

(3) 互联性。集群系统借助商品化网络或者专业网络等互联网络实现互联，例如光纤通道、以太网、ATM 开关和 FDDI 等，网络接口与集群系统中的各个节点实现松耦合互联。

4. 集群系统分类

集群系统可分为以下四类。

(1) 高可用性集群系统。高可用集群系统通过节点冗余实现整个系统的高可用性，此类系统的应用范围主要是关键应用领域，处理关键性业务，保证业务的持续运行。

(2) 负载均衡集群系统。负载均衡集群系统的所有节点都是工作节点，系统实现负载均衡主要是通过节点管理以及相关的调度算法。负载均衡集群系统的应用场景广泛，适用于一般的大型计算。

(3) 高性能集群系统。高性能集群系统具有强大的计算能力，在复杂计算任务的执行方面具有优势。高性能集群系统主要用于科学计算，在化学、生物以及物理等领域具有广泛的应用前景。

(4) 虚拟化集群系统。虚拟化集群系统得益于虚拟化技术的广泛使用，通过软件将一台服务器虚拟化出多台独立的虚拟机，并且实现资源的分配和管理。虚拟化集群系统主要应用于云计算领域，典型的代表是虚拟桌面的实现。

目前基于集群系统结构的云计算系统往往是几类集群系统的综合，集群系统式云计算系统既需要满足高可用性的要求，又需要尽可能地在节点间实现负载均衡，同时也需要满足大量数据的处理任务。所以在 Hadoop、HPCC 这类云计算大数据系统中，前三类集群系统的机制都存在。而在基于虚拟化技术的云计算系统中采用的往往是虚拟化集群系统。

5. 集群系统典型案例

1) Linux 集群系统

Linux 集群系统是应用比较广泛的一种集群系统。此类集群系统采用某一版本的 Linux 操作系统为集群节点操作系统的集群，复杂分配和调度整个集群中的资源。Linux 系统具有巨大的优势，例如源代码开发性、稳定性、支持 PC 架构、系统价格低廉等。因此 Linux 集群系统最具发展潜力，在计算领域得到广泛的应用。

2) Beowulf 集群系统

Beowulf 集群系统是一种用作并行计算的集群架构，主要用于解决高性能的计算任务。

Beowulf 集群系统具有多节点、硬件组成常规化以及价格低廉等优点。Beowulf 系统的理念广泛应用在云计算和大数据领域,涵盖了 Google 的搜索系统以及开源的 Hadoop,系统价格设计低廉,服务高效,实现对廉价服务器资源的整合,大大节省了建设的成本。个体的弱小和不稳定与整体的强大和稳定在这里形成了完整的统一。

3)其他形式的集群系统

集群系统还包括并行集群系统和 WAN 集群系统。并行集群系统能够在整体上实现集群多主机共享存储系统,借助专门的软件和专门的应用程序,支持多个主机同时访问数据。Lustre 集群文件系统应用广泛,适合作为并发要求不是很高的云平台的存储模块,例如 HP 公司采用 Lustre 技术的商业化产品 HP StorageWorks Scalable File Share(SFS,可扩展文件共享),以及 Intel 公司发布的 Hadoop 发行版 2.5。WAN 集群系统的物理服务器之间通过分布在各地的 WAN 相连。WAN 集群系统通过负载均衡器将服务请求分发给集群物理服务器,从而实现集群服务器的虚拟化。WAN 集群主要依托运营商网络,它不仅突破了传统集群网络覆盖有限的瓶颈,而且实现了广域层面的互联互通,其典型应用为公网对讲机。

思考与练习题

自测题

1. 什么是操作系统?它的主要功能是什么?
2. 什么是多道程序设计技术?多道程序设计技术的主要特点是什么?
3. 批处理操作系统是怎样的一种操作系统?它的特点是什么?
4. 什么是分时操作系统?什么是实时操作系统?试从交互性、及时性、独立性、多路性和可靠性几个方面比较分时操作系统和实时操作系统。
5. 实时操作系统分为哪两种类型?
6. 操作系统的主要特征是什么?
7. 操作系统与用户的接口有几种?它们各自用在什么场合?
8. "操作系统是控制硬件的软件"这一说法确切吗?为什么?
9. 假设内存中有三道程序 A、B、C,它们按 A→B→C 的先后次序执行,它们进行"计算"和"I/O 操作"的时间如表 1-2 所示,假设三道程序使用相同的 I/O 设备。

表 1-2　三道程序的操作时间

程序	操作		
	计算	I/O 操作	计算
A	20	30	10
B	30	50	20
C	10	20	10

(1)试画出单道运行时三道程序的时间关系图,并计算完成三道程序要花多少时间。
(2)试画出多道运行时三道程序的时间关系图,并计算完成三道程序要花多少时间。
10. 将下列左右两列词语连接起来形成意义最恰当的五对。

DOS　　　　　　网络操作系统
OS/2　　　　　　自由软件

UNIX	多任务
Linux	单任务
Windows NT	为开发操作系统而设计 C 语言

11. 选择一个现代操作系统,查找和阅读相关的技术资料,写一篇关于该操作系统如何进行内存管理、存储管理、设备管理和文件管理的文章。

第 2 章

进程与线程

进程以及它的扩展——线程是计算机中的活动计算单元。进程可以看作是执行着的程序,需要占有一定的资源,如 CPU、内存、文件和 I/O 设备,所以进程是分配资源的基本单位。

在大多数计算机系统中,进程是并发活动的单位。系统由一组进程组成,操作系统进程执行系统代码,用户进程执行用户代码。所有这些进程可以并发执行。

传统计算机系统中,进程运行时只包含一个控制线程,但现代计算机系统中,操作系统支持多线程。

操作系统的进程管理提供大量服务,用来定义、支持和管理系统中的进程和线程。它除了负责进程和线程的管理之外,还负责用户进程和系统进程的创建与撤销、进程调度等。

视频讲解

2.1 进程的引入

早期的计算机系统只允许一次执行一个程序,该程序对系统有完全的控制权,能访问系统中的所有资源。现代操作系统允许将多道程序同时调入内存并发执行,这就要求对各种程序提供更严格的控制和功能划分,这样的需求产生了进程的概念,即执行着的程序。

设计操作系统的目的是为用户做更多的事情,虽然操作系统的主要关注点是执行用户程序,但它也需要协调各种任务。因此,计算机系统中运行着一组进程,通过进程在 CPU 上的切换,所有这些进程都有可能并发执行,从而操作系统能使计算机更为高效。

2.1.1 单道程序的顺序执行

1. 程序的顺序执行

在单道程序工作的环境中,程序可以理解为"一个在时间上按严格次序先后操作的序列"。这是因为可以把一个复杂的程序划分成若干个时间上完全有序的逻辑操作段,其操作必须按照先后次序来执行,每一时刻最多执行一个操作,以保证某些操作的结果可为其他一些操作使用。例如,某个用户的计算程序分成三个程序段,首先输入该用户的程序和数据,然后进行计算,最后输出所需的结果。显然,这三个操作阶段有着严格的顺序,只能一个一个地顺序执行。这里用节点代表一个程序段的操作,其中,节点 I_i 代表输入数据操作,节点 P_i 代表计算操作,节点 O_i 代表输出数据操作,上述程序段的操作可用图 2-1 来描述。

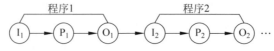

图 2-1 程序顺序执行时操作的先后次序

对于一个程序段来说,也有一个执行顺序的问题。例如对于下述三条语句构成的程序段,语句 S_2 必须在 a 被赋值之后,即在 S_1 之后执行;同样 S_3 也必须在 S_2 之后才能执行,如图 2-2 所示。

S_1: a = x + y;
S_2: b = a + 1;
S_3: c = b + 2;

不仅对于一个用户程序的各个程序段之间要顺序地操作,而且用户程序之间也必须按照先后次序执行。当某个用户程序执行时,系统的全部资源(输入设备、处理机、输出设备以及一些软件资源等)均由该用户占有,直至结束时才释放全部资源,转交给其他后继用户。

图 2-2　三个程序段之间的顺序执行关系

2. 程序顺序执行的特征

顺序执行的程序具有以下特征。

(1) 顺序性。程序在处理机上执行时,其操作严格按照规定的顺序执行,即只有前一个操作结束后,才能执行后一个操作。

(2) 封闭性。程序是在封闭的环境中运行的,即程序在执行时独占系统中的全部资源,因而系统内资源的状态只有该程序才能改变它,与外界环境无关。

(3) 可再现性。当程序被重复执行时,只要初始条件相同,执行结果必然相同。

顺序执行程序的这些特性给程序员测试和修改程序带来了很大的方便。

2.1.2　多道程序的并发执行

单道程序系统具有资源浪费、效率低下等明显缺点,现代操作系统几乎不再采用它,而广泛采用多道程序设计技术。多道程序设计是在内存中放多道程序,它们在操作系统的控制下在 CPU 上交替运行。

1. 程序的并发执行

为了提高计算机内各种资源的利用率,提高计算机系统的处理能力,并发处理技术得到广泛的应用。在大多数计算问题中,仅要求部分操作是有序的。也就是说,有些操作必须在其他操作之后完成,有些操作却可以并发执行。例如对于一个程序,输入数据操作 I_i、计算操作 P_i、输出数据操作 O_i 三者之间存在着严格的顺序关系,它们必须顺序执行。但是对多个程序来说,P_i 和 I_{i+1} 之间、P_{i+1} 和 O_i 之间没有顺序关系,因而在处理一批这样的程序时,可使它们并发地执行。例如,在第 1 个程序进行输入数据操作后做计算操作的同时,第 2 个程序可以进行输入数据操作,从而做到第 1 个程序的计算操作与第 2 个程序的输入操作并发执行;同样,第 1 个程序输出数据时,第 2 个程序可以进行计算,第 3 个程序可以输入数据。

另外,因为系统中的资源有限,假如只有一个输入设备、一个输出设备和一个处理机,各个程序的输入、计算和输出则必须一个一个地顺序执行。例如对于输入来说,必须等第 1 个程序输入完毕,第 2 个程序才可以输入;第 2 个程序输入完毕,第 3 个程序才可输入;输出和计算也与输入的情况一样,如图 2-3 所示。

对于一个程序中的各个程序段来说,有些程序段之间有执行顺序问题,而有些程序段之间却没有。例如对于下述 4 个程序段,其中,S_3 必须在 a 和 b 被赋值之后,即 S_1 和 S_2 之后执行;同样,S_4 也必须在 S_3 之后才能执行,但 S_1 和 S_2 却可以并发执行,如图 2-4 所示。

S_1: a = x + 2;
S_2: b = y + 3;
S_3: c = a + b;
S_4: d = c + 1;

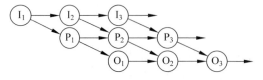

图 2-3 程序的并发执行

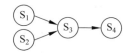

图 2-4 四个程序段之间的并发关系

多道程序设计具有提高系统资源利用率和增加系统吞吐量的优点,但程序的并发执行和系统资源的共享使得操作系统的工作变得很复杂,不像单道程序执行时那样简单、直观。

2. 程序并发执行的特征

程序的并发执行具有与程序的顺序执行不同的特征。

1) 间断性

程序在并发执行时,由于它们共享系统中的资源或为完成同一任务而相互合作,致使在并发程序之间形成相互制约的关系。例如在图 2-3 中,当计算程序完成 P_{i-1} 的计算后,若输入程序没有完成 I_i 的处理,则计算程序就无法进行 P_i 的处理,致使计算程序暂停运行。同样,当输出程序完成 O_{i-1} 的输出后,若计算程序没有完成 P_i 的处理,则输出程序也无法进行 O_i 的处理,当程序暂停运行因素消失后,就又可恢复执行。总而言之,相互制约将导致并发执行的程序具有"执行—暂停—执行"这种间断性的活动规律。

2) 失去封闭性

由于程序在并发执行时,多个程序共享系统中的各种资源,因而这些资源的状态将由多个程序来改变,致使程序的执行失去了封闭性。这样,某程序在执行时必然会受到其他程序的影响。例如,当处理机资源被某程序占有时,其他程序必须等待。

3) 失去可再现性

程序在并发执行时,由于失去了封闭性,也将失去其可再现性。例如有两个程序段 S_1 和 S_2,它们共享一个系统变量 n,n 的初值为 5,程序段如下。

S_1: n = n + 1;
S_2: printf(n);

若 S_1 先执行,S_2 后执行,则打印的结果为 6;若 S_2 先执行,S_1 后执行,则打印的结果为 5。这说明程序在并发执行时,由于失去了封闭性,其执行结果与程序执行的速度有关,从而使程序失去了可再现性。也即程序经过多次执行,虽然其执行的环境和初始条件是相同的,但得到的结果却不相同。

2.1.3 程序并发执行的条件

程序并发执行时,虽然能有效提高系统资源的利用率,但必须采取某种有效的措施,以使并发程序能保持其可再现性。程序的并发执行是有条件的,不是说所有程序都可以并发执行,下面介绍程序并发执行的条件。

1977年，Bernstein提出了程序并发执行的条件，称为Bernstein条件。

下面引入一些概念。

假设 $R(P_i) = \{a_1, a_2, \cdots, a_m\}$ 表示程序 P_i 在执行期间所要参考的所有变量的集合，称为读集。$W(P_i) = \{b_1, b_2, \cdots, b_n\}$ 表示程序 P_i 在执行期间要改变的所有变量的集合，称为写集。两个程序 P_1 和 P_2 并发执行的条件是，当且仅当 $R(P_1) \cap W(P_2) \cup R(P_2) \cap W(P_1) \cup W(P_1) \cap W(P_2) = \{\}$。

例如，有如下四个程序段。

S_1:　　a = x + 2;
S_2:　　b = y + 3;
S_3:　　c = a + b;
S_4:　　d = c + 1;

它们的读集和写集分别如下。

$R(S_1) = \{x\}$,　　$W(S_1) = (a)$;
$R(S_2) = \{y\}$,　　$W(S_2) = (b)$;
$R(S_3) = \{a,b\}$,　　$W(S_3) = (c)$;
$R(S_4) = \{c\}$,　　$W(S_4) = (d)$;

因此，$R(S_1) \cap W(S_2) \cup R(S_2) \cap W(S_1) \cup W(S_1) \cap W(S_2) = \{\}$，$S_1$ 和 S_2 可以并发执行；而 $R(S_3) \cap W(S_1) = \{a\}$，$S_1$ 和 S_3 不能并发执行；同样，$R(S_3) \cap W(S_2) = \{b\}$，$S_2$ 和 S_3 不能并发执行；$R(S_4) \cap W(S_3) = \{c\}$，$S_3$ 和 S_4 也不能并发执行。

2.1.4　进程的概念

由于多道程序并发执行时共享系统资源，共同决定着这些资源的状态，因此系统中并发执行的程序之间存在着某种相互制约的关系。并发程序执行时出现"走走停停"的现象，该现象是程序在动态执行过程中发生的，而程序这一静止的概念不能如实地反映程序并发执行过程中的特征，因而不能深刻地揭示程序之间的内在活动联系及其状态的变化。因此，为了从变化的角度动态地分析研究可以并发执行的程序，真实地反映系统的独立性、并发性、动态性和相互制约，操作系统中就不得不引入"进程"的概念。

1. 进程的概念

进程这一术语最早在20世纪60年代初期麻省理工学院的MULTICS系统和IBM公司的CTSS/360系统中引入，之后又有许多人从不同的角度对进程下过各种定义，至今没有一个统一的定义，但以下这些定义都能反映出进程的实质。

(1) 进程是程序的一次执行。

(2) 进程是可以和别的计算并发执行的计算。

(3) 进程可定义为一个数据结构及能在其上进行操作的一个程序。

(4) 进程是一个程序及其数据在处理机上顺序执行时所发生的活动。

(5) 进程是程序在一个数据集合上的运行过程，是系统进行资源分配和调度的一个独立单位。

(6) 一个进程就是一个正在执行的程序，包括指令计数器、寄存器和变量的当前值。

综合以上观点，进程(Process)可以定义为"并发执行的程序在一个数据集合上的执行过程"。

2. 进程与程序的关系

进程作为程序的执行过程，至少有两个方面的性质，一是它的活动性，即进程是动态变化的，且总是有一个从创建到消亡的过程；二是它的并发性，即多道程序中每个进程的执行过程，总是与其他执行过程并发执行。进程与程序之间是既有密切联系又有区别的两个完全不同的概念。

为了加深对进程的理解，先来比较一下进程与程序的区别。

（1）进程的动态性和程序的静态性。进程是程序的执行过程。动态性是进程最基本的特性，还表现在"它由创建而产生，由调度而执行，因得不到资源而暂停执行以及因撤销而消亡"。进程是有一定生命期的。而程序是一组有序指令的集合，并存放在某种介质上，它本身没有动态的含义，因此程序是个静止的实体。

（2）进程的并发性和程序的顺序性。进程能真实地描述并发执行，而程序就不具有这种特征。进程是一个能独立调度并能和其他进程并行执行的单位，它能确切地描述并发活动，而程序不能作为独立调度执行的单位，它只代表一组语句的集合，并且通常程序中的语句是顺序执行的。

（3）进程的暂时性和程序的永久性。进程是暂时的，它是程序的执行过程，程序执行完毕，进程也就撤销了。而程序是永久的，不管它是否被执行，它都作为一个实体而存在，它可以被长久地保存。

（4）结构特征。从结构上看，进程是由程序、数据和进程控制块（下一节介绍）三部分组成的，而程序却不是。

（5）进程与程序是密切相关的。一个进程可以涉及一个或多个程序的执行，通过多次执行，一个程序可对应多个进程。例如在多道程序情况下，两个用户源程序（两个进程）同时要求执行某种高级语言的编译程序，此时，这两个进程可以共享该编译程序，它们都有自己的数据区，在各自的数据区中活动。这样，同一编译程序就能为两个进程服务，即是多个进程的一部分。

2.2 进程的状态及组成

视频讲解

进程的动态性是由它的状态及状态转换来体现的。进程的组成描述了操作系统如何管理进程。

2.2.1 进程的基本状态

1. 进程的三种基本状态

进程有着"走走停停"的活动规律，为了更好地描述这一活动规律，人们给进程定义了三种基本状态，即运行状态、就绪状态和阻塞状态。进程的状态随着其自身的推进和外界的变化，由一种状态变迁到另一种状态。

1）运行状态

运行状态即进程正在处理机上运行的状态。在单处理机的系统中，只有一个进程处于运行状态。在多处理机的系统中，则有可能多个进程处于运行状态，但处于运行状态的进程数小于或等于处理机的数目，在没有可处理的进程时，处理机自动执行系统的空闲进程。

2）就绪状态

就绪状态即进程已经获得了除处理机之外的所有必要资源，只要获得处理机就可以运行的状态。在系统中,处于就绪状态的进程一般有多个,通常把这些进程排成一个队列组织起来,队列的排列次序一般按照进程优先级的大小来排列。

3) 阻塞状态

当进程由于等待输入输出操作或某个同步事件而暂停运行时,就处于阻塞状态。在进程结束等待的条件没有满足之前,即使把处理机分配给该进程,它也无法运行,所以处于阻塞状态的进程不能参加竞争处理机。一般情况下,系统会根据进程等待事件的原因不同,将进程排列成多个队列。

2. 三种基本状态的转换

一个实际的操作系统中存在有大量并发活动的进程,如果每个进程所需要的各种资源都能及时得到满足,那么进程就不会处于阻塞状态或就绪状态,而是处于运行状态,但实际上这是做不到的。因为进程的活动不是孤立进行的,而是相互制约的。例如,一个进程可能因为正在等待另一个进程的计算结果而无法继续运行,也可能一个进程因为正在等待另一个进程占用的某种资源而处于阻塞状态。所以,进程在运行过程中,不仅随着自身的推进而推进,还随着外界环境的变化而变化。因此,进程的状态会根据一定的条件而转化,如图 2-5 所示。

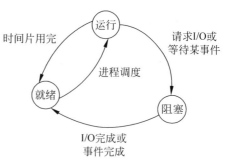

图 2-5 进程状态转换图

1) 就绪状态→运行状态

处于就绪状态的进程具备了运行的条件,但由于未能获得处理机,故没有运行。对于单处理机的系统,处于运行状态的进程只能有一个;对于多处理机的系统,也不能做到所有处于就绪状态的进程都能运行。哪些进程能够运行由进程调度程序负责,后者挑选进程,使之获得处理机,投入运行。此时被选中的进程就从就绪状态转变为运行状态。

2) 运行状态→就绪状态

正在运行的进程,由于规定的时间片用完而被暂停执行,该进程就会从运行状态转变为就绪状态。此进程根据其自身的情况(如优先级)插入就绪队列的适当位置,系统收回处理机后转入进程调度程序重新进行调度。

3) 运行状态→阻塞状态

处于运行状态的进程除了因为时间片用完而暂停执行外,还有可能由于系统中其他因素的影响而不能继续执行。例如进程请求 I/O、等待某个事件或请求访问某个临界资源,因该临界资源正在被其他进程访问,则请求该资源的进程将由运行状态转变为阻塞状态。一个进程从运行状态到阻塞状态后,系统会调用进程调度程序重新选择一个进程投入运行。

4) 阻塞状态→就绪状态

当阻塞的原因解除后,被阻塞的进程并不能立即投入运行,而是从阻塞状态转化为就绪状态继续等待处理机。仅当进程调度程序再次把处理机分配给它时,才可从就绪状态转化为运行状态继续运行。

3. 创建状态和退出状态

许多系统中,在上述进程三种基本状态的基础上又增加了两种状态,即创建状态和退出状态(见图 2-6)。因为进程在创建和退出时操作系统都有许多工作要做,设立这两种状态便于操作系统对进程进行管理。

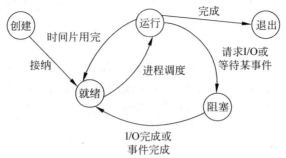

图 2-6　五种状态的进程状态转换图

1) 创建状态

创建状态下进程正在创建过程中,还不能运行。操作系统在创建进程时,要为进程分配 PCB 结构,填写相关内容;为进程分配进程组,连接进程的父子关系;为进程分配所需的资源;为进程建立地址空间,填写有关管理内存的表格,等待加载程序等。

当就绪队列接纳新创建的进程时,操作系统就把处于创建状态的进程移入就绪队列,此时,进程从创建状态转化为就绪状态。

2) 退出状态

进程正常或异常结束,操作系统首先要将该进程从运行状态中移出,使之成为一个不可再运行的进程,相应地使进程处于退出状态,并收回其所占的资源。此时系统并不立即撤销它,而是暂时留在系统中,以便让其他相关进程从该退出进程的 PCB 中收集有关信息。另外还要将退出代码传递给其父进程等。例如记账进程,要了解该进程占用了多少 CPU 时间,使用了哪些类型的资源,以便记账。

当进程已经完成了预期的任务,或者发生某事件(如出现地址越界、非法指令等错误)而被异常终止时,进程将由运行状态转化为退出状态。

2.2.2　进程的挂起状态

1. 挂起状态的引入

在不同的操作系统中,进程所处的状态个数是不同的。其中有不少系统的进程有如图 2-5、图 2-6 所示的三种或五种状态,但在另一些操作系统中,根据需要又增加了挂起状态。引入挂起状态基于如下几个方面的需要。

1) 内外存对换的需要

为了缓和内存紧张的情况,将内存中处于阻塞状态的进程换至外存,这样进程又处于一种有别于阻塞状态的新状态,在这种状态下,即使该进程等待的事件发生或者阻塞的原因解除,该挂起进程仍然不能进入就绪状态,因为它还存放在外存。

2) 用户调试程序的需要

当用户在调试自己的程序时,希望其运行的程序暂时静止下来,以便对进程的地址空间进行读写。也就是说,若进程处于运行状态,则暂停运行;若进程处于就绪状态,则暂时不被调度,然后用户才有时间研究进程的执行情况或对程序进行修改。这时也需要挂起状态。

3) 实时系统中调节负载的需要

当实时系统负载较重时,可能会影响到系统对实时任务的控制和处理,此时系统需要将不太重要或不太紧急的进程挂起,以保证系统对紧急事件的及时处理。

2. 进程状态的转换

把挂起状态根据原来的就绪状态和阻塞状态进行细分,就形成了单挂起状态和多挂起状态。在单挂起状态中增加了一个挂起状态,如图 2-7 所示。在具有挂起状态的进程状态转换图中,新引入状态的转换有挂起和激活两种,当内存空间紧张时可以将进程从内存移出到外存,即挂起进程;相反,当内存空间宽裕时将移至外存的进程再移回内存,即激活进程,图 2-7 展示了这种变化,其中挂起后的进程激活后进入就绪队列,表明该进程在挂起期间其 I/O 工作或等待的事件已完成。

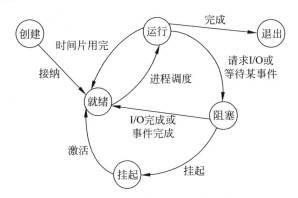

图 2-7　单挂起状态的进程状态转换图

在多挂起状态中,增加了阻塞挂起和就绪挂起状态,如图 2-8 所示。新增加的状态转换有以下几种。

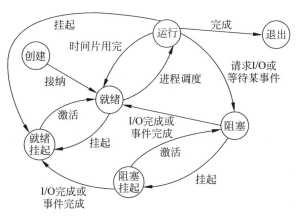

图 2-8　双挂起状态的进程状态转换图

(1) 阻塞→阻塞挂起。当内存紧张时会引起这种状态的转换。将处于阻塞状态的进程挂起(从内存移到外存),是为了腾出更多内存空间给新创建的进程或就绪的进程。

(2) 就绪→就绪挂起。当挂起一些阻塞的进程仍然不能满足内存的需要,或者当有高优先级阻塞的进程和低优先级就绪的进程时,系统会选择首先挂起低优先级就绪的进程,因为系统认为应该让高优先级的进程尽快完成。

(3) 运行→就绪挂起。在抢占式分时操作系统中,当高优先级阻塞挂起的进程因事件出现而进入就绪挂起状态时,如果内存空间不够,系统可能将正在运行的进程状态转化为就绪挂起状态。

(4) 就绪挂起→就绪。当系统没有了就绪的进程或者当就绪挂起的进程的优先级高于就绪的进程时,会引起这种状态的转换。这是一种形式的激活。

(5) 阻塞挂起→阻塞。当进程释放了足够的内存空间时,系统会将高优先级阻塞挂起的进程激活,使该进程从外存移到内存。

2.2.3 进程控制块

1. 进程映像

进程的活动是通过在 CPU 上执行一系列程序和对相应数据进行操作来体现的,因此程序和数据是组成进程的实体。但它们没有反映进程的动态特征,为此,还需要一个数据结构来描述进程本身的特性、进程的状态、进程的调度信息以及对资源的占有情况等,这个数据结构称为进程控制块(Process Control Block,PCB)。此外,程序的执行通常涉及用于跟踪过程调用和过程间参数传递的堆栈。所以,进程映像通常由程序、数据、栈和 PCB 四部分组成,如图 2-9 所示。程序段描述了进程本身所要完成的功能,而数据段是程序操作的一组存储单元,是程序操作的对象,它由程序相关联的全程变量、局部变量和定义的常量等数据结构组成。栈是一段系统存储单元,用于保存程序调用时的参数、过程调用地址和系统调用地址。进程控制块是在进程创建时建立的,当进程存在于系统时,进程控制块就代表了这个进程;当进程撤销时,进程控制块也随之撤销。因此,进程控制块是进程存在的唯一标识。

图 2-9 进程的组成

2. 进程控制块的作用

进程控制块是进程实体的一部分,它是操作系统中最重要的数据结构。进程控制块记录了操作系统所需的用于描述进程情况及控制进程运行的全部信息。

进程控制块的作用是使一个在多道程序环境下不能独立运行的程序成为一个能独立运行的基本单位,是一个能与其他进程并发执行的进程。操作系统根据进程控制块对并发执行的进程进行控制和管理。例如,当操作系统要调度某进程执行时,要从该进程的进程控制块中查出其现行状态和优先级;在调度到某进程后,要根据其进程控制块中所保存的处理机状态信息设置该进程恢复运行的现场,并根据其进程控制块中的程序和数据的内存地址找到该进程对应的程序和数据;进程在执行过程中,当需要和其他相互合作的进程实现同步、通信或文件访问时,也都需要访问进程控制块;当进程因某种原因暂停执行时,又要将其断点的处理机环境保存在进程控制块中。可见,在进程的整个生命周期中,系统总是通过访问进程控制块来实现对进程的控制,通过进程控制块感知进程的存在。

当系统创建了一个新进程时,就为它建立了一个进程控制块;进程结束时,又收回其进程控制块。进程控制块被操作系统中多个模块访问,如调度程序、资源分配程序、中断处理程序等。因为进程控制块经常被访问,尤其是被运行频率很高的进程调度程序访问,故进程控制块应常驻内存。

3. 进程控制块中的内容

进程控制块中包括下述用于描述和控制进程运行的信息。

1) 进程描述信息

进程描述信息主要包括标识进程的信息,如进程名、进程标识符、进程所属的用户名等。

(1) 进程名:进程名由创建者提供,通常由字母、数字组成,当用户访问该进程时使用,通常用便于记忆的名称。进程名通常是对应可执行程序的名字。

(2) 进程标识符:为了方便系统使用而设置。在操作系统中,一般都为进程分配一个唯一的整数,作为进程标识符。它通常是一个进程的序号。

(3) 用户名:创建该进程的用户的名字。

2) 处理机状态信息

处理机状态信息主要由处理机各种寄存器的内容组成。进程运行时,它的运行信息被放在寄存器中;当进程被中断执行时,该进程执行时的所有信息都必须被保存起来,以便当该进程继续执行时能从断点处继续。存放处理机状态的寄存器有以下几种。

(1) 通用寄存器:当进程运行时用于暂存信息。

(2) 指令计数器:存放要访问的下一条指令的地址。

(3) 程序状态字(PSW)寄存器:包括程序执行时的状态信息,如条件码、执行方式、中断允许位等。

(4) 栈指针:每个进程都有一个或多个与之相关的地址栈,用于存放进程对应程序的过程和系统调用参数及返回地址,栈指针指向该栈的栈顶。

3) 进程调度信息

进程控制块中存放了一些与进程调度和进程切换有关的信息,包括以下几种。

(1) 进程的状态:指明该进程所处的状态是就绪、阻塞或运行。

(2) 进程的优先级:表示进程获得处理机优先程度的一个整数,优先级高的进程先获得处理机。

(3) 运行统计信息:这些信息与所采用的进程调度算法有关,其中包括进程已执行时间、进程等待时间等。

(4) 进程阻塞的原因:记录进程引起阻塞的原因。

4) 进程控制和资源占用信息

(1) 程序入口地址:进程对应程序和数据的内存地址,当进程被调度执行时,用于找到其程序和数据。

(2) 程序的外存地址:进程被调出时使用的地址。当内存空间紧张时,进程可能被调出内存,当内存有空闲空间时再被重新调入。

(3) 进程同步及通信机制:进程在执行时,可能与其他进程有同步关系或相互通信,进程使用的信号量、消息队列指针等都要存放在 PCB 中。

(4) 资源占用信息:列出除了 CPU 之外,进程所需要的全部资源及已经占用的资源情况。

(5) 链接指针:指出本进程所在队列中下一个进程的 PCB 地址。

4. 进程控制块的组织

一个系统中有很多的进程,少则几个、几十个,多则数百乃至上千个,每个进程都有一个进程控制块。管理好进程控制块,也就管理好了进程,目前常用的进程控制块的组织方式是链接方式,如图 2-10 所示。

链接方式把具有相同状态的进程控制块链接在一起,形成一个运行队列、一个就绪队列、若干个阻塞队列和一个空闲队列。对于单处理机的系统,处于运行状态的进程只有一个,也就不能称其为队列;但对于多处理机的系统,处于运行状态的进程有多个,这些进程就形成了运行队列;对于处于就绪队列的进程,一般会按优先级的高低从高到低进行排队;对于处于阻

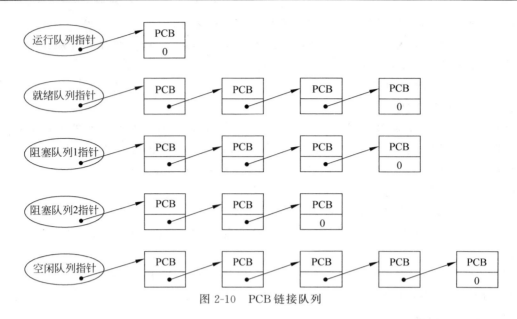

图 2-10　PCB 链接队列

塞状态的进程,根据阻塞的原因不同排列成若干个队列,如等待打印机队列、等待输入机队列等;空闲队列是将系统中空闲的进程控制块结构组织起来,以便新进程创建时,为之分配进程控制块。

2.3　进程控制

视频讲解

进程控制的职能就是对系统中的全部进程实行有效的管理,其主要表现是对一个进程进行创建、撤销以及在某些进程状态之间的转换控制。

2.3.1　操作系统内核

1. 核心态和用户态

为了防止操作系统及其关键的数据结构(如 PCB 等)受到用户程序有意或无意的破坏,通常将处理机的执行状态分成核心态和用户态。

核心态又称为系统态,具有较高的特权,能执行一切指令,能访问所有寄存器及内存的所有区域。操作系统内核通常运行在系统态。

用户态是具有较低特权的执行状态。在这种状态下,只能执行规定的指令,访问指定的寄存器和内存的指定区域。通常用户的程序在用户态下运行,因此用户程序不能访问操作系统的区域,从而也就防止了用户程序对操作系统的破坏。

通常,程序状态字(PSW)寄存器中有一位表示处理机的执行状态,这一位根据某些事件的要求而改变,当用户程序需要操作系统服务而调用系统调用时,处理机的执行状态设置为核心态;当系统调用完成返回用户程序时,处理机的执行状态又重置为用户态。

2. 内核与原语

操作系统的设计广泛地使用了层次结构,即将操作系统分为若干个层次,每一层完成操作系统的一部分功能。通常一些与硬件紧密相关的模块放在紧靠硬件的层次上,并且这部分程序常驻内存,以便提高操作系统的运行效率。这部分程序通常称为操作系统内核。

内核是在计算机硬件上扩充的第一层软件,操作系统要对这部分软件进行保护。内核是利用原语来实现的。

原语(Primitive)由若干条指令构成,是用于完成一定功能的过程。它与一般过程的区别在于,原语是用原子操作构成的。所谓原子操作,是指过程中的所有操作要么全做,要么全不做。换句话说,原子操作是一个不可分割的操作。因此原语在被执行时是不可以被中断的。

内核为系统对进程的控制和对内存的管理提供了有效的机制。在不同的操作系统中,内核的功能不尽相同,但大多数操作系统内核都包含以下功能。

(1) 时钟管理。时钟管理是内核的一个基本功能。操作系统中的许多活动都需要时钟,例如在分时操作系统基于时间片的进程调度程序中,每当时间片用完时,需要时钟管理产生一个中断信号,进程调度程序才可以再重新调度一个进程运行。又如,实时操作系统中,截止时间的控制等也需要时钟管理程序的控制。

(2) 中断处理。中断处理也是内核的一个基本功能。它是操作系统赖以活动的基础。各种类型的系统调用的实现、进程调度、设备操作完成等都需要以中断的方法通知处理机。

(3) 原语操作。内核中的原语操作可以完成操作系统中的一些基本功能,如进程控制、进程同步及常用的进程通信手段等。

3. 进程家族树

进程控制的职责是对系统中的全部进程实行有效管理,其主要表现在对一个进程进行创建、撤销以及进程状态的转换控制。通常允许一个进程创建和控制另一个进程,前者称为父进程,后者称为子进程。创建父进程的进程称为祖父进程,子进程又可以创建孙进程,从而形成一个树形结构的进程家族,如图 2-11 所示。

采用这种树形结构方式,对进程的控制更为方便、灵活。子进程可以继承父进程所拥有的资源,例如,继承父进程打开的文件,继承父进程所分配到的缓冲区等。当子进程撤销时,要将从父进程那里获得的资源归还给父进程。此外,在撤销父进程时,必须撤销其所有子进程。为了标识进程之间的家族关系,PCB 中设置有家族关系表项,以标明自己的父进程及所有的子进程。

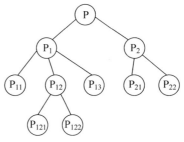

图 2-11 进程的家族树

2.3.2 进程的创建与撤销

1. 进程的创建

1) 引起创建进程的事件

(1) 用户登录。在分时操作系统中,用户在终端输入登录命令,系统验证该用户是合法用户后,就为该用户建立一进程,并把它投入就绪队列。

(2) 新作业进入系统。当新的作业进入系统时,操作系统要为新装入内存的作业分配必要的资源,并为它创建进程。

(3) 提供服务。当运行中的用户程序提出某种请求后,系统将专门创建一个进程来提供用户所需要的服务。例如,如果用户程序要求进行文件打印,操作系统将为之创建一个打印进程,该打印进程将与用户进程并发执行。

(4) 应用请求。前述几种情况都是由系统来创建进程的,而应用请求是指基于用户进程的需要在自己的应用进程中创建子进程。

2) 创建原语要做的工作

(1) 申请空白PCB。因为进程的存在是以PCB为标志的,因此创建一个新进程的主要任务就是建立一个PCB,将创建者提供的有关信息填入该PCB。所以,创建一个新进程,首先要根据建立的进程名字查找PCB表,若找到了,说明已有同名进程存在,非正常终止;否则申请分配一空闲PCB。

(2) 初始化进程描述信息。申请得到PCB后,要将进程名和系统分配给该进程的进程标识符填入PCB的相应栏目;根据创建进程的情况建立该进程与父进程的父子关系,并将新建立进程所属的进程组的情况填入PCB相应栏目;初始化处理机状态信息;初始化进程控制信息。对于新建立的进程,要根据系统的情况和用户的要求分配给该进程一个优先级,以后随着进程的运行,其优先级可能有所改变。

(3) 为进程分配资源和存储空间。子进程的资源可以从父进程中继承。例如,子进程可以从父进程中继承已打开的文件、文件系统当前目录、已经连接的共享存储区及信号量等。若进程的程序不在内存中,则应将它从外存调入内存,然后把有关信息分别填入PCB相应栏目。

(4) 将新进程插入就绪队列。新的进程被创建后,应进入就绪队列等待被调度。

2. 进程的撤销

当进程完成其"历史使命"后,应当撤离系统而消亡,系统应及时收回其占用的资源,以供其他进程使用。

1) 引起进程撤销的事件

(1) 进程正常结束,即进程执行完需要做的工作。

(2) 进程异常结束,即进程运行期间,由于程序出现某些错误和故障而迫使进程终止。

(3) 外界干预,即并非本进程在运行期间出现故障,而是由进程以外的事件引起进程终止运行。例如,操作员或操作系统的干预、父进程要求撤销自己的某个子进程,以及当父进程撤销时其所有的子孙进程都会被撤销。

2) 撤销原语要做的工作

(1) 查找撤销进程的PCB。根据进程名在PCB链表中查找进程所占的PCB栏目。

(2) 若进程处于运行状态,予以终止,并进行进程调度,以重新挑选其他进程运行。

(3) 若进程有子孙,予以终止。当一个进程被撤销时,其所有子孙进程都将被撤销,防止子进程与其进程家族隔离开来而无法控制。

(4) 归还资源。进程被撤销后,它所占用的所有资源都将归还给系统。

(5) 从所在队列移出。当进程撤销时,可能因为该进程完成了任务正常终止,也有可能由于外界干预而被撤销,因此被撤销进程可能处于运行、就绪、阻塞任何一种进程状态。不管它处于哪种状态,当撤销进程时,都需要将其从所在的队列中删除。

2.3.3 进程的阻塞与唤醒

进程在执行过程中,常常会因为等待I/O操作完成或等待某个事件出现而进入阻塞状态。当处于阻塞状态的进程所等待的操作完成或事件出现时,进程将会从阻塞状态唤醒而进入就绪状态。

1. 引起进程阻塞和唤醒的事件

1）请求系统服务

当正在执行的进程请求操作系统提供服务时,由于某种原因,操作系统并不能立即满足该进程的要求,该进程只能将其状态转为阻塞状态来等待。例如,进程请求使用打印机,但系统已经将打印机分配给其他进程,故请求进程只能阻塞。当其他进程释放出打印机时,再由系统将被阻塞进程唤醒。

2）启动某种操作

进程启动了某种操作,如果该进程必须在操作之后才能继续执行,则必须先将进程阻塞。例如,进程启动了某个输入设备,只有当进程完成数据的输入工作后,才能继续执行。因此当进程启动输入设备后,便自动进入阻塞状态等待。当输入操作完成后,再由中断处理程序将该进程唤醒。

3）新数据尚未到达

对于相互合作的进程,如果一个进程需要获得另一个进程提供的数据后才能运行,则在数据尚未到达之前,进程只有等待。例如有两个进程,进程 A 负责输入数据,进程 B 负责加工数据,假如 A 尚未将数据输入完毕,则进程 B 将因没有要处理的数据而阻塞。一旦 A 输入数据完毕,便可由它唤醒 B。

4）无新工作可做

系统往往设置一些具有某些特定功能的进程,当这些进程完成了要求的任务后,就把自己阻塞起来等待新任务的到来。例如,系统中的打印进程,当没有打印工作可做时,它将使自己进入阻塞状态。仅当有进程又有新的打印请求时,它才被唤醒。

2. 阻塞原语需要做的工作

一个正在运行的进程,因为不能满足其所需要的资源而被迫处于阻塞状态,等待事件的发生,所以进程的阻塞是进程自身的一种主动行为,是进程通过调用阻塞原语把自己阻塞。

阻塞原语要做的工作有以下几方面。

(1) 停止进程的执行。要阻塞的进程一般是在执行过程中发现所需的某种资源不能满足,因此进程应立即停止执行。

(2) 将进程插入阻塞队列。进程停止执行后,应将 PCB 中进程的状态由运行状态改为阻塞状态,并将进程插入阻塞队列。

(3) 重新调度。进程进入阻塞状态后,将让出处理机,因此要调用进程调度程序挑选一个就绪进程投入运行,并进行进程切换。

3. 唤醒原语需要做的工作

当被阻塞进程所期待的事件出现时,如 I/O 完成或所等待的数据已经到达,则由相关的进程(完成 I/O 的进程或提供数据的进程)调用唤醒原语唤醒被阻塞进程。

唤醒原语要执行的工作如下。

(1) 将进程从阻塞队列解下。

(2) 把进程插入就绪队列。

(3) 改变进程在 PCB 中的状态。

应当说明的是,阻塞原语和唤醒原语是一对功能相反的原语。如果某个进程调用了阻塞原语,则必然有一个与之对应的另一个相关进程调用唤醒原语来唤醒被阻塞的进程。否则被阻塞的进程将会因不能被唤醒而一直处于阻塞状态,从而没有机会再运行。

2.3.4 进程的挂起与激活

如前所述,进程有几种状态,且在每个操作系统中是不同的。在有些系统中,根据需要增加了挂起状态和激活状态,参见图 2-7 和图 2-8。进程的挂起主要是将进程从内存移出。当出现挂起事件时,进程可以将自己挂起或由父进程将其某个子进程挂起。相反,当内存有足够的空间时,将处于挂起状态的进程从外存调回内存,激活进程。

1. 挂起原语要做的工作

(1) 检查被挂起进程的状态。

(2) 若进程处于就绪状态,将进程从就绪状态变为就绪挂起状态。

(3) 若进程处于阻塞状态,将进程从阻塞状态变为阻塞挂起状态。

(4) 若进程正在运行,则将进程从运行状态变为就绪挂起状态,并调用进程调度程序重新进行调度。

2. 激活原语要做的工作

(1) 检查被激活进程的状态。

(2) 若进程处于就绪挂起状态,将进程从就绪挂起状态变为就绪状态。

(3) 若进程处于阻塞挂起状态,将进程从阻塞挂起状态变为阻塞状态。

(4) 若系统采用的是抢占式进程调度,则有新的进程进入就绪队列时,要检查是否要重新调度。如果激活进程的优先级比正在运行进程的优先级高,则会立即剥夺正在运行的进程,把处理机分配给被激活的进程。

2.4 线 程

视频讲解

自从 20 世纪 60 年代提出了进程的概念后,操作系统一直以进程作为独立运行的基本单位。到了 20 世纪 80 年代,人们又提出了比进程更小的、能独立运行的基本单位——线程。提出线程的目的是试图提高系统并发执行的程度,从而进一步提高系统的吞吐量。现在,线程的概念已得到了广泛应用,现代操作系统都引入了线程的概念。

现在 PC 上的许多软件都是多线程的,例如网页浏览器中会有一个线程用于显示图像和文本,另一个线程用于从网络接收数据;文档处理器中会有一个线程用于显示文本,另一个线程用于读入用户的键盘输入,还有一个线程用于在后台进行拼写和语法检查。

有时一个应用程序需要执行多个相似任务,例如 Web 服务器需要接收多个(或成千上万个)用户关于网页、图像、声音等的请求。如果 Web 服务器作为单线程来执行,那么一次只能处理一个用户请求,这样用户等待处理请求的时间就会很长。一种解决方法是让服务器作为单进程接收请求,当服务器收到新请求时创建另一个进程用于处理请求,但这样新创建的进程会消耗与原进程一样多的资源和时间。如果 Web 服务器用多线程实现,当用户有新请求时,服务器不是创建进程,而是创建线程来处理请求。线程基本上不需要新的资源,创建的速度也比进程快,因此多线程的 Web 服务器的执行效率会比较高。

另外,现代操作系统大多都是多线程的,数个线程在内核运行,每个线程完成一个指定的任务,如管理设备或处理中断等。

多线程程序具有以下优点。

(1) 响应度高。如果交互式程序采用多线程,即使其部分线程阻塞或执行较冗长的操作,程序中的其他线程也仍然可以继续执行,从而保证用户的响应时间。例如,多线程的网页浏览器在一个线程装入图像时,另一个线程与用户交互。

(2) 资源共享。属于一个进程的多个线程共享进程拥有的内存和资源,代码和数据共享的好处是它能允许一个应用程序在同一地址空间有多个不同的活动线程。

(3) 经济。线程的创建和切换会比进程更为经济。

2.4.1 线程的概念

1. 线程的引入

如果说操作系统中引入进程的目的是使多个程序并发执行,改善资源的利用率,提高系统的吞吐量,那么在操作系统中再引入线程,则是为了减少程序并发执行时所付出的时间和空间开销,使操作系统具有更好的并发性。为了说明这一点,这里先回顾一下进程的两个基本属性,如下所述。

(1) 进程是一个可以拥有资源的独立单位。

(2) 进程是一个可以独立调度和分派的基本单位。

正是因为进程具有这两个基本属性,才使得进程成为一个能独立运行的基本单位,从而也就构成了进程并发执行的基础。然而,为了使进程能并发执行,系统必须进行以下一系列操作。

(1) 创建进程。系统在创建进程时,必须为之分配其所必需的、除 CPU 以外的所有资源,如内存空间、I/O 设备及建立相应的 PCB。

(2) 撤销进程。系统在撤销进程时,又必须对分配给进程的资源进行回收操作,然后再撤销其 PCB。

(3) 进程状态的转换。进程在建立以后到被撤销之前,要经历若干次进程的状态转换,在进行进程状态转换时,要保留进程执行时的 CPU 环境,并设置新选中进程的 CPU 环境,为此系统需要花费处理机较多的时间。

总而言之,由于进程是一个资源的拥有者,因此在进程的创建、撤销以及状态转换中,系统要为之付出较多的时间和空间开销。也正是因为如此,系统中所设置的进程数目不宜过多,进程切换的频率也不宜太高,但这样就限制了进程并发程度的进一步提高。

于是,提高进程的并发程度,同时又能尽量减少系统开销,成为操作系统设计者追求的目标。操作系统的设计者想到可以把进程的两个基本属性分开,由操作系统分别加以处理,即作为独立分配资源的单位,不再作为调度和分派的基本单位,在这样的思想指导下,产生了线程的概念。

线程是进程的一个实体,是被独立调度和分派的基本单位,表示进程中的一个控制点,执行一系列指令。由于同一进程内的多个线程都可以访问进程的所有资源,因此线程之间的通信要比进程之间的通信方便得多;同一进程内的线程切换也因为线程的轻装而方便得多。图 2-12 显示了操作系统支持进程和线程的能力,左半部分给出了两种单线程方案,MS-DOS 是一种支持单进程、单线程的操作系统,UNIX 支持多进程,但每个进程只有一个线程;右半部分描述了多线程方案,Java 运行环境是单进程、多线程的实例,现代更多的操作系统(如 Windows Vista、Solaris、Linux、Mach 和 OS/2 等)都支持多进程、多线程。

2. 线程的组成

线程有时也称为轻型进程(Light Weight Process,LWP)。每个线程有一个线程控制块(Thread Control Block,TCB),用于保存自己私有信息,主要由以下几部分组成。

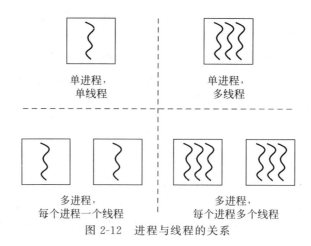

图 2-12 进程与线程的关系

(1) 线程标识符,它是唯一的。

(2) 描述处理机状态信息的一组寄存器,包括通用寄存器、指令计数器、程序状态字等。

(3) 栈指针,每个线程有用户栈和核心栈两个栈。当线程在用户态下运行时使用自己的用户栈,当用户线程转到核心态下运行时使用核心栈。

(4) 一个私有存储区,存放现场保护信息和其他与该线程相关的统计信息。

线程控制块的结构如图 2-13 所示。线程由线程控制块和属于该线程的用户栈和核心栈组成。线程必须在某个进程内执行,使用进程的其他资源,如程序、数据、打开的文件和信号量等。

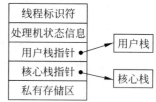

图 2-13 线程控制块的结构

3. 线程的状态

与进程相似,线程也有若干种状态,如运行、就绪、阻塞等。

线程是一个动态过程,它的状态转换可以在一定条件下实现。通常,创建一个新进程时,该进程的一个线程(称主线程)也被创建。以后,这个主线程还可以在它所属的进程内部创建其他新线程,为新线程提供开始执行的指令指针和参数,同时为新线程提供栈空间等,并且将新线程投入就绪队列。

当 CPU 空闲时,线程调度程序从就绪队列中选择一个线程,令其投入运行。

线程在运行过程中如果需要等待某个事件,它就让出 CPU,进入阻塞状态;当该事件到达时,这个线程就从阻塞状态变为就绪状态。

4. 线程的控制

(1) 线程的创建。一个线程可以通过调用线程库中的系统调用(如 Windows 2000/XP 及以上版本都提供了系统调用 CreateThread)创建线程。创建线程时要提供新线程运行的过程名,创建后返回新线程的线程标识符。线程创建时,系统为其分配线程控制块、栈等必要的数据结构。

(2) 线程的撤销。线程完成了自己的工作后,与创建类似,也通过调用线程库中的系统调用撤销线程。此后,该线程从系统中消失。

(3) 线程等待。线程可以通过调用线程库中的系统调用等待某个线程,而使自己变为阻塞状态。

(4) 线程让权。线程可以自愿放弃 CPU,让其他线程运行,同样也是通过调用线程库中的系统调用来实现。

2.4.2 线程与进程的比较

1. 线程与进程的关系

线程和进程是两个密切相关的概念,一个进程至少拥有一个线程(该线程为主线程),进程根据需要可以创建若干个线程。图 2-14 从管理的角度说明了进程和线程的关系。在单线程的进程模型中(即没有线程概念的进程),进程由进程控制块、用户地址空间(包括程序段和数据段)以及在进程执行中管理调用/返回行为的用户堆栈和内核堆栈组成。当进程在运行时,该进程控制处理机寄存器;当进程不运行时,要保留这些寄存器的内容。在多线程环境中,进程仍然有一个进程控制块和用户地址空间,但每个线程都有自己独立的堆栈和线程控制块,在线程控制块中包含该线程执行时寄存器的值、线程的优先级及其他与线程相关的状态信息。所以说,线程自己基本上不拥有资源,只拥有少量必不可少的资源(线程控制块和栈)。

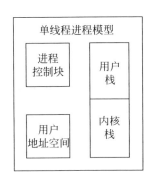
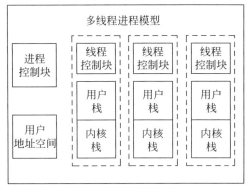

图 2-14 单线程和多线程的进程模型

进程中的所有线程共享该进程的资源,它们驻留在同一块地址空间中,并且可以访问相同的数据。当一个线程改变了内存中某个单元的数据时,其他线程在访问该数据单元时会看到变化后的结果,线程之间的通信变得更为简单、容易。

2. 引入线程的重要性

1) 性能比较

从如下性能比较可以看出引入线程的重要性。

(1) 在一个进程中创建一个新的线程比创建一个全新的进程所需要的时间要少。Mach 操作系统开发者研究表明,与当时没有使用线程的 UNIX 操作系统相比,创建线程比创建进程的速度提高了 10 倍。

(2) 撤销一个线程比撤销一个进程所需的时间要少。

(3) 线程之间的切换比进程之间的切换花费的时间要少。

(4) 线程提高了不同执行程序之间的通信效率。在大多数操作系统中,进程之间的通信需要内核的支持,以提供保护和通信所需要的机制。但是,由于同一个进程中的线程共享存储空间和文件,它们无须内核的支持就可以互相通信。

2) 举例

因此,如果有一个由多个过程或函数组成的程序,则用一组线程来实现比用一个独立的进程实现更有效。下面列举几个使用线程提高程序执行效率的例子。

(1) 前台和后台操作。例如在处理电子表格的程序中,可以设计两个线程,其中一个线程负责显示菜单并读取用户输入——前台线程,而另一个线程负责执行用户命令并更新电子表格的内容——后台线程,这样就可以在前一条命令处理完成前提示用户输入下一条命令(即两个线程并发操作)。对于用户来说,会感觉应用程序的处理速度有所提高。

(2) 异常情况处理。程序执行过程中的某些异常事件的处理也可以用线程来实现。例如,为了避免计算机断电所造成的损失,可以在文字处理程序中设计一个线程,其任务是负责周期性地进行数据备份,可以设计为每隔一分钟将内存缓冲区的数据写入磁盘。该线程由操作系统调度,而在主线程中并不需要增加任何代码来提供时间检查或协调输入和输出。

(3) 缩短执行时间。例如有一个数据处理程序,要求从设备上输入数据,然后进行计算。如果用多线程的程序,可以创建一组线程负责数据的输入,另一组线程负责计算操作。如果系统中有多个处理机,负责计算的多个线程还可以并行操作,可以大大缩短数据的处理时间。

(4) 模块化程序结构。按照模块化的程序设计思想设计的程序,用线程去设计和实现更为方便,可以把一个模块设计成一个线程。

3. 线程与进程的比较

下面从调度、并发性、拥有资源和系统开销四个方面来比较进程和线程。

1) 调度

传统的操作系统中拥有资源的基本单位、独立调度及分派的基本单位都是进程。而在引入线程的操作系统中,则把线程作为调度和分派的基本单位,把进程作为资源分配的基本单位,使传统进程的两个属性分开,线程可以轻装运行,可以显著提高系统的并发程度。在同一个进程中,线程的切换不会引起进程的切换,只有当从一个进程中的线程切换到另一个进程中的线程时,才会引起进程的切换。

2) 并发性

在引入线程的操作系统中,不仅进程之间可以并发执行,而且在一个进程中的多个线程之间也可以并发执行,因而操作系统具有更好的并发性,从而可以更有效地使用系统中的资源,提高系统的吞吐量。例如在一个没有引入线程的单处理机系统中,若仅设计了一个文件服务进程,当该进程由于某种原因被阻塞时,用户的文件服务请求就得不到响应。在引入线程的操作系统中,可以在一个文件服务进程中设计多个服务线程,当第一个线程阻塞时,文件服务进程中的第二个线程可以继续执行;当第二个线程阻塞时,第三个线程可以继续执行,从而显著提高文件服务的质量和系统的吞吐量。

3) 拥有资源

不论是传统的操作系统,还是具有线程的操作系统,进程都是拥有资源的独立单位。一般地说,线程自己不拥有系统资源(只有少量的必不可少的资源),但它可以访问其隶属进程的资源。也就是说,一个进程的代码段、数据段及系统资源,如打开的文件、I/O设备等,可供同一进程中的所有线程共享。

4) 系统开销

由于创建或撤销进程时,系统都要为之分配或回收资源,如内存空间、I/O设备等,因此操作系统所付出的时间和空间开销将显著大于重建或撤销线程的开销。类似地,在切换进程时,涉及当前进程CPU环境的保存及新被调度运行的进程CPU环境的设置,包括程序地址和数据地址等。而线程的切换只需要保存和设置少量寄存器的内容,并不涉及存储器管理方面的操作。可见,进程切换的开销远远大于线程切换的开销。此外,由于同一进程中的多个线程具有相同的地址空间,致使它们之间的同步和通信的实现变得非常容易。在有些操作系统中,线程的切换、同步和通信都无须操作系统内核的干预。

2.4.3 线程的实现

线程已经在许多操作系统中实现,但实现的方式并不完全相同。在有的系统中,特别是一些数据库管理系统中,实现的是用户级线程(User Level Threads,ULT),这种线程不依赖于内核。而另一些系统,如 OS/2、Mach 和 Windows,实现的是内核级线程(Kernel Supported Threads,KST)。还有一些系统(如 Solaris)则同时实现了这两种类型的线程,是两种线程的组合。

需要注意的是,对于进程来讲,无论它是系统进程还是用户进程,在进行切换时都要依赖于内核中的进程调度程序。所以,内核是感知进程存在的,在内核支持下进行进程切换。而对于线程则不然,根据线程的切换是否依赖于内核可以把线程分成用户级线程和内核级线程,如图 2-15 所示。

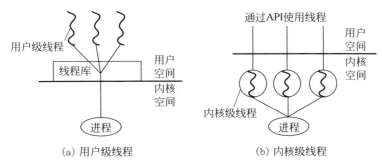

图 2-15 用户级线程和内核级线程

1. 用户级线程

用户级线程只存在于用户级,线程的创建、撤销及切换都不利用系统调用实现,因而这种线程与内核无关,内核也不知道这种线程的存在。

在一个纯粹实现用户级线程的软件中,有关线程管理的所有工作都由应用程序完成。应用程序通过线程库设计多线程程序,线程库是用于管理用户级线程的软件包,其中包含用于创建和撤销线程的例程、在线程之间传递消息和数据的例程、线程调度以及保存和恢复线程的代码。

应用程序默认从一个线程开始执行,该应用程序和它的所有线程被分配给一个由内核管理的进程,在应用程序运行的任何时刻,应用程序都可以创建一个新的线程,线程的创建由线程库来完成,线程库为新线程创建一个数据结构,然后使用某种调度算法,把控制权传递给该应用程序中处于就绪状态的某个线程。当控制权交还给线程库时,需要保存当前正在运行线程的运行环境,当线程库选中某个线程运行时,要恢复被选中线程的运行环境。线程的运行环境包括用户寄存器的内容、程序计数器和栈指针。

由于线程是用户级实现的,内核并不知道线程的存在,所以操作系统内核不负责线程的调度,内核只负责为进程提供服务,即从就绪队列中挑选一个进程(如进程 A),为它分配一个时间片,然后由进程 A 内部的线程调度程序决定让 A 的哪个线程(如线程 2)执行。当线程 2 用完系统分配给进程 A 的时间片后,内核将选择另一个进程运行;当进程 A 再次获得时间片时,线程 2 恢复执行;如此反复,直到线程 2 完成自己的工作,进程内部的线程调度程序再选另一个线程运行。

下面举例说明线程调度和进程调度的关系。假设进程 A 有两个用户级线程,即线程 1 和线程 2,其中线程 2 处于运行状态,由于进程 A 的某段程序正在运行,因此进程 A 也处于运行状态。不同的是进程 A 的运行是内核感知的,而内核不知道进程的两个线程的存在。进程 A 和进程 A 的两个线程的状态如图 2-16(a)所示,当线程 2 继续执行时,可能会发生以下几种情况。

(1) 线程 2 中执行的程序因需要 I/O 而进行系统调用,这将导致控制权被转移给内核,内核启动 I/O 操作,并将进程 A 阻塞,内核将调用另一个进程运行。在此期间,对于线程库管理的线程,即进程 A 的线程 2 仍处于运行状态。值得注意的是,线程 2 的运行状态并不是真正意义上的被处理机执行,而是线程库认为它处于运行状态,相应的状态如图 2-16(b)所示。

(2) 时钟中断把控制权传递给内核,内核确定当前正在运行的进程 A 已经用完了它的时间片,内核将进程 A 置于就绪状态,并切换另一个进程。此时,线程库管理的线程,即进程 A 的线程 2 仍处于运行状态,相应的状态如图 2-16(c)所示。

(3) 线程 2 运行到达某处时,它需要进程 A 的线程 1 所执行的某些数据,线程 2 进入阻塞状态,线程 1 从就绪状态转换为运行状态,进程 A 自身仍处于运行状态,相应的状态如图 2-16(d)所示。

在图 2-16(b)和图 2-16(c)所示的两种状态中,当内核把控制权又重新切换给进程 A 时,进程 A 中的线程 2 会恢复执行。另外需要注意的是,执行线程库中的代码时可以被中断,可能由于线程所在进程 A 的时间片用完了,也可能由于被一个高优先级的线程所剥夺。在中断时,进程中的线程可能处于线程的切换过程中,即正在从一个线程切换到另一个线程。当该进程恢复执行时,完成线程的切换,并把控制权交给进程中一个新选中的线程。

从图中可以看出,对于用户级线程,一个进程内部线程的行为不影响其他进程,内核只是对进程进行适当的调度。

使用用户级线程有很多优点,主要如下所述。

(1) 线程切换不需要系统状态的转换。由于所有用户级线程的管理都在一个进程的用户地址空间中进行,用户级线程的切换不需要内核模式的特权。因此,进程也不需要为了线程的切换而转换到核心态,线程切换时进程仍然在用户态下运行,这就节省了系统从核心态到用户态或从用户态到核心态转换的时间和空间开销。

(2) 每个进程可以使用专用的线程调度算法来调度线程。对于应用程序来说,根据程序本身的特点,有的可能比较适合使用简单的时间片调度算法,有的则可能比较适合使用基于优先级的调度算法。每个进程可以使用适合于自己的线程调度算法,而与其他进程无关,更不会干扰底层的操作系统调度程序。

(3) 用户级线程可以在任何操作系统中运行,不需要对底层操作系统内核进行修改。因为用户级线程不需要操作系统的支持,它是用自己的线程库来实现的。线程库是一组供所有应用程序共享的应用级实用程序。

但是,用户级线程也有其不足之处,主要如下所述。

(1) 在典型的操作系统中,许多系统调用(如 I/O 操作)会引起进程阻塞,当一个用户级线程调用一个系统调用时,系统会认为是这个线程所在进程的行为,因此进程被阻塞。进程中的所有用户级线程此时都不能继续执行。

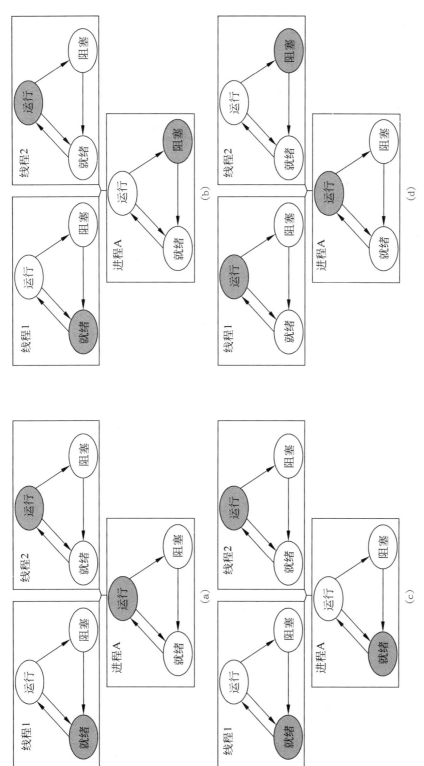

图 2-16 用户级线程状态和进程状态的关系

（2）在只使用用户级线程的系统中，一个多线程的应用程序不能利用多处理机技术。内核一次把一个进程分配给一个处理机，因此一个进程中只有一个线程可以执行。即使其他处理机都空闲，该进程中的其他线程也不能执行。

用户级线程的这两个问题是可以解决的。解决阻塞问题的方法是使用 Jacketing 技术。Jacketing 技术的解决方案是系统调用时不产生阻塞。例如，如果线程要进行 I/O，不是直接调用一个系统级的 I/O 例程，而是让线程调用一个应用程序级的 I/O Jacket 例程。这个 Jacket 例程中的代码检查并确定 I/O 设备是否忙，如果忙，该线程处于就绪状态，并把控制权交给另一个线程；当这个线程重新获得控制权时，重新检查 I/O 设备，直到 I/O 设备可以使用时再进行 I/O。

解决不能使用多处理机技术的方法是把应用程序写成一个多进程的程序，而不是多线程的程序。但是这个方法同时也消除了用户级线程的优点，每次切换都变成了进程之间的切换，而不是线程之间的切换，从而导致系统开销过大。

2．内核级线程

在仅有内核级线程的系统中，有关线程管理的所有工作都是由内核来完成的。应用程序若要使用线程，只有通过由内核提供的应用程序编程接口（API）。Windows、Linux、OS/2 等操作系统都是使用这种方法实现的。图 2-15(b)即说明了内核级线程的实现方法。任何应用程序都可以设计成多线程的程序，在一个进程内可以创建多个线程。操作系统内核负责保存进程的上下文环境信息，同时也为该进程的所有线程保存它们的上下文环境信息。系统的调度是基于线程的，也就是说，处理机的切换是以线程为单位进行的。

内核级线程的调度与用户级线程不同，由系统内核调度线程，系统内核不需要考虑这个线程属于哪个进程，当然系统内核知道线程是属于哪个进程，但挑选哪个线程与它属于哪个进程无关。当线程运行完分配给它的时间片后，就会回到就绪队列等待再次被调度，如果在给定的时间片内阻塞，系统内核就调度另一个线程运行，后者可能与前者同属于一个进程，也可能属于不同的进程。

事实上，在具有内核级线程的系统中，进程只作为资源的拥有者，线程作为调度的单位，每个进程至少有一个线程。当进行线程调度时，系统内核当然知道从一个进程内的某个线程切换到另一个进程中的某个线程比在一个进程内两个线程的切换有更大的开销，因为前者要进行内存映射切换并清除高速缓存，当系统内核考虑切换算法时，可以考虑这个因素。假设两个线程的优先权相同，一个线程和正在运行的线程属于同一个进程，而另一个线程属于其他进程，系统将优先考虑前者。

内核级线程克服了用户级线程的两个不足。首先，在多处理机环境中，内核可以同时把同一个进程的多个线程分配到多个处理机上；再者，如果进程中的一个线程被阻塞，内核可以调度一个进程的另一个线程执行。除此之外，内核级线程的另一个优点是内核本身也可以设计成多线程。

相对于用户级线程，内核级线程的主要缺点是，在同一个进程中把控制权从一个线程切换给另一个线程需要内核的状态转换（即用户态到核心态的转换）。

用户级线程与内核级线程的主要区别如下。

（1）切换速度。用户级线程切换可用机器指令，速度快；而内核级线程切换需要内核模式的转换，因而速度慢。

（2）阻塞。当用户级线程因等待 I/O 阻塞时，会将它所在的整个进程阻塞，而内核级线程的阻塞不会涉及它所在的进程。

3. 组合的方法

在某些操作系统中,例如 Solaris,使用的是一种用户级线程和内核级线程组合的方法。

在 Solaris 操作系统中,用户可以在应用程序中建立多个用户级线程。系统中可以拥有的用户级线程的数目多达几千个,但内核并不知道这些线程的存在。在 Solaris 操作系统中还设置有大量的内核级线程,内核中的所有工作都是由这些内核级线程完成的。在 Solaris 操作系统中,还在用户级线程和内核级线程之间定义了一种轻型进程(Light Weight Process,LWP),每个 LWP 包含自己的进程控制块,其中包括进程的状态和寄存器数据等。

在一个系统中,用户级线程的数量可能很多,为了节省系统开销,不可能设置太多 LWP,为了使每一个用户级线程都可以利用 LWP 与内核通信,可以使多个用户级线程多路复用一个 LWP,但只有当前连接到 LWP 上的线程才能与内核通信,其余线程或者阻塞,或者等待 LWP。每一个 LWP 都要连接到一个内核级线程上,这样通过 LWP 可把用户级线程与内核级线程连接起来。用户级线程可通过 LWP 来访问内核,但内核所看到的是多个 LWP,而看不到用户级线程。即由 LWP 实现了内核与用户级线程的隔离,从而使用户级线程与内核无关,而又能够访问内核。Solaris 中的线程如图 2-17 所示,进程 1 中有一个用户级线程,且绑定在一个 LWP 上,这个 LWP 与一个内核级线程相连;进程 2 有三个用户级线程,其中有两个分别绑定在一个 LWP 上,这两个 LWP 又分别与一个内核级线程相连,另外一个用户级线程因不需要与内核通信而不需要 LWP 的支持;进程 3 中有五个用户级线程,其中有三个多路复用两个 LWP,这两个 LWP 分别与一个内核级线程相连,一个用户级线程不需要 LWP 与内核通信,另一个用户级线程单独使用一个 LWP 与内核通信。

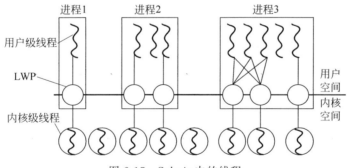

图 2-17　Solaris 中的线程

当用户级线程不需要与内核通信时,并不需要 LWP。而需要通信时,便需要借助于 LWP 的帮助,而且每个需要通信的线程都需要一个 LWP,每个 LWP 都严格对应一个内核级线程。例如,在进程 3 中同时有三个用户级线程发出了对文件的读、写请求,这时就需要有三个 LWP 来予以帮助,即将 LWP 对文件的读、写请求发送给相应的内核级线程,再由内核级线程执行具体的读、写操作。如果一个应用程序中只有两个 LWP,则只能有两个用户级线程的读、写请求被传送给内核级线程,余下的一个用户级线程必须等待。

在内核级线程执行操作时,如果发生了阻塞,则与之相连接的 LWP 也将阻塞,进而使连接到 LWP 上的用户级线程也发生阻塞。如果进程中只包含一个 LWP,此时进程也阻塞。但是如果一个进程中含有多个 LWP,则当其中一个 LWP 阻塞时,进程中的其他 LWP 可以继续运行;而且即使进程中的所有 LWP 全部阻塞,进程中的用户级线程仍然可以继续运行,只是不可以再去访问内核。

2.4.4 多线程问题

1. 线程取消

线程取消是指线程在完成任务之前终止。例如，如果多个线程并发地搜索数据库，并且一个线程已经得到了结果，那么其他线程就应该取消。另一种可能发生的情况是用户浏览网页时单击网页浏览器上的按钮停止网页的装入，通常一个网页上会有多个线程，每个图像由一个线程负责装入。当用户单击停止按钮时，所有负责装入网页的线程都被取消了。

线程取消的时机可有如下两种情况。

(1) 立即取消。线程不需要时马上取消。

(2) 延迟取消。被取消线程不断检查它是否应被终止，以一种有序的方式终止自己。

如果资源已分配给要取消的线程或要取消的线程正在更新与其他线程所共享的数据，立即取消并不会引起操作系统回收所有资源。相反，延迟取消时，系统会检查被取消线程是否在安全点（即检查一个标志是否已确定它可以被取消），当线程处于安全点时才会被取消。

2. 信号处理

信号在UNIX系统中用来通知进程发生了某个特定事件。根据需要通知信号的来源和事件的理由，信号可以同步或异步地接收。

同步信号的例子包括非法内存访问或除法运算中除数为零，此时将产生信号并发送给执行操作的进程。由于信号的发生和接收是同一进程，所以称为同步。

当一个信号由运行进程之外的事件产生，进程就异步接收信号。例如用户按Ctrl+C快捷键或定时器到时，异步信号就被发送到进程。

单线程的信号处理比较直接，信号总是发送给进程。多线程程序发送信号比较复杂，由于进程有多个线程，信号的发送有以下选择。

(1) 发送到信号所使用的线程。

(2) 发送到进程内的所有线程。

(3) 发送到进程内的某个固定线程。

(4) 规定一个特殊线程用以接收进程的所有信号。

到底选择哪一种方式依赖于信号的类型。同步信号需要发送到产生这一信号的线程。对于异步信号，有的异步信号（如终止进程的信号，用户按Ctrl+C快捷键）应该发送给进程中的所有线程；有的异步信号通常发送给不拒绝它的第一个线程，这是因为大多数多线程UNIX系统允许线程有选择地接收信号，另外每个信号只能被处理一次。

虽然Windows系统并不明确提供对信号的支持，但是它们可以通过异步过程调用(Asynchronous Procedure Call，APC)来模拟。APC允许用户线程指定一个函数，以便在用户线程收到特定事件时被调用。所以，APC与UNIX中的异步信号相似，不同的是UNIX需要处理多线程环境的信号，而APC只能发送给特定线程而不是进程。

3. 线程池

在2.4节介绍了Web服务器的多线程程序。对于Web服务器程序来说，每当服务器收到一个用户请求，它就创建一个线程来处理请求。这里有一个潜在的问题，如果用户的请求过多，将无法限制系统中并发执行的线程数量，无限制的线程会耗尽系统资源，如内存和CPU。解决这一问题的方法是使用线程池(Thread Pool)。

线程池的主要思想是在进程开始时创建一定数量的线程,并放入池中等待。当服务器收到请求时,它会唤醒池中一个线程,并将要处理的请求传递给它。一旦线程完成了服务,它会返回池中再等待工作;如果池中没有可用的线程,那么服务器会一直等到有空线程为止。

线程池的优点如下所述。

(1) 用现有线程处理请求要比创建新线程快。

(2) 线程池限制了可用线程的数量,这对那些不能支持大量并发线程的系统影响较明显。

线程池中的线程数量由系统的 CPU 数量、物理内存大小和允许并发用户请求的期望值等因素决定。高级的线程池还可以动态调整线程的数量,当系统负荷低时可减少内存消耗。

思考与练习题

自测题

1. 操作系统中为什么要引入进程的概念?为了实现并发进程之间的合作和协调以及保证系统的安全,操作系统在进程管理方面要做哪些工作?

2. 试描述当前正在运行的进程状态改变时,操作系统进行进程切换的步骤。

3. 现代操作系统一般都提供多任务的环境,试回答以下问题。

(1) 为支持多进程的并发执行,系统必须建立哪些关于进程的数据结构?

(2) 为支持进程的状态变迁,系统至少应提供哪些进程控制原语?

(3) 当进程的状态变迁时,相应的数据结构发生变化吗?

4. 什么是进程控制块?从进程管理、中断处理、进程通信、文件管理、设备管理及存储管理的角度设计进程控制块应包含哪些内容?

5. 假设系统就绪队列中有 10 个进程,这 10 个进程轮换执行,每隔 300ms 轮换一次,CPU 在进程切换时所花费的时间是 10ms,试问系统化在进程切换上的开销占系统整个时间的比例是多少?

6. 试述线程的特点及其与进程之间的关系。

7. 根据图 2-18 回答以下问题。

(1) 进程发生状态变迁 1、3、4、6、7 的原因。

(2) 系统中常常由于某一进程的状态变迁引起另一进程也产生状态变迁,这种变迁称为因果变迁。下述变迁 3→2、4→5、7→2、3→6 是否为因果变迁?试说明原因。

(3) 根据图 2-18 所示的进程状态转换图说明该系统 CPU 调度的策略和效果。

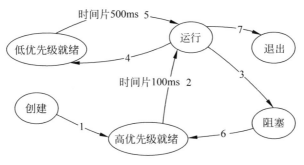

图 2-18 进程状态转化图

8. 回答以下问题。

(1) 若系统中没有运行进程,是否一定没有就绪进程?为什么?

(2) 若系统中既没有运行进程,也没有就绪进程,系统中是否就没有阻塞进程?请解释。

(3) 如果系统采用优先级调度策略,运行的进程是否一定是系统中优先级最高的进程?为什么?

9. 假如有以下程序段,回答下面的问题。

S_1: a = 3 − x;

S_2: b = 2 ∗ a;

S_3: c = 5 + a;

(1) 并发程序执行的 Bernstein 条件是什么?

(2) 试画图表示它们执行时的先后次序。

(3) 利用 Bernstein 条件证明 S_1、S_2 和 S_3 中哪两个可以并发执行,哪两个不能。

第 3 章

进程同步与通信

操作系统中的并发进程有些是独立的,有些需要相互协作。独立的进程在系统中执行时不影响其他进程,也不被其他进程影响;而另一些进程需要与其他进程共享数据,以完成一项共同的任务,这些进程之间具有协作关系。如果对协作进程的活动不加约束,就会使系统混乱。如,当多个进程争用一台打印机时,有可能多个进程的输出结果交织在一起,难以区分。所以,为了保证系统的正常活动,使程序的执行具有可再现性,操作系统必须提供某种机制。

进程之间的协作关系包括互斥、同步和通信。

互斥是指多个进程不能同时使用同一个资源,当某个进程使用某种资源时,其他进程必须等待。

同步是指多个进程中发生的事件存在着某种时序关系,某些进程的执行必须先于另一些进程。

进程通信是指多个进程之间要传递一定量的信息。

3.1 进程同步与互斥

视频讲解

3.1.1 并发原理

视频讲解

1. 并发带来的问题

在单处理机多道程序环境系统中,进程被交替执行,表现出一种并发执行的特征,即使不能实现真正的并行处理,而且进程间来回切换需要一定的开销,但这种交替执行在处理效率上还是带来了很大的好处。但是,由于并发执行的进程之间相对执行速度是不可预测的,它取决于其他进程的活动、操作系统的调度策略等。这就带来了以下困难。

(1) 全局变量的共享充满了危险。如果两个进程都使用同一个全局变量,并且都对该变量进行读写操作,那么不同的读写执行顺序是非常关键的。

(2) 操作系统很难最佳地管理资源的分配。如果某个进程请求使用某个特定的 I/O 设备,并得到了这个设备,但该进程在使用该设备前被挂起了,操作系统仍然把这个设备锁定给该进程,而不能分配给其他进程,因为操作系统不知道被挂起的进程何时又将执行。此外,资源分配还会导致死锁的危险。

(3) 定位程序的错误是很困难的。这是因为并发程序存在不确定性和不可再现性。

因此并发给操作系统的设计和管理带来了很多问题,操作系统为此要关注的事情有以下几方面。

(1) 操作系统必须记录每个进程的情况,并通过进程控制块实现。

(2) 操作系统必须为每个进程分配和释放各种资源,这些资源包括处理机、存储器、文件和 I/O 设备。

(3) 操作系统必须保护每个进程的数据和资源,避免遭到其他进程的干涉和破坏。

(4) 保证进程执行结果的正确性,进程的执行结果与速度无关。

以上四个问题中,问题(1)已经在第 2 章中解决,问题(2)、(3)涉及存储管理、文件管理和设备管理相关的技术,本节要重点解决的是问题(4)。

2. 进程的交互

按进程之间是否知道对方的存在以及进程的交互方式划分,进程的交互可以分为以下三种情况。

(1) 进程间不知道对方。这是一些独立的进程,它们不会一起工作,只是无意地同时存在着。尽管这些进程不一起工作,但是操作系统需要知道它们对资源的竞争情况。例如,两个无关的进程都要使用同一磁盘文件或打印机,操作系统必须控制和管理对它们的访问。

(2) 进程间接知道对方。进程并不需要知道对方的进程标识符,但它们共享某些数据,它们在共享数据时要进行合作。

(3) 进程直接得知对方。进程通过进程标识符互相通信,用于合作完成某些任务。

表 3-1 列出了三种可能的认知程度和结果,但实际情况有时并不像表中给出的那么清晰,几个进程可能既要竞争,又要合作,操作系统需要检查进程之间的确切关系,并为它们服务。

表 3-1 进程的交互

知 道 程 度	关系	对其他进程的影响	潜在的控制问题
进程间不知道对方	竞争	进程的执行结果与其他进程无关	互斥 死锁 饿死
进程间接知道对方	共享合作	进程的执行结果可能依赖于从其他进程中得到的消息	互斥 死锁 饿死 数据一致性
进程直接得知对方	通信合作	进程的执行结果可能依赖于从其他进程中得到的消息	死锁 饿死

进程的并发执行使进程之间存在着交互,进程间的交互关系包括互斥、同步和通信。

进程互斥是指由于共享资源所要求的排他性,进程之间要相互竞争,某个进程使用这种资源时,其他进程必须等待。换句话说,互斥是指多个进程不能同时使用同一个资源。这种情况下,进程之间知道对方的程度最低。

进程同步是指多个进程中发生的事件存在着某种时序关系,必须协同动作,相互配合,以共同完成一个任务。进程同步的主要任务是使并发执行的诸进程有效地共享资源和相互合作,从而使程序的执行具有可再现性。这种情况比进程之间的互斥知道对方的程度要高,因为进程之间要合作。

进程通信是指多进程之间要传递一定的信息。这种情况下,进程之间知道对方的程度最高,需要传递的信息量也最大。

3. 进程互斥

在日常生活中，人与人之间会竞争某一事物，如交叉路口争抢车道和篮球比赛中争抢篮板球。在计算机系统中，进程之间也存在这种竞争，如两个进程争抢一台打印机。对于这种竞争问题，最简单的解决办法就是先来先得，具体地说，在交叉路口，先到者先通过，后到者必须等待先到者通过后再通过；在篮球比赛中，先抢到篮板球者得球；在计算机系统中也一样，先申请打印机的一方先使用打印机，等它用完后才可给其他进程使用。在一个进程使用打印机期间，其他进程对打印机的使用申请不予满足，这些进程必须等待。

综上可以看出，竞争双方本来毫无关系，但由于竞争同一资源，使二者产生了相互制约的关系，这种制约关系就是互斥。所谓互斥就是指多个进程不能同时使用同一资源。

4. 进程同步

在 4×100 米接力赛中，运动员之间要默契配合，在接棒区，前一棒运动员要把棒交给下一棒的运动员，四个运动员密切配合才能完成比赛。在工厂的流水线上，每道工序都有自己特定的任务，前一道工序没有完成或完成的质量不合格，后一道工序就不能继续进行。运动员之间和工序之间的这种关系就是一种同步关系。日常生活中的这种同步关系在计算机的进程之间同样存在。例如 A、B、C 三个进程，A 进程负责输入数据，B 进程负责处理数据，C 进程负责输出数据，这三个进程之间就存在着同步关系，即 A 必须先执行，B 次之，C 最后执行，否则不能得到正确的结果。

通过以上分析可以看出，所谓进程同步，是指多个进程中发生的事件存在着某种时序关系，它们必须按规定时序执行，以共同完成一项任务。

3.1.2 临界资源与临界区

1. 临界区与临界资源的概念

在计算机中，有些资源允许多个进程同时使用，如磁盘；而另一些资源只能允许一个进程使用，如打印机、共享变量。如果多个进程同时使用这类资源，就会引起激烈的竞争。操作系统必须保护这些资源，以防止两个或两个以上的进程同时访问它们。那些在某段时间内只允许一个进程使用的资源称为临界资源(Critical Resource)，每个进程中访问临界资源的那段程序称为临界区(Critical Section)。

几个进程共享同一临界资源，它们必须以互相排斥的方式使用临界资源，即当一个进程正在使用临界资源且尚未使用完毕时，其他进程必须延迟对该资源的进一步操作，在当前进程使用完毕之前，不能从中插入使用这个临界资源，否则将会造成信息混乱和操作出错。

例如 P_1、P_2 两进程共享变量 COUNT(COUNT 的初值为 5)，P_1、P_2 两个程序段如下。

```
P1:                             P2:
{                               {
    R1 = COUNT;                     R2 = COUNT;
    R1 = R1 + 1;                    R2 = R2 + 1;
    COUNT = R1;                     COUNT = R2;
}                               }
```

分析以上两个进程的执行可能会出现以下几种情况。

(1) 进程的执行顺序 $P_2 \rightarrow P_1$，即 P_2 执行完毕后，P_1 再执行。此时的执行结果为 P_2 执行完毕，COUNT 为 6；P_1 执行完毕，COUNT 为 7。

(2) 两个进程交替执行，具体为进程 P_1 执行 $\{R_1 = \text{COUNT}\}$ 后进程 P_2 执行 $\{R_2 = \text{COUNT}\}$，然后进程 P_1 再执行 $\{R_1 = R_1 + 1; \text{COUNT} = R_1\}$，最后进程 P_2 执行 $\{R_2 = R_2 + 1; \text{COUNT} = R_2\}$。执行结果为进程 P_1 所有程序段执行完毕后 COUNT 为 6，进程 P_2 所有程序段执行完毕后 COUNT 为 6。

以上两种执行顺序产生了两个不同的执行结果。

2. 进程访问临界区的一般结构

用 Bernstein 条件考察以上两个进程。

P_1 的读集和写集分别是 $R(P_1) = \{R_1, \text{COUNT}\}$、$W(P_1) = \{R_1, \text{COUNT}\}$；$P_2$ 的读集和写集分别是 $R(P_2) = \{R_2, \text{COUNT}\}$、$W(P_2) = \{R_2, \text{COUNT}\}$。

而 $R(P_1) \cap W(P_2) \neq \{\}$，不符合 Bernstein 条件，因此，必须对进程 P_1 和 P_2 的执行施加某种限制，否则 P_1 和 P_2 将无法并发执行。也就是说，P_1 和 P_2 两个进程在执行时必须等一个进程执行完毕，另一个进程才可以执行。在这里，变量 COUNT 是一个临界资源，P_1 和 P_2 的两个程序段是临界区。

可见，不论是硬件临界资源，还是软件临界资源，多个进程必须互斥地对它们进行访问。

显然，若能保证诸进程互斥地进入临界区，就可实现它们对临界资源的互斥访问。为此，每个进程在进入临界区之前应对要访问的临界资源进行检查，看它是否正在被访问。如果此刻临界资源未被访问，进程便可以进入临界区，对资源进行访问，并设置它正被访问的标志；如果此刻临界资源正被某进程访问，则进程不能进入临界区。因此，必须在临界区前面增加一段用于进行上述检查的代码，这段代码称为进入区（Enter Section）。相应地，在临界区后面也要加上一段称为退出区（Exit Section）的代码，用于将临界区正被访问的标志恢复为未被访问标志。进程中除了上述进入区、临界区及退出区之外的其他部分的代码称为剩余区（Remainder Section）。图 3-1 所示为进程访问临界区的一般结构。

图 3-1　进程访问临界区的一般结构

3. 临界区进入准则

为了实现进程互斥，可用软件或硬件的方法在系统中设置专门的同步机制来协调多个进程，但所有同步机制都必须遵循下述四个准则。

(1) 空闲让进。当无进程处于临界区时，临界资源处于空闲状态，允许进程进入临界区。

(2) 忙则等待。当已有进程进入临界区时，临界资源正在被访问，其他想进入临界区的进程必须等待。

(3) 有限等待。对于要求访问临界资源的进程，应保证在有效的时间内进入，以免进入死等状态。

(4) 让权等待。当进程不能进入临界区时，应立即释放处理机，以免其他进程进入忙等状态。

3.1.3　互斥实现的硬件方法

为了解决进程互斥进入临界区的问题，需要采取有效措施。利用硬件实现互斥的方法有禁止中断和专用机器指令两种方法。

1. 禁止中断

在单处理机环境中，并发执行的进程不能在 CPU 上同时执行，只能交替执行。另外，对一个进程而言，它将一直运行，直到被中断。因此，为了保证互斥，只要保证一个进程不被中断就可以了，这可以通过系统内核开启、禁止中断来实现。

进程可以通过图 3-2 所示的方法实现互斥。

由于在临界区内进程不能被中断，故保证了互斥。但该方法的代价很高，进程被限制只能交替执行。

另外，在多处理机环境中，禁止中断仅对执行本指令的 CPU 起作用，对其他 CPU 不起作用，也就不能保证对临界区的互斥进入。

```
禁止中断
临界区
开启中断
剩余区
```

图 3-2 用禁止中断的方法访问临界区

2. 专用机器指令

在很多计算机(特别是多处理机)中设有专用指令来解决互斥问题。依据所采用指令的不同，硬件方法分为 TS 指令和 Swap 指令两种。

1) TS(Test and Set)指令

TS 指令的功能是读出指定标志后把该标志设为 true，TS 指令的功能可以用如下函数来描述。

```
boolean  TS(lock);
boolean  lock;
{     boolean  temp;
temp = lock;
lock = true;
return  temp;
}
```

为了实现进程对临界区的访问，可为每个临界资源设置一个布尔变量 lock，表示资源的两种状态，true 表示正被占用；false 表示空闲。在进入区检查和修改标志 lock；有进程在临界区时，循环检查，直到其他进程退出后通过检查进入临界区。所有要访问临界资源的进程在进入区和退出区的代码是相同的，如图 3-3 所示。

```
while (TS(lock))
  /* 什么也不做 */;
临界区;
lock=false;
剩余区;
```

图 3-3 用 TS 指令访问临界区

2) Swap 指令

Swap 指令的功能是交换两个字节的内容，可以用如下函数描述 Swap 指令。

```
void  Swap(a,b);
boolean  a,b;
{     boolean  temp;
temp = a;
a = b;
b = temp;
}
```

利用 Swap 指令实现进程互斥算法，为每个临界资源设置一个全局布尔变量 lock，初始值为 false；每个进程设置一个局部布尔变量 key。在进入区利用 Swap 指令交换 lock 与 key 的内容，然后检查 key 的状态；有进程在临界区时，循环交换和检查过程，直到其他进程退出时检查通过，进入临界区，如图 3-4 所示。

3) 硬件方法的优点

硬件方法由于采用硬件处理器指令能很好地把修改和检查操作结合在一起而具有明显的优点。具体地说，硬件方法的优点有以下几点。

(1) 适用范围广。硬件方法适用于任意数目的进程，单处理机和多处理机环境都能用。

图 3-4 用 Swap 指令访问临界区

(2) 简单。硬件方法的标志设置简单，容易验证其正确性。

(3) 支持多个临界区。在一个进程中有多个临界区，只需要为每个临界区设置一个布尔变量。

4) 硬件方法的缺点

硬件方法也有无法克服的缺点，主要包括以下两方面。

(1) 进程在等待进入临界区时，不能做到让权等待。

(2) 由于进入临界区的进程是从等待进程中随机选择的，可能造成某个进程长时间不能被选上，从而导致"饥饿"现象。

3.1.4 互斥实现的软件方法

有许多方法可以实现互斥。第一种方法是让希望并发执行的进程自己来完成。不论是系统程序还是应用程序，当需要与另一个进程互斥时，不需要操作系统提供任何支持，自己通过软件来完成。尽管该方法已经被证明会增加许多处理开销和错误，但通过分析这种方法，可以更好地理解并发处理的复杂性。第二种方法是使用专门的机器指令来完成，这种方法的优点是可以减少开销，但与具体的硬件系统相关，很难成为一种通用的解决方案。第三种方法是由操作系统提供某种支持。

通过平等协商方式实现进程互斥的最初方法是软件的方法。其基本思路是在进入区检查和设置一些标志，如果已有进程在临界区，则在进入区通过循环检查进行等待；在退出区修改标志。

1. 算法 1：单标志算法

假如有两个进程 P_0、P_1 要互斥地进入临界区，设置公共整型变量 turn，用于指示进入临界区的进程标识，进程在进入区通过循环检查变量 turn 确定是否可以进入，即当 turn 为 0 时，进程 P_0 可进入，否则循环检查该变量，直到 turn 变为 0 为止。在退出区将 turn 改成另一个进程的标识，即 turn=1，从而使 P_0、P_1 轮流访问临界资源，如图 3-5 所示。

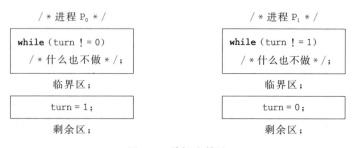

图 3-5 单标志算法

该算法可以保证任何时刻至多只有一个进程进入临界区,但它的缺点是强制性轮流进入临界区,不能保证空闲让进。

2. 算法 2：双标志、先检查算法

为了克服算法 1 强制性轮流进入临界区的缺点,可以考虑修改临界区标志的设置。设标志数组 flag[2],初始时设每个元素为 false,表示所有进程都未进入临界区,若 flag[0] = true,则表示进程 P_0 进入临界区执行。

每个进程进入临界区时,先查看临界资源是否被使用,若正在使用,该进程等待,否则进入,从而解决了空闲让进问题。

图 3-6 所示是两个进程的代码。进程 P_0 的代码中,程序先检查进程 P_1 是否在临界区,若 P_1 没有在临界区,则修改标志 flag[0],进程 P_0 进入临界区。

图 3-6 双标志、先检查算法

该算法解决了空闲让进的问题,但如果 P_0 和 P_1 几乎同时要求进入临界区,因都发现对方的访问标志 flag 为 false,于是两进程都先后进入临界区,所以该算法又出现了可能同时让两个进程进入临界区的缺点,不能保证忙则等待。

3. 算法 3：双标志、先修改后检查算法

算法 2 的问题是,当进程 P_0 观察到进程 P_1 的标志为 false 后,便将自己的标志 flag 改为 true,这需要极短的一段时间,而正是在此期间,进程 P_1 观察进程 P_0 的标志为 false,而进入临界区,因而造成两个进程同时进入的问题。

解决该问题的方法是先修改后检查,这时标志 flag 的含义是进程想进入临界区,如图 3-7 所示。

图 3-7 双标志、先修改后检查算法

该算法可防止两个进程同时进入临界区,但它的缺点是可能两个进程因过分"谦让"而都进不了临界区。

4. 算法4：先修改、后检查、后修改者等待算法

结合算法1和算法3的概念，标志 flag[0] 为 true 表示进程 P_0 想进入临界区，标志 turn 表示要在进入区等待的进程标识。在进入区先修改后检查，通过修改同一标志 turn 来描述标志修改的先后；检查对方标志 flag，如果对方不想进入，自己再进入。如果对方想进入，则检查标志 turn，由于 turn 中保存的是较晚的一次赋值，因此较晚修改标志的进程等待，较早修改标志的进程进入临界区，如图 3-8 所示。

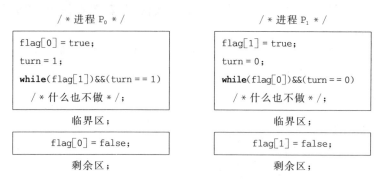

图 3-8　先修改、后检查、后修改者等待算法

至此，算法4可以正常工作，即实现了同步机制中的前两条——空闲让进和忙则等待。

但从以上软件方法中可以发现，对于三个以上进程的互斥又要区别对待。因此用软件方法解决进程互斥的问题有一定难度，且有很大的局限性，因而现在很少有人用这样的方法。

3.1.5　信号量和P、V操作

1965年，荷兰学者 Dijkstra 提出的信号量机制是一种卓有成效的解决进程同步问题的工具。该机制提出后得到了长期且广泛的应用，并得到了很大的发展。

1. 信号量的定义

Dijkstra 最初定义的信号量包括一个整型值 s 和一个等待队列 s.queue，信号量只能通过两个原语 P、V 操作来访问它，信号量的定义如下。

```
struct semaphore{
   int value;
   struct PCB * queue;
}
```

P 原语所执行的操作可用如下函数 wait(s) 来表示。

```
void wait(semaphore s)
{  s.value = s.value − 1;
   if(s.value < 0)
       block(s.queue);      /* 将进程阻塞，并将其投入等待队列 s.queue */
}
```

V 原语所执行的操作可用下面的函数 signal(s) 来表示。

```
void signal(semaphore s)
{  s.value = s.value + 1;
```

```
    if(s.value <= 0)
         wakeup(s.queue);
/* 唤醒阻塞进程,将其从等待队列 s.queue 取出,投入就绪队列 */
}
```

2. 信号量的物理意义

(1) 在信号量机制中,信号量的初值 s.value 表示系统中某种资源的数目,因而又称为资源信号量。

(2) P 操作意味着进程请求一个资源,因此描述为 s.value = s.value - 1;当 s.value < 0 时,表示资源已经分配完毕,因而进程所申请的资源不能够满足,进程无法继续执行,所以进程执行 block(s.queue) 自我阻塞,放弃处理机,并插入等待该信号量的等待队列。

(3) V 操作意味着进程释放一个资源,因此描述为 s.value = s.value + 1;当 s.value ≤ 0 时,表示在该信号量的等待队列中有等待该资源的进程被阻塞,故应调用 wakeup(s.queue) 原语将等待队列中的一个进程唤醒。

(4) 当 s.value < 0 时,|s.value| 表示等待队列的进程数。

3. 用信号量解决互斥问题

如果信号量的初值为 1,表示仅允许一个进程访问临界区,此时的信号量转换为互斥信号量。P 操作和 V 操作分别置于进入区和退出区,如定义 mutex 为互斥信号量,其初值为 1,P、V 操作的位置如图 3-9 所示。

例如,对于前文举例的 P_1、P_2 两进程共享全程变量 COUNT(COUNT 的初值为 5)的问题,用信号量来解决 P_1、P_2 两个程序段如下。

图 3-9 用信号量解决互斥问题

```
semaphore mutex = 1;
P1:                         P2:
{                           {
  P(mutex);                   P(mutex);
  R1 = COUNT;                 R2 = COUNT;
  R1 = R1 + 1;                R2 = R2 + 1;
  COUNT = R1;                 COUNT = R2;
  V(mutex);                   V(mutex);
}                           }
```

如此,设置了信号量之后,无论 P_1、P_2 两进程按照怎样的次序执行,其结果都是一样的,即 COUNT 最终的值为 7。

4. 用信号量解决同步问题

利用信号量可以实现进程之间的同步,即可以控制进程执行的先后次序。如果有两个进程 P_1 和 P_2,要求 P_2 必须在 P_1 执行完毕之后才可以执行,则只需要设置一个信号量 s,其初值为 0,将 V(s) 操作放在进程 P_1 的代码段 C_1 后面,将 P(s) 操作放在进程 P_2 的代码段 C_2 前面,代码所示如下。

```
/* 进程 P1 */              /* 进程 P2 */
C1;                        P(s);
V(s);                      C2;
```

如图 3-10 所示,进程关系中有四个并发执行的进程,即 P_1、P_2、P_3 和 P_4,它们之间的关系是 P_1 首先被执行;P_1 执行完毕 P_2、P_3 才执行;而 P_4 只有在 P_2 执行完毕后才能执行。为了实现它们之间的同步关系,可以写出如下并发程序。

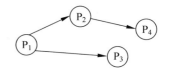

图 3-10　四个进程之间的执行次序

```
semaphore s₁ = s₂ = s₃ = 0;

/*进程P₁*/        /*进程P₂*/        /*进程P₃*/        /*进程P₄*/
{                 {                 {                 {
C₁;               P(s₁);            P(s₂);            P(s₃);
V(s₁);            C₂;               C₃;               C₄;
V(s₂);            V(s₃);            }                 }
}                 }
```

视频讲解

3.2　经典进程同步与互斥问题

在多道程序设计环境中,进程同步是一个非常重要的问题,下面讨论几个经典的进程同步问题。从中可以看出,对于信号量的使用,主要是如何选择信号量和如何安排 P、V 操作在程序中的位置。

3.2.1　生产者—消费者问题

1. 问题描述

生产者—消费者问题是指有两组进程共享一个环形的缓冲池(见图 3-11),一组进程称为生产者,另一组进程称为消费者。缓冲池是由若干个大小相等的缓冲区组成的,每个缓冲区可以容纳一个产品。生产者进程不断将生产的产品放入缓冲池,消费者进程不断将产品从缓冲池中取出。指针 i 和 j 分别指向当前的第一个空闲缓冲区和第一个存满产品的缓冲区(斜线部分)。

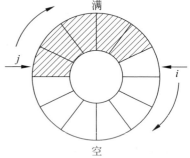

图 3-11　环形缓冲池

2. 用信号量解决生产者—消费者问题

在生产者—消费者问题中,既存在着进程同步问题,也存在着临界区的互斥问题。当缓冲区满时,表示供大于求,生产者必须停止生产,进入等待状态,同时唤醒消费者;当所有缓冲区都空时,表示供不应求,消费者必须停止消费,唤醒生产者。这就是生产者进程和消费者进程的同步关系。

对于缓冲池,它显然是一个临界资源,所有生产者和消费者都要使用它,而且都要改变它的状态,故对于缓冲池的操作必须是互斥的。

下面是用信号量及 P、V 操作解决生产者—消费者问题的形式化描述。

```
semaphore mutex = 1;
semaphore empty = n;
semaphore full = 0;
int i,j;
```

```
ITEM buffer[n];
ITEM data_p,data_c;

void producer()           /*生产者进程*/
{
while(true)
{
    produce an item in data_p;
    P(empty);
    P(mutex);
    buffer[i] = data_p;
    i = (i + 1) % n;
    V(mutex);
    V(full);
  }
}
void consumer()           /*消费者进程*/
{
while(true)
{
    P(full);
    P(mutex);
    data_c = buffer[j];
    j = (j + 1) % n;
    V(mutex);
    V(empty);
    consume the item in data_c;
  }
}
```

3. 要注意的问题

在生产者—消费者问题中要注意以下几个问题。

(1) 把共享缓冲池中的 n 个缓冲区视为临界资源，进程在使用时，首先要检查是否有其他进程在临界区，确认没有时再进入。在程序中，P(mutex)和 V(mutex)用于实现对临界区的互斥，P(mutex)和 V(mutex)必须成对出现。

(2) 信号量 full 表示有数据的缓冲区的数目，初始值为 0。empty 表示空闲的缓冲区的数目，初值为 n。它们表示的都是资源的数目，因此称为资源信号量。实际上，full 和 empty 之间存在关系 full+empty=n。对资源信号量的 P、V 操作同样需要成对出现，与互斥信号量不同的是，P 操作和 V 操作分别处于不同的程序中，例如 P(empty)在生产者进程中，而 V(empty)在消费者进程中。当生产者进程因执行 P(empty)而阻塞时，由消费者进程用 V(empty)将其唤醒；同理，当消费者进程因执行 P(full)而阻塞时，由生产者进程用 V(full)将其唤醒。

(3) 多个 P 操作的次序不能颠倒。在程序中，应先对资源信号量执行 P 操作，再对互斥信号量执行 P 操作，否则可能引起死锁。

4. 要思考的问题

针对生产者—消费者问题，请读者从以下几个方面讨论各个进程的运行情况。

(1) 多个生产者进程运行，消费者进程未被调度运行。

(2) 多个消费者进程运行，生产者进程未被调度运行。

(3) 生产者和消费者进程交替被调度运行。

3.2.2 读者—写者问题

1. 问题描述

一个数据对象若被多个并发进程所共享,且其中一些进程只要求读该数据对象的内容,而另一些进程则要求写操作,对此,把只想读的进程称为读者,而把要求写的进程称为写者。在读者—写者问题中,任何时刻要求写者最多只允许有一个,而读者则允许有多个。因为多个读者的行为互不干扰,它们只是读数据,而不会改变数据对象的内容。而写者则不同,它们要改变数据对象的内容,如果它们同时操作,则数据对象的内容将会变得不可知。所以,对共享资源的读写操作的限制条件如下所述。

(1) 允许任意多个读进程同时进行读操作。
(2) 一次只允许一个写进程进行写操作。
(3) 如果有一个写进程正在进行写操作,禁止任何读进程进行读操作。

2. 用信号量解决读者—写者问题

为了解决该问题,只需要解决"写者与写者"和"写者与第一个读者"的互斥问题即可,为此引入一个互斥信号量 Wmutex。为了记录谁是第一个读者,可以用一个全局整型变量 Rcount 做一个计数器。而在解决问题的过程中,由于使用了全局变量 Rcount,该变量又是一个临界资源,对于它的访问仍需要互斥进行,所以需要一个互斥信号量 Rmutex。算法如下。

```
semaphore Wmutex,Rmutex = 1;
int Rcount = 0;

void reader()              /*读者进程*/
{
while(true)
  {
    P(Rmutex);
    if(Rcount == 0)P(Wmutex);
    Rcount = Rcount + 1;
    V(Rmutex);
    …;
    read;                  /* 执行读操作 */
    …;
    P(Rmutex);
    Rcount = Rcount - 1;
    if (Rcount == 0) V(Wmutex);
    V(Rmutex);
  }
}

void writer()              /*写者进程*/
{
while(true)
```

```
{
    P(Wmutex);
    …;
    write;                    /* 执行写操作 */
    …;
    V(Wmutex);
}
}
```

3. 要思考的问题

对于读者—写者问题,有以下三种优先策略。

(1) 读者优先。即当读者进行读时,后续的写者必须等待,直到所有读者均离开后,写者才可进入。

前面的程序隐含使用了该策略。

(2) 写者优先。即当一个写者到来时,只有那些已经获得授权允许读的进程才被允许完成它们的操作,写者之后到来的新读者将被推迟,直到写者完成。在该策略中,如果有一个不可中断的连续的写者,读者进程会被无限期地推迟。

请读者思考如何修改前面的算法。

(3) 公平策略。以上两种策略,读者或写者进程中一个对另一个有绝对的优先权,Hoare提出了一种更公平的策略,由如下规则定义。

① 规则1:在一个读序列中,如果有写者在等待,那么就不允许新来的读者开始执行。

② 规则2:在一个写操作结束时,所有等待的读者应该比下一个写者有更高的优先权。

对于该公平策略,又如何予以解决呢?

3.2.3 哲学家进餐问题

1. 问题描述

哲学家进餐问题是一个典型的同步问题,它由Dijkstra提出并解决。有五个哲学家,他们的生活方式是交替思考和进餐。哲学家们共用一张圆桌,围绕圆桌而坐,在圆桌上有五个碗和五支筷子,平时哲学家进行思考,饥饿时拿起其左、右两支筷子,试图进餐,进餐完毕又进行思考,如图3-12所示。这里的问题是哲学家只有拿到靠近他的两支筷子才能进餐,而拿到两支筷子的条件是他的左、右邻居此时都没有进餐。

图3-12 哲学家进餐问题

2. 用信号量解决哲学家进餐问题

由分析可知,筷子是临界资源,一次只允许一个哲学家使用。因此可以用互斥信号量来实现,描述如下。

```
semaphore chopstick[5]={1,1,1,1,1};
void philosopher(int i)              /*哲学家进程*/
{
while(true)
  {
     P(chopstick[i]);
     P(chopstick[(i+1) % 5]);
     …;
     eat;                            /* 进餐 */
     …;
     V(chopstick[i]);
     V(chopstick[(i+1) % 5]);
     …;
     think;                          /* 思考 */
     …;
   }
}
```

3. 算法潜在的问题

在以上描述中,虽然解决了两个相邻的哲学家不会同时进餐的问题,但是有一个严重的问题,如果所有哲学家总是先拿左边的筷子,再拿右边的筷子,那么就有可能出现这样的情况,就是五个哲学家都拿起了左边的筷子,当他们想拿右边的筷子时,却因为筷子已被别的哲学家拿去,而无法拿到。此时所有哲学家都不能进餐,这就出现了死锁现象。

信号量在解决进程互斥和同步问题时是一个非常有效的工具,但是如果使用不当,可能引起死锁。

请读者思考,写出一个用信号量解决哲学家进餐问题且不产生死锁的算法。

3.2.4 打瞌睡的理发师问题

1. 问题描述

理发店有一名理发师,一把理发椅,还有 N 把供等候理发的顾客坐的普通椅子。如果没有顾客到来,理发师就坐在理发椅上打瞌睡;当顾客到来时,就唤醒理发师;如果顾客到来时理发师正在理发,顾客就坐下来等待;如果 N 把椅子都坐满了,顾客就离开该理发店去别处理发,如图 3-13 所示。要求为理发师和顾客各编写一段程序,描述他们的行为,并用信号量保证上述过程的实现。

2. 用信号量解决打瞌睡的理发师问题

为理发师和顾客分别写一段程序,并创建进程。理发师开始工作时,先看看店里有无顾客,如果没有,则在理发椅上打瞌睡;如果有顾客,则为等待时间最长的顾客理发,且等待人数减 1。顾客来到店里,先看看有无空位,如果没有空位,就不等了,离开理发店;如果有空位,则等待,等待人数加 1;如果理发师在打瞌睡,则将其唤醒。

为了解决上述问题,设一个计数变量 waiting,表示等候理发的顾客人数,初值为 0;设三

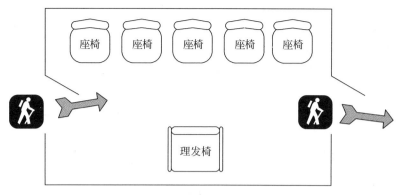

图 3-13 打瞌睡的理发师问题

个信号量，customers 用来记录等候理发的顾客数（不包括正在理发的顾客）；barners 用来记录正在等候顾客的理发师数（其值为 0 或 1）；mutex 用于互斥。程序描述如下。

```
#define CHAIRS 5                  /* 为等候的顾客准备的座椅数 */
semaphore customers = 0;
semaphore barners = 0;
semaphore mutex = 1;
int waiting;
void barber()                     /* 理发师进程 */
{
  while (true)
  {
    P(customers);                 /* 如果没有顾客，理发师就打瞌睡 */
    P(mutex);                     /* 互斥进入临界区 */
    waiting--;
    V(barners);                   /* 理发师准备理发了 */
    V(mutex);
    cut_hair();                   /* 理发 */
  }
}

void customer ()                  /* 顾客进程 */
{
  P(mutex);
  if (waiting < CHAIRS)           /* 如果有空位，则顾客等待 */
  {
    waiting++;
    V(customers);                 /* 如果有必要，唤醒理发师 */
    V(mutex);
    P(barners);                   /* 如果理发师正在理发，则顾客等待 */
    get_haircut();
  }
  else                            /* 如果没有空位，则顾客离开 */
    V(mutex);
}
```

当有一个顾客来到理发店时，执行 customer() 过程，首先获取信号量 mutex 进入临界区，如果不久后另一个顾客到来,新到顾客只能等到释放 mutex 后才能进入。

进入临界区的顾客随后查看是否有椅子可坐,若没有,则释放 mutex 并离开;若有椅子可坐,则对计数变量加 1,之后执行 V(customers)操作唤醒理发师。当顾客释放 mutex 后,理发师获得 mutex,他进行一些准备后开始理发。理发完毕,顾客退出 customer()过程,离开理发店。

3. 思考问题

(1) 为什么理发师进程中使用循环语句,而顾客进程却没有?

(2) 程序中 waiting 的计数作用能否用信号量 customers 代替?

3.3 AND 信号量

视频讲解

3.2 节用信号量解决了很多同步和互斥问题,但在解决问题的过程中还存在一些其他问题,如在生产者和消费者问题中两个 P 操作的位置不能颠倒及哲学家进餐问题中的死锁现象等。这些问题的出现促使 AND 信号量的产生,继而又发展到一般"信号量集"。

3.3.1 AND 信号量的引入

1. 问题的引出

当利用信号量解决单个资源的互斥访问后,下面讨论控制进程对多个资源的互斥访问问题。在有些应用中,一个进程需要先获得两个或更多共享资源后方能执行其任务。假如有两个进程 P_1 和 P_2,它们要共享两个全局变量 R_1 和 R_2,为此要设置两个互斥信号量 $mutex_1$ 和 $mutex_2$,并令它们的初值为 1;相应地,两个进程都要包含对信号量 $mutex_1$ 和 $mutex_2$ 的操作,假如操作如下。

```
/* 进程 P1 */           /* 进程 P2 */
P(mutex1);              P(mutex2);
P(mutex2);              P(mutex1);
…                       …
```

如果进程 P_1 和 P_2 交替地执行 P 操作,则具体情况如下。

(1) 进程 P_1 执行 $P(mutex_1)$,于是 $mutex_1=0$。

(2) 进程 P_2 执行 $P(mutex_2)$,于是 $mutex_2=0$。

(3) 进程 P_1 执行 $P(mutex_2)$,于是 $mutex_2=-1$,进程 P_1 阻塞。

(4) 进程 P_2 执行 $P(mutex_1)$,于是 $mutex_1=-1$,进程 P_2 阻塞。

此时,两个进程处于僵持状态,都无法继续运行。

2. AND 信号量

AND 信号量同步机制就是要解决上述问题,其基本思想是将进程在整个运行期间所需要的所有临界资源一次性全部分配给进程,待该进程使用完后再一起释放。只要尚有一个资源不能满足进程的要求,其他所有能分配给该进程的资源也都不予以分配,为此在 P 操作上增加一个 AND 条件,故称为 AND 信号量。P 操作的原语为 Swait,V 操作的原语为 Ssignal。在 Swait 中,各个信号量的次序并不重要,尽管会影响进程进入哪个等待队列。由于 Swait 实施对资源的全部分配,进程获得全部资源并执行之后再释放全部资源,因此避免了前文所述的僵持状态。如下是 Swait 和 Ssignal 的伪代码。

```
Swait(s₁,s₂,…,sₙ)
{
    if (s₁ >= 1 && s₂ >= 1 && … && sₙ >= 1)
    { /* 满足资源要求时 */
      for (i = 1; i <= n; i = i + 1)
          sᵢ = sᵢ - 1;
    }
    else
    { /* 某些资源不能满足要求时
        将进程投入第一个小于 1 的信号量的等待队列 sᵢ.queue；
        阻塞进程；*/
    }
}
Ssignal(s₁,s₂,…,sₙ)
{   for (i = 1; i <= n; i = i + 1)
    {
      sᵢ = sᵢ + 1;
      for (等待队列 sᵢ.queue 中的每个进程 P)
      {
        if (进程 P 通过 Swait 中的测试)
            {/* 通过检查，即资源够用
                唤醒进程 P，将 P 投入就绪队列；*/
            }
        else
            {/* 未通过检查，即资源不够用
                进程 P 进入某等待队列；*/
            }
      }
    }
}
```

3.3.2 用 AND 信号量解决实际应用

1. 用 AND 信号量解决哲学家进餐问题

下面讨论用 AND 信号量解决哲学家进餐问题。在该问题中，筷子是临界资源，而题目中的临界资源有五个，每个哲学家需要拿到两个临界资源才可以进餐，所以为了避免死锁的产生，哲学家在申请临界资源时必须一次性申请其所需要的所有资源。具体解法如下。

```
semaphore chopstick[5] = {1,1,1,1,1};
void philosopher ()          /* 哲学家进程 */
{
  while(true)
  {
    Swait(chopstick[i],chopstick[(i+1) % 5]);
    …;
    eat;                     /* 进餐 */
```

```
   …;
   Ssignal(chopstick[i],chopstick[(i+1) % 5]);
   …;
   think;                /* 思考 */
   …;
   }
}
```

2. 用 AND 信号量解决生产者—消费者问题

用 AND 信号量解决生产者—消费者问题。对于生产者—消费者问题,用 AND 信号量来解决,可以避免因 P 操作的次序错误而发生死锁现象,程序描述如下。

```
semaphore mutex = 1;
semaphore empty = n;
semaphore full = 0;
int i,j;
ITEM buffer[n];
ITEM data_p,data_c;

void producer()               /* 生产者进程 */
{
   while(true)
      {
         produce an item in data_p;
         Swait(empty,mutex);
         buffer[i] = data_p;
         i = (i + 1) % n;
         Ssignal(mutex,full);
      }
}

void consumer()               /* 消费者进程 */
{
   while(true)
      {
         Swait(full,mutex);
         data_c = buffer[j];
         j = (j + 1) % n;
         Ssignal(mutex,empty);
         consume the item in data_c;
      }
}
```

程序中用 Swait(empty,mutex)代替了 P(empty)和 P(mutex),用 Ssignal(mutex,full)代替了 V(mutex)和 V(full),用 Swait(full,mutex)代替了 P(full)和 P(mutex),用 Ssignal(mutex,empty)代替了 V(mutex)和 V(empty);对信号量的操作同时进行,避免了死锁。

3.4 管　　程

用信号量可以实现进程之间的同步和互斥,但要设置很多信号量,使用大量 P、V 操作,还要仔细安排多个 P 操作的排列次序,否则将出现错误的结果或死锁现象。为了解决这些问题,可以使用另一高级同步工具——管程。

3.4.1 管程的思想

Dijkstra 于 1971 年提出,把所有进程对某一临界资源的同步操作集中起来,构成一个所谓的"秘书"进程。凡是要访问临界资源的进程,都必须先向"秘书"报告,并由"秘书"实现诸进程的同步。1973 年,Hansan 和 Hoare 又把"秘书"的思想发展为管程的概念,把并发进程之间的同步操作分别集中于相应的管程中。管程思想在许多程序设计语言中得到了实现,包括并发 Pascal、Pascal_Plus、Modula_2、Modula_3 和 Java。

1. 管程的概念

管程的定义是一个共享资源的数据结构以及一组能为并发进程在其上执行的针对该资源的一组操作,这组操作能同步进程和改变管程中的数据。

管程的基本思想是把信号量及其操作原语封装在一个对象内部,即将共享资源以及针对共享资源的所有操作集中在一个模块中。管程可以用函数库的形式实现,一个管程就是一个基本程序单位,可以单独编译。

2. 管程的特征

管程的主要特征有以下几点。

(1) 局限于管程的共享变量(数据结构)只能被管程的过程访问,任何外部过程都不能访问。

(2) 一个进程通过调用管程的一个过程进入管程。

(3) 任何时候只能有一个进程在管程中执行,调用管程的任何其他进程都被挂起,以等待管程变为可用,即管程有效地实现互斥。

上述前两个特征就像面向对象软件中的对象,即管程中引入了面向对象的思想,一个管程不仅有关于共享资源的数据结构,而且还有对数据结构进行操作的代码。

管程对共享资源进行了封装,进程可以调用管程中定义的操作过程,而这些操作过程的实现在管程的外部是不可见的。管程相当于围墙,它把共享资源和对它的操作的若干过程围了起来,所有进程要访问临界资源时,都必须经过管程(相当于通过围墙的门)才能进入,而管程每次只允许一个进程进入,从而实现了进程互斥。进入管程的互斥机制是由编译器负责的,通常使用信号量。由于实现互斥是由编译器完成的,不用程序员自己实现,所以出错的概率很小。

3.4.2 管程的结构

为了实现并发,管程必须包含同步工具。假设一个进程调用了管程,当它在管程中时要等待某个条件,条件不满足时它必须被挂起。这就需要一种机制,使得该进程不仅能被挂起,而且当条件满足且管程再次可用时,可以恢复该进程,并允许它在挂起点重新进入管程。

1. 条件变量

管程必须使用条件变量提供对同步的支持,这些条件变量包含在管程中,并且只有在管程中才能被访问。以下两个函数可以操作条件变量。

(1) cwait(c):调用进程的执行在条件 c 上挂起,管程现在可被另一个进程使用。

(2) csignal(c):恢复在 cwait 上因为某些条件而挂起的进程的执行。如果有多种这样的进程,选择其中一个。

注意,管程中的条件变量不是计数器,不能像信号量那样积累信号,供以后使用。如果在管程中的一个进程执行 csignal(c),而在条件变量 c 上没有等待着的进程,则它所发送的信号将丢失。换句话说,cwait(c)操作必须在 csignal(c)操作之前,这条规则使实现更加简单。

2. 管程的结构

图 3-14 给出了管程的结构。尽管一个进程可以通过调用管程中的任何一个过程进入管程,仍可以把管程想象成具有一个入口点,并保证一次只有一个进程可以进入,其他试图进入管程的进程加入挂起等待管程可用的进程队列。但一个进程在管程中时,它可能会通过发送 cwait(x)把自己暂时挂起在条件 x 上,随后它被放入等待条件改变以重新进入管程的进程队列中。

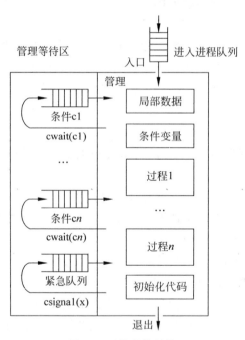

图 3-14 管程的结构

如果在管程中执行的一个进程发现条件变量 x 发生了变化,它就发送 csignal(x),通知相应的条件队列条件已经改变。

3.4.3 用管程解决实际应用

1. 生产者—消费者问题

管程模块 monitor_PC 控制着用于保存和取回字符的缓冲区,管程中有两个条件变量 notfull 和 notempty。当缓冲区中只要有一个字符的空间时,notfull 为真;当缓冲区中至少有一个字符时,notempty 为真。

```
/* 用管程解决生产者和消费者问题 */
monitor monitor_PC;
char buffer[n];                         /* 缓冲区的大小为 n */
int nextin,nextout;                     /* 指向缓冲区的指针 */
int count;                              /* 缓冲区计数器 */
condition notfull,notempty;             /* 用于同步的条件变量 */

void put(char x);                       /* 存数据过程 */
{
    if (count == n) cwait(notfull);     /* 缓冲区满,防止溢出 */
    buffer[nextin] = x;
    nextin = (nextin + 1) % n;
    count = count + 1;
    csignal(notempty);                  /* 恢复一个正在等待的消费者 */
}
void get(char x);                       /* 取数据过程 */
{
    if (count == 0) cwait(notempty);    /* 缓冲区空,防止下溢 */
    x = buffer[nextout];
    nextout = (nextout + 1) % n;
    count = count - 1;
    csignal(notfull);                   /* 恢复一个正在等待的生产者 */
}
{                                       /* 管程体 */
    nextin = 0; nextout = 0; count = 0; /* 变量初始化 */
}

void producer()                         /* 生产者进程 */
{
    char x;
    while (true)
    {
        produce an char in x;
        monitor_PC.put(x);
    }
}
void consumer()                         /* 消费者进程 */
{
    char x;
    while (true)
    {
        monitor_PC.get(x);
        consume an x;
    }
}
```

生产者可以通过管程中的过程 put()往缓冲区中增加字符,它不能直接访问 buffer。put()过程首先检查条件 notfull,以确定缓冲区是否还有可用空间。如果没有,执行管程的进程在这个条件上被挂起。其他某个进程(消费者)现在可以进入管程。当缓冲区不再满时,被挂起的进程从队列中移出,被激活后重新执行。当往缓冲区放置一个字符后,该进程发送 notempty 条件信号,对消费者的处理类似。

2. 管程与信号量的区别

从上文实例可以看出,与信号量相比,管程担负的责任不同,管程构造了自己的互斥机制,就是生产者和消费者不可能同时访问缓冲区。但是要求程序员必须把 cwait 和 csignal 原语放到管程中合适的位置,用于防止进程往一个满的缓冲区中存放数据,或从一个空缓冲区中取数据,而在使用信号量时,互斥和同步都属于进程的责任。

在管程的程序中,进程执行 csignal 后立即退出管程,如果在过程最后没有发生 csignal,Hoare 建议把发送该信号的进程挂起,从而使管程可用,并把挂起进程放入队列,直到管程空闲。此时,一种可能是把挂起进程放置到入口队列中,这样它必须与其他没有进入管程的进程竞争。但是,由于在 csignal 上挂起的进程已经在管程中执行了部分任务,因此使它们优先于新进入的进程是很有意义的,这可以通过建立一条独立的紧急队列来实现。并发 Pascal 是使用管程的一种计算机语言,它要求 csignal 只能作为管程过程中执行的最后一个操作。

如果没有进程在条件 x 上等待,csignal(x)的执行将不会产生任何效果。

而对于信号量,如果在同步操作中省掉任何一个信号操作,那么进入相应条件队列的进程将会永远被挂起。管程优于信号量之处在于所有同步机制都被限制在管程内部,因此易于验证同步的正确性,易于检查出错误。此外,如果有一个管程被正确地使用,则所有进程对受保护资源的访问都是正确的;而对于信号量,只有当所有访问资源的进程都能正确地使用信号量时,资源访问才能保证正确。

3.5 同步与互斥实例

前文讨论的进程同步与互斥问题在具体的某个操作系统中又是如何使用的呢?下面讨论 Solaris、Windows、Linux 等操作系统所使用的同步机制。

3.5.1 Solaris 的同步与互斥

为了控制对临界区的访问,Solaris 提供了自旋锁、信号量、管程、读写锁和十字转门几种方法。信号量和管程已在前文介绍,这里不再赘述。本节介绍自旋锁、读写锁和十字转门。

1. 自旋锁

保护临界区最常见的技术是自旋锁。在同一时刻,只有一个线程能获得自旋锁。其他企图获得自旋锁的任何线程将一直进行尝试(即自旋),直到获得该锁。本质上,自旋锁建立在内存区中的一个整数上,任何线程进入临界区之前都必须检查该整数。如果该值为 0,则线程设置该值为 1,然后进入临界区。如果该值非 0,则该线程继续检查该值,直到它为 0。

在单处理机系统中,如果线程碰到锁,将总是进入阻塞状态,而不是自旋,因为单处理机上任何时刻只有一个线程在运行。Solaris 使用自旋锁方法保护那些只有几百条指令的短代码段的临界数据。因为如果代码段较长,自旋等待将很低效。所以长代码段使用管程和信号量比较好。

2. 读写锁

读写锁允许在内核中实现比自旋锁更高的并发度。读写锁允许多个线程同时以只读的方式访问同一数据结构，只有当一个线程想要更新数据结构时，才会互斥地访问该自旋锁。

读写锁用于保护经常访问但通常是只读访问的数据。在这种情况下，读写锁比信号量更有效，因为多个线程可以同时读数据，而信号量只允许顺序访问数据。

3. 十字转门

十字转门是一个等待队列，队列中的线程是阻塞在锁上的线程。Solaris 使用十字转门管理等待在适应互斥和读写锁上的线程链表。例如，如果一个线程拥有锁，那么其他试图获取锁的线程就会阻塞并进入十字转门。当锁被释放时，内核会从十字转门中选择一个线程作为锁的下一个拥有者。Solaris 管理十字转门的不同点是系统不是将每个互斥对象与一个十字转门相关联，而是给每个内核线程一个十字转门。这是因为一个线程某一时刻只能阻塞在一个对象上，所以这比每个对象都有一个十字转门更有效。

第一个阻塞于某个互斥对象的线程的十字转门成为对象的十字转门，以后所有阻塞于该锁上的线程将增加到该十字转门中。当最初的线程被释放时，它会从内核所维护的空闲十字转门中获得一个新的十字转门。

3.5.2 Windows 的同步与互斥

Windows 系统采用多线程机制，并支持实时应用程序和多处理机。在单处理机上，当线程访问某个全局资源时，它暂时屏蔽所有可能访问该全局资源的中断。在多处理机上，Windows 采用自旋锁来保护对全局资源的访问。与 Solaris 一样，内核使用自旋锁来保护较短的代码段，并且内核保证拥有自旋锁的线程不会被抢占。

1. 屏蔽中断

在单处理系统中，最简单的方法是使每个进程在刚刚进入临界区后立即屏蔽所有中断，并在就要离开之前再打开中断。屏蔽中断后，时钟中断也被屏蔽。CPU 只有发生时钟中断或其他中断时才会进行进程切换，这样在屏蔽中断之后 CPU 将不会被切换到其他进程。于是，一旦某个进程屏蔽中断，它就可以检查和修改共享内存，而不必担心其他进程介入。

2. 调度对象

对于内核外线程的同步和互斥，Windows 系统提供了调度对象。采用调度对象，线程可根据多种不同机制，包括互斥、信号量、事件和定时器等，来实现同步和互斥。互斥和信号量已在前文介绍，这里不再赘述。事件是一个同步机制，其使用与管程中的条件变量相似，即当条件出现时会通知等待线程。定时器用来在一定事件后通知一个或多个线程。

调度对象可以处于触发状态或非触发状态。触发状态表示对象可用，且线程获取它时不会阻塞。非触发状态表示对象不可用，且当线程试图获取它时会阻塞。

调度对象的状态和线程状态有一定的关系。当线程阻塞在非触发调度对象时，其状态从就绪转变为阻塞，且该线程被放到对象的等待队列上。当调度对象为触发时，内核检查有没有线程在该对象上等待，如果有，则内核将改变一个或多个线程的状态，使其从阻塞状态切换为就绪状态，以重新获得运行的机会。内核从等待队列中选择的线程的数量与它们所等待对象的调度类型有关。对于互斥，内核只从等待队列中选择一个线程，因为一个互斥对象只能为单个线程拥有。对于事件对象，内核可以选择多个所有等待事件的线程。

3.5.3 Linux 的同步与互斥

Linux 2.6 以前的版本为非抢占式内核,即纵然有更高优先级的进程也不能抢占正在运行的其他进程。然而现在的 Linux 为抢占式,即使在内核态下运行的进程也可以被抢占。

Linux 内核的同步和互斥机制除了常规的管道、消息传递、共享内存和信号之外,还采用了屏蔽中断、自旋锁、读写锁和信号量。

对于单处理机不适合使用自旋锁,因此采用禁止和允许内核抢占来实现。对于对称多处理机,则采用自旋锁。Linux 提供了两个系统调用 preempt_disable 和 preempt_enable 来禁止和允许内核抢占。

自旋锁和禁止与允许内核抢占适用于短代码段,对于长时间使用的临界数据,使用信号量更合适。

3.6 进程通信

进程间的通信要解决的问题是进程之间信息的交流,这种信息交流的量可大可小。操作系统提供了多种进程通信的机制,可分别适用于多种不同的场合。前面介绍的进程同步就是进程通信的一种形式,只不过交流的信息量非常少。按交换信息量的大小,可以把进程之间的通信分成低级通信和高级通信。

在低级通信中,进程之间只能传递状态和整数值,信号量机制属于低级通信方式,低级通信方式的优点是传递信息的速度快,缺点是传送的信息量少,通信效率低。如果要传递较多的信息,就需要多次通信完成,用户直接实现通信的细节编程复杂,容易出错。

在高级通信中,进程之间可以传送任意数量的数据,传递的信息量大,操作系统隐藏了进程通信的实现细节,大大简化了进程通信程序编制上的复杂性。

3.6.1 进程通信的类型

随着操作系统的发展,进程之间的通信机制也得到很大发展,高级通信机制可分为三大类,分别为共享存储器系统、消息传递系统和管道通信。

1. 共享存储器系统

在共享存储器系统中,相互通信的进程共享某些数据结构或存储区域,进程之间通过共享的存储区域进行通信。

进程通信前,向系统申请共享存储区域,并指定该共享区域的名称,若系统已经把该共享区域分配给其他进程,则将该共享区域的句柄返回给申请者。申请进程把获得的共享区域连接在本进程上之后,便可以像读写普通存储区域一样对该共享存储区域进行读写操作,以达到传递大量信息的目的。

2. 消息传递系统

在消息传递系统中,进程间的数据交换以消息为单位。用户通过使用操作系统提供的一组消息通信原语来实现信息的传递。消息传递系统是一种高级通信方式,它因实现方式不同又可以分为直接通信方式和间接通信方式。

1) 直接通信方式

该方式下,发送方直接将消息发送给接收方,接收方可以接收来自任意发送方的消息,并在读出消息的同时得知发送者是谁。

2）间接通信方式

在这种方式下,消息不是直接从发送方发送到接收方,而是发送到临时保存这些消息的队列,这个队列通常称为信箱。因此,两个通信进程中,一个给一个合适的信箱发消息,另一个从信箱中获得这些消息。

间接通信方式在消息的使用上有很大的灵活性。发送方和接收方之间的关系可以是一对一、多对一、一对多和多对多。

(1) 一对一的关系可以在两个进程之间建立专用的通信链接,这可以把它们之间的交互隔离起来,避免其他进程的干扰。

(2) 多对一的关系对客户端/服务器之间的交互非常有用,系统中有多个客户端进程和一个服务器进程。服务器进程给多个客户端进程提供服务,这时,信箱常常称作一个端口。

(3) 一对多的关系适用于一个发送方和多个接收方,它对于在一组进程之间广播一条消息或某些信息的应用非常有用。

(4) 多对多的关系一般用在共用信箱中,让多个进程都能向信箱中投递消息,也可从信箱中取走自己的消息。

进程和信箱的关联可以是静态的,也可以是动态的。端口常常是静态地关联到一个特定的进程上,也就是说,端口是永久被创建并指定到该进程。当有许多发送者时,发送者和信箱间的关联可以是动态发生的,基于这个目的,可以使用如 connect 和 disconnect 这样的原语进行显式的连接。

另一个问题是信箱的所有权问题。对于端口,它通常归接收进程所有,并由接收进程创建。因此,当接收进程被撤销时,它的端口也随之被撤销。对于通用的信箱,操作系统可以提供一个创建信箱的服务,这样信箱可以看作由创建它的进程所有,在这种情况下它们也同该进程一起终止;或者把信箱看作由操作系统所有,此时要撤销信箱需要一个显式的命令。

3. 管道通信

所谓管道,是指用于连接一个读进程和一个写进程,以实现进程之间通信的一种共享文件,又称为 Pipe 文件。向管道提供输入的是发送进程,或称为写进程,它负责向管道送入数据,数据的格式是字符流;而接收管道数据的接收进程称为读进程。由于发送进程和接收进程是利用管道来实现通信的,所以称为管道通信。管道通信始创于 UNIX 系统,因它能传送大量数据,且很有效,故目前许多操作系统(如 Windows、Linux、OS/2)都提供管道通信。

为了协调双方的通信,管道通信机制必须提供以下几个方面的协调能力。

(1) 互斥。当一个进程正在对管道进行读或写操作时,另一个进程必须等待。

(2) 同步。管道的大小是有限的。所以当管道满时,写进程必须等待,直到读进程把它唤醒为止。同理,当管道没有数据时,读进程也必须等待,直到写进程将数据写入管道后,读进程才被唤醒。

(3) 对方是否存在。只有确认对方存在时,方能进行通信。

3.6.2 进程通信中的问题

进程通信中需要考虑的问题有通信链路、数据格式和进程的同步方式等。

1. 通信链路的建立方式

为了使发送进程和接收进程之间能够进行通信,必须在它们之间建立一条通信链路。建立通信链路的方式有两种,即显式建立链路和隐式建立链路。显式建立链路就是在发送进程发送信息之前用一个"建立连接"的显式命令建立通信链路,当链路使用完毕后再利用显式命令的方式将链路拆除。隐式建立链路是在进程进行通信时发送进程不必明确地提出建立链路的请求,直接利用系统提供的发送原语进行信息的传递,此时操作系统会自动地为之建立一条链路,无须用户操心。一般地说,网络通信常常用显式的方式建立链路,本机进程通信采用隐式的方式建立通信链路。

2. 通信方向

根据通信的方向,进程通信又可以分为单向通信方式和双向通信方式。单向通信方式是指只允许发送进程向接收进程发送消息,反之不行。双向通信方式允许一个进程向另外一个进程发送消息,也可以反过来由另一个进程向发过消息的进程回送消息。双向通信方式由于进程之间可以对发过的消息进行回送确认,因此比较可靠。

3. 通信链路连接方式

根据通信链路的连接方式可以把通信链路分为点对点连接方式和广播方式。其中,点对点方式指用一条链路将两个进程进行链接,通信的完成只与这两个进程有关。广播方式是指一条链路上连接了多个(大于两个)进程,其中一个进程向其他多个进程同时发送消息。

4. 通信链路的容量

链路的容量是指通信链路上是否有用于暂存数据的缓冲区。无容量通信链路上没有缓冲区,因而不能暂存任何消息。而有容量通信链路是指在链路中设置了缓冲区,因而可以暂存消息,缓冲区的数目越大,通信链路的容量越大。

5. 数据格式

数据格式主要分成字节流和报文两种。采用字节流方式时,发送方发送的数据没有一定的格式,接收方不需要保留各次发送之间的分界。而报文方式就比较复杂了,通常把报文分为报头和正文两部分。报头包括数据传输时所需的控制信息,如发送进程名、报文的长度、数据类型、数据的发送日期和时间等。而正文部分才是真正要发送的信息。另外在报文方式中,根据报文的长度又进一步分成定长报文和不定长报文。

6. 同步方式

根据收发进程在进行收发操作时是否等待,同步方式又分成两种,即阻塞方式和非阻塞方式。阻塞方式是指操作方要等待操作的结束。非阻塞方式指操作方在提交后立即返回,不需要等待。具体地说,一个进程向另一个进程发送消息后,发送进程可能有两种选择,一是自己阻塞,并等到接收方接收到消息后才被唤醒;另一种选择是继续执行。对于接收进程也类似。

3.6.3 消息传递系统的实现

消息传递系统首先由 Hansan 提出,并在 RC4000 系统上实现。在这种机制中,发送消息利用发送原语 send 实现,接收消息利用原语 receive 实现。

1. 消息传递系统的数据结构

在消息传递系统中,主要使用的数据结构是消息缓冲区。其描述如下。

```
struct message_buffer
{
    char sender[30];              /* 发送进程标识符 */
    int size;                     /* 消息长度 */
```

```
    char text[200];                    /*消息正文*/
    struct message_buffer * next;      /*指向下一个消息缓冲区的指针*/
}
```

在使用消息传递系统时,需要使用信号量来保证消息缓冲区的互斥和协调发送进程与接收进程的同步,需要的数据结构如下。

```
struct process_control
{
    struct message_buffer * mq;   /*消息队列队首指针*/
    semaphore mutex;              /*消息队列互斥信号量,初值为1*/
    semaphore sm;                 /*消息队列同步信号量,记录消息的个数*/
/*初值为0*/
}
```

2. 发送原语

发送进程在利用发送原语发送消息之前,应先在自己的内存空间设置一发送区 a(见图 3-15),把待发送消息的正文、长度及发送进程的标识符填入其中。然后调用发送原语,把消息发送给目标进程。在发送原语中,首先根据发送区 a 消息的长度申请一缓冲区 i;接着将发送区 a 的内容复制到消息缓冲区 i;为了能将消息 i 挂到接收进程的消息队列 mq 上,应先获得接收进程的进程标识符 j,然后将 i 挂到消息队列 j.mq 上;由于该队列是临界资源,所以在 Insert 操作的前后使用 P、V 操作和互斥信号量 mutex;最后使用 V(j.sm)唤醒接收进程,通知它可以接收消息了。

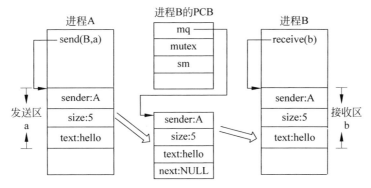

图 3-15 消息缓冲队列

```
void send(receiver,a)
char receiver[30];
struct message_buffer a;
{
    struct message_buffer i;
    struct process_control j;
    getbuf(a.size,i);          /*根据发送区 a 消息的长度申请一缓冲区 i*/
    i.sender = a.sender;
    i.size = a.size;
    i.text = a.text;
    i.next = NULL;
```

```
            getid(PCB_set,receiver,j);      /*获得接收进程的进程标识符j*/
            P(j.mutex);
            Insert(j.mq,i);                 /*将消息缓冲区i挂到的消息队列j.mq上*/
            V(j.mutex);
            V(j.sm);
        }
```

3. 接收原语

接收进程使用receive()原语从自己的消息缓冲队列mq中取下一个消息i,并将其中的数据复制到自己的消息接收区b。

```
        void receive(b)
        struct message_buffer b;
        {
            struct message_buffer i;
            struct process_control j;
            j = internal_name();            /*接收进程的内部标识符*/
            P(j.sm);
            P(j.mutex);
            remove(j.mq,i);                 /*从消息队列中摘下第一个消息缓冲区*/
            V(j.mutex);
            b.sender = i.sender;
            b.size = i.size;
            b.text = i.text;
        }
```

3.6.4 客户端—服务器系统通信

用户想要访问的数据可能放在网络中的某个服务器上。例如,用户统计一个存放在服务器A上的文件的行数、字数。这个请求由远程服务器A来处理,它对文件进行统计,计算出所需要的结果,最后将结果数据送给用户。

在客户端—服务器系统中,常用的通信方式有命名管道、套接字和远程过程调用。

1. 命名管道

命名管道是客户端—服务器系统中一种可靠的双向通信机制,它由命名管道服务器和命名管道客户端组成。命名管道的创建由服务器一方负责,它只能在本机上建立命名管道;命名管道建立后,客户端可以连接到其他计算机的有名管道上;之后通信双方就可以像普通文件的读写那样通过读写管道来完成客户端—服务器两方进程的通信。

命名管道是无名管道在网络环境中的一种推广。

2. 套接字

套接字(Socket)既可用于同一台计算机上的两个进程之间的通信,也适用于网络环境下的进程通信,自20世纪80年代起成为Internet上的通信标准。

套接字由IP地址和端口号组成,IP地址用于确定网络上的一台计算机,端口号用于确定该计算机上的一个进程。

套接字采用客户端—服务器模式,服务器进程通过监听指定端口等待即将到来的客户端请求。一旦收到客户端请求,服务器就与客户端建立连接。当客户端进程发出连接请求时,它将得到一个端口号,该端口号保证所有连接都唯一地确定一个服务器进程和一个客户端进程;当客户端进程和服务器进程建立连接后,就可以交换无结构的字符流,字符流的解释与构造由客户端和服务器应用程序负责。

3. 远程过程调用

远程过程调用(Remote Procedure Call,RPC)是远程服务的一种最常见的形式,它起源于20世纪80年代。

RPC采用客户端—服务器模式,其思想很简单,就是允许程序调用网络中其他计算机上的过程。请求程序就是一个客户端,而服务提供程序就是一个服务器。首先,调用进程发送一个有参数过程调用到服务进程,然后挂起自己,等待应答信息。在服务器端,进程保持睡眠状态,直到调用信息到达为止。当一个调用信息到达时,服务器获得进程参数,计算结果,发送答复信息,然后等待下一个调用信息。最后,客户端调用过程接收答复信息,获得进程结果,然后调用进程继续执行。RPC把在网络环境中的过程调用所产生的各种复杂情况都隐藏起来,对于RPC应用程序,程序员无须编写任何代码来传输网络请求,选择网络协议,处理网络错误,等待结果等。RPC软件自动完成这些工作。

另外,在Windows系统中,如果通信的两个进程位于同一台机器上,就使用本地过程调用(Local Procedure Call,LPC)。LPC是一种消息传递工具,Windows使用端口对象建立和维护两个进程之间的连接。特别需要注意的是,LPC并不是Win32 API的一部分,所以不能被应用程序员所见。应用程序员使用只能使用Win32 API调用标准的RPC,当RPC被同一机器上的进程所调用时,RPC通过本地过程调用被间接地处理。

4. 远程方法调用

远程方法调用(Remote Method Invocation,RMI)是一个类似RPC的Java特性。RMI允许线程调用远程对象的方法。如果对象位于不同的Java虚拟机上,那么就认为它是远程的。因此这里的远程可能是指在同一计算机上或通过网络连接的主机的不同Java虚拟机上。

RMI与RPC在两个方面有所不同。第一,RPC支持子程序编程,即只能调用远程的子程序或函数;而RMI是基于对象的,它支持调用远程对象的方法。第二,在RPC中,远程过程的参数是普通的数据结构,而RMI可以将对象作为参数传递给远程方法。RMI通过允许Java的程序调用远程对象的方法,使得用户能够开发分布在网络上的Java应用程序。

思考与练习题

自测题

1. 以下进程之间存在相互制约关系吗?若存在,是什么制约关系?为什么?
  (1) 几个同学去图书馆借同一本书。
  (2) 篮球比赛中两队同学争抢篮板球。
  (3) 果汁生产流水线中捣碎、消毒、灌装、装箱等各道工序。
  (4) 商品的入库和出库。
  (5) 工人做工与农民种粮。
2. 在操作系统中引入管程的目的是什么?条件变量的作用是什么?
3. 说明P、V操作为什么要设计成原语。
4. 设有一个售票大厅可容纳200人购票,如果厅内不足200人则允许进入,超过则在厅外等候;售票员某时只能给一个购票者服务,购票者买完票后就离开。

(1) 购票者之间是同步关系还是互斥关系？
(2) 用 P、V 操作描述购票者的工作过程。

5. 进程之间的关系如图 3-16 所示，试用 P、V 操作描述它们之间的同步。

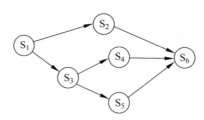

图 3-16 进程之间的关系

6. 有四个进程 P_1、P_2、P_3 和 P_4 共享一个缓冲区，进程 P_1 向缓冲区中存入消息，进程 P_2、P_3 和 P_4 从缓冲区中取消息，要求发送者必须等三个进程都取过本条消息后才能发送下一条消息。缓冲区内每次只能容纳一个消息，用 P、V 操作描述四个进程存取消息的情况。

7. 分析生产者—消费者问题中多个 P 操作颠倒引起的后果。

8. 读者—写者问题中写者优先算法的实现。

9. 写一个用信号量解决哲学家进餐问题又不产生死锁的算法。

10. 一个文件可由若干个不同的进程所共享，每个进程具有唯一的编号。假定文件可由满足下列限制的若干个进程同时访问，并发访问该文件的那些进程的编号的总和不得大于 n，设计一个协调对该文件访问的管程。

11. 用管程解决读者—写者问题，并采用公平原则。

第4章

调度与死锁

调度是操作系统的基本功能,几乎所有计算机资源在使用之前都要经过调度。CPU是计算机中最主要的资源,经过进程调度,才把CPU分配给合适的进程。进程调度是多道程序运行的根本,通过进程之间切换CPU,操作系统才可以提高计算机的效率。

操作系统必须为多个进程分配计算机资源。对于处理机而言,可分配的资源是在处理机上的执行时间。处理机是计算机系统中的重要资源,处理机调度算法不仅对处理机的利用率和用户进程的执行有影响,同时还与内存等其他资源的使用密切相关,对整个计算机系统的综合性能指标也有重要影响。

4.1 调度类型与准则

视频讲解

4.1.1 调度类型

在多道程序系统中,内存中有多个进程。每个进程或者正在使用处理机,或者正在等待I/O的执行或其他事件的发生。处理机执行某个进程而保持忙碌状态,而此时其他进程处于等待状态。

多道程序的关键是调度。处理机的调度有三种类型,分别为高级调度、中级调度和低级调度(见图4-1)。

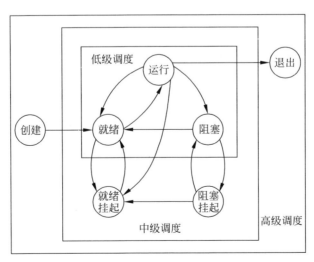

图4-1 调度的类型

1. 高级调度

高级调度也称作业调度。它决定哪些程序可以进入系统,因此它控制多道程序的道数。一旦一个程序进入系统,一个作业或一个用户程序就成为一个进程,该进程被放入低级调度程序使用的队列。

在批处理操作系统中,或者在一个通用操作系统的批处理部分,新提交的作业被发送到磁盘上,并形成一个后备队列。高级调度程序负责在这些作业中选择一个或多个进程,使它们进驻内存,并为这些作业创建进程。

至于何时创建新进程取决于系统期望的多道程序的道数。创建的进程越多,每个进程在处理机上执行时间的份额就越少。因此,为了给当前的进程提供比较高的满意程度,高级调度可以限制多道程序的道数。一般来说,当一个作业终止时,高级调度程序会决定增加一个或多个新进程,此外,如果处理机的空闲时间到达某个阈值,就会调用高级调度程序。

对于交互式操作系统,用户直接控制程序的执行,所以在交互式操作系统中,需要运行的程序不用排队等待。相反,操作系统接收所有用户的运行请求,直到系统饱和为止。当系统到达一定的饱和度,不能再接收新的进程时,会向用户终端发送一个不能响应请求的消息,此时用户可以等一会儿再试。

2. 中级调度

中级调度程序也称为对换程序。引入中级调度的目的是提高内存的利用率和系统的吞吐量。为了使暂时不能运行的进程不再占用宝贵的内存空间,系统将它们调到外存等待,此时进程的状态是挂起状态。当这些进程重新具备运行条件,且内存有空闲时,由中级调度程序决定将外存上那些具备条件的进程重新调入内存。中级调度实际上就是内存管理中的对换功能,有关内存管理方面的问题,将在第 5 章讨论。

3. 低级调度

低级调度又称为进程调度。它决定就绪队列中的哪个进程获得处理机,然后由分派程序执行把处理机分配给该进程的操作。进程调度的频率很高,在分时操作系统中通常是十几个毫秒到几十个毫秒。进程调度是最基本的调度,在操作系统中必须配置这级调度。

4.1.2 进程调度方式

进程调度方式分为不可剥夺方式和可剥夺方式。

1. 不可剥夺方式

不可剥夺方式(Nonpreemptive)也称为非抢占方式。采用这种调度方式时,一旦把处理机分配给某个进程,该进程将一直执行下去,直到运行完毕或因某种原因不能运行,绝不允许其他进程强占正在运行进程占有的处理机。

这种调度方式的优点是实现简单,系统开销小。但是难以满足有紧急任务的进程要求。所以比较适用于批处理操作系统,对时间要求比较严格的实时操作系统不适合使用。

2. 可剥夺方式

可剥夺方式(Preemptive)也称为抢占方式。在这种方式下,允许一个进程按照某种原则抢占其他进程占有的处理机。抢占采用优先权原则的比较多,也就是说,如果一个进程比正在运行进程的优先级高,则它可以抢占处理机而运行。

4.1.3 进程调度时机

调度有可能在很多情况下发生,在以下两种情况下肯定会发生。

（1）进程退出。当一个进程退出时，必须进行调度。因为进程退出后 CPU 空闲，必须从就绪队列中选择一个进程投入运行。如果没有就绪进程，通常操作系统提供空转进程。

（2）进程阻塞。当进程由于等待 I/O、信号量或其他原因而放弃 CPU 时，就必须选择另一个进程运行。

在另外一些情况下，尽管调度在逻辑上不是必需的，但还是经常发生。

（1）新进程创建。新进程创建时，新进程的优先级可能高于正在运行的进程，在可剥夺方式下，进程调度程序要决定是否让新进程投入运行。

（2）中断发生。当 I/O 设备完成了其工作而发出 I/O 中断时，原来等待该设备的那个进程就会从阻塞状态变为就绪状态。此时，进程调度程序要决定是否选择该进程投入运行。

（3）时钟中断。时钟中断发生时，有可能一个进程运行的时间片到了，进程调度程序要决定是否选择其他进程投入运行。

4.1.4 调度的性能准则

在一个操作系统中，调度的目标是按照可以优化系统行为的方式分配处理机时间。调度算法的优劣直接影响该操作系统的性能，下面讨论衡量调度算法好坏的准则。通常使用的调度准则，有些是面向用户的，有些是面向系统的。面向用户的准则与单个用户感知的系统行为有关，如响应时间、周转时间、优先权和截止时间保证等。面向系统的准则主要考虑系统的效率和性能，主要考虑的因素有系统吞吐量、处理机的利用率、各类资源的平衡利用和公平。

1. 响应时间

响应时间是指用户提交一个请求到系统响应（通常是系统有一个输出）的时间间隔。这个时间对用户来说是可见的，也是用户感兴趣的。对于分时操作系统，一般要求响应时间为 2～3s。那么在考虑调度策略时，要充分考虑到系统的响应速度，力求给用户提供优质的服务。

2. 周转时间

周转时间是指一个用户作业被提交到完成的时间间隔。对于每个用户作业来讲，都希望自己作业的周转时间最短。但作为计算机系统的管理者——操作系统的目标是平均周转时间最短。这不仅能有效提高系统资源的利用率，而且还能使大多数用户满意。

平均周转时间为 $T = \frac{1}{n}\sum_{i=1}^{n} T_i$，其中，$T_i$ 是每个作业的周转时间，n 是作业的个数。

为了进一步衡量作业在处理机上的实际执行时间和等待时间，还定义带权周转时间 W_i 为作业的周转时间 T_i 与它在处理机上实际执行时间 T_{si} 之比，即带权周转时间为 $W_i = \frac{T_i}{T_{si}}$，平均带权周转时间为 $W = \frac{1}{n}\sum_{i=1}^{n} W_i$。

3. 优先权

在批处理操作系统、分时操作系统及实时操作系统中都可以引入优先权准则，以保证某些紧急的作业得到及时处理。优先权准则就是按照进程的紧急程度、进程的大小、进程的等待时间等多种因素给每个进程规定一个优先级，系统调度时，按照优先级的高低选择进程。

4. 截止时间

截止时间是衡量实时系统性能的主要指标，因而也是选择实时系统调度算法的重要准则。具体地说，截止时间又可以分为截止开始时间和截止完成时间。

5. 系统吞吐量

系统吞吐量是用来评价批处理系统的重要指标。系统吞吐量是指单位时间内所完成的作业数。

6. 处理机的利用率

由于在计算机系统中价格最贵的是 CPU,所以处理机的利用率成为衡量操作系统性能的重要指标。而调度算法又对处理机的利用率有很大影响。

7. 各类资源的平衡利用

在一个系统中,不仅要使处理机的利用率高,而且还应能够有效地利用系统中的其他各类资源,如内存、外存、I/O 设备等。一个好的调度算法应尽可能使系统中的所有资源都处于忙碌状态。

8. 公平

在没有用户或系统的特殊要求时,进程应该被公平对待,尽量避免进程"饿死"。

4.2 调度算法

视频讲解

调度算法是指根据系统的资源分配策略所规定的资源分配算法。对于不同的系统和系统目标,通常采用不同的调度算法。下面介绍一些常用的调度算法。

4.2.1 先来先服务调度算法

先来先服务(First Come First Served,FCFS)是一种最简单的调度算法,可以用在进程调度和作业调度中。它的基本思想是按进程或作业到达的前后顺序进行调度。

作业调度中采用该算法时,每次从后备作业队列中选择一个或多个最先进入该队列的作业,将它们调入内存,为它们分配资源、创建进程,然后将进程投入就绪队列。

进程调度中采用该算法时,每次从就绪队列中选择一个最先进入该队列的进程,把处理机分配给它,使之投入运行。一直到该进程运行完毕或阻塞后,才让出处理机。

FCFS 算法简单。由于它的处理机调度方式是非剥夺方式,因此操作系统不会强行暂停当前正在运行的进程。

FCFS 算法的特点如下。

(1) 有利于长作业,不利于短作业。表 4-1 列出了 A、B、C、D 四个作业的情况,可以看出,短作业 C 的带权周转时间高达 100,而长作业 D 的带权周转时间仅为 1.5。

(2) 有利于处理机繁忙的作业,不利于 I/O 繁忙的作业。

表 4-1 四个作业用 FCFS 调度算法情况

进程名	到达时间	服务时间	开始时间	完成时间	周转时间	带权周转时间
A	0	1	0	1	1	1
B	1	100	1	101	100	1
C	2	1	101	102	100	100
D	3	200	102	302	299	1.5

4.2.2 短作业(进程)优先调度算法

短作业(进程)优先(Shortest Job First,SJF 或 Shortest Process Next,SPN)是指对短作业或短进程优先调度的算法。该算法可分别用于作业调度和进程调度。该算法的设计目标是改进 FCFS 算法,减少作业或进程的平均周转时间。

SJF 算法要求作业在开始执行之前预计作业的执行时间,对预计执行时间短的作业优先调入内存。

SPN 算法是从就绪队列中选出一个估计运行时间最短的进程,并将处理机分派给它,后来的短进程不能剥夺正在运行的进程。

表 4-2 对 FCFS 和 SJF 算法进行了比较,可以看出,SJF 算法比起 FCFS 算法有以下优点。

(1) 改善了平均周转时间和平均带权周转时间,缩短了等待时间。

(2) 有利于提高系统的吞吐量。

表 4-2 FCFS 与 SJF 调度算法的比较

进程名	到达时间	服务时间	FCFS			SJF		
			完成时间	周转时间	带权周转时间	完成时间	周转时间	带权周转时间
A	0	4	4	4	1	4	4	1
B	1	3	7	6	2	9	8	2.67
C	2	5	12	10	2	18	16	3.2
D	3	2	14	11	5.5	6	3	1.5
E	4	4	18	14	3.5	13	9	2.25
平均				9	2.8		8	2.1

SJF 和 SPN 算法存在以下缺点。

(1) 对长作业或进程不利。

(2) 该算法没有考虑作业或进程的紧迫程度,因而不能保证紧迫的作业或进程得到及时处理或响应。

(3) 由于作业或进程的执行时间是用户估计的,因而准确性不高,从而影响调度性能。

(4) 如果系统中持续有更短作业或进程出现,可能导致长作业或进程被"饿死",即永远得不到执行。

另外也可通过选用其他条件来分派处理机,SPN 算法还可以有变种算法——最短剩余时间优先(Shortest Remaining Time,SRT)算法和响应比高者优先(Highest Response Ratio Next,HRRN)算法。最短剩余时间优先调度算法是选择预计剩余时间最短的进程运行。对于响应比,它的定义为(等待时间+要求执行时间)/要求执行时间。进程调度时选择响应比最高的进程运行,是因为响应比的定义中既考虑了进程的长短,又考虑了进程的等待时间,因此比 SPN 算法更合理。

4.2.3 时间片轮转调度算法

时间片轮转(Round Robin,RR)算法主要用于进程调度。通常系统将所有就绪进程按FCFS 原则排成一个队列,每次系统调度时,把处理机分配给队首的进程,并令其执行一个时间片,时间片的大小一般是几个毫秒到几百个毫秒。当一个进程被分配的时间片用完时,由系统时钟发出一个中断,调度程序暂停当前进程的执行,并将其送到就绪队列的末尾,同时从就绪队列队首选择另一个进程运行。

时间片轮转法中,时间片的长度是影响算法的一个主要指标,可以考虑两种极端的情况,如果时间片很长,长到大多数进程在一个时间片内都能够完成,该算法就退化为FCFS。相反,如果时间片很短,短到用户的一次交互需要几次调度才能完成,系统切换的频率很高,频繁的系统切换会导致用户程序响应时间的增长(见图4-2)。因此,时间片长度的选择要适当,一般要保证一个基本的交互过程在一个时间片内完成。影响时间片的因素有以下几方面。

(a) 时间片稍大于交互时间　　　　(b) 时间片小于交互时间

图 4-2　时间片大小的影响

(1) 系统的处理能力。虽然处理机的速度不同,但是对于一个交互式系统来讲,要保证用户的一次输入能在一个时间片内处理完毕,这样用户才会有一个满意的响应时间。图 4-3 列出了时间片 $q=1$ 和 $q=4$ 时进程的运行情况,表 4-3 列出了两种情况下进程的平均周转时间和平均带权周转时间。

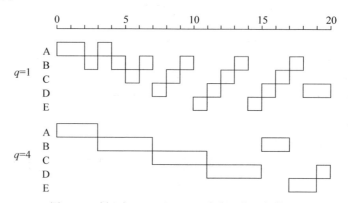

图 4-3　时间片 $q=1$ 和 $q=4$ 时进程的运行情况

表 4-3　时间片 $q=1$ 和 $q=4$ 时进程的平均周转时间和平均带权周转时间

	进程名	A	B	C	D	E	平均
时间片	到达时间	0	2	4	6	8	
	服务时间	3	6	4	5	2	
$q=1$	完成时间	4	18	17	20	15	
	周转时间	4	16	13	14	7	10.8
	带权周转时间	1.33	2.67	3.25	2.8	3.5	2.71
$q=4$	完成时间	3	17	11	20	19	
	周转时间	3	15	7	14	11	10
	带权周转时间	1	2.5	1.75	2.8	5.5	2.71

(2) 系统的负载状况。

(3) 系统对响应时间的要求。用户的响应时间 $T=N\times q$,其中 N 是系统中的进程数目,

q 为时间片。因此当用户进程数稳定时,响应时间与时间片成正比,所以要根据系统对响应时间的要求来设置时间片的大小。

时间片轮转法在分时操作系统和事务处理系统中特别有效,但它对 I/O 频繁的进程不利,因为这些进程通常运行不完一个时间片就阻塞了,等它完成了 I/O 后,又要和其他进程一样排队。所以这种进程的周转时间会比不需要 I/O 或 I/O 较少的进程长得多。为了解决这个问题,可以采用一种改进的时间片轮转法,避免这种不公平性。图 4-4 说明了这个方案的实现方法。新进程到达就绪队列,按 FCFS 的原则进行调度。该进程的时间片用完后,仍然到就绪队列的队尾排队。但当进程因 I/O 而被阻塞时,它将加入一个等待队列。有所不同的是,当 I/O 完成时,进程不是进入就绪队列,而是进入一个辅助队列。当进程调度程序调度时,辅助队列的进程优于就绪队列的进程。

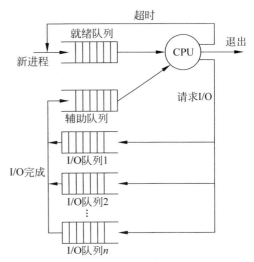

图 4-4 改进后的时间片轮转法

经过研究表明,这种改进后的算法在公平性方面确实优于一般的时间片轮转法。

4.2.4 优先权调度算法

为了照顾到进程的紧急程度,使紧急的进程能够及时得到处理,很多操作系统使用了优先权(Priority)调度算法。优先权调度算法适用于作业调度和进程调度。当该算法用于作业调度时,系统将从后备队列中选择若干个优先权最高的作业调入内存。当用于进程调度时,把处理机分配给就绪队列中优先权最高的进程。进程调度中使用优先权调度算法时又可把算法分成两种方式,即可剥夺方式和不可剥夺方式。

在使用可剥夺方式时,系统把处理机分配给优先权最高的进程,使之运行。一旦系统中出现了另一个优先权更高的进程,调度程序就停止正在运行的进程,把处理机分配给新出现的优先权更高的进程。

若系统使用不可剥夺方式,当系统中出现比正在运行的进程优先权更高的进程时,不会剥夺正在运行进程对处理机的占有,该进程会一直运行下去,直到完成,或因发生某种事件放弃处理机。

对于优先权调度算法,其关键在于如何确定进程的优先权。优先权的确定方式有两种,即静态和动态。

1. 静态优先权

静态优先权是在进程创建时确定该进程的优先权,且该进程的优先权在其整个运行期间保持不变。确定优先权的因素有进程的类型、进程对资源的要求和用户的要求。系统进程的优先权通常高于用户进程;对处理机和内存等资源要求较少的进程具有较高的优先权;用户的紧迫程度也是确定进程优先权的一个因素。

2. 动态优先权

动态优先权指进程的优先权可以根据进程的不断推进而改变,以期得到更好的性能。动态优先权的变化取决于进程的等待时间和占有处理机的时间,具体地说,随着进程等待时间的增加,该进程的优先权将以某种速率增加。这样做的目的是使优先权较低的进程在等待足够的时间后,其优先权提高,进而被调度执行;当一个进程占有处理机的时间不断增长时,其优先权会以某种速率降低,这样做的目的是使持续执行的进程在运行了一段时间后将处理机让给其他进程,以防止一个长进程长期垄断处理机。

4.2.5 多级反馈队列调度算法

多级反馈队列(Multilevel Feedback Queue, MFQ)调度算法是一种较好的进程调度算法,在 UNIX 及 OS/2 中都采用了类似的算法。这种算法设置多个就绪队列,每个队列的优先权不同,第一个队列的优先权最高,第二个队列次之,以此类推,队列的优先权逐个降低,如图 4-5 所示。

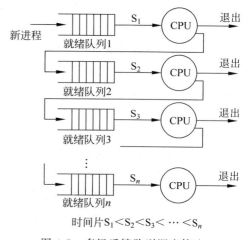

图 4-5 多级反馈队列调度算法

各个队列中进程执行的时间片的大小也不同,优先权越高队列的进程,其执行的时间片越短。新创建的进程进入内存后,首先放入第一个队列的队尾,按 FCFS 原则进行调度,当调度到某个进程时,该进程若能在一个时间片内完成,便可退出;若它在一个时间片内未完成,则该进程被调到第二个队列的队尾等待;若它在第二个队列中被调度,该进程若能在一个时间片内完成,便可退出,但若在一个时间片内又未完成,则该进程被调到第三个队列的队尾等待;如此下去。系统在进行调度时,只有当第一个队列为空时,才在第二个队列中进行调度;同理,只有当前面 $i-1$ 个队列都为空时,才在第 i 个队列调度。

实际系统中还可以使用更复杂的动态优先权调整策略。例如,为了保证 I/O 操作进程能及时被处理,可以在进程完成 I/O 后进入最高优先权队列,并执行一个时间片,以及时被处理。

4.2.6 多种调度算法的比较

每种调度算法都有其各自的优势和应用场合,表 4-4 列出了这些调度策略性能方面的比较。

表 4-4 各种调度算法的特点比较

特点	算法						
	FCFS	SPN	SRT	HRRN	RR	Priority	MFQ
调度方式	不可剥夺	不可剥夺	可剥夺	均可	可剥夺	均可	可剥夺
吞吐量	不突出	高	高	高	若时间片太短,吞吐量会很低	不强调	不突出
响应时间	有时可能高	短进程的响应时间比较高	较高	较高	高	高	高
系统开销	最小	较高	较高	较高	较小	较高	较高
对进程影响	对短进程不利	对长进程不利	对长进程不利	较好地平衡各种进程	对 I/O 频繁进程不利	较好地平衡各种进程	可能对 I/O 频繁进程有利
饿死问题	无	可能	可能	无	无	可能	可能

表 4-5 列出了对于同一组进程使用各种调度算法时，平均周转时间和平均带权周转时间的比较。

表 4-5 调度算法性能比较

调度算法	进程名	A	B	C	D	E	平均
	到达时间	0	2	4	6	8	
	服务时间	3	6	4	5	2	
先来先服务	完成时间	3	9	13	18	20	
	周转时间	3	7	9	12	12	8.6
	带权周转时间	1	1.17	2.25	2.4	6	2.564
时间片轮转法 $q=1$	完成时间	4	18	17	20	15	
	周转时间	4	16	13	14	7	10.8
	带权周转时间	1.33	2.67	3.25	2.8	3.5	2.71
短进程优先	完成时间	3	9	15	20	11	
	周转时间	3	7	11	14	3	7.6
	带权周转时间	1	1.17	2.75	2.8	1.5	1.84
最短剩余时间优先	完成时间	3	15	8	20	10	
	周转时间	3	13	4	14	2	7.2
	带权周转时间	1	2.17	1	2.8	1	1.59
响应比高者优先	完成时间	3	9	13	20	15	
	周转时间	3	7	9	14	7	8
	带权周转时间	1	1.17	2.25	2.8	3.5	2.14
多级反馈队列 $q=1$	完成时间	11	20	16	19	10	
	周转时间	11	18	12	13	2	11.2
	带权周转时间	3.67	3	3	2.6	1	2.654

4.3 死锁的基本概念

视频讲解

死锁是发生在一组相互合作或竞争的线程或进程中的一个问题。在进程同步的哲学家进餐等问题中已经遇到过死锁，如果不是非常细心，则在同步问题中很容易出现死锁。通常情况下，死锁发生在两个或多个不同程序对应的进程或线程同时执行的时候。相同程序对应的多个进程或线程由于一些复杂资源的使用也会发生死锁。本章介绍死锁的产生背景以及预防、避免、检测和解除死锁的方法。

4.3.1 死锁的定义

死锁可以定义为一组竞争系统资源或相互通信的进程之间的永久阻塞。若无外力作用，这组进程将永远不能继续执行。

不像并发进程管理的其他问题，这类问题没有一种有效的通用解决方案。

死锁涉及两个或更多的进程因对资源的需求所引起的冲突。一个常见的例子是交通堵塞，如图 4-6(a)所示，有四辆车同时到达了一个十字路口，如果这四辆车中有一辆右拐让路，则可避免堵塞的发生，但是如果四辆车各不相让，都继续直行，就会发生图 4-6(b)所示的堵塞情况——堵塞。

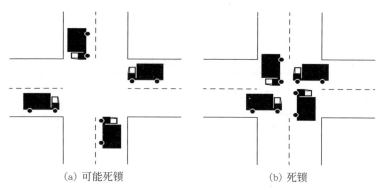

(a) 可能死锁　　　　　　　　　(b) 死锁

图 4-6　死锁图示

生活中这种死锁的解决方法就是在交通警察的指挥下将一个方向的汽车移走或让汽车倒车,从而使得一个路口空出。然而在计算机系统中没有类似于让汽车移走的软件操作,让汽车倒车相当于结束进程或线程的执行。软件的另一个困难是,有时难以区分进程或线程是暂时性的阻塞还是永久性的死锁。

4.3.2　死锁产生的原因

分析上述举例死锁发生的原因可知,每辆车都占据着一个车道,因为所需要的第二个车道被另一辆车占据,所以导致四辆车都不能前进。如果把车道看成是车辆行驶必须拥有的资源,由于每一辆车都拥有一个资源(车道),又试图占据另一个已被其他车辆占有的资源(车道),而系统中的资源有限(只有四个车道),因此四辆车都不能前进,导致死锁。资源不足是产生死锁的原因之一。

现在再考虑进程和计算机资源的死锁问题。图 4-7 展示了两个进程竞争两个资源(A、B)的情况。每个进程都需要独占使用这两个资源。

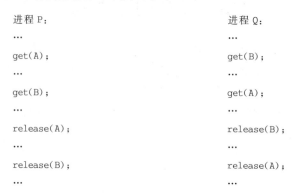

图 4-7　两个进程竞争两个资源的情况

图 4-8 中,x 轴代表进程 P 的进程情况,y 轴代表进程 Q 的进程情况。对于一个单处理机系统,一次只有一个进程可以执行,也就是说,进程 P 和进程 Q 交替执行,水平段表示进程 P 执行,进程 Q 等待;垂直段表示进程 Q 执行,进程 P 等待。

图中 6 种不同的执行路径,具体如下所述。

(1) 进程 Q 获得 B,然后得到 A;继续执行释放 B 和 A;当 P 再执行时,它可以获得全部的资源 A 和 B。

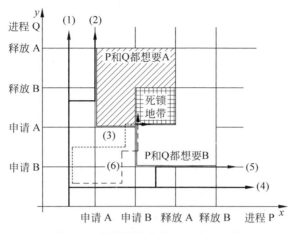

图 4-8 进程因推进速度不当而死锁

(2) 进程 Q 获得 B，然后得到 A；进程 P 此时执行，并因申请 A 而阻塞；进程 Q 继续执行，释放 B 和 A；当进程 P 恢复执行时，它可以得到全部资源 A 和 B。

(3) 进程 Q 获得 B，进程 P 获得 A；当进程 Q 继续执行时，因申请 A 而阻塞；进程 P 继续执行时因申请 B 而阻塞，此时发生死锁。

(4) 进程 P 获得 A，然后得到 B；继续执行，释放 A 和 B；当 Q 再执行时，它可以获得全部资源 B 和 A。

(5) 进程 P 获得 A，然后得到 B；进程 Q 此时执行，并因申请 B 而阻塞；进程 P 继续执行，释放 A 和 B；当进程 Q 恢复执行时，它可以得到全部资源 B 和 A。

(6) 进程 P 获得 A，进程 Q 获得 B；当进程 P 继续执行时，因申请 B 而阻塞；进程 Q 继续执行时，因申请 A 而阻塞，此时发生死锁。

总结以上进程 P 和进程 Q 的执行，是否发生死锁取决于进程的动态执行，即进程的推进速度，如果进程 P 和进程 Q 按图中(1)、(2)、(4)和(5)的推进速度执行，则没有发生死锁的可能，但是如果按(3)和(6)的推进速度执行，则会发生死锁。

死锁的发生还取决于应用程序的细节，如果进程 P 先使用完一个资源以后，才申请另一个资源，即如下形式，则无论如何也不会发生死锁，如图 4-9 所示。

进程 P
...
get(A);
...
release(A);
...
get(B);
...
release(B);
...

综上所述，进程的推进次序非法是导致死锁的第二个原因。

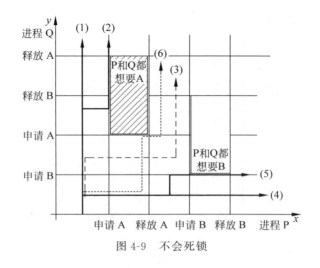

图 4-9 不会死锁

4.3.3 可重复使用资源和可消耗资源

死锁的发生与系统中的资源有关，系统中的资源有两类，即可重复使用资源和可消耗资源。对于可重复使用资源，在使用时往往要求一次只能供一个进程安全使用，并且不会因使用而耗尽。进程得到这类资源后，使用完毕再释放，供其他进程再次使用。这类资源包括处理机、I/O 通道、设备及文件、数据库等；既有软件资源，也有硬件资源。进程在使用这类资源时，有产生死锁的可能。解决这类死锁的策略是在系统设计时施加关于资源请求顺序的约束。

可消耗资源指可以创建和撤销的资源。当一个进程使用这种资源后，这种资源就不再存在，如中断、信号量、消息和缓冲区。

此时再重新看一看生产者和消费者问题，把消费者进程中两个 P 操作的次序颠倒，会发生什么情况呢？

在生产者和消费者问题中定义了三个信号量 mutex、empty 和 full，它们的初值分别是 1、n 和 0，如果消费者先执行，执行 P(mutex)，相当于消费者使用了资源 mutex，使用之后就不再存在；之后消费者又执行 P(full)，相当于申请一个不存在的资源，因为该资源的初值为 0，因此被阻塞。

再看生产者，它要执行 P(empty) 和 P(mutex)，执行 P(empty) 没有问题，因为系统中有 n 个这种资源。而在执行 P(mutex) 时，由于此时系统中已经没有了这种资源，生产者进程也被阻塞。因此，使用可消耗资源也有可能导致死锁。

```
semaphore mutex = 1;
semaphore empty = n;
semaphore full = 0;
int i,j;
ITEM buffer[n];
ITEM data_p,data_c;

void producer()                    /*生产者进程*/
{
```

```
while(true)
{
    produce an item in data_p;
    P(empty);
    P(mutex);
    buffer[i] = data_p;
    i = (i + 1) % n;
    V(mutex);
    V(full);
}
}

void consumer()                    /*生产者进程*/
{
while(true)
{
    P(mutex);
    P(full);
    data_c = buffer[j];
    j = (j + 1) % n;
    V(mutex);
    V(empty);
    consume the item in data_c;
}
}
```

没有一个有效的策略可以解决所有类型的死锁,已有的解决死锁的方法是预防、检测和避免。

4.3.4 死锁产生的必要条件

发生死锁的必要条件有以下四个。

(1) 互斥条件。指进程对所分配的资源进行排他性使用,即在一段时间内某资源只能由一个进程占有。如果此时有其他进程要求使用该资源,要求使用资源者只能阻塞,直到占用该资源的进程用完该资源为止。

(2) 请求和保持。进程已经占有了至少一个资源,但又提出了新的资源要求,而该资源已经被其他进程占有,此时进程阻塞,但继续占有已经获得的资源。

(3) 不可剥夺条件。进程已经获得了资源,在它使用完毕前不能被剥夺,只能使用完毕后自己释放。

一般情况下,这些条件是合乎情理的。为了确保结果的一致性,互斥是必需的。如果随意进行剥夺,特别是当涉及数据资源时,必须有重新运行恢复机制,才能把进程和它运行时所用的资源恢复到以前的状态,否则就不允许剥夺。对于进程来讲,它何时需要资源,只有在它运行时才能够知道,所以极有可能已经占用了一个资源,又需要其他资源。因此这三个条件都有可能引起死锁。另外,还有下面一个条件。

(4) 环路条件。存在一个进程与资源的环行链,在该链中,每个进程都正在等待一个被占用的资源,如图 4-10 所示。

前三个条件是进程发生死锁的必要条件,第四个条件实际上是前三个条件的潜在结果,也就是说,假设前三个条件存在,可能发生的一系列事件导致不可解决的循环等待。这个不可解决的循环等待实际上就是死锁的定义。条件(4)列出的循环等待不可解决,是因为有前三个条件,因此四个条件连在一起就构成了死锁的四个必要条件。

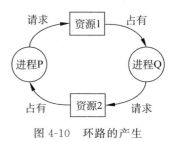

图 4-10 环路的产生

视频讲解

4.4 死锁的预防与避免

视频讲解

4.4.1 死锁的预防

预防死锁可以从前文所述的四个必要条件入手,排除产生死锁的可能性。

1. 互斥

在死锁产生的四个条件中,互斥条件是不可以禁止的。互斥是资源固有的属性,如对于文件,可以允许多个进程同时进行读操作,但不允许多个进程同时进行写操作,必须做到写互斥。对于软件资源是这样,对于某些硬件资源更是如此,如打印机,只能等到一个进程使用完毕,另一个进程才可使用。

2. 请求与保持

为了预防请求与保持条件的发生,可以使用资源预先静态分配法,即要求进程一次性请求所有所需的资源,如果资源不能够满足,就阻塞这个进程,直到其所有请求都得到满足为止。由于进程在阻塞期间没有占有任何资源,因而也就抛弃了请求条件,从而可以预防死锁。但是这个方法在以下两个方面是低效的。

第一,进程将延迟运行。进程因为申请过多资源而被阻塞很长时间,而实际上,它只需要一部分资源就可以运行,但却因为害怕死锁而被延迟执行。

第二,资源严重浪费。分配给一个进程的资源可能有相当长的时间是闲置的,而在这期间,这些已经分配的资源不能给其他进程使用。

另外还有一个问题是进程提出它所需要的所有资源困难,进程只有执行时才知道需要哪些资源,在执行前有时难以提出所有资源要求。

3. 不可剥夺

对于不可剥夺条件,可以有多种方法来预防这个条件的发生。一个方法是,如果一个进程占有某些资源,当它有新的资源请求被拒绝时,该进程停止运行,并释放它所占有的资源;当它再次被执行时,重新申请资源。另一个方法是,如果一个进程请求另一个进程占有的资源,操作系统可以剥夺后者占有的资源,要求它释放资源,并将资源分配给前者使用。

这种预防的方法实现起来比较复杂,且要付出很大的代价。因为一个资源在使用一段时间以后被迫释放,可能会造成前段工作的失效,即使采取有效措施,也会使前后两次运行的信息不连续。此外,这种策略还可能导致反复地请求和释放资源,而使进程的执行无限推迟。这不仅延长了进程的周转时间,还增加了系统开销,降低了系统的吞吐量。

4. 环路

采用有序分配资源的策略破坏产生死锁的环路条件。环路条件可以通过定义资源类型的线性顺序来预防。如果一个进程已经分配到了某种类型的资源,它接下来请求的资源只能是排在该类型资源之后的那些资源。

为了证明这个策略的正确性,给每种资源类型指定一个下标,则当 $i<j$ 时,资源 R_i 排在资源 R_j 前面。假设两个进程 A 和 B 发生了死锁,原因是 A 获得 R_i,而又请求 R_j;而进程 B 获得了 R_j,而又请求 R_i,则这个条件是不可能成立的,因为它意味着 $i<j$ 且 $i>j$。

这种预防死锁的方法比起前面的策略,其资源利用率和系统吞吐量都有明显的改善。但是也存在下述问题。

(1) 为系统中各种资源类型所分配的序号必须相对稳定,但这样会限制新设备的增加。

(2) 尽管在为资源分配序号时考虑到了大多数进程实际使用这些资源的顺序,但是也经常会发生这种情况,即进程使用资源的顺序与系统规定的顺序不同,从而造成资源的浪费。

(3) 为方便用户,系统对用户编程时所施加的限制条件应尽可能少,然而这种按规定顺序申请资源的方法必然会限制用户简单、自主地编程。

4.4.2 死锁的避免

解决死锁的另一个方法是避免死锁。在死锁的预防中,通过约束资源请求防止死锁条件中至少一个条件的发生,但这会导致低效的资源使用和低效的进程执行。而避免死锁是通过明智的选择确保系统永远不会到达死锁点,因此避免比预防允许进程的并发性更高。

避免死锁就是动态地决定是否允许进程当前的资源分配请求。避免死锁采用的是资源分配拒绝策略。在该方法中,允许进程动态申请资源,但系统在分配资源之前,需要先计算资源分配的安全性,若此次分配不会导致系统进入不安全状态,便将资源分配给进程,否则不予以分配,进程等待。

首先定义系统的安全状态和不安全状态。考虑一个系统,它有固定数量的进程和固定数量的资源,任何时刻,一个进程可能分配到零个资源或多个资源。系统的状态是当前分配给进程的资源状况。

安全状态是指至少存在一个安全序列 $<P_1,P_2,\cdots,P_n>$,按照这个序列为进程分配所需的资源,直到满足最大需求,使得每个进程都可以顺序完成。若系统不存在这样一个安全序列,则称系统处于不安全状态。

下面通过一个例子说明安全状态和不安全状态。假设系统中有 3 个进程 P_1、P_2、P_3,共有 12 台磁带机。进程 P_1 对磁带机的最大需求是 10 台,P_2 的最大需求是 4 台,P_3 的最大需求是 9 台。在 T_0 时刻,进程 P_1、P_2、P_3 分别已获得磁带机 5、2、2 台,尚有 3 台未分配,如表 4-6 所示,那么系统是否处于安全状态呢?

在 T_0 时刻,系统是否安全取决于是否可以找到一个安全序列,让这 3 个进程按照安全序列的顺序向前推进。具体地说,假设在 T_1 时刻又分配给 P_2 进程 2 台磁带机,满足它的最大需求,此时它满足了对资源的最大需求而执行完毕,从而退出系统。P_2 进程退出系统后将归还系统资源,系统中可用磁带机数可达 5 台。假设在 T_2 时刻又将这 5 台磁带机分配给 P_1 进程,满足它的最大需求,此时 P_1 进程也会退出系统,P_1 进程退出后,系统中可用磁带机数可达 10 台。这 10 台磁带机足以满足 P_3 进程的最大需求,而使它也执行完毕。所以,在 T_0 时刻,存在一个安全序列 $<P_2,P_1,P_3>$,此时系统的状态是安全的。

若不按安全序列进行资源的分配,则系统可能从安全状态转换为不安全状态,假如在 T_1 时刻,把 2 台磁带机分配给 P_1 进程,如表 4-7 所示。接下来,无论把剩下的 1 台磁带机分配给哪个进程,它都不能满足其最大需求,无法找到一个安全序列,因此,此时系统的状态是不安全的。

表 4-6 安全状态示意

进程	最大需求	已分配	可用
P_1	10	5	3
P_2	4	2	
P_3	9	2	

表 4-7 不安全状态示意

进程	最大需求	已分配	可用
P_1	10	7	1
P_2	4	2	
P_3	9	2	

虽然并非所有不安全状态都是死锁状态,但系统进入不安全状态后,便可能进入死锁状态;反之,只要系统处于安全状态,系统便可以避免死锁。因此避免死锁的实质在于如何使系统处于安全状态。

4.4.3 银行家算法

Dijkstra 提出的银行家算法是最有名的避免死锁的策略,这种策略是以银行系统所采用的借贷策略为基础建立模型的。银行只有有限数目的资金——资源,可用于贷给不同的借用者——进程。如果所有客户(进程)都能得到他们的最大贷款金额(资源),并偿还借款,那么客户(进程)满意了,银行(系统)也是安全的。

1. 银行家算法描述

下面给出银行家算法的逻辑描述。假设在一个系统中有 n 个进程和 m 个不同类型的资源。定义以下数据结构。

$\text{Resource} = (R_1, R_2, \cdots, R_m)$ 系统中每种资源的总量

$\text{Available} = (V_1, V_2, \cdots, V_m)$ 没有分配的每种资源总量

$\text{Need} = \begin{bmatrix} C_{11} & C_{12} & \cdots & C_{1m} \\ C_{21} & C_{22} & \cdots & C_{2m} \\ \vdots & \vdots & \ddots & \vdots \\ C_{n1} & C_{n2} & & C_{nm} \end{bmatrix}$ 每个进程对每种资源的最大需求

$\text{Allocation} = \begin{bmatrix} A_{11} & A_{12} & \cdots & A_{1m} \\ A_{21} & A_{22} & \cdots & A_{2m} \\ \vdots & \vdots & \ddots & \vdots \\ A_{n1} & A_{n2} & & A_{nm} \end{bmatrix}$ 当前分配情况

```
Struct State                         /* 全局数据结构定义 */
{
    int Resource[m];
    int Available[m];
    int Need[n][m];
    int Allocation[n][m];
}
    int Request[m];                  /* 定义了进程对资源的请求情况 */
```

数据结构中的 State 定义了系统的状态,Request 是一个向量,定义了进程 i 对资源的请求情况。

银行家算法主要有资源请求和安全检测两部分。对于资源请求部分,首先检查进程的本次请求是否超过它最初的资源要求总量。如果本次进程请求有效,则下一步确定系统是否可以满足进程的这次请求,如果不能满足,挂起进程;如果可以满足,调用安全检测算法。

对于资源请求算法,有以下四种情形。

(1) 如果 Allocation[i,*]+Request[*]≤Need[i,*],则转(2),否则因进程 i 已超过其最大需求而致系统出错。

(2) 如果 Request[*]≤Available[*],则转(3),否则进程 i 因没有可用资源而等待。

(3) 假定系统可以分配给进程 i 所请求的资源,并按如下方式修改状态。

Allocation[i,*] = Allocation[i,*] + Request[*];
Available[*] = Available[*] - Request[*];

(4) 系统安全检测算法,查看此时系统状态是否安全。如果是安全的,就分配资源,满足进程 i 的此次请求;若新状态不安全,则进程 i 等待,对所申请的资源暂不予分配,并且把资源分配状态恢复到(3)之前的情况。

对于安全检测算法,确定系统是否处于安全状态的算法如下。

(1) 设长度为 m 的工作向量 Work=$(W_1,W_2,\cdots,W_m)$ 和长度为 n 的工作向量 Finish=$(F_1,F_2,\cdots,F_n)$,并有如下程序段。

Work[*] = Available[*];
Finish[i] = **FALSE**;

(2) 查找这样的进程 i,使其满足如下程序段。如果没有这样的 i 存在,则转(4)。

Finish[i] = **FALSE**;
Need[i,*] <= Work[*]

(3) 若如下程序满足,则返回(2)。

Work[*] = Work[*] + Allocation[i,*];   (进程 i 释放所有占有的资源)
Finish[i] = **TRUE**;

(4) 如果对于所有 i,Finish[i] = TRUE,则系统处于安全状态;否则系统处于不安全状态。

2. 银行家算法示例

下面的例子说明了银行家算法。图 4-11(a)所示的初始状态显示了有 4 个进程和 3 个资源的系统状态。系统中 3 种资源 R_1、R_2、R_3 的总量分别是 9、3、6,当前已分配给了 4 个进程,资源 R_2 和 R_3 分别剩余一个。下面的问题是,4 个进程是否可以分别得到所需要的资源,并运行完毕?显然,如果先让 P_1 运行,它已经分得一个 R_1,还需要两个 R_1、两个 R_2 和两个 R_3,而此时系统中的资源不能满足 P_1 的需求。那么再看看是否可以让 P_2 先运行,P_2 只需要再得到一个 R_3 资源就可以满足它的最大需求,运行完毕。如果 P_2 运行结束,就可以释放它所拥有的资源,如图 4-11(b)所示。此时可以再选择一个进程运行,假设选择了进程 P_1,P_1 运行结束后又可以释放它原来拥有的资源,它运行完毕后系统中的资源如图 4-11(c)所示。下一步可以选择 P_3,如图 4-11(d)所示。最后,P_4 运行。所有进程运行结束后,图 4-11 定义的状态就是一个安全状态,其安全序列是 $<P_2,P_1,P_3,P_4>$。

综上所述,避免死锁就是系统在分配资源时,确保每一次分配后系统是安全的。也就是说,如果把某个资源分配给某个进程,该进程可以运行完毕。如果进程得到资源后可以顺利地运行完毕,则予以分配;否则,若进程得到资源后仍然无法运行完毕,则拒绝此次资源的分配,系统仍旧保持自己的安全状态。

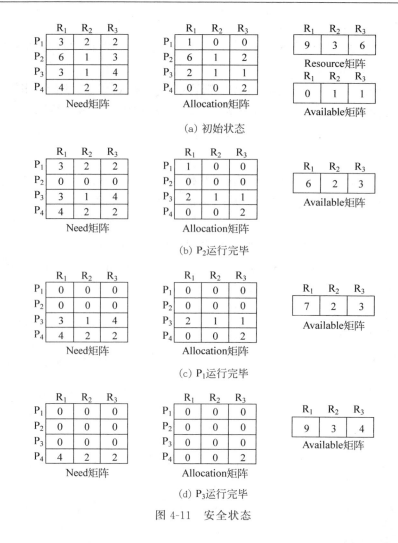

图 4-11 安全状态

考虑图 4-12(a)定义的矩阵,假设 P_2 请求一个 R_1 和一个 R_3,如果同意了这个请求,系统的状态回到图 4-11(a),前文已经分析了这是一个安全状态。但假如在图 4-12(a)的状态下 P_1 请求一个 R_1 和一个 R_3,如果满足 P_1 的请求,则系统就有了图 4-12(b)所示的状态。这个状态是不是安全呢?答案是不安全。因为此时每个进程都至少需要一个 R_1,但现在系统却没有该资源。所以此时无论如何分配资源,4 个进程都不能满足最大的资源需求,系统处于不安全状态。因此 P_1 的请求不应该满足,应该拒绝分配。

应该说明的是,图 4-12(b)所示的系统并不是一个死锁状态,它仅仅有死锁的可能。例如,如果 P_1 在这个状态时又释放了一个 R_1 和一个 R_3,以后需要时再申请,系统就是安全的。因此,避免死锁的策略仅仅是预料到死锁的可能性,并确保永远不会出现这种可能性。

避免死锁的优点是它不需要预防死锁中的剥夺资源和进程的重新运行,并且比预防死锁的限制要少,但是在使用中也有以下四个方面的限制。

(1) 必须事先声明每个进程的资源最大需求量。
(2) 进程之间必须是无关的,也就是说,进程之间的执行顺序没有任何同步要求。
(3) 系统中可供分配的资源数目必须是固定的。
(4) 进程在占有资源时,不能退出。

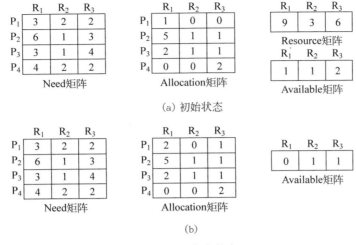

(a) 初始状态

(b)

图 4-12 不安全状态

4.5 死锁的检测与解除

4.5.1 资源分配图

检测死锁的基本思路是系统保存资源请求和分配信息,利用某种算法对这些信息加以检查,以判断系统是否出现了死锁。

1. 资源分配图

死锁检测算法主要是检查系统中的进程是否有循环等待。把系统中进程和资源的申请和分配情况描述成一张有向图,通过检查有向图中是否有循环来判断死锁的存在。具体地说,有向图的顶点有两类,一类是资源,另一类是进程。定义从资源 R 到进程 P 的边表示资源 R 已经分配给进程 P,从进程 P 到资源 R 的边表示进程 P 请求资源 R,这样就构成了资源分配图。用圆圈表示一个进程,用方框表示一类资源。由于一类资源可能有多个,可以用方框中的点表示资源的个数,如图 4-13(a)所示。

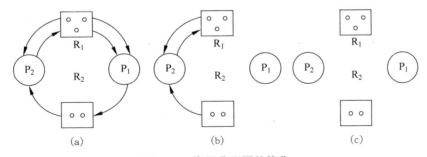

图 4-13 资源分配图的简化

2. 死锁检测

为了在复杂的有向图中判断是否存在循环,可以通过简化资源分配图的方法来检测系统中的某个状态 S 是否处于死锁状态。简化方法如下。

(1) 找出资源分配图中非孤立且没有阻塞的进程 P_i。对于这样的进程，它在顺利的情况下获得所需要的资源而运行完毕，之后它会释放其所占有的全部资源。这相当于可以在资源分配图中删除进程 P_i 的所有请求边和分配边，使之成为孤立顶点。图 4-13(a) 中，删除进程 P_1 的两个分配边和一个请求边，便形成图 4-13(b) 所示的情况。

(2) 如此反复进行。进程 P_1 释放资源后，进程 P_2 就可以获得资源继续运行，直到运行完毕又释放它所占有的资源，而形成图 4-13(c) 所示的情况。

(3) 在进行一系列的简化后，若能删除图中的所有边，使得所有进程都成为孤立的顶点，则该图是可以完全简化的；否则该图是不可以完全简化的。

死锁定理：系统中的状态 S 是死锁状态的充分必要条件是，当且仅当状态 S 的资源分配图是不可以完全简化的。

检测死锁的算法描述如下。

(1) 首先初始化工作向量 Work，把不占有资源的进程 i 记入表 L，使得 $L = L \cup L_i$。

(2) 从进程集合中找一个 Request[*] ≤ Work[*] 的进程，并做如下处理。

① 将其资源分配图简化，释放出资源，增加工作向量 Work[*] = Work[*] + Alloc[i, *]。

② 将进程记入 $L = L \cup L_i$ 表。

(3) 若不能把所有进程记入 L 表，则表明系统状态 S 的资源分配图是不可完全简化的。因此，该系统状态将发生死锁。

```
/* 数据结构定义 */
int Available[m];          /* 可用资源向量,表示 m 类资源中每一类资源的可用数量 */
int Alloc[n][m];           /* 资源分配矩阵 */
int Request[m];            /* 定义了某进程对资源的请求情况 */
int Work[m];               /* 工作向量,记录在资源分配图简化时,释放的资源 */
int L[n];                  /* 将不占用资源的进程记入表 L */
int temp = 0;
/* 算法描述 */
for(i = 1; i < m; i++)
    Work[i] = Available[i];    /* 工作向量的初始化 */
for(i = 1; i < n; i++)
{
    for(j = 1; j < m; j++)
        if(Alloc[i,j] = 0 && Request[j] = 0)
            temp = temp + 0
        else temp = temp + 1;

    if(temp == 0) L = L∪L_i;
}

for(all P_i if it is not in L)
    for(j = 1; j < m; j++)
        if(Request[j] <= Work[j])
        {
            Work[j] = Work[j] + Alloc[i,j];
            L = L∪L_i
        }
deadlock = (L <> {P_1, P_2, ···, P_n});
```

4.5.2 死锁的解除

1. 解除死锁的方法

一旦检测到死锁,就需要解除死锁。下面是解除死锁的方法。

(1) 撤销所有死锁进程。这是操作系统中最常用的方法,也是最容易实现的方法。

(2) 把每个死锁的进程恢复到前面定义的某个检查点,并重新运行这些进程。要实现这个方法需要系统有重新运行和重新启动机制。该方法的风险是有可能再次发生原来发生过的死锁,但是操作系统的不确定性(随机性)使得不会总是发生同样的事情。

(3) 有选择地撤销死锁进程,直到不存在死锁。选择撤销进程的顺序基于最小代价原则。每次撤销一个进程后,要调用死锁检测算法检测是否仍然存在死锁。

(4) 剥夺资源,直到不存在死锁。和(3)一样,也需要基于最小代价原则选择要剥夺的资源。同样也需要在每次剥夺一个资源后调用死锁检测算法,检测系统是否仍然存在死锁。

2. 最小代价原则

关于最小代价,可以从以下几个方面进行考虑。

(1) 到目前为止消耗的处理机时间最少。

(2) 到目前为止产生的输出最少。

(3) 预计剩下的执行时间最长。

(4) 到目前为止分配的资源总量最少。

(5) 进程的优先级最低。

(6) 撤销某进程对其他进程的影响最小。

4.5.3 鸵鸟算法

对于死锁最简单的方法就是鸵鸟算法:把头埋在沙子里,假装什么也没有发生。每个人对该方法的看法不同。数学家认为这种方法根本不能接受,不管付出多大代价一定要彻底解决死锁的问题;工程师则要了解发生死锁的概率、系统因各种原因崩溃的概率以及死锁的严重程度,如果死锁每五年发生一次,而系统每周都会因各种硬件或软件故障而崩溃一次,那么大多数工程师会倾向于不要以性能的代价来消除死锁。

具体来说,假如一个系统最多支持 100 个 PCB 表项,即最多允许创建 100 个进程,现在有 10 个进程正在运行,它们中的每一个都要创建 10 个新的进程,当每个进程创建 9 个新进程后,原来的 10 个进程和新创建的 90 个新进程已经达到了系统的极限,此时这 10 个进程都将因创建进程失败而进入死循环,即产生了死锁。难道为了消除这种情况的出现而放弃进程创建的系统调用吗?另外,创建文件会消耗掉磁盘空间,进程 I/O 会使用系统中的设备,几乎操作系统中的所有资源都是有限的,都有可能出现 n 个进程分别占有着 n 分之一的资源,而又请求另一份资源,难道因为害怕死锁放弃进程吗?

大多数操作系统,如 UNIX、Linux 和 Windows,处理死锁的方法仅仅是忽略它,其前提是大多数用户宁可接受偶然情况下发生死锁,也不愿意受到只能创建一个进程、只能建立一个文件等限制。如果可以不花太大的代价就能解决死锁,就没有问题。但是这种代价通常很大,而且会给进程带来许多限制。为了避免在方便性和正确性之间做出令人不愉快的权衡,学习鸵鸟把自己埋起来,假装什么也不知道。

自测题

思考与练习题

1. 某进程被唤醒后立即投入运行,能说明该系统采用的是可剥夺调度算法吗?

2. 在哲学家进餐问题中,如果将先拿起左边筷子的哲学家称为左撇子,将先拿起右边筷子的哲学家称为右撇子。请说明在同时存在左、右撇子的情况下,任何的就座安排都不能产生死锁。

3. 系统中有 5 个资源被 4 个进程所共享,如果每个进程最多需要 2 个这种资源,试问系统是否会产生死锁?

4. 计算机系统有 8 台磁带机,由 N 个进程竞争使用,每个进程最多需要 3 台。问:当 N 为多少时,系统没有死锁的危险?

5. 假设系统有 5 个进程,它们的到达时间和服务时间如表 4-8 所示。新进程(没有运行过的进程)与老进程(运行过的进程)的条件相同时,假定系统选新进程运行。

若按先来先服务(FCFS)、时间片轮转法(时间片 $q=1$)、短进程优先(SPN)、最短剩余时间优先(SRT,时间片 $q=1$)、响应比高者优先(HRRN)及多级反馈队列(MFQ,第 1 个队列的时间片为 1,第 $i(i>1)$ 个队列的时间片 $q=2(i-1)$)算法进行 CPU 调度,请给出各个进程的完成时间、周转时间、带权周转时间及所有进程的平均周转时间和平均带权周转时间。

表 4-8 进程情况

进程名	到达时间	服务时间
A	0	3
B	2	6
C	4	4
D	6	5
E	8	2

6. 设系统中有 5 个进程 P_1、P_2、P_3、P_4 和 P_5,有 3 种类型的资源 A、B 和 C,其中 A 资源的数量是 17,B 资源的数量是 5,C 资源的数量是 20,T_0 时刻系统状态如表 4-9 所示。

表 4-9 T_0 时刻系统状态

进程	已分配资源数量			最大资源需求量			仍然需求资源数		
	A	B	C	A	B	C	A	B	C
P_1	2	1	2	5	5	9			
P_2	4	0	2	5	3	6			
P_3	4	0	5	4	0	11			
P_4	2	0	4	4	2	5			
P_5	3	1	4	4	2	4			

(1) 计算每个进程还可能需要的资源,并填入表的"仍然需求资源数"栏中。

(2) T_0 时刻系统是否处于安全状态?为什么?

(3) 如果 T_0 时刻进程 P_2 又有新的资源请求(0,3,4),是否实施资源分配?为什么?

(4) 如果 T_0 时刻进程 P_4 又有新的资源请求(2,0,1),是否实施资源分配?为什么?

(5) 在(4)的基础上,若进程 P_1 又有新的资源请求(0,2,0),是否实施资源分配?为什么?

第 5 章

存储管理

存储器是计算机系统的重要组成部分。近年来,尽管存储器的价格飞速下降,存储器的容量在不断扩大,但仍然不能保证有足够的空间存放需要运行的用户程序、操作系统程序及数据。存储器仍然是一种宝贵的资源。对存储器实施有效的管理,不仅直接影响到存储器的利用率,而且还对系统性能有重大影响。

存储管理的对象是内存。内存的管理方案有很多,从简单的单一连续分配到页式和段式存储方案,每种方案各有优缺点。为特定的系统选择存储管理方案依赖于很多因素,特别是硬件的设计,许多存储管理方案的实现都需要硬件的支持。

5.1 程序的装入和链接

视频讲解

在多道程序环境下,程序要运行首先必须装入内存。一个用户源程序变为一个可以在内存运行的程序,通常要经过编译、链接和装入三个步骤。

(1) 编译。用户源程序经过编译生成目标模块,目标模块以 0 作为开始地址。目标模块中的地址称为相对地址或逻辑地址。

(2) 链接。将编译后形成的多个目标模块以及它们所需要的库函数链接在一起形成装入模块。装入模块虽然具有统一的地址空间,但它仍是以 0 作为参考地址。

(3) 装入。将装入模块装入内存实际物理地址空间,并修改程序中与地址有关的代码,这一过程叫作地址重定位。

5.1.1 重定位

地址重定位完成的是相对地址(逻辑地址)转换成内存的绝对地址(物理地址)的工作。地址重定位又称为地址映射。按照重定位的时机,可分为静态重定位和动态重定位。

1. 静态重定位

静态重定位就是在程序执行之前进行重定位。它根据装入模块将要装入的内存起始地址修改装入模块中有关使用地址的代码,如图 5-1 所示。

图 5-1 中一个以 0 作为参考地址的装入模块要装入以 1000 为起始地址的内存实际存储空间中,装入时要做某些代码的修改。例如装入模块中有一条指令 LOAD 1,1500。该指令的意义是将相对地址为 1500 存储单元的内容 12345 装入 1 号寄存器。

当将装入模块装入起始地址为 1000 的内存空间后,原来程序中的地址 1500 就变成了 2500,即相对地址 1500 加上装入起始地址 1000。因此,LOAD 1,1500 这条指令中的地址码就变成了 LOAD 1,2500。

程序中涉及地址的每条指令都要进行这样的修改。若这种修改是在程序运行之前,程序

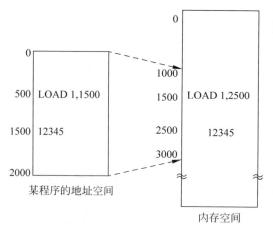

图 5-1 静态重定位示意图

装入时一次完成,以后不再改变。这种重定位就称为静态重定位。

静态重定位具有无须硬件支持的优点,但存在以下两个缺点。

(1) 程序重定位之后不能再在内存中移动。

(2) 要求程序的存储空间是连续的,不能把程序放在若干个不连续的存储区域内。

2. 动态重定位

动态重定位指程序在执行过程中进行地址重定位。更确切地说是在每次访问每个地址单元前再进行地址变换。动态重定位需要硬件——重定位寄存器的支持。

如图 5-2 所示,装入模块不进行任何修改就装入内存,程序中与地址相关的各项均保持原来的相对地址,如 LOAD 1,1500 这条指令中的地址仍是相对地址 1500,当该程序运行时,CPU 每取一条访问内存的指令,地址变换硬件逻辑就自动将指令中的相对地址与重定位寄存器中的值相加,再将此值作为内存绝对地址去访问该单元中的数据。

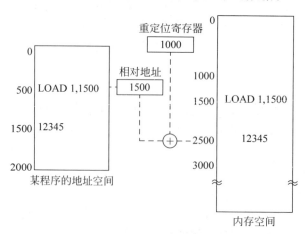

图 5-2 动态重定位示意图

由此可见,动态重定位实施的时机是在指令执行过程中,每次访问内存前动态进行。采用动态重定位可带来如下两个好处。

(1) 目标模块装入内存时无须任何修改,因而装入后可以再搬迁。由进程管理的知识可知,当一个进程装入内存后,可能因内存紧张而挂起,挂起进程被换到外存。当进程被激活,重新换入内存时,不一定还放在以前相同的内存区域,采用动态重定位方式,就可以把该进程重定位到内存的不同区域中。

(2) 一个程序是由若干个相对独立的目标模块组成的。每个目标模块装入内存时可以各放在一个存储区域,这些存储区域可以不是顺序相邻的,只要各个模块有自己对应的重定位寄存器即可。

5.1.2 链接

链接程序的功能是将经过编译后得到的一组目标模块以及它们所需要的库函数装配成一个完整的装入模块。实现链接的方法有三种,分别为静态链接、装入时动态链接和运行时动态链接。

1. 静态链接

图 5-3 所示为经编译后得到的两个目标模块 MAIN 和 SUB,它们的长度分别是 L_1 和 L_2。在模块 MAIN 中有一条语句 CALL SUB,用于调用模块 SUB。SUB 属于外部符号引用。将这两个目标模块链接在一起时需要解决以下两个问题。

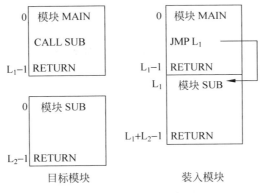

图 5-3 静态链接示意图

1) 相对地址的修改

由编译程序生成的目标模块起始地址为 0,每个模块的地址都是相对于 0 的,在链接成一个装入模块后,模块 SUB 的起始地址不再为 0,其地址空间为 $L_1 \sim L_1+L_2-1$,此时需要修改模块 SUB 中所有与地址相关的指令,即用模块 SUB 中的相对地址加上 L_1。

2) 外部符号引用的变换

模块中所用的外部符号引用要变换成相对地址,如把 CALL SUB 变换成相对地址 L_1 的引用。

链接形成的完整的装入模块又称为可执行文件。链接以后的文件通常不会再拆开,要运行时可直接将它装入内存。这种在程序运行之前事先进行的链接称为静态链接。

2. 装入时动态链接

上述链接可以在程序装入内存时边装入边链接。如编译得到的两个目标模块 MAIN 和 SUB,在装入 MAIN 时,遇到了一个外部符号引用 CALL SUB,此时引用装入程序去找出相应的外部目标模块 SUB,并把它装入内存,同时修改目标模块 SUB 中的相对地址。

装入时动态链接有以下两个优点。

(1) 便于软件版本的更新。一个新的软件推出后经常需要排错,更新版本。有时错误的出现只限于某几个模块,如果采用装入时动态链接的方法,可以在装入的过程中将新版本换入,方便易行。

(2) 便于实现目标模块的共享。采用装入时动态链接的方法,操作系统可以将一个目标模块链接到几个应用模块上,从而实现模块的共享。

3. 运行时动态链接

装入时动态链接虽然比静态链接有优势,但它也有不足之处,主要表现在如下两个方面。

(1) 程序的整个运行期间,装入模块是不改变的。实际应用中有时需要不断修改某些装入模块,并希望在程序不停止运行的情况下把修改后的装入模块与正在运行的应用模块链接在一起并运行。

(2) 每次运行时的装入模块是相同的。而在实际应用的许多情况下,每次运行的模块可能是不同的,例如操作系统调用的驱动程序,因为每台机器的硬件配置可能发生变化,所以与硬件相关的驱动程序都是不同的。

解决这两个问题的有效方法是采用运行时动态链接的方式,即将目标模块的链接推迟到程序执行时再进行。在执行过程中,若发现被调用模块还没有装入内存,再去找出该模块,将它装入内存,并链接到调用模块上。

5.2 连续分配存储管理方式

视频讲解

连续分配是指为用户程序分配一个连续的内存空间。这种分配方式曾广泛地应用于 20 世纪 60~70 年代的操作系统中。连续分配的方式有单一连续分区、固定分区和可变分区。

5.2.1 单一连续分区

单一连续分区是最早出现的一种存储管理方式,它只能用于单用户、单任务的操作系统中,如 CP/M 和 MS-DOS 操作系统用的就是这一方案。

在该方案中,整个内存区域被分成系统区域和用户区域两部分。

(1) 系统区域。提供给操作系统使用,它可以驻留在内存的低地址部分,也可以驻留在内存的高地址部分。

(2) 用户区域。供应用程序使用的内存区域。

图 5-4 所示为操作系统和用户程序的三种组织方案,图 5-4(a)所示为操作系统位于内存最低段的随机存储器(RAM)中;图 5-4(b)所示为操作系统位于内存最高端的只读存储器(ROM)中;图 5-4(c)所示为设备驱动程序位于内存最高端的只读存储器中,而操作系统的其他部分位于 1MB 内存低地址端的随机存储器中,IBM PC 使用的就是这种方案,其中位于 ROM 的设备驱动程序处于地址空间的最高 8KB,ROM 中的这些程序称为 BIOS(基本输入输出系统)。

为了防止操作系统程序受到用户程序有意或无意的破坏,可设置一个保护机构,常用的方法是使用界限寄存器。用户程序执行每条指令时,其物理地址与界限寄存器的地址将被进行比较,当确定没有超出用户地址范围时,再执行该指令,否则产生越界中断,并停止用户程序的执行。

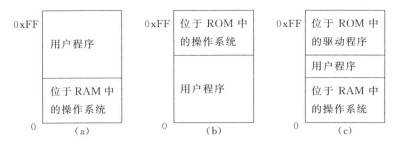

图 5-4 操作系统和用户程序的三种组织方案

5.2.2 固定分区

固定分区分配是最早使用的一种运行在多道程序中的存储管理方案。在进程装入内存之前，由操作员或操作系统把内存划分成若干个大小不等的分区。一旦划分好，在系统运行期间就不能重新划分。

为了记录每个分区的大小、起始地址和说明该分区是否已经分配，系统会建立一个分区说明表，如图 5-5(a)所示，当有一个用户进程要装入时，由内存分配程序负责检索该表，从表中找出一个能满足要求的、尚未分配的分区，并将它分配给该进程，然后修改分区说明表中的状态位；若找不到大小足够的分区，则拒绝为该用户进程分配内存空间。

分区号	大小	首址	状态
1	4MB	8MB	1
2	8MB	12MB	1
3	8MB	20MB	0
4	12MB	28MB	1
5	16MB	40MB	0

(a) 分区说明表　　(b) 内存空间分配情况

图 5-5 固定分区分配

这种由操作员启动计算机后设置好，以后就不能再修改固定分区的存储系统，曾经在 IBM OS/360 大型机上运行了许多年，该系统称为 MFT 或 OS/MFT。

采用这种内存分配技术，虽然使多个用户进程共驻内存，但一个进程的大小刚好等于某个分区大小的情况非常少，于是每个分区中总有一部分被浪费。如图 5-5(b)所示的情况，如果有一个大小为 20MB 的进程申请内存，则将被系统拒绝，因为分区的大小是预先分配好的，此时分区说明表显示有两个分区是未分配状态，而它们的大小分别为 8MB 和 16M，均不能满足用户进程 20MB 的要求。

固定分区技术简单，但内存利用率不高，适用于进程的大小及数量事先能够预知的系统。

5.2.3 可变分区

可变分区是指在进程装入内存时,把可用的内存空间"切出"一个连续的区域分配给进程,以适应进程大小的需要。整个内存分区的大小和分区的个数不是固定不变的,而是根据装入进程的大小动态划分,因此也称为动态分区。

系统初启时,内存中除了常驻的操作系统程序外,其余是一个完整的大空闲区域。随后,根据进程的大小划分出一个分区。当系统运行一段时间之后,随着进程的撤销和新进程的不断装入,原来整块的内存区域就形成了空闲分区和已分配分区相间的局面,如图 5-6 所示。

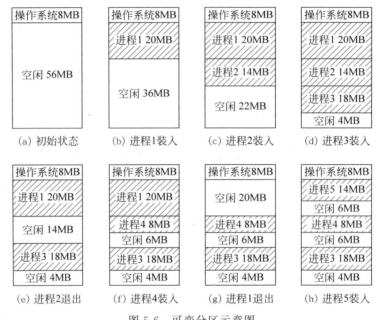

图 5-6 可变分区示意图

1. 可变分区中的数据结构

为了实现可变分区的分配,必须配置相应的数据结构记录内存的使用情况,常用的数据结构有两种,即空闲分区表和空闲分区链。

(1) 空闲分区表为内存中每个尚未分配出去的分区设置一个表项,每个表项包括分区序号、分区起始地址和分区的大小。

(2) 空闲分区链即在每个空闲分区中设置用于控制分区分配的信息及用于链接各个分区的指针,将内存中的空闲分区链接成的一个链表。

2. 可变分区分配算法

为把一个进程装入内存,需要按一定的分配算法从空闲分区表或空闲分区链中选出一个分区分配给该进程。常用的可变分区分配算法有以下四种。

1) 首次适应(First Fit)算法

该算法要求空闲分区以地址递增的次序排序。如果采用的是链表结构,分配时则从链表的开始顺序进行查找,直到找到一个能够满足进程大小要求的空闲分区为止。然后按进程的大小从分区中"切出"一块内存空间分配给请求者,余下的空闲分区仍然留在链表中。

该算法倾向于优先使用内存中低地址部分的空闲空间,高地址部分很少被利用,从而保证高地址部分留有较大的空闲分区。其缺点是低地址部分不断被"切割",致使留下许多难以利用的小空闲分区,而每次查找又都从低地址部分开始,这无疑会影响查找的速度。

2) 下次适应(Next Fit)算法

该算法从首次适应算法演变而来。为了避免低地址部分小空闲分区的不断增加,在给进程分配内存空间时,不再每次从链首开始查找,而是从上次找到的空闲分区的下一个空闲分区开始查找,直到找到一个能满足要求的空闲分区,并从中"切出"一块与请求的大小相等的内存空间分配出去。

为了实现该算法,需要设置起始查询指针,用于指示下一次查询的起始位置,链表的链接采用循环链表的形式,即如果找到最后一个空闲分区(链尾)仍然不能满足要求,应返回第一个空闲分区(链首)继续查找。

该算法的特点是可以使内存得到比较均衡的使用,减少查找空闲分区的开销,但会使系统缺乏大的空闲分区,导致比较大的进程无法运行。

3) 最佳适应(Best Fit)算法

最佳的含义是指每次为进程分配内存时,总是把与进程大小最匹配的空闲分区分配出去。该算法采用的数据结构若是空闲分区链,首先要求将空闲分区按分区大小递增的顺序形成一个空闲分区链。当进程要求分配内存时,第一次找到的满足要求的空闲区必然是最优的。

该算法的优点是如果系统中有一个空闲分区的大小正好与进程的大小相等,则必然选中该空闲块;另外,系统中可能保留有较大的空闲分区。该算法的缺点是链表的头部会留下许多难以利用的小空闲区,称为碎片,从而影响分配的速度。

4) 最坏适应(Worst Fit)算法

该算法与最佳适应算法相反,要求空闲分区按分区大小递减的顺序排序,每次分配时,从链首找到最大的空闲分区"切出"一块进行分配。

该算法的特点是基本上不会留下小空闲分区,不易形成碎片;缺点是大的空闲分区被"切割",当有较大的进程需要运行时,系统往往不能满足要求。

3. 可变分区内存的回收

进程运行完毕后就要释放占有的内存,系统回收它所占的分区时,应考虑回收分区是否与空闲分区邻接,若有邻接,则应加以合并。回收分区与空闲分区的邻接情况可能有以下四种。

(1) 回收分区与前面一个(低地址)空闲分区 F_1 相邻接,如图 5-7(a)所示,此时将回收分区与空闲分区合并为一个空闲分区,并修改空闲分区 F_1 的大小为两个分区的大小之和。

(2) 回收分区与后面一个(高地址)空闲分区 F_2 相邻接,如图 5-7(b)所示,此时将回收分区与空闲分区合并为一个空闲分区,回收分区的首地址作为合并后新空闲分区的首地址,大小为两个分区的大小之和。

(3) 回收分区与前、后两个空闲分区 F_1 和 F_2 均相邻,如图 5-7(c)所示,此时将回收分区与前、后空闲分区合并为一个空闲分区,合并后形成的新空闲分区的首地址为前一个空闲分区的首地址,大小为三个空闲分区的大小之和,同时取消 F_2 在空闲分区链(表)中的表项。

(4) 回收分区不与其他空闲分区相邻接,此时应为回收分区单独建立一个新的表项,填写回收分区的首地址和大小,并将该分区插入链(表)中的适当位置。

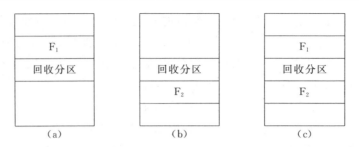

图 5-7　内存回收时的情况

5.2.4　动态重定位分区

在前文所述的可变分区分配方案中,由于必须把一个用户进程装入一个连续的内存空间,如果系统中存在若干个小的空闲分区,其总容量大于要装入的进程,但由于每个空闲分区的大小都小于进程的大小,故该进程不能装入。如图 5-8(a)所示,内存中有三个空闲分区,它们的大小分别为 15MB、12MB 和 20MB,三个分区的总容量是 47MB,现在有一个大小为 25MB 的进程,因为必须给进程分配一个连续的空闲分区,所以当前进程无法装入。

为了解决这一问题,可以采用紧凑的方法。为了能将上述 25MB 的进程装入内存,采用的方法是将内存中原来的所有进程进行移动,使它们互相邻接。这样一来,原来分散的多个空闲分区便拼接成了一个大的空闲分区,如图 5-8(b)所示。因为紧凑后的用户进程在内存中的位置发生了变化,所以要对进程中的地址进行修改,即重定位。

允许进程运行过程中在内存中移动,必须采用动态重定位的方法,即将进程中的相对地址转换成物理地址的工作推迟到进程指令真正执行时进行。

图 5-8　紧凑

要实现进程在内存中的移动,必须获得硬件地址变换机构的支持,即在系统中必须增加一个重定位寄存器,用它存放进程在内存中的起始地址。进程在执行时,真正要访问的内存地址是进程的相对地址加上重定位寄存器中的地址。

5.3　页式存储管理

视频讲解

动态重定位分区虽然可以解决碎片问题,但由于内存大量信息的移动,为此付出的处理机时间开销很大。因此,用户进程经常受到内存空闲空间容量的限制,常常出现不能运行的情况。出现这一问题的主要原因是一个进程必须存放在一个连续的内存空间中。如果允许将一个进程分散地分配到许多不相邻的分区中,就可以解决这一问题。基于这一思想,产生了离散分配方式,页式存储管理技术就是离散式分配方式的一种。

5.3.1　页式存储管理的基本原理

在页式存储管理方式中,把内存空间分成大小相同的若干个存储块(或称为页框),并为这些存储块进行编号为 0 块、1 块、…、$(n-1)$ 块。相应地,将进程的逻辑地址空间分成若干个与内存块大小相等的页(或称为页面)。在为进程分配内存空间时,以页为单位进行。进程中的若干个页分别装入多个不相邻的存储块。进程的最后一页经常装不满一个存储块,而形成不可利用的碎片,称为页内碎片。

1. 程序分页和内存分块

图 5-9 说明了页式存储管理系统进程的装入情况。其中,进程 A 由 4 页组成,初始时,供用户进程使用的所有内存块都是空闲的,如图 5-9(a)所示。进程 A 装入存储块 0、1、2 和 3 中,如图 5-9(b)所示。随后进程 B 和进程 C 装入,进程 B 和 C 分别都有 3 页,如图 5-9(c)和图 5-9(d)所示。然后进程 B 被挂起退出内存,如图 5-9(e)所示。后来进程 D 又进入,它由 4 页组成,分别占用了存储块 4、5、6 和 10,如图 5-9(f)所示。

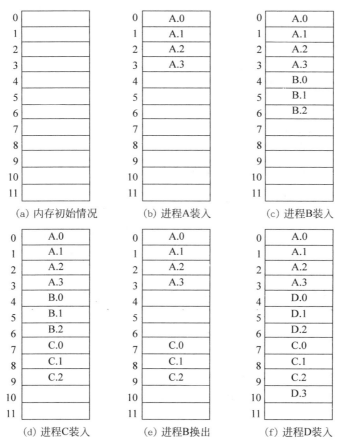

图 5-9 页式存储管理系统进程的装入情况

2. 页表

在页式管理系统中,进程的若干个页被离散地存储在内存的多个存储块中,为了能找到每个页所对应的存储块,系统为每个进程都建立一张页表。进程所有页依次在页表中有一个页表项,其中记录了相应页在内存中对应的物理块号。配置了页表后,进程执行时通过查找页表,就可以找到每页在内存中的存储块号。可见,页表的作用是实现从页号到存储块号的地址映射。

此外,系统除了为每个进程建立一张页表之外,还应建立一张空闲块表,该表按存储块号从小到大的次序记录内存未分配存储块的块号。图 5-10 列出了图 5-9 中进程 D 装入后进程 A、B、C 和 D 的页表和内存空闲块表。

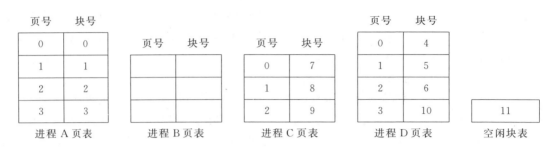

图 5-10 进程的页表和空闲块表

3. 页的大小

在页式管理系统中,页或存储块的大小由机器的地址结构决定,一般使用 2 的幂作为页的大小。若选择的页面较小,可以使页内的碎片减小,有利于提高内存的利用率,但是同时也使进程要求页面数增加,从而使页表的长度增大,占用大量内存空间;若选择的页面较大,虽然可以减小页表的长度,却又会使页内碎片增大。因此,页面的大小应适中选择,通常页的大小为 512B~4MB。

5.3.2 页式存储管理的地址变换

为了能将用户地址空间中程序的逻辑地址变换成内存空间中的物理地址,系统中必须设置地址变换机构。该机构的任务是实现逻辑地址到物理地址的动态重定位。

由于页表大多驻留在内存,因此系统中应设置一个页表寄存器(Page Table Register),其中存放页表在内存的起始地址和页表长度。进程没有执行时,进程的页表始址和长度放在本进程的 PCB 中。当某进程被调度执行时,才将其页表始址和长度放在页表寄存器中。因此在单处理机环境中,系统只需要一个页表寄存器。

当进程的某个逻辑地址被访问执行时,硬件地址变换机构根据页的大小自动将有效的逻辑地址分成页号和页内位移两部分,如图 5-11 所示,图中的地址是 16 位的。

图 5-11 逻辑地址结构

首先将页号与页表寄存器中页表的长度进行比较,如果页号大于页表长度,表示本次访问的地址超出了进程的地址空间。于是系统发现该错误后将产生一个越界中断。否则通过页表寄存器中的页表始址找到页表,并根据页号找出相应的页表项,得到该页的存储块号。将存储块号装入物理地址寄存器,同时再将页内位移直接送入物理地址寄存器的块内位移字段。这样就完成了逻辑地址到物理地址的变换。

图 5-12 所示为页式地址变换机构,页的大小为 1024B,逻辑地址 1500 的二进制形式为 0000 0101 1101 1100。由于页的大小为 1024B,故页内位移占 10 位,剩下 6 位为页号。因此逻辑地址 1500 对应的页号为 1(二进制为 0000 01),页内位移为 476(二进制为 01 1101 1100)。

查找页表得知,页号为 1 的存储块号为 6(二进制为 0001 10),页内位移为 476(二进制为 01 1101 1100),二者形成的物理地址为 6×1024+476=6620 (16 位二进制数为 0001 1001 1101 1100),因此进程要访问的逻辑地址 1500 对应的内存物理地址为 6620。

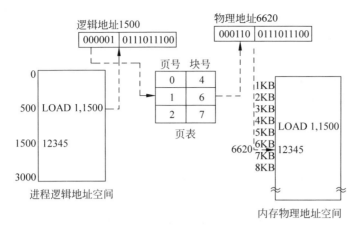

图 5-12 页式地址变换机构

5.3.3 页表的硬件实现

每种操作系统都有自己保存页表的方式，大多数系统为每个进程分配一个页表，在进程控制块中存放指向该页表的指针。

页表的实现方式有很多，最简单的方式是用一组专门的寄存器来实现，当调度程序为选中的进程加载寄存器时，这些页表寄存器一同加载。由于寄存器具有很高的访问速度，有利于提高页表查找的速度。但寄存器的成本太高，而页表又很大（可能有 100 万项），完全用寄存器实现不太可能，因此大多数系统的页表都放在操作系统管理的内存空间内。

页表是存放在内存中的，这使 CPU 每次要存取一个数据时都要访问两次内存。第一次是访问内存中的页表，从页表中找到该页的存储块号，将此块号与页内位移形成物理地址。第二次访问内存时才真正从得到的物理地址存取数据。因此，计算机的处理速度降低了近一半。可见，引入页式存储管理系统付出的代价是昂贵的。

为了提高系统的地址变换速度，在地址变换机构中设置一组由高速寄存器组成的小容量联想存储器（Associate Memory，有时也称为 Translation Lookaside Buffer，TLB）构成一张所谓的快表，用来存放当前访问最频繁的少量活动页。如果用户要找的页在快表中能找到，即可得到相应页的块号，从而形成物理地址；如果找不到，就必须访问页表。有了快表以后，页式管理系统的地址变换过程如下。

(1) 在处理机得到进程的逻辑地址后，将该地址分成页号和页内位移两部分。

(2) 由地址变换机构自动将页号与快表中的所有页进行比较，若与其中某页相匹配，则从快表中查出对应页的存储块号，并转(4)；如在快表中没有找到，则转(3)。

(3) 访问内存中的页表，找到后读出存储块号。同时将该页表项内容存入快表中的一个单元，即修改快表。如果联想存储器已满，将快表中被认为不再需要的页换出。

(4) 由存储块号与页内位移得到物理地址。

由于成本的关系，联想存储器不可能做得很大，通常只有几十个表项。例如 Motorola 68030 处理器中有 22 个，Intel 80486 有 32 个。对于较小的进程可以将其页表中的所有内容存入联想存储器；对于较大的进程，只能将页表中的一部分存入其中。通常联想存储器的命中率为 80%～90%。

5.3.4 页表的组织

现代计算机系统大多支持非常大的逻辑地址空间。在这样的环境中,页表就变得很大,占用相当大的内存空间。例如,对于具有 32 位逻辑地址空间的页式管理系统,如果页的大小为 4KB,即 2^{12}B,则每个进程的页表项将达到 2^{20},即 1MB 之多。每个页表项占 4 字节,每个进程的页表要占用 4MB 的内存空间,而且还要求是连续的。显然这是不现实的,解决这一问题的方法如下。

(1) 对于页表所需要的内存空间,采用离散的方式将页表放在多个不连续的内存空间中。

(2) 只将页表的一部分页表项调入内存,其余仍驻留在磁盘上,需要时再调入。

1. 两级页表

对于难以找到连续的内存空间存放页表的问题,可将页表分页。将页表分成若干页,即依次为 0 页、1 页、…、($n-1$)页。这样可以将每一页分别放在一个不同的存储块中。为了记录这些页在内存的存放情况,同样为离散分配的页表再建立一张页表,称为外层页表。这样就产生了两级页表。例如,逻辑地址空间为 32 位,页的大小为 4KB,若采用一级页表结构,页表项则为 1MB 之多。若采用两级页表结构,对页表再进行分页,使每页包含 2^{10}(即 1KB)个页表项,则最多有 2^{10}(即 1KB)个这样的页表。或者说,外层页表的地址占 10 位,内层页表的地址占 10 位,此时的逻辑地址结构如图 5-13 所示。

图 5-13 两级页表的逻辑地址结构

图 5-14 所示为两级页表的结构,内层页表中的每个页表项存放的是进程的某一页在内存中的存储块号,外层页表中的每个页表项存放的是某个页表在内存中的存储块号。例如内层页表第 0 页页表中,页号 0 的存储块号为 2。在外层页表中,页表项 0 存放的是第 0 页页表在内存的存储块号为 2019。这样,用两级页表就可以实现逻辑地址到物理地址的变换。

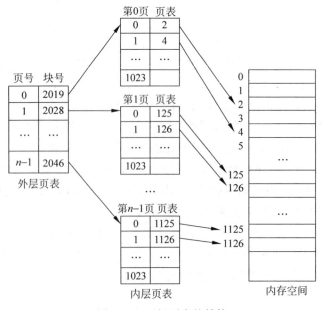

图 5-14 两级页表的结构

用两级页表即可实现将页表离散存放的问题,另外还可以将部分页表放在内存,其他大多数页表放在磁盘,需要时再调入内存。具体操作是,对于正在运行的进程,先将其外层页表放入内存,然后再根据需要将内层页表的一页或几页调入内存,为了表明哪些页表在内存,可以在外层页表中增加一状态位,值为 0 表示对应的页表不在内存,为 1 表示对应的页表在内存。当需要访问不在内存的页表时,产生一个缺页中断,再由中断处理程序负责将不在内存的页表调入内存。

2. 多级页表

对于 32 位的计算机,使用两级页表结构是合适的,但对于 64 位的计算机系统,采用两级页表仍然不能解决问题。如果页的大小仍是 4KB(即 2^{12}),占用 12 位,那么将剩下 52 位,假定仍按 2^{10} 来划分页表,还余下 42 位用于外层页号,此时外层页表有 4096G 个页表项;假定按 2^{20} 来划分页表,还余下 32 位用于外层页号,此时外层页表有 4G 个页表项。可见,无论如何划分,结果都是不能接受的。因此必须采用多级页表,即对于 4G 的页表项再进行分页,这样就有了三级页表和四级页表。在实际的系统中,如 SUN 公司的 SPARC 处理器使用的是三级页表结构,而 Motorola 68030 处理器使用的是四级页表结构。

3. 反置页表

在页式管理系统中,每个进程有一个页表,进程逻辑地址空间的每一页在页表中都对应一个页表项。现代计算机系统中通常允许进程的逻辑地址空间非常大,因此页表项很多,从而占用大量内存空间。解决这一问题的另一个方法是采用反置页表。一般的页表都按页号进行排序,页表中的内容是存储块号。在反置页表中,为每个存储块设置一个页表项,并按存储块号排序,反置页表中的内容是页号及其所属进程的标识符。例如,对于一个具有 64MB 内存的计算机系统,如果页的大小为 4KB,反置页表的页表项只有 16KB。然而该表中只包含已经调入内存的页,并未包含不在内存的页,因此必须为每个进程建立一个外部页表,表中包含了各个页在外存的物理位置。当所访问的页在内存时,查询反置页表;当所访问的页不在内存时,通过外部页表将所需要的页调入内存。

在反置页表的使用中,是用进程的标识符和页号去检索反置页表的。由于页表项的数目很大,检索相当费时,通常采用 Hash 检索法。IBM AS/400、IBM RISC System 6000 等系统都采用反置页表技术。

5.4 段式存储管理

视频讲解

段式存储管理方式的引入,主要是为了满足用户在编程和使用上的要求。具体来说有以下五点。

(1) 方便编程。通常,人们写的程序是分成许多子程序段的,每个段有自己的名字和长度,要访问的逻辑地址是由段名(或段号)和段内地址决定的。每个段从 0 开始编址,程序在执行过程中用段名和段内地址进行访问。

(2) 段的共享。实现程序和数据的共享都是以信息的逻辑单位为基础的,如共享某个函数或数据段。在页式存储管理系统中,每一页都是存放信息的物理单位,其本身并没有完整的意义,因而不便于实现页信息的共享。而段是信息的逻辑单位,实现段信息的共享更有意义。

(3) 段的保护。为了防止其他程序对某程序和数据造成破坏,必须采取某些保护措施。在段式系统中,对内存中物理信息的保护同样是对信息的逻辑单位的保护。因此,采用段式存储管理方案,对于实现保护功能来讲更为有效和方便。

(4) 动态链接。前文介绍过动态链接的概念。动态链接就是在程序运行过程中实现目标模块的链接。只有在段式存储管理方案中才能实现在程序运行过程中调用某段时,才将该段(目标模块)调入内存并进行链接。可见,动态链接也要求以段为存储管理单位。

(5) 动态增长。在程序运行过程中,往往有些段,特别是数据段,会不断地增长,而事先又无法确切地知道数据段会增长到多大。这种动态增长的情况在其他几种存储管理方案中是难以应付的。段式存储管理系统却能很好地解决这一问题。

5.4.1 段式存储管理的基本原理

另一种离散分配方案是对进程分段。将进程对应的程序和数据按照其本身的特性分成若干个段,每个段定义了一组有意义的逻辑信息单位,如主程序段 MAIN、子程序段 SUB、数据段 DATA 等。每个段有自己的名字并且从 0 开始编址,段的长度由相应逻辑信息单位的长度决定。在内存中,每个段占用一段连续的分区。

进程的地址空间由于分成多个段,所以标识某一进程的地址时,要同时给出段名和段内地址。因此地址空间是二维的。进程地址的一般形式由一对数(S, W)组成,S 是段号,W 是段内地址,如图 5-15 所示。该

图 5-15 段式地址结构

地址结构允许一个进程最多有 64K 个段,每个段的最大长度是 64KB。

在段式存储管理中,为每个段分配一个连续的分区,而进程的每个段可以离散地放在内存的不同分区中。为了使进程能正常运行,即对于进程的每个逻辑地址找出其在内存的实际物理地址,需要像页式存储管理一样,系统为每个进程建立一张段表。在段表中,每个段占有一表项,其中记录该段在内存的起始地址和段的长度,如图 5-16 所示,通过查找段表,可实现从进程逻辑地址到内存物理地址的映射。

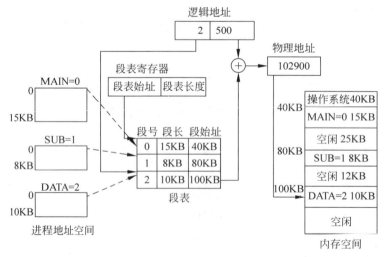

图 5-16 段式地址映射

5.4.2 段式存储管理系统的地址变换

段式存储管理系统的地址变换过程如下。

(1) 为了实现进程逻辑地址到内存物理地址的变换,系统中设置了段表寄存器,其中存放了段表始址和段表长度。在进行地址变换时,如果逻辑地址中的段号大于段表寄存器中段表的长度,则产生一个越界中断。

(2) 由段表始址找到段表在内存的位置,通过逻辑地址中的段号访问相应的段表项,如图 5-20 中逻辑地址中的段号为 2,在段表从找到段号为 2 的段表项,得知该段的段长是 10KB,它在内存的始址为 100KB。

(3) 检查逻辑地址中的段内位移是否超过该段的段长。若超过,发出越界中断。

(4) 若没有越界,将该段的段始址与段内位移相加(100KB+500B=102 900B),即得到要访问的内存物理地址。

5.4.3 分段和分页的区别

表面上看,段式存储管理系统的地址变换过程与页式系统非常相似,但实质上它们有着本质的区别,主要表现在以下几方面。

(1) 页是信息的物理单位,分页是为了实现进程在内存的有效离散存放,以减少碎片,提高内存的利用率。而段是信息的逻辑单位,段是一组有意义的相对完整的信息。分页是系统管理的需要,而分段的目的是满足用户的需要。

(2) 页的大小是固定的,把逻辑地址分成页号和页内位移两部分,是由机器硬件实现的,因而一个系统只能有一种大小的页;段的长度是可变的,由用户所编写的程序决定。

(3) 页的逻辑地址空间是一维的,给出页的逻辑地址时只给出一个地址;而段的逻辑地址空间是二维的,在给出段的逻辑地址时既要给出段号,又要给出段内地址。

5.4.4 段的共享与保护

1. 页共享与段共享的比较

段式存储管理系统有一个突出的优点,就是易于实现段共享,即允许多个进程共享一个或多个段,而且对段的保护也十分简单易行。在页式系统中,虽然也可以实现程序和数据的共享,但远不如段式系统实现起来方便。下面通过一个例子说明这个问题。

有一个多用户系统,可同时容纳 40 个用户,他们都执行文本编辑程序。文本编辑程序含有 160KB 代码和 40KB 的数据区,如果不共享,则 40 个用户需要 8MB 的内存空间。如果代码段能共享,则只需 1760KB(40×40KB+160KB)内存空间。

在页式系统中,假定页的大小为 4KB,那么 160KB 的代码将占用 40 个页面,40KB 的数据占用 10 个页面。为了实现代码共享,应在每个进程的页表中建立 40 个页表项,它们指向相同的存储块号 20~59。每个进程的数据区建立 10 个页表项,它们可以指向不同的存储块号 60~69、70~79、…,如图 5-17 所示。

值得注意的是,在各个进程的页表中,对于共享页面,不仅存储块号相同,其页号也必须相同。这是因为页号是由程序的逻辑地址决定的,而两个进程使用的是同一段程序,程序中每条指令的逻辑地址是一样的。

页面共享的方法是采用内存映射文件。内存映射文件的思想是进程可以通过文件映射(FileMapping)将文件所在的磁盘块映射成内存的一页(或多页)。当按普通文件访问磁盘时,就将文件的一部分读入物理内存,以后文件的读写就按通常的内存访问来处理。

如果多个进程将同一文件映射到自己的虚拟内存中,就产生了数据的共享。一个进程修

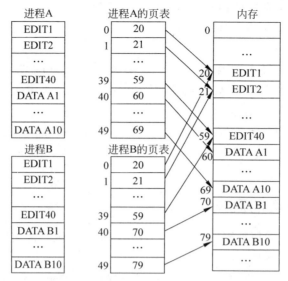

图 5-17　页式存储管理系统共享示意图

改虚拟内存中的数据,就会为其他映射相同部分文件的进程所见。

如果两个或两个以上的进程同时映射了同一个文件,它们就可以通过共享内存来通信。如果一个进程在共享内存上完成了写操作,此刻,当另一个进程在映射到这个文件的虚拟地址空间上执行读操作时,它就可以立刻看到上一个进程写操作的结果。因此,这个机制提供了一个进程之间的通信通道。

内存映射对其他设备也适用,如用来连接 Modem 和打印机的串口与并口。通过读、写这些设备的端口,CPU 可以与这些设备传递数据。

在段式系统中实现共享容易得多,在每个进程的段表中,为共享段 EDIT 设置一段表项即可,如图 5-18 所示。

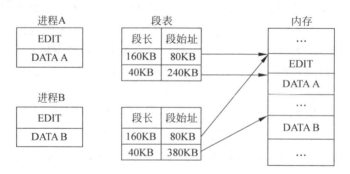

图 5-18　段式存储管理系统共享示意图

2. 共享段表

为了更好地实现段的共享,在系统中可配置一张共享段表,所有共享段都在共享段表中有一表项。表中记录了共享段的段名、段长、内存始址、状态、外存始址(如果采用段式存储管理时需要后两项)及共享该段的进程数,除此之外还记录了共享此段的进程情况,如进程名、进程号、该段在某个进程中的段号以及进程对该段的存取控制权限,如图 5-19 所示。

段名	段长	内存始址	状态	外存始址
共享进程计数 count					
进程名	进程号	段号	存取控制	
…				

图 5-19 共享段表项

表中某些字段的含义如下。

(1) 共享进程计数记录了共享某段的进程个数。对于非共享段,它仅为某个进程所有,当进程不再需要该段时,可立即释放其占有的内存空间,并由系统回收该段占用的内存空间。而共享段是为多个进程所需要的,当某个进程不再需要而释放它时,系统并不能回收其占有的内存空间。只有当所有共享该段的进程都不再需要它时,才由系统回收该段所占用的内存空间。为了记录有多少个进程共享该段,特设置一整型变量 count。

(2) 存取控制。对于一个共享段,不同的进程可以有不同的存取控制权限。例如,若共享段是数据段,对于建立该数据段的进程允许其读和写,对于其他进程可只允许读。

(3) 段号。对于同一共享段,不同的进程可以使用不同的段号去共享该段。

3. 共享段的分配与回收

由于共享段是供多个进程所共享使用的,因此对共享段的内存分配方法与非共享段有所不同。在分配共享段内存时,当第一个进程请求使用该共享段时,由系统为该共享段分配一个内存区域,并把共享段调入其中,同时将该段的始址填入该进程段表的相应项中,并在共享段表中增加一表目,填写有关数据,把共享进程计数 count 置为 1。之后,当其他进程调用该共享段时,由于该段已被调入内存,故无须再为该段分配内存,只需要在调用进程的段表中增加一个表项,填入该共享段的内存地址;在共享段表中填入调用进程名、进程号、段号和存取控制,执行共享进程计数加 1 操作(count=count+1)。

当共享此段的进程不再需要它时,执行共享进程计数减 1 操作(count=count-1),若减 1 后结果为 0,则需要由系统回收该共享段的物理内存,以取消该段在共享段表中对应表项,表明此时已没有进程使用该段;否则(减 1 后不为 0)只是取消调用进程在共享段表中的有关记录。

4. 段的保护

段式存储管理系统另一个突出的优点是便于对段的保护。因为段是有意义的逻辑信息单位,即使在进程执行过程中也是这样。因此段的内容可以被多个进程以相同的方式使用,如一个程序段中只含指令,指令在执行过程中是不能被修改的,对指令段的存取方式可以定义为只读和可执行。而另一段只含数据,数据段则可读可写,但不能执行。在进程执行过程中,地址变换机构对段表中的存取保护位的信息进行检验,防止对段内的信息进行非法存取。

段的保护措施有以下三种。

(1) 存取控制。在段表中增加存取保护位,用于设置对本段的存取方式,如可读、可写或可执行。

(2) 段表保护。每个进程都有自己的段表,段表本身对段可起到保护作用。由于段表中记录段的长度,在进行地址变换时,如果段内地址超过段长,便发出越界中断,这样就限制了各段的活动范围。另外,段表寄存器中有段表长度信息,如果进程逻辑地址中的段号超过段表长度,系统同样产生中断,从而进程也被限制在自己的地址空间中活动,不会发生一个进程访问另外一个进程的地址空间的现象。

（3）保护环。其基本思想是系统把所有信息按照其作用和相互调用关系分成不同的层次（即环），低编号的环具有较高的权限，编号越高，其权限越低，如图 5-20 所示。它支持四个保护级别，0 级权限最高，3 级最低。

① 0 级是操作系统内核，它处理 I/O、存储管理和其他关键的操作。

② 1 级是系统调用处理程序，用户程序可以调用系统提供的系统调用，但只有一些特定的和受保护的系统调用才提供给用户。

③ 2 级是库函数，它可能是由很多正在运行的进程共享的，用户程序可以调用这些过程，读取它们的数据，但不能修改它们。

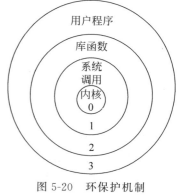

图 5-20 环保护机制

④ 用户程序运行在 3 级上，受到的保护最少。

在环保护机制下，程序的访问和调用遵循一个环内的段可以访问同环内或环号更大的环中的数据，一个环内的段可以调用同环内或环号更小的环中的服务的规则。

在任何时刻，运行程序都处于由 PSW 中的两位所指出的某个保护级别上。只要程序只使用与它同级的段，一切都会正常。对更高级别数据的存取是允许的，而对更低级别数据的存取是非法的，并会引起保护中断。调用更低级别的过程是允许的，但要通过严格的控制。为了执行越级调用，调用指令必须包含一个选择符，该选择符指向一个称为调用门(Call Gate)的描述符，由它给出被调用过程的地址。因此，要跳转到任何一个级别代码段的中间都是不可能的，只有正式指定的入口点可以使用。

5.5 段页式存储管理

段式和页式存储管理系统各有优缺点。页式系统能有效地提高内存利用率，而段式系统能更好地满足用户的需要。对这两种存储管理方案"各取所长"，将二者结合成一种新的存储管理系统，既有段式系统便于实现段的共享、段的保护、动态链接和段的动态增长等一系列优点，又能像页式系统那样很好地解决内存的外部碎片问题。这种结合就产生了段页式存储管理系统。

5.5.1 段页式存储管理的基本原理

段页式存储管理系统是段式系统和页式系统的组合。先将进程分段，再将每个段分成若干页。图 5-21 展示了段页式存储管理系统进程地址空间的结构。该进程有三个段，为主程序段、子程序段和数据段。其大小分别是 15KB、8KB 和 10KB。页的大小为 4KB。主程序段被分成四页；子程序段分成两页；数据段被分成三页。

图 5-21 段页式存储管理系统进程地址空间结构

在段页式存储管理系统中,进程的逻辑地址由段号、段内页号和页内位移三部分组成,如图 5-22 所示。

| 段号(S) | 段内页号(P) | 页内位移(W) |

图 5-22 段页式存储管理系统逻辑地址结构

段页式存储管理系统中,为了实现从进程逻辑地址到内存物理地址的变换,系统要配置段表和页表。由于允许将一个段的若干页离散地存放,因而段的大小变化不是段长的变化,而是页表长度的变化。

5.5.2 段页式存储管理的地址变换

在段页式存储管理系统中,为了实现地址映射,必须配置段表寄存器,其中存放段表始址和段表长度。每个进程有一个段表,每个段表项存放一个段的情况,其中包括段号、标识该段是否在内存的状态位、该段的页表长度和页表始址。每个段有一个页表,其中有页号、标识该页是否在内存的状态位和存储块号。图 5-23 所示为利用段表和页表进行地址变换的映射过程。

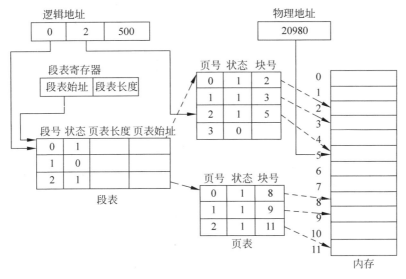

图 5-23 段页式存储管理系统地址映射

如果页的大小为 4KB,段页式系统地址变换过程如下。

(1) 对于给定的逻辑地址,用段号 S(图 5-23 中为 0)与段表寄存器中段表长度进行比较。若段号大于段表长度,产生一次越界中断。

(2) 通过段表寄存器中的段表始址找到该段在内存的段表,从段表中找出段号 S 对应的段表项。

(3) 查看该段的状态位,若该段不在内存,则产生一次缺段中断,并将所缺段调入内存。如果内存没有空间,则需要进行置换。

(4) 由该段的页表始址找到该段的页表。

(5) 用逻辑地址中的段内页号 P(图 5-23 中为 2)与页表长度进行比较。若段内页号 P 大于页表长度,则产生一次越界中断。

(6) 从页表中得到页号 P 对应的页表项,查看该页的状态位,如果该页不在内存,则产生一次缺页中断。如果内存没有空间,则需要进行置换。

(7) 得到该页在内存的存储块号(图 5-23 中为 5),并与逻辑地址中的页内位移(为 500B)构成物理地址(5×4KB+500B=20 980B)。

在段页式存储管理系统中,为了获得一条指令或数据,需要三次访问内存。第一次访问内存中的段表,从中得到页表始址。第二次访问内存中的页表,从中取得该页所对应的存储块号,并将存储块号与页内位移一起形成指令或数据的物理地址。第三次用得到的物理地址真正访问指令或数据。显然,访问内存的次数增加了两次。为了提高指令的执行速度,在地址变换时需要增加联想存储器,即快表。将段表和页表的部分内容放入其中。进行地址变换时查找快表代替查找段表和页表。但若在快表中找不到所需段和页,仍需要三次访问内存。

5.5.3 段页式存储管理系统举例

Intel 80386 是一种常见的段页式存储管理系统。Intel 80386 既支持分段,也支持分页。根据需要可构成以下四种存储管理方式。

(1) 不分段也不分页。这种方式可用于高性能的控制器。

(2) 分页不分段。这种方式成为一个单纯的页式存储管理系统,UNIX/386 采用这种方式。

(3) 分段不分页。

(4) 段页式存储管理机制。这是性能最好的一种存储管理方式,OS/2 等采用这种方式。

Intel 80386 有 16K 个独立段,每个段最大可以有 4GB。虽然段的数目较少,但段的大小增大,有利于适应具有较大数据段应用程序的需要。

Intel 80386 虚拟存储器段表有局部描述符表(Local Descriptor Table,LDT)和全局描述符表(Global Descriptor Table,GDT)两类。每个进程都有自己的 LDT,系统中的所有进程共享一个 GDT。LDT 中每个表项描述进程的一个段的情况,包括代码段、数据段和堆栈等。GDT 描述系统段,包括操作系统本身。

为了访问某个段,Intel 80386 将段选择符(Selector)装入计算机的 6 个段寄存器中的某一个,在运行过程中,CS 寄存器保存代码段选择符,DS 寄存器保存数据段选择符。

每个段选择符为 16 位,如图 5-24 所示。在选择符中,1 位指出这个段是局部的,还是全局的(即在 LDT 中或 GDT 中);13 位是索引号,因此段描述符中最多有 8K 个表项;两位用于存储保护。

图 5-24 Intel 80386 的段选择符

在选择符被装入段寄存器的同时,对应的段描述符被从 LDT 或 GDT 中取出装入微程序寄存器,以便快速访问。一个段描述符有 64 位,结构如图 5-25 所示。

基址 0~15					限长 0~15					
基址 24~31	G	D	0	限长 16~19	P	DPL	S	类型	A	基址 16~23

图 5-25 Intel 80386 的段描述符

(1) 段基址。共 32 位,定义了 4GB 虚拟地址空间中某段的开始地址。

(2) 段限长。规定了段的长度。页的大小为 4KB,段长为 20 位,故最大段长为 4GB。

Intel 80386 可以采用两种存储管理方案:如果 G 位为 0,段的长度以字节为单位计算;如果 G 位为 1,段的长度以页为单位计算。

(3) 操作数长 D。仅用于代码段描述符。D 为 1,表示用 32 位描述段长,即最大段长为 4GB;当 D 为 0 时,表示用 16 位描述段长,最大段长为 64KB。

(4) 存在位 P。P 为 0 表示段未调入内存,P 为 1 表示段在内存。

(5) 特权级别 DPL。用于描述段的特权级,共四个级别。当一个进程访问某段时,要具有访问该段的特权才可进行。

(6) 系统段标志 S。当 S=0 时为系统段描述符,当 S=1 时为非系统段描述符。

(7) 类型。对于系统段(S=0),用于表示段的类型;对于非系统段(S=1),表示段的存取控制,如本段是可执行、只读或可读/写。

(8) 访问位 A。用于段的置换。

通过段选择符和位移,将逻辑地址转换成物理地址的过程如下。

(1) 系统通过段选择符,定位段描述符。首先,根据段选择符的第 2 位确定是 GDT 或 LDT;然后将段选择符的低 3 位清 0,复制到段寄存器;加上 GDT 或 LDT 的地址,得到一个指向段描述符的指针。

(2) 得到段描述符后,查找段是否在内存(P 位中),若段不在内存中,会产生一缺段中断。

(3) 检查段的长度是否出界,若出界,则产生越界中断。从逻辑上讲,段的长度应该为 32 位,但实际上只有 20 位,可以使用。

(4) 如果位移没有出界,系统将段描述符中的 32 位段基址和位移相加得到所谓的线性地址。为了和只有 24 位段基址的 Intel 80286 兼容,Intel 80386 的基址被分成三个部分分布在段描述符中。

(5) 如果系统不分页,则得到的线性地址就是内存物理地址,此时的 Intel 80386 系统是纯段式存储管理系统。但如果系统分页,线性地址将被解释为一个 32 位的虚拟地址,并通过页表机构映射为物理地址。

(6) Intel 80386 系统将上述 32 位线性地址分成三个部分,分别为页目录(10 位)、页号(10 位)和页内位移(12 位)。页目录的地址由页表寄存器给出。页目录由 1024 个 32 位的表项组成。页目录中每个表项都指向一个也包含 1024 个 32 位表项的页表。页表中,20 位为页框号,3 位留给系统操作员使用,其他为修改位 D、访问位 A、用户管理位 US(用于页保护)、读写保护位 RW 和存在位 P 等信息,如图 5-26 所示。

| 页框号 | Avail | 0 | 0 | D | A | 0 | 0 | US | RW | P |

图 5-26　Intel 80386 的页表项

一个页表描述 1024 个表项,每个表项描述一页的内存空间,即 4KB。因此一个页表可以处理 4MB 的内存。一个小于 4MB 的段将只有一个表项的页目录,这个表项指向唯一的一个页表。所以短的段的开销只有两个页。

另外,Intel 80386 的联想存储器中有 32 个表项,在每个表项中包含三个数据项,分别为页目录项、页号和存储块号。由于页的大小是 4KB,32 个表项可以覆盖 128KB 的内存。故快表中查询的命中率较高,可达 98%。

如果应用程序不需要分段,只需要分页的 32 位地址空间也是可以的。此时,所有段寄存器被设置成同一个选择符,它的段描述符基址为 0,长度为最大。段位移就是线性地址,这样就是分页系统了。

所以Intel 80386可以实现纯分段、纯分页和段页式存储管理系统，并与Intel 80286兼容。其高效的设计实现了所有目标。

思考与练习题

自测题

1. 存储管理的基本任务是为多道程序的并发执行提供良好的存储器环境，这包括哪些方面？

2. 页式存储管理系统是否产生碎片？如何应对此现象？

3. 在页式存储管理系统中页表的功能是什么？当系统的地址空间很大时会给页表的设计带来哪些新问题？

4. 什么是动态链接？用哪种存储管理方案可以实现动态链接？

5. 某进程的大小为25F3H字节，被分配到内存的3A6BH字节开始的地址。但进程运行时，若使用上、下界寄存器，寄存器的值是多少？如何进行存储保护？若使用地址、限长寄存器，寄存器的值是多少？如何进行存储保护？

6. 在系统中采用可变分区存储管理，操作系统占用低地址部分的126KB，用户区的大小是386KB，采用空闲分区表管理空闲分区。若分配时从高地址开始，对于作业申请序列"作业1申请80KB、作业2申请56KB、作业3申请120KB、作业1完成、作业3完成、作业4申请156KB、作业5申请80KB"，试用首次适应法处理上述作业，并回答以下问题。

（1）画出作业1、2、3进入内存后内存的分布情况。

（2）画出作业1、3完成后内存的分布情况。

（3）画出作业4、5进入内存后内存的分布情况。

7. 某系统采用页式存储管理策略，某进程的逻辑地址空间为32页，页的大小为2KB，物理地址空间的大小是4MB。

（1）写出逻辑地址的格式。

（2）该进程的页表有多少项？每项至少占多少位？

（3）如果物理地址空间减少一半，页表的结构有何变化？

8. 某页式存储管理系统内存大小为64KB，被分成16块，块号为0、1、2、…、15。设某进程有4页，其页号为0、1、2、3，被分别装入内存的2、4、7、5块，回答如下问题。

（1）该进程的大小是多少字节？

（2）写出该进程每一页在内存的起始地址。

（3）逻辑地址4146对应的物理地址是多少？

9. 某段式存储管理系统的段表如图5-27所示。

段号	段长	段始址
0	15KB	40KB
1	8KB	80KB
2	10KB	100KB

图5-27 段表

请将逻辑地址[0,137]、[1,9000]、[2,3600]、[3,230]转换成物理地址。

第 6 章

虚拟存储管理

前文所述的页式存储管理系统要求进程在运行之前将进程对应的全部程序都装入内存,但实际上许多进程在运行时并非用到其全部程序。因此,这种一次性地全部装入是一种对内存资源的浪费。那么,有没有可能只将进程的一部分程序装入内存,使进程仍能正常运行呢?

6.1 虚拟存储器的引入

视频讲解

1968 年,P. Denning 提出了局部性原理,这一原理为虚拟存储器的引入奠定了理论基础。

6.1.1 局部性原理

局部性原理具体如下。

(1) 程序在执行时,顺序执行指令占大多数。虽然分支和过程调用指令导致程序不能顺序执行,但这两类指令在所有程序指令中只占了一小部分。

(2) 过程调用的深度一般不超过 5。过程调用会使程序从内存的某个区域转至另一区域。但研究表明,在较短的时间内,指令的引用在很少的几个过程内。

(3) 程序中的循环结构使得多条指令被重复执行。在循环过程中,程序的执行被限制在一段较小的内存区域内。

(4) 程序中包括许多对数组、记录等数据结构的处理,这些操作一般也局限于内存的一个很小的范围内。

局部性表现在以下两个方面。

(1) 空间局部性。程序在执行时访问的内存储单元会局限在一个比较小的范围内。这反映了程序顺序执行的特性,也反映了程序顺序访问数据结构的特性。

(2) 时间局部性。程序中执行的某些指令会在不久后再次被执行,程序访问的数据结构也会在不久后被再次访问。产生时间局部性的原因是程序中存在着大量循环操作。

6.1.2 虚拟存储器

基于局部性理论,程序在执行时常常会局限于某一存储单元附近。一个进程在运行时,没有必要将其全部装入内存,而仅将当前要运行的那部分装入内存,其余部分暂时留在磁盘内。当进程访问不在内存的那部分程序和数据时,再将其调入内存。如果此时内存已满,无法装入新的程序和数据,可以将暂时不用的部分程序和数据置换出去,腾出内存空间后再将需要的调入内存,使进程能继续运行。这样一来,可以使一个很大的程序在一个比较小的内存空间上运行;也可以使内存中同时装入更多进程并发执行。从用户的角度看,系统具有的内存容量要比实际大得多,所以称为虚拟存储器。

虚拟存储器是指具有请求调入功能和置换功能,能从逻辑上对内存容量进行扩充的一种存储器系统。实际上,用户所感觉到的大容量是虚的,进程换进、换出的工作是由操作系统自动完成的,用户是不知道的。虚拟存储器逻辑内存的容量由内存和外存对换区之和决定。

虚拟存储器的原理不仅可以用在页式存储管理系统中,也可用于段式存储管理和段页式存储管理系统中。

6.1.3 虚拟存储器的特征

虚拟存储器具有以下重要特征。

(1) 离散性。指进程不连续地装入内存多个不同的区域中。离散性是实现虚拟存储器的基础。如果采用连续分配方式,需要将进程装入一个连续的内存区域,必须事先为进程一次性地分配内存空间,此时进程分多次调入内存没有什么意义。因为即使不调入内存也要为它留出存储空间,否则调入时就无法使进程连续存放。另外,也无法实现在一个小的内存空间内运行一个大程序。所以只有采用离散分配方式,进程仅在需要调入某部分程序和数据时才为它分配存储空间,避免内存空间的浪费,也才有可能实现虚拟存储器。

(2) 多次性。指一个进程分多次调入内存。即一个进程在运行时,只将当前要运行的那部分程序和数据调入内存,以后在进程运行过程中调入需要的其他部分。

(3) 对换性。指进程在运行过程中,允许将部分程序和数据换进、换出。进程在执行过程中,允许将暂时不用的部分程序和数据从内存调到外存的对换区(换出)。待以后需要时再从外存调到内存(换进)。换进、换出是为了提高内存的利用率。

(4) 虚拟性。指能从逻辑上扩充内存容量,使用户感觉到的内存容量远远大于实际的内存容量。

6.2 请求页式存储管理

视频讲解

将虚拟存储器用在页式存储管理系统中,进程的多个页根据需要调入内存,当内存空间紧张时再将暂时不用的页调出。因为页是根据需要请求调入的,因此称为请求页式存储管理系统。

实现请求页式存储管理系统,需要一定的硬件支持。除了需要一定容量的内存和外存对换区之外,还需要页表机制、缺页中断机构和地址变换机构。

6.2.1 请求页式存储管理系统的实现

1. 页表的扩充

请求页式管理系统中需要的主要数据结构仍旧是页表,它的基本功能是将用户地址空间的逻辑地址转换为内存空间的物理地址。由于请求页式管理系统的特殊要求,页表的内容需要进行扩充,扩充后的页表项如图 6-1 所示。

| 页号 | 存储块号 | 状态位 P | 访问字段 A | 修改位 M | 外存地址 |

图 6-1 请求页式存储管理系统的页表项

扩充后的页表项增加了状态位 P、访问字段 A、修改位 M 和外存地址,用途如下所述。

(1) 状态位(Present Bit)用于指示该页是否已调入内存。该位由操作系统管理,当把一页调入内存时,将状态位置为1;相反,当将一页调出内存时,将该位置为0。进程执行过程中要引用某页时,根据状态位判断要访问的页是否在内存。若不在内存,则产生一个缺页中断。

(2) 访问字段(Access Bytes)用于记录本页多长时间没有被访问。置换算法在选择换出页面时使用访问字段。

(3) 修改位(Modify Bit)表示该页调入内存后是否被修改过。如果该页在内存期间被修改过,该页表项置为1。该项由操作系统修改,当操作系统将修改过的页写回磁盘后,将该页表项置为0。

(4) 外存地址用于指出该页在外存的地址,供调入该页时使用。

2. 缺页中断机构

在请求页式管理系统中,当要访问页的页表项中的状态位为0时,就表明该页不在内存,便产生一次缺页中断,请求操作系统将所缺页调入内存。缺页中断是一种比较特殊的中断,这主要体现在以下两个方面。

(1) 在指令执行期间产生和处理中断信号。通常的CPU外部中断是在每条指令执行完毕后去检查是否有中断请求到达,而缺页中断是在指令执行期间发现所要访问的指令或数据不在内存时产生和处理。

(2) 一条指令执行期间可能发生多次缺页中断。例如,一条双操作数的指令在执行时,指令本身、两个操作数都有可能不在内存,此时可能发生三次缺页中断。基于这些特性,系统中的硬件机构应能保存多次中断时的状态,并保证最后能返回中断前产生缺页中断的指令处继续执行。

3. 地址变换机构

请求页式存储管理系统的地址变换机构是在页式存储管理系统的基础上为实现虚拟存储器而增加某些功能所形成的,增加的功能有产生和处理缺页中断、从内存换出一页和调入一页。图6-2所示为请求页式存储管理系统地址变换流程。

(1) 在地址变换时,首先检查给定的页号是否大于页表寄存器中的页表长度,若是,则产生一个越界中断。

(2) 根据页号同时查找快表和页表,若在快表中找到,便修改页表项中的访问字段。对于写操作,还需要将修改位置为1。然后利用快表中给出的存储块号与页内位移形成物理地址。若在快表中找不到所需的页号,则继续在内存中的页表中查找。

(3) 在页表中查到后,首先检查页表项中的状态位,了解该页是否已调入内存。如果该页在内存,则将此页的页表项写入快表。如果快表已满,则使用某种置换算法换出一页后再将该页写入。

(4) 如果该页尚未调入内存,便产生一次缺页中断。由中断处理程序负责将需要的页调入内存。若此时内存已满,则使用某种置换算法换出一页后再将该页写入内存。

6.2.2 请求页式存储管理驻留集管理

1. 分配给进程的存储块数

对于请求页式存储管理系统,进程在运行时没有必要将其所有页调入内存。因此操作系统必须决定将进程的多少页调入内存。在决定这个问题时,有以下几个因素需要考虑。

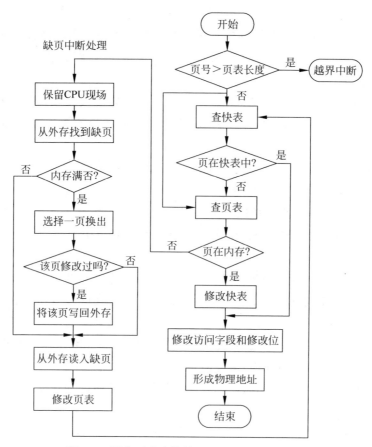

图 6-2 请求页式存储管理系统地址变换流程

（1）分配给一个进程的在内存中的存储块数越少，驻留在内存中的进程数就越多。

（2）如果一个进程在内存中的存储块数比较少，缺页率相对比较高。

（3）进程在内存中的存储块数达到一定数量后，根据局部性原理，即使给进程分配更多的存储块数，该进程的缺页率也不会明显地改善。

2. 分配策略

基于以上因素，应给进程分配一定数量的存储块数，具体实施分配时有以下两种策略。

（1）固定分配策略。在内存为进程分配固定的存储块数，这个数目在进程创建时确定，具体的数量可以根据进程的类型确定或由操作员根据经验确定。进程开始运行后，一旦发生缺页，该进程在内存中的某页将被换出，换入需要的页。进程在内存中的存储块数一直保持不变。

（2）可变分配策略。指分配给进程的存储块数在该进程生命周期内不断地发生变化。如果一个进程的缺页率比较高，则再额外分配给它一些存储块，以减少缺页率。反之，如果一个进程的缺页率特别低，则可以在不明显增加其缺页率的基础上减少分配给它的存储块数。

可变分配策略表现出很强的功能，该策略的难点是要求操作系统随时评估活动进程的行为，这必然增加系统的软件开销。

3. 驻留集管理

除了分配策略，系统还要考虑换出策略。在考虑换出一页时，有两种置换策略，即局部置换和全局置换。局部置换策略是指在缺页的进程中选择一页换出。全局置换策略是指在所有驻留在内存的页中进行选择，不管它属于哪个进程。

综合分析分配策略和置换策略，固定分配意味着使用局部置换，可变分配策略既可以采用局部置换策略，也可以采用全局置换策略。于是可组合出以下三种适用的策略。

1) 固定分配、局部置换

该策略为每个进程分配固定页数的存储空间，且在整个进程运行期间不再改变。如果进程在运行过程中发生缺页，则只能从进程在内存的 n 个页面中选择一页换出，然后再调入新页。

这种策略的难点在于确定应为每个进程分配多少个存储块。若太少，则会频繁地发生缺页；若太多，又必然使内存中驻留的进程数减少，进而造成 CPU 利用率降低或其他资源空闲等情况。

2) 可变分配、全局置换

该策略是最易于实现的一种策略。操作系统维护着一个空闲存储块队列，当某进程发生缺页时，从系统空闲存储块队列中取出一个存储块分配给该进程。这样，凡是缺页的进程都将获得新的存储块。只有当空闲存储块队列中的存储块用完时，操作系统才从内存选择一页换出，该页可能是内存中任何一个进程的页。因此，有可能导致某进程在内存的存储块数减少，缺页率增加。解决这一问题的方法是使用页缓冲。

3) 可变分配、局部置换

该策略同样在进程创建时先为它分配一定数目的存储块，但当某进程发生缺页时，只允许从本进程在内存的存储块中选择一页换出。这样，一个进程的行为不会影响其他进程。如果进程在运行过程中频繁发生缺页，则系统再为其多分配一些存储块，直到其缺页率减低到适当程度为止。反之，若进程在运行过程中的缺页率特别低，可以减少分配给它的存储块数。

该策略的关键是确定进程驻留集的大小和根据需要确定驻留集如何变化。有关驻留集理论将在 6.2.5 节讨论。

6.2.3 请求页式存储管理的调入策略

请求页式存储管理系统页面调入策略涉及何时调入和何处调入两个问题。

1. 何时调入策略

何时调入就是确定何时将进程所需的页调入内存。常用的方式有请调和预调两种。

(1) 请调。当进程运行过程中发生缺页时，将所缺页面调入内存。这种调入策略实现简单，但容易产生较多缺页中断，造成对磁盘 I/O 次数增多，容易产生抖动现象。

(2) 预调。预计进程要访问的页，提前将其调入内存的方法就是预调。由于从磁盘调入一页，系统开销比较大，因此一次调入多页比调入一页更高效。根据局部性原理，每次调入时，也将相邻的若干页调入内存。

预调策略主要用于进程首次调入时。预调策略也可以与请调策略联合使用，即在进程缺页时不仅调入进程所缺的页面，同时将相邻的几个页面一起调入。

2. 何处调入策略

在请求页式存储管理系统中，把外存分成两部分，即文件区和对换区。文件区是用于存放文件的磁盘空间,对换区专门用于存放从内存换出的页面。一般来说,对换区的磁盘 I/O 速度要比文件区高,因为对换区的盘块比文件区的盘块大得多。当发生缺页时,对于从何处将缺页调入内存,有以下三种实现方法。

(1) 从对换区调入。进程装入时,将其所有页面复制到对换区,以后在执行过程中总是从对换区调入。这种方法速度比较快,但要求系统对换区的空间比较大。

(2) 只将修改过的页放在对换区。对于修改过的页,在将它们换出时换到对换区,以后需要时再从对换区调入。没有修改过的页都直接从文件区调入,因为这些页没有被修改,所以置换时也不必换出,以后再调入时仍然从文件区调入。这种方法适用于对换区空间较小的情况。

(3) 首次从文件区调入,以后再次调入时从对换区调入。UNIX 系统采用这种方式。凡是未运行过的页都应从文件区调入,运行后所有换出的页都换到对换区,下次调入时从对换区调入。

6.2.4 请求页式存储管理的页面置换算法

在进程运行过程中,当所需的页不在内存时要将其调入,但如果内存没有空闲空间,为了保证进程所需的页能够调入,必须选择另外一些页调出。要调出哪些页面需要根据具体的算法而定,算法的好坏直接影响系统的性能,不适当的算法可能会引起系统的抖动。

选择置换算法的出发点是把未来不再使用的或短时间内不再使用的页调出。而未来的情况是不可预知的,通常只能在局部性理论的指导下,依据过去的统计数据进行预测。常用置换算法有最佳置换算法、先进先出置换算法、最近最久未使用置换算法和时钟置换算法。

1. 最佳置换算法

最佳(Optimal,OPT)置换算法是一种理论上的算法。它要求选择置换那些不再使用的或在最长时间内不再使用的页。由于无法预知内存中的哪些页不再使用或在最长时间内不再使用,因此该算法是无法实现的。但是可以用该算法作为一个标准,用于评价其他算法的性能。

图 6-3 给出了置换算法的一个例子。该例子假设分配给进程的存储块数为 3,进程在执行过程中需要访问 5 个不同的页,进程运行时形成的访问页地址流为 2 3 2 1 5 2 4 5 3 2 5 2。即进程访问的第一个页为 2,第二个页为 3,⋯,最后一个页为 2。当将 2、3、1 这 3 个页装入内存后,进程访问页面 5 产生缺页时,分配给该进程的 3 个页已占满,系统必须选择一页换出。若按照最佳置换算法,将选择页面 1 予以淘汰,因为该页是进程不再访问的页。以后访问页面 4 时又产生缺页,最佳置换算法会选择页面 2 予以淘汰,因为该页是进程最长时间内不再访问的页。

当进程运行完毕时,从图 6-3 可以看出,采用最佳置换算法,共发生了 6 次缺页,系统进行了 3 次置换,进程访问的总页面数为 12,缺页率为 50%。

2. 先进先出置换算法

先进先出(First In First Out,FIFO)置换算法是最早使用的一种页面置换算法。该算法总是淘汰最先进入内存的页,或者说是选择在内存驻留时间最久的页予以淘汰。该算法实现简单,但与进程实际运行的规律不相适应,因此缺页率较高。

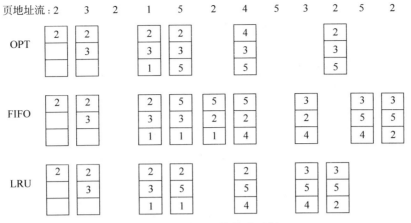

图 6-3 3 种页置换算法示例

对于上面的例子(见图 6-3),同样的页地址流,采用 FIFO 置换算法,共产生了 9 次缺页,系统进行了 6 次置换,进程访问的总页面数为 12,缺页率为 75%。

3. 最近最久未使用置换算法

先进先出置换算法性能较差,是因为它置换依据的条件是各个页调入内存的时间,而页面调入的先后并不能反映页面的使用情况。最近最久未使用(Least Recently Used,LRU)置换算法则是根据页面调入内存后的使用情况作为置换的条件,把"最近最久未使用"作为淘汰的条件。由于无法预测各个页将来的使用情况,只能用过去的行为预测将来。LRU 算法赋予每个页面一个访问字段(参见图 6-1),用于记录页面自上次被访问以来所经历的时间 t,当要淘汰一页时,就选择现有页面中 t 值最大的页予以淘汰。

在图 6-3 所示的例子中,进程访问页面 5 产生缺页时,分配给该进程的 3 个页都已占满,系统必须选择一页换出。按照 LRU 算法,将选择页面 3 予以淘汰,因为该页是最久没有被访问的页。

从图中的例子中可以看出,对于同样的地址流,采用 LRU 置换算法,共产生了 7 次缺页,系统进行了 4 次置换,进程访问的总页面数为 12,缺页率为 58%。

4. 时钟置换算法

尽管 LRU 算法的性能与最佳置换算法比较接近,缺页率也比较低,但是实现比较困难,它要求系统有比较大的开销。因此在实际应用中,大多采用 LRU 算法的近似算法,时钟(Clock)置换算法就是其中一种。

使用 Clock 算法,只需要为每页设置一个访问位,再将内存中的所有页面用指针链接成一个循环队列。当某页被访问时,其访问位置为 1。当系统进行置换时,检查每页的访问位,如果该页的访问位为 0,则进行淘汰;若其访问位为 1,则重新将它置为 0,暂时不换出该页,继续查找队列中的其他页,直到找到访问位为 0 的页,予以淘汰。

在实际应用中,对 Clock 算法进行了改进。在考虑换出一页时,除了考虑该页是否被访问过,还考虑该页在内存期间是否被修改过。因为如果一页被修改过,需要将它重新写回磁盘;但如果该页没有被修改过,就没有必要将其写回磁盘。因此,淘汰修改过的页所付出的开销要比未修改过页的开销大。这样在改进的 Clock 算法中,由访问位 A 和修改位 M 可以组合出以下四种情况。

(1) 最近没有被访问,也没有被修改(A=0,M=0),该页是最佳淘汰页。

(2) 最近没有被访问,但被修改过(A=0,M=1)。

(3) 最近被访问过,但未被修改过(A=1,M=0)。

(4) 最近被访问且被修改过(A=1,M=1),该页可能再次被访问。

根据这四种情况,Clock 算法执行过程如下。

(1) 从指针所指的当前位置开始扫描循环队列,寻找(A=0,M=0)的页,遇到的第一个这样的页作为被选中的淘汰页。在第一次扫描期间不改变其访问位。

(2) 如果第一步失败,则进行第二次扫描,寻找(A=0,M=1)的页,遇到的第一个这样的页作为被选中的淘汰页。在第二次扫描期间将所有经过的页的访问位置为 0。

(3) 如果第二步也失败,则重复第一步;如果仍然失败,再重复第二步。此时一定能找到一个可被淘汰的页。

该算法曾用于 Macintosh 的虚拟存储管理方案中。该算法优于简单 Clock 算法之处在于置换时首选没有修改过的页,因为置换一个修改过的页的代价比置换一个没有修改过的页要大,这是由于修改过的页在被置换之前必须写回磁盘。

6.2.5 请求页式存储管理系统的性能

由于请求页式存储管理系统的性能优越,因此它成为当前最常用的一种存储管理方案。但进程在运行时的缺页情况会影响进程的运行速度和系统的性能,而缺页率的高低又与一个进程在内存的存储块数有关,因此下面分析缺页率对系统性能的影响。

1. 驻留集

驻留集理论是在 1968 年由 P. Denning 提出并推广的,它对虚拟存储器的设计有着深远的影响。Denning 认为,进程在运行时对页面的访问是不均匀的,即往往在某段时间内的访问仅局限于较少的若干个页面;而在另一段时间内则又可能仅局限于对另一些较少的页面进行访问。如果能够预知进程在某段时间间隔内要访问哪些页面,并能将这些页面提前调入内存,将会大大降低缺页率,从而减少置换工作,提高 CPU 的利用率。

所谓驻留集,是指在某段时间间隔内进程要访问的页面集合 Δ。具体地说,把某进程在时间 t 的驻留集记为 $w(t,\Delta)$,变量 Δ 称为驻留集的窗口大小。图 6-4 所示为某进程访问页面序列和当窗口大小分别为 2、3、4、5 时的驻留集。

驻留集 $w(t,\Delta)$ 是一个二元函数,它与时间 t 有关,即在不同的时间 t,驻留集 w 的大小不同,所包含的页数也不相同。驻留集又与窗口大小 Δ 有关,驻留集 w 是窗口大小 Δ 的非降函数,即 $w(t,\Delta) \subseteq w(t,\Delta+1)$。

正确选择驻留集窗口大小,对存储器的有效利用和提高系统吞吐量都将产生重要的影响。如果窗口大小 Δ 选择得很大,以致能将一个进程的整个地址空间都装入内存,这样虽然进程不会产生缺页,但内存也将得不到充分的利用,也就失去了虚拟存储器的意义;如果窗口大小 Δ 选择得过小,使进程所需的驻留集不能全部装入内存,则会使得进程在运行过程中频繁产生缺页中断,反倒降低了系统的吞吐量。因此,窗口大小 Δ 应选择适中。图 6-5 给出了缺页率与进程在内存的存储块数之间的关系。

页访问序列	窗口大小			
	2	3	4	5
24	24	24	24	24
15	24 15	24 15	24 15	24 15
18	15 18	24 15 18	24 15 18	24 15 18
23	18 23	15 18 23	24 15 18 23	24 15 18 23
24	23 24	18 23 24	·	·
17	24 17	23 24 17	18 23 24 17	15 18 23 24 17
18	17 18	24 17 18	·	·
24	18 24	·	·	·
18	·	·	·	·
17	18 17	·	·	·
17	·	·	·	·
15	17 15	18 17 15	24 18 17 15	·
24	15 24	17 15 24	·	·
17	24 17	·	·	·
24	·	·	·	·
18	24 18	17 24 18	·	·

图 6-4 窗口为 2、3、4、5 时进程驻留集

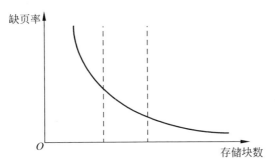

图 6-5 缺页率与进程在内存存储块数之间的关系

从图中可以看出,当分配给进程的存储块数很小时,进程的缺页率很高;随着分配给进程的存储块数不断增加,其缺页率逐渐地降低;但当分配给进程的存储块数到达一定数目时(曲线的拐点附近),缺页率的改善不是很明显。所以一般地说,为进程分配的存储块数应取该曲线的拐点附近或稍大些。

2. 抖动和加载控制

在多道程序环境中,应尽量地提高多道程序的道数,以提高系统的吞吐量。事实上,任何事情都是有限度的,不适当地提高多道程序的道数,不仅不会提高系统的吞吐量,反而会使其降低。而且因为内存中进程过多,将会出现抖动现象。

在多道程序环境中,一旦调度程序发现 CPU 的利用率降低,会立即提高多道程序的道数,以提高 CPU 利用率。为此,将引入更多的进程进入内存。新进程的引入,又减少了其他进程在内存的存储块数。于是进一步加剧了进程的缺页情况。这样的情况恶性膨胀,使缺页率急剧增加,有效访问存储器的时间急剧减少。换句话说,使进程的大部分时间都用于页面的换进/换出,而几乎不能完成任何有效的工作。称这时的系统处于抖动状态。

加载控制就是确定驻留在内存的进程数目。图 6-6 说明了 CPU 的利用率与多道程序道

数之间的关系,当多道程序的道数从一个比较小的值开始时,多道程序交替地占有 CPU,随着多道程序道数的增加,CPU 的利用率也随之提高,但是到达某一个峰值之后,如果继续增加多道程序的道数,将产生抖动现象,CPU 的利用率急剧下降。

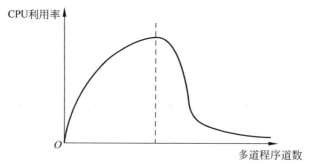

图 6-6 CPU 的利用率与多道程序道数之间的关系

出现这一问题有许多方面的原因,为了预防这种情况的发生,可以采取以下措施。

(1) 驻留集理论隐含了加载控制,只有驻留集足够大的进程才允许执行。在确定每个进程驻留集的大小时,就确定了进程的数目。

(2) Denning 于 1980 年提出了"$L=S$ 准则",它用于调整多道程序的道数,使产生缺页的平均时间 L 等于系统处理缺页的平均时间 S。性能研究表明,此时 CPU 的利用率最大。

(3) 系统在采取可变分配策略时,尽可能采取局部置换。到某进程发生缺页时,仅在进程自己的页面内进行置换,不影响其他进程分配的存储块数。这样即使出现了抖动,也局限在较小的范围内。

(4) 当多道程序的道数偏高时,简单而有效的方法是挂起一些进程,以便腾出内存空间分配给出现抖动的进程。选择被挂起进程时应考虑优先级较低的进程、进程较大、缺页进程及剩余执行时间较大的进程。

视频讲解

6.3 请求段式存储管理

6.3.1 请求段式存储管理的地址实现

与请求页式存储管理系统一样,请求段式存储管理系统也可以实现虚拟存储器。不同的是,请求页式存储管理系统以页为单位换进/换出,而请求段式存储管理系统以段为单位进行置换。与请求页式存储管理系统一样,为了实现请求段式存储管理系统,同样需要一定硬件的支持和配备相应的软件,有段表机制、缺段中断机构及地址变换机构。

1. 段表的扩充

在请求段式存储管理系统中,主要的数据结构是段表。由于要实现虚拟存储器,即进程的一部分段在内存就可以运行,其他段根据需要调入,因此段表中需要增加一些项目,以适应新的要求。

图 6-7 中,除了段号、段长和段始址这些段式系统已有的基本表项之外,还增加了以下表项。

段号	段长	段始址	存取方式	状态位	访问字段	修改位	增补位	外存地址

图 6-7 请求段式存储管理系统的段表项

(1) 存取方式：用于标识本段的存取属性是只执行、只读，还是允许读/写。

(2) 状态位：指示该段是否已进驻内存。

(3) 访问字段：用于记录本段有多长时间没有被访问，供置换算法在选择换出段时参考。

(4) 修改位：表示该段调入内存后是否被修改过。

(5) 增补位：是请求段式存储管理系统中特有的字段，用于表示本段在运行过程中是否进行过动态增长。

(6) 外存地址：用于指出该段在外存的地址，供调入该段时使用。

2. 缺段中断机构

在请求段式存储管理系统中，调入、调出内存的单位是段。如果所要访问的段尚未调入内存，就产生缺段中断信号。此时缺段中断处理程序得到控制权，负责将所缺段调入内存。缺段中断与缺页中断机构类似，同样需要在指令执行期间产生和处理中断。但由于段是信息的逻辑单位，不可能出现一条指令被分割在两个段中，也不会有被传送的数据被分割在两个段中的情况。

3. 地址变换机构

请求段式存储管理系统是在段式系统的基础上形成的，由于要访问的段不一定在内存，因此在进行地址变换时，如果发现所要访问的段不在内存，必须将所缺的段调入内存，并修改段表中的状态位。段的调入策略和置换算法与请求页式系统类似，这里不再赘述。

4. 请求段式存储管理系统的内存管理

在请求段式存储管理系统中，对于物理内存的分配可以采取与可变分区管理相似的方案，如采用首次适应法、下次适应法、最佳适应法和最坏适应法选择空闲内存分区分配给某段；不同的是分配的单位不是一个程序或进程，而是一个程序段或数据段。同样，当某一程序段运行完毕或数据段使用完毕后，系统负责回收该段占用的内存空间，回收时要考虑分区的合并问题。

6.3.2 动态链接

在请求段式存储管理系统中可以实现动态链接，用到哪个段时再对该段进行链接，从而避免不必要的链接，使进入内存的段更有效。

MULTICS 系统设计并实现了一个完全意义上的动态链接机制。为了实现动态链接，需要间接字和链接中断机构硬件的支持。

1. 间接字

间接字由链接中断位 L 和间接地址组成，如图 6-8 所示。

链接中断位用于表示要动态链接的段是否已链接上，用一个二进制位 L 表示。

| L | 间接地址 |

图 6-8 间接字格式

(1) L=1：表示其后的地址是间接地址，指令所涉及的段需要动态链接。

(2) L=0：表示其后的地址是直接地址，不需要进行动态链接。

间接地址就是指令中表示地址的部分不是所要存取数据的直接地址，而是间接地址，即存放直接地址的地址。

2. 实现动态链接对编译器的要求

实现动态链接需要编译程序的支持，当某段的指令是访问本段内的地址时，将其译成直接寻址指令。而当某段的指令是访问本段外的地址时（外部引用），将其译成间接寻址指令，并将链接中断位 L 置为 1，设置链接中断处理程序。

3. 动态链接过程

如图 6-9(a)所示，程序 MAIN 中有一条指令 LOAD 1,0|1000，这是一条间接地址指令，含义是将第 0 段(程序 MAIN 的段号为 0)地址为 1000 的地址单元的内容存入 1 号寄存器。该指令的执行过程如下。

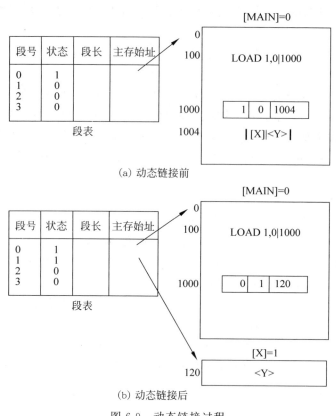

图 6-9 动态链接过程

(1) 当程序执行到指令 LOAD 1,0|1000 时，从本段的 1000 号单元得到间接字，如图 6-10 所示。

图 6-10 1000 号单元的间接字

由于 1000 号单元中的链接中断位 L 为 1(即 L=1)，表示其后的地址是间接地址，指令所涉及的段需要动态链接，接下来的 0 仍表示第 0 段，1004 表示 1004 号单元。由于链接中断位 L 为 1，因此发出链接中断信号。

(2) 操作系统得到控制权进行动态链接，按照间接地址首先找到第 0 段的 1004 号单元，可以看到 1004 号单元存放的是符号串[X]|<Y>，[X]表示第 X 段，<Y>表示相对地址为 Y，其含义是要取出 X 段相对地址为 Y 的内容。因此操作系统将[X]段调入内存，分配一个段号为 1，同时找到相对地址 Y 为 120，修改间接字，将间接地址修改成直接地址，并置链接中断位 L 为 0，如图 6-9(b)所示。

(3) 中断返回后，执行 1000 号单元的指令，此时链接中断位 L 为 0，表示为直接地址，执行该地址的指令，将第 1 段相对地址为 120 中的内容 Y 存入 1 号寄存器即可。

需要注意的是，动态链接所需要的间接地址使得每次外部引用时都需要一次额外的内存访问，这是动态链接需要付出的代价。

思考与练习题

自测题

1. 试说明缺页中断与一般中断的主要区别。
2. 局部置换和全局置换有何区别？在多道程序系统中建议使用哪一种？
3. 虚拟存储器的特征是什么？虚拟存储器的容量受到哪两个方面的限制？
4. 已知页面走向是 1、2、1、3、1、2、4、2、1、3、4，且进程开始执行时，内存中没有页面，若给该进程分配两个物理块，当采用以下算法时缺页率是多少？

   (1) 先进先出置换算法。
   (2) 假如有一种页面置换算法，它总是淘汰刚使用过的页面。

5. 在请求页式存储管理系统中，使用先进先出(FIFO)页面置换算法会产生一种奇怪的现象：分配给进程的页数越多，进程执行时的缺页次数反而升高。试举例说明这一现象。

6. 某请求页式存储管理系统中，页的大小为 100 字，一个程序的大小为 1200 字，可能的访问序列为 10、205、110、40、314、432、320、225、80、130、272、420、128，若系统采用 LRU 置换算法，当分配给该进程的物理块数为 3 时，给出进程驻留的各个页面的变化情况、页面淘汰情况及缺页次数。

7. 在一个采用局部置换策略的请求页式系统中，分配中给进程的物理块数为 4，其中存放的 4 个页面的情况如表 6-1 所示。

表 6-1　进程 4 个页面的情况

页　号	存储块号	加载时间	访问时间	访问位	修改位
0	2	30	160	0	1
1	1	160	157	0	0
2	0	10	162	1	0
3	3	220	165	1	1

当发生缺页时分别采用下列页面置换算法，分别将置换哪一页？并解释原因。

(1) OPT(最佳)置换算法。
(2) FIFO(先进先出)置换算法。
(3) LRU(最近最少使用)算法。
(4) Clock 置换算法。

8. 某虚拟存储器的用户空间有 32 个页面，每页 1KB，内存大小为 16KB，假设某时刻系统为用户的第 0、1、2、3 页分配的物理块号是 5、10、4、7，而该用户进程的长度是 6 页。试将以下十六进制的虚拟地址转换成物理地址。

(1) 0X0A5C。
(2) 0X103C。
(3) 0X257B。
(4) 0X8A4C。

9. 在请求页式存储管理系统中，页面大小是 100 字节，有一个 50×50 的数组按行连续存放，每个整数占 2 字节。将数组初始化的程序如下。

程序 A：

```
int i,j;
int a[50][50];
for (i = 0;i < 50;i++)
    for (j = 0;j < 50;j++)
        a[i][j] = 0;
```

程序 B：

```
int i,j;
int a[50][50];
for (j = 0;j < 50;j++)
    for (i = 0;i < 50;i++)
        a[i][j] = 0;
```

在程序执行过程中，若内存中只有一个页面用来存放数组的信息，试问程序 A 和程序 B 执行时产生的中断次数分别是多少？

第 7 章

设备管理

与计算机相连的设备在许多方面都呈现不同。有的设备以字节为单位进行数据传输,有的却以数据块为单位进行数据传输;有的设备必须顺序访问,有的能进行随机访问;有的设备只能独占,有的却可以共享;而且设备之间的速度差异也很大。

尽管有这些差异,操作系统仍需要向应用程序提供各种功能,以便控制设备,同时为用户使用设备提供方便。

本章将主要讨论三个方面的问题,分别为 I/O 管理、磁盘管理和缓冲管理。

7.1 I/O 管理概述

视频讲解

7.1.1 I/O 管理的功能

1. I/O 管理的目标

一个计算机系统中包含众多的 I/O 设备,它们种类繁多,物理特性各异。I/O 管理在整个操作系统中占有很大的比重,要达到的目标有以下四个方面。

(1) 选择、分配及控制 I/O 设备,以便能进行数据传输工作。

(2) 为用户提供一个统一友好的接口,把用户与设备的硬件特性分开,用户与实际使用的具体物理设备无关,操作系统统一管理各种各样的物理设备。

(3) I/O 管理软件的层次结构。组成 I/O 软件的各个程序按照其功能划分成若干层次,与用户程序相关的部分在最高层,而直接与 I/O 硬件相关的部分,如中断处理程序在最低层。在设计上尽可能采用统一的管理方法,使 I/O 管理系统结构简单,性能可靠,易于维护。

(4) 高效率。为了提高 I/O 设备的使用效率,除了合理分配各种 I/O 设备外,还要尽量提高设备与 CPU、设备与设备之间的并行程度。另外还要均衡系统中各种设备的负载,最大限度地发挥所有设备的能力。

2. I/O 管理的主要功能

为了实现上述目标,I/O 管理系统应具有以下功能。

(1) 监视设备的状态。一个计算机系统中有许多设备、控制器、通道,在系统运行期间,它们各自完成自己的工作,处于各种不同的状态。I/O 管理的功能之一就是记住所有设备、控制器和通道的状态,以便有效地管理、调度和使用它们。

(2) 进行设备分配。按照设备的类型和系统所采用的分配算法,实施设备分配,并把未分配到所请求设备、控制器和通道的进程投入等待队列。

(3) 完成 I/O 操作,尽量实现设备与 CPU、设备与设备之间的并行。实现这一点需要相应硬件的支持,包括控制器、DMA 或通道。系统按照用户的要求调用相应设备的驱动程序,启动设备,进行 I/O 操作,并利用中断技术完成设备与 CPU、设备与设备之间的并行操作。在有通道的系统中,应根据用户提出的 I/O 要求构成相应的通道程序,通道将自动完成设备与 CPU 之间的数据传输,完成并行操作的任务。

(4) 缓冲管理。CPU 的执行速度和访问内存的速度都比较高,而 I/O 设备的数据传输速度则低得多。为了解决这种设备与 CPU 速度不匹配的问题,系统中一般都设有缓冲区来暂存数据。设备管理程序还要负责缓冲区的分配、释放及有关的管理工作。

7.1.2 I/O 硬件组成

不同规模的计算机系统,其 I/O 系统的结构是不同的。通常把 I/O 系统的结构分成微机 I/O 系统和主机 I/O 系统。

1. 微机 I/O 系统

如果计算机中有一个或多个设备使用一组共同的线,那么这种连接称为总线结构。总线(Bus)是一组线和一组严格定义的可以描述线上传输信息的协议。微机 I/O 系统多采用总线结构,如图 7-1 所示。PCI(Peripheral Component Interconnect)总线用于连接处理器、内存及快速设备。扩展总线用于连接串行、并行端口及相对较慢的设备。CPU 通过设备控制器与 I/O 设备进行通信,并控制相应的设备。根据设备的类型,为设备配置设备控制器,如磁盘控制器用于控制磁盘,图形控制器用于控制监视器等。

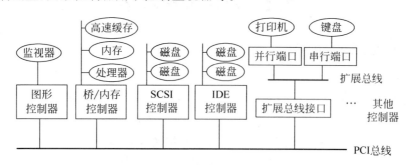

图 7-1 总线 I/O 系统结构

2. 主机 I/O 系统

主机系统中配置的设备较多,特别是配有较多高速外设,如果这些设备的控制器都通过一条总线与主机通信,则会使总线和主机的负担过重。为此,主机 I/O 系统中不采用总线结构,而是增加一级 I/O 通道,用以代替主机与各个设备控制器进行通信,并实现对它们的控制。图 7-2 所示为具有通道的主机 I/O 系统结构,分为四级,最低一级为 I/O 设备,次低级为设备控制器,次高级为 I/O 通道,最高级为主机。

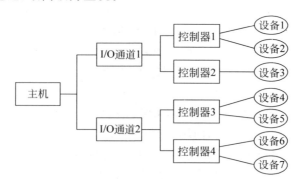

图 7-2 具有通道的主机 I/O 系统结构

7.1.3 I/O 设备

1. 设备的类型

I/O 设备种类繁多,特性各异,如终端、打印机、鼠标、硬盘驱动器、软盘驱动器、CD-ROM 等,各有不同的物理特性。

按设备进行信息交换的单位,I/O 设备可以分成块设备和字符设备。

1) 块设备(Block Device)

块设备也称为存储设备,是计算机中用来存储信息的主要设备。虽然它们的存储速度比内存慢,但比内存的容量大得多,相对价格也便宜。尤其是磁盘,在现代计算机系统中得到了广泛的应用。由于块设备对信息的存取总是以数据块为单位,故称为块设备。典型的块设备有磁盘、光盘等。对于磁盘,每个盘块的大小通常为 512B~1KB。

磁盘的特征之一是可寻址。磁盘按块编址,无论磁头当前处于什么位置,它总是可以寻址到磁盘块所在的位置。磁盘的特征还有磁盘的传输速度比较高,磁盘的输入输出一般采用 DMA 方式。

2) 字符设备(Character Device)

字符设备也称为 I/O 设备,用于数据的输入和输出。由于 I/O 设备上的信息是以字符为单位组织的,故称为字符设备。典型的字符设备有打印机、显示终端、键盘及鼠标等,还包括网卡和 Modem。字符设备属于无结构设备,基本特征是不可寻址,传输速度低。字符设备在输入输出时常采用中断方式。

另外,按设备的共享属性又可以把 I/O 设备分为独占设备、共享设备和虚拟设备。独占设备是指一段时间内只允许一个进程访问的设备。共享设备是允许多个进程同时访问的设备。虚拟设备是指通过虚拟技术将一台独占设备变换成的若干个逻辑设备,可供多个进程同时使用。

2. 设备之间的差异

I/O 设备的种类很多,各类设备之间的差异很大,甚至每一类设备中也有相当大的差异,主要差异包括以下 6 个方面。

(1) 数据率。数据传输的数据率可能会相差几个数量级,例如,键盘和鼠标的数据率约为 10^2 bps,激光打印机的数据率约为 10^6 bps,而图形显示设备的数据率可以达到 10^8 bps 以上。图 7-3 所示为一些典型的 I/O 设备的数据率。

(2) 管理程序。设备的使用场合不同,操作系统的管理程序也不同。例如,用于文件操作的磁盘需要操作系统文件管理软件的支持;在虚拟存储方案中,磁盘是用于虚拟存储空间的后备存储器,它受虚拟存储管理程序管理;此外,为了提高磁盘的访问速度,还需要磁盘调度程序的支持。

(3) 控制的复杂度。有些设备需要较复杂的控制程序的控制,而有些则比较简单。例如,打印机仅需要一个相对比较简单的控制接口,而磁盘的控制接口就要复杂得多。这些差别可以用控制该设备的 I/O 模块的复杂度来描述。

(4) 数据的传送单位。数据可以按字节流的形式传送,也可以按数据块的形式传送,因此数据的传送单位不同。

(5) 数据编码。不同的设备使用不同的数据编码方案,包括字符代码和奇偶校验的差异。

(6) 出错条件。错误的本质、报告错误的方式、错误的后果以及对错误的响应因设备不同

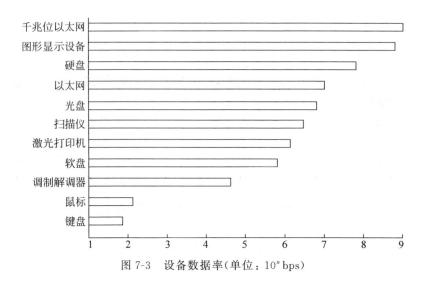

图 7-3 设备数据率(单位：10^n bps)

而不同。

设备的这些差异使得无论从操作系统的角度，还是从用户进程的角度，都很难实现一种统一、一致的 I/O 方法。

3. 设备标识

一个计算机系统中可以配置多种类型的设备，并且同一类型的设备又可以有多台，如何标识这些设备是设备管理中必须解决的问题。各种系统中设备命名的方法各不相同，但基本思想却是相似的，就是按某一原则为每台设备分配一个唯一的号码，用于区分硬件和识别设备，这个唯一的号码称为绝对设备号。

在多道程序环境中，系统中的设备被多个用户共享，用户并不知道系统中哪个设备忙，哪个设备空闲，只能由操作系统根据当时设备的具体情况决定哪个用户使用哪个设备。这样，用户在编写程序时就无须通过绝对设备号来使用设备，只需要向系统说明要使用的设备类型即可。为此，操作系统为每类设备规定一个编号，称为设备类型号。如在 UNIX 系统中，设备类型号称为主设备号。用户程序往往同时使用多台同类设备，并且可能一台设备使用多次，所以用户在向系统申请设备时，除了应说明设备类型号之外，还要说明要使用某类设备的第几台。这里的第几台就是相对设备号，是用户自己规定的所用同类设备中的第几台，应与系统为每台设备规定的绝对设备号相区别。

因此，用户程序使用系统规定的设备类型号以及用户自己规定的相对设备号向操作系统提出设备申请，操作系统再将其转换成系统中的绝对设备号为其分配设备。

7.1.4 设备控制器

I/O 设备一般由机械和电子两部分组成。通常将这两部分分开处理，以提供更为模块化、更通用的设计。机械部分就是设备本身。电子部分称为设备控制器(Controller)或适配器(Adapter)。设备控制器用于管理端口、总线或设备，实现设备主体(机械部分)与主机之间的连接与通信。通常，一台设备控制器可以控制多台同一类型的设备。设备控制器的复杂程度相差较大，如串口控制器就较为简单，它用一块芯片或部分芯片就可控制串口线上信号。相对而言，SISC 控制器就复杂多了，它通常有处理器、微码及一定的私有内存，以便能处理

SISC 协议信息。有的设备控制器是内置的,如磁盘;有的设备的控制器是外置的,如图形控制器。

在小型机和微机中,设备控制器常以印刷电路板的形式插入计算机,称为控制器卡。控制器卡通常有一个可以插接的连接器,通过电缆与设备内部相连。很多控制器卡可以连接 2 个、4 个甚至 8 个相同的设备。如果控制器卡和设备之间的接口采用的是标准接口,符合 ANSI、IEEE 或 ISO 标准,那么厂商就可以制造各种适合这个接口的控制器卡或设备。

1. 设备控制器的组成

由于设备控制器处于 CPU 与设备之间,它既要与 CPU 通信,又要与设备通信,还应具有按照 CPU 的指令去控制设备的能力,因此,大多数设备控制器由三部分组成,如图 7-4 所示。

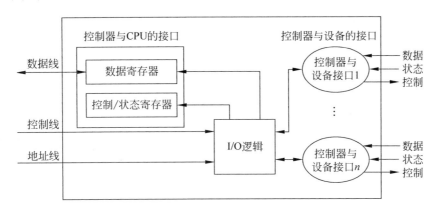

图 7-4 设备控制器的组成

1) 控制器与 CPU 的接口

用于 CPU 与控制器之间的通信,共有三类信号线,分别为数据线、地址线和控制线。

每个控制器通常有几个寄存器用于与 CPU 进行通信,这些寄存器分成数据寄存器和控制/状态寄存器。在有些计算机中,这些寄存器是常规存储器地址空间的一部分,这种模式称为存储器影像 I/O,例如 68030 系列机就采用这一模式。而有些计算机中则使用专用的 I/O 地址空间,每个控制器分配其中的一部分,如 IBM PC 就是这种模式。在这种模式中,每个控制器都配置一个 I/O 地址和中断向量,与控制器相关的总线译码逻辑把 I/O 地址分配给设备。

操作系统将命令写入控制器的控制/状态寄存器中,以实现 I/O。例如 IBM PC 软件控制器接收 15 条不同的命令,其中有 read、write、seek、format 等,很多命令都带有参数,这些参数随同命令一起写入控制/状态寄存器。控制器接收一条命令后,它可以独立于 CPU 完成命令指定的操作,CPU 可转去完成其他工作。当命令完成之后,控制器产生一个中断,使操作系统获得 CPU 的控制权,并测试操作结果。CPU 通过读取控制器的寄存器中的内容得到操作的结果和设备的状态。

当 CPU 需要与设备进行数据传输时,数据寄存器用于暂存设备的数据。

2) 控制器与设备的接口

控制器与设备的接口有多个,每个设备使用一个接口。控制器与设备之间的接口通常是一个很低层的接口。每个接口中存有数据、控制和状态三种类型的信号。控制器中的 I/O 逻辑根据 CPU 发来的地址信号选择一个设备接口。

3) I/O 逻辑

用于实现对设备的控制。它通过一组控制线与 CPU 交互,CPU 通过该逻辑向控制器发送命令;I/O 逻辑对收到的命令进行译码。每当 CPU 要启动一个设备时,一方面将启动命令发送给控制器;另一方面又同时通过地址线把地址发送给控制器,由控制器的 I/O 逻辑对收到的地址进行译码,再根据所译出的命令对所选设备进行控制。

2. 设备控制器的任务

设备控制器的任务有以下几个方面。

1) 接收和识别命令

CPU 可以向控制器发送多种命令,设备控制器为了接收和识别这些命令,在控制器中有相应的控制寄存器,用来存放接收的命令和参数,并对接收的命令进行译码。

2) 数据交换

为了实现 CPU 与控制器、控制器与设备之间的数据交换,控制器中设置了数据寄存器。CPU 通过数据线将数据写入控制器的数据寄存器,或从控制器中读出;而设备将数据输入控制器的数据寄存器,或从控制器读出数据。

3) 了解设备的状态

控制器要记下设备的状态供 CPU 了解。例如当设备就绪时,CPU 才能启动控制器从设备中读出数据。为此,在控制器中设置状态寄存器,用其中的某一位反映设备的某一种状态。当 CPU 将该寄存器的内容读入后,便可以了解设备的状态。

4) 地址识别

系统中的每一个设备都有一个地址,而设备控制器必须能够识别它所控制的每个设备的地址。此外,为了使 CPU 能从控制器的寄存器中读出数据,这些寄存器也应具有唯一的地址。

7.1.5 设备通道

虽然在 CPU 与设备之间增加了设备控制器,已能大大减少 CPU 的干预,但当计算机配置的外设很多时,CPU 的负担仍然很重。为此,在许多计算机系统中配置了通道,其目的就是建立独立的 I/O 操作,使 CPU 从繁重的 I/O 中解放出来。

在设置通道的计算机系统中,主机只需要向通道发送一条 I/O 指令,通道接收到该指令后便执行通道程序完成 I/O 任务,完成规定的 I/O 任务后向主机发中断,报告本次 I/O 任务已经完成。

通道实际上是一个特殊的处理机,它具有执行 I/O 指令的能力,并通过执行通道程序来控制 I/O 操作。但通道又与一般的处理机不同,主要表现在以下两个方面。

(1) 通道指令类型单一。由于通道硬件比较简单,其所执行的指令局限于与 I/O 操作有关的指令。

(2) 通道内没有自己的内存。通道执行的指令一般放在其主机的内存中。

1. 通道的类型

通道用于控制外部设备,由于外部设备的类型较多,且传输速率相差悬殊,因而使得通道具有多种类型。

1) 字节多路通道(Byte Multiplexer Channel)

这种通道中含有几十到数百个子通道,每个子通道连接一台 I/O 设备。这些子通道按时间片轮转方式共享主通道。当第一个子通道控制其I/O设备完成一个字节的数据交换后,便立即腾出主通道让第二个子通道使用;当第二个子通道完成一个字节的数据交换后,又立即腾出主通道让给第三个子通道使用;以此类推,当所有子通道轮转一圈后,又返回第一个子通道使用主通道。

图 7-5 给出了字节多路通道的工作原理,它含有的多个子通道 A、B、C、…、N 分别通过控制器与一台外设相连,假设这些外设的速率相同,且都向主机传送数据,设备 A 传输的数据流是 A_1、A_2、A_3、…,设备 B 传输的数据流是 B_1、B_2、B_3、…,则通过字节多路通道后送往主机的数据流为 A_1、B_1、C_1、…、N_1、A_2、B_2、C_2、…、N_2、A_3、B_3、C_3、…、N_3。

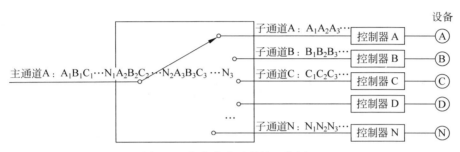

图 7-5 字节多路通道的工作原理

字节多路通道主要用于连接低速的字符设备,每次传送的信息以字节为单位。

2) 数组选择通道(Block Selector Channel)

字节多路通道不适合连接高速外设,因而促使了数组选择通道的出现。数组选择通道可以同时连接多台高速块设备,但由于它只含有一个分配子通道,在一段时间内只能执行一道通道程序,控制一台设备进行数据传送,致使当某台设备占用该通道后便一直独占,即使没有数据传送,通道被闲置时,也不允许其他设备利用该通道,直到该设备传送完毕才释放该通道。

数组选择通道用于连接高速的块设备,以块为数据传输单位。

3) 数组多路通道(Block Multiplexer Channel)

数组多路通道将数组选择通道传输速度高和字节多路通道能使各子通道分时并行操作的优点相结合,含有多个非分配型子通道,因而这种通道既具有很高的数据传输速率,又能获得令人满意的通道利用率。该通道被广泛地应用于连接多台高、中速的块设备,数据传送是按数组方式进行的。

2. 通道与设备的连接

由于通道价格昂贵,使得计算机系统中设置的通道数量不会很多。因此,当设备 I/O 工作繁忙时,通道就成为 I/O 的瓶颈。

例如,图 7-2 所示的实例中,为了启动设备 4,必须使用通道 2 和控制器 3。若这二者被其他设备占用,则无法启动设备 4;而如果设备 4 正在使用时再要启动设备 5、设备 6 或设备 7,由于它们必须使用通道 2(通道 2 被设备 4 占用),所以就不可能启动,必须等待。

解决该问题的方法是采用多通路连接,如图 7-6 所示,增加设备到主机之间的通路,而不增加通道或控制器。换言之,就是把一个设备连接到多个控制器上;而一个控制器又被连接到多个通道上。图中设备 1、设备 2、设备 3 和设备 4 都拥有多条通往主机的通路,设备 1 既可以通过控制器 1、通道 1 到主机,也可以通过控制器 1、通道 2 或控制器 2、通道 1 以及控制器

2、通道 2 到主机。

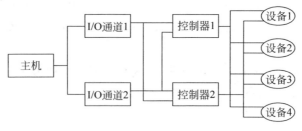

图 7-6　多通路连接

这种多通路连接不仅解决了上述瓶颈问题，还提高了系统的可靠性，即使个别通道或控制器出现了故障，也不会使设备和主机之间没有通路。

7.2　I/O 控制方式

设备管理的任务之一就是控制设备，在设备与内存之间传送数据，本节将介绍几种常用的数据传送控制方式。

选择和衡量数据传送控制方式的原则有如下三条。

(1) 数据传送速度足够高，能满足用户的需要而又不丢失数据。

(2) 系统开销小，需要的处理控制程序少。

(3) 能充分发挥硬件资源的能力，使得 I/O 设备尽可能忙，CPU 等待时间尽量少。

随着计算机系统的发展，计算机单个部件的复杂度和完善性也随之增加，I/O 功能更是如此。I/O 功能的发展可概括如下。

(1) CPU 直接控制外设，这在早期的计算机系统和微处理控制设备中比较多见。

(2) 有了控制器和 I/O 模块，但 CPU 使用没有中断的程序控制 I/O。

(3) 采用中断控制方式，CPU 不再花费时间等待执行下一个 I/O 操作，因而效率得到了提高。

(4) 采用 DMA 控制方式，可以在没有 CPU 参与的情况下从内存读出或向内存写入一块数据，仅在传输开始和结束时需要 CPU 的干预。

(5) 采用通道控制方式，通道是一个单独的处理机，它有专门的 I/O 指令集。CPU 指示通道执行内存中的一个 I/O 程序，通道在没有 CPU 干涉的情况下取指令并执行指令。

(6) 通道有了自己的局部存储器，它本身就是一个计算机。它可以控制许多 I/O 设备，并且使需要主机参与的部分最小。这种结构通常用于控制与终端的交互和通信。

从以上发展过程可以看出，越来越多的 I/O 都可以在没有主机控制的情况下进行。CPU 从 I/O 任务中解脱出来，从而提高了性能。下面分别介绍功能(2)~(5)。

7.2.1　程序直接控制方式

程序直接控制方式是由用户进程直接控制 CPU 与外设之间的信息传送。

当用户进程需要使用某一外设输入数据时，它通过 CPU 向外设发出一条 I/O 指令启动外设，然后用户程序循环测试控制器中控制/状态寄存器的忙/闲标志位。而外设只有将数据传送的准备工作做好(输入设备已将数据传送到控制器的数据寄存器)之后，才将控制/状态寄存器的忙/闲标志位置为0(表示准备就绪)。因此,当CPU检测到控制/状态寄存器的忙/闲标志位为0时,外设才开始与CPU之间进行数据的传送。

反之,用户进程需要向外设输出数据时,也必须发出启动指令,并等待外设准备就绪之后才能输出数据。程序直接控制方式的流程图如图7-7所示,其中图7-7(a)为CPU的工作情况,图7-7(b)为外设的工作情况。

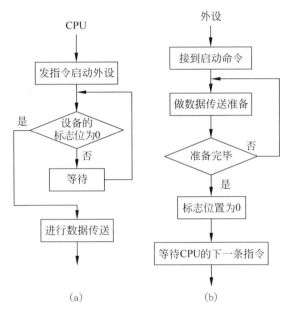

图7-7 程序直接控制方式的流程图

在CPU与外设之间进行数据传送时,输入设备每进行一次操作,就把输入数据送入控制器的数据寄存器,然后CPU把数据取走。反之,当CPU输出数据时,先把数据输出到数据寄存器,再由输出设备将其取走,只有数据装入数据寄存器后,控制/状态寄存器的忙/闲位的值才发生变化。由于数据寄存器每次只能存放一个字节的数据,因此数据传送的单位是字节。

程序直接控制方式实现简单,也不需要硬件的支持,但它存在以下缺点。

(1) CPU与外设之间只能串行工作。因为CPU的处理速度远远高于外设的数据传送速度,所以CPU在大量的时间内都处于等待和空闲状态。这使得CPU的利用率大大降低。

(2) CPU在一段时间内只能与一台外设交换数据信息,因此多台外设之间也是串行工作。

(3) 由于程序直接控制方式是依靠测试设备的状态来控制数据的传送,因此无法发现和处理由于设备和其他硬件所产生的错误。

所以,程序直接控制方式只适用于那些CPU执行速度较慢且外设较少的系统。

7.2.2 中断控制方式

为了减少程序直接控制方式中CPU的等待时间,提高系统并行工作的程度,现代计算机系统中广泛采用了中断控制方式。这种方式要求CPU与设备控制器之间有相应的中断请求线,设备控制器的控制/状态寄存器中有相应的中断允许位,如图 7-8 所示。数据的输入过程如下。

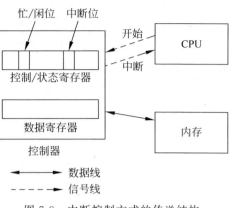

(1) 进程运行过程中,当需要输入数据时,通过 CPU 发出指令启动外设,同时该指令还将控制/状态寄存器的中断位置为"允许",以便在需要时,中断处理程序可以被调度执行。

(2) 在进程发出启动指令后,该进程放弃处理机,等待输入完成,从而使进程调度程序可以调用其他进程执行。

(3) 当输入完成时,设备控制器通过中断请求线向 CPU 发出中断信号。CPU 在接收到中断信号后,转向执行中断处理程序,对数据传送进行相应处理。

图 7-8 中断控制方式的传送结构

(4) 当进程调度程序选中发出启动指令的进程时,该进程从内存指定单元取出需要的数据继续工作。

图 7-9 所示是中断控制方式的处理流程图。从图中可以看出,CPU 发出启动设备的指令后,并没有像程序控制方式那样循环测试控制/状态寄存器的忙/闲标志位。相反,CPU 已被进程调度程序分配给其他进程。当设备将数据送到控制器的数据寄存器后,控制器发出中断信号。CPU 接到中断信号后进行中断处理。

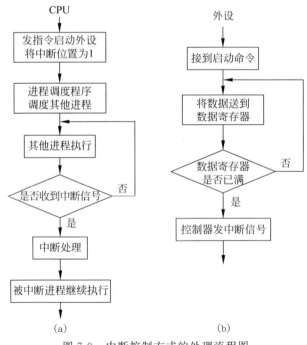

图 7-9 中断控制方式的处理流程图

从中断控制方式可以看出,在设备输入数据的过程中,无须 CPU 的干预,因而使 CPU 与设备可以并行工作。仅当输入完一个数据时,CPU 才花费很短的时间进行中断处理。这样,设备与 CPU 都处于忙碌状态,从而使 CPU 的利用率大大提高,并且能支持多道程序和设备的并行工作。

与程序直接控制方式相比,中断控制方式可以成百倍地提高 CPU 的利用率,但还存在如下一些问题。

(1) 设备控制器的数据寄存器装满数据后发生中断。数据寄存器通常只能存放一个字节的数据,因此在进程传送数据的过程中,发生中断的次数可能很多,这将消耗 CPU 的大量处理时间。

(2) 计算机中通常配置各种各样的外设,如果这些外设都通过中断的方式进行数据传送,则会由于中断次数的急剧增加造成 CPU 无法及时响应中断,出现数据丢失现象。

7.2.3 DMA 控制方式

采用中断方式时,CPU 是以字节为单位进行干预的。如果将这种方式用于块设备的 I/O,显然是低效的。例如,为了从磁盘中读出 1KB 的数据,需要中断 1024 次 CPU。为了进一步减少 CPU 的干预,引入了直接存储器访问(Direct Memory Access,DMA)方式。

1. DMA 控制器

与前文介绍的控制器相类似,DMA 控制器也是由三个部分组成,即主机与 DMA 控制器的接口、I/O 控制逻辑和 DMA 控制器与设备之间的接口。在 DMA 控制器中,设置了四类寄存器,如图 7-10 所示。

(1) 控制/状态寄存器用于接收从 CPU 发来的 I/O 命令或有关控制信息,或 CPU 用于了解设备的状态。

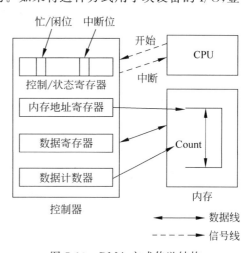

图 7-10 DMA 方式传送结构

(2) 数据寄存器用于暂存从内存到设备或从设备到内存的数据。

(3) 内存地址寄存器,用于存放数据从设备传送到内存的目标地址,或从内存到设备时内存的源地址。

(4) 数据计数器存放本次 CPU 要读或写数据的字节数。

2. 处理过程

由于在 DMA 控制器中增加了内存地址寄存器和数据计数器,DMA 控制器可以代替 CPU 控制内存与设备之间进行成块的数据交换。成块数据的传送由数据计数器进行计数,由内存地址寄存器确定内存的地址。除了在数据块的传送开始时需要 CPU 发出启动指令,以及在数据块传送完毕时需要发中断信号通知 CPU 进行中断处理之外,DMA 方式不像中断控制方式那样需要 CPU 的频繁干预。

DMA 控制方式的数据输入过程如下。

(1) 当进程要求设备输入数据时,CPU 把准备存放数据的内存始址以及要传送数据的字节数分别送入 DMA 控制器的内存地址寄存器和数据计数器,并把控制/状态寄存器中的中断位置为"允许",忙/闲标志位置为 0,从而启动设备开始进行数据输入。

(2) 发出数据传送请求的进程进入等待状态,进程调度程序调度其他进程占用 CPU 执行。

(3) 输入设备不断地挪用 CPU 工作周期,将数据寄存器中的数据源源不断地写入内存,直到所要求的字节数全部传送完毕。

(4) DMA 控制器在传送字节数完成时,通过中断请求线发中断信号,CPU 在接到中断信号后,转中断处理程序进行善后处理。

(5) 中断处理结束时,CPU 返回被中断进程处继续执行。

3. 特点

(1) 数据传输的基本单位是数据块,即 CPU 与 I/O 设备之间每次传送一个数据块的数据。

(2) 所传送的数据是从设备直接到内存或者从内存直接到设备。

(3) 仅在传送数据块的开始和结束时需要 CPU 的干预,整块数据的传送是在控制器的控制之下完成的。

不过,DMA 方式仍存在着一定的局限性。首先,DMA 方式对外设的管理和操作仍由 CPU 控制。在大、中型计算机系统中,系统所配置的外设种类越来越多,数据也越来越大,因而对外设的管理和控制也越来越复杂。多个 DMA 同时使用显然会引起内存地址的冲突并使得控制过程进一步复杂化。因此在大、中型的计算机系统中配置了专门用于 I/O 的硬件设备——通道。

7.2.4 通道控制方式

1. 通道控制方式的引入

虽然 DMA 方式比起前文介绍的中断方式已显著减少了 CPU 的干预,即从以字节为单位的干预减少到以数据块为单位的干预。而且,每次干预时并无数据传送的操作,即不必把数据从控制器传送到内存或从内存传送到控制器。但是,CPU 每次发送一条 I/O 指令,也只能去读写一个连续的数据块。而如果需要一次读(写)多个离散的数据块,且将它们传送到内存的不同区域,则需要由 CPU 分别发出多条 I/O 指令及进行多次中断处理才能完成。

通道控制方式是 DMA 控制方式的发展,它可以进一步减少 CPU 的干预,即把对一个数据块的读(写)干预减少到对一组数据块的读(写)干预;同时,又可以实现 CPU、通道及 I/O 设备三者的并行工作,从而更有效地提高整个系统的资源利用率。例如,当 CPU 要完成一组相关数据块的读(写)操作时,只需要向通道发出一条 I/O 指令,给出所要执行的通道处理程序的地址和要访问的 I/O 设备,通道接到该指令后,通过执行通道处理程序便可完成 CPU 指定的 I/O 任务。

2. 通道指令

通道通过通道处理程序,与设备控制器共同实现对 I/O 设备的控制。通道处理程序是由一系列通道指令构成的。通道指令在进程要求传送数据时自动生成。通道指令的格式一般由操作码、计数、内存地址和结束位构成。

(1) 操作码规定了指令所要执行的操作,如读、写、控制等。

(2) 计数表示本条指令要读(写)数据的字节数。

(3) 内存地址标识数据要送入的内存地址或从内存的何处取出数据。

(4) 通道程序结束位 P 表示通道程序是否结束。P=1 表示本条指令是通道程序的最后一条指令。

(5) 记录结束位 R=0,表示本条通道指令与下一条通道指令所处理的数据属于一个记录;R=1,表示该指令处理的数据是最后一条记录。

例如如下三条通道指令,前两条指令分别将数据写入内存地址从 1850 开始的 250 个单元和内存地址从 5830 开始的 60 个单元,这两条指令构成一条记录;第三条指令单独写一个具有 280 字节的记录,要写入的内存地址是 790,该指令也是本次通道指令的最后一条指令。

```
write 0 0 250 1850
write 0 1 60 5830
write 1 1 280 790
```

3. 通道控制方式处理过程

(1) 当进程要求设备输入数据时,CPU 发出启动指令,并指明要进行的 I/O 操作、使用的设备的设备号和对应的通道。

(2) 通道接收到 CPU 发来的启动指令后,把存放在内存的通道处理程序取出,开始执行通道指令。

(3) 执行一条通道指令,设置对应设备控制器中的控制/状态寄存器。

(4) 设备根据通道指令的要求把数据送往内存指定区域。如果本指令不是通道处理程序的最后一条指令,取下一条通道指令,并转(3)继续执行;否则执行(5)。

(5) 通道处理程序执行结束,通道向 CPU 发中断信号请求 CPU 做中断处理。

(6) CPU 接到中断处理信号后进行善后处理,然后返回被中断进程处继续执行。

7.3　I/O 系统

用户进程需要输入或输出时,将调用操作系统提供的系统调用命令,之后操作系统负责给用户进程分配设备,启动有关设备进行 I/O 操作。在 I/O 操作完成时,系统要响应中断,进行善后处理。

I/O 系统由若干个层次构成,每一层有其独立的功能,低层对高层隐藏了硬件具体的功能,而高层为用户提供清晰、统一的接口。如图 7-11 所示,I/O 系统分为以下几个层次。

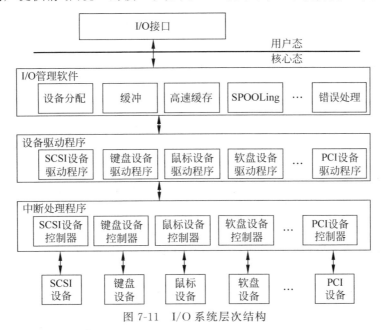

图 7-11　I/O 系统层次结构

(1) I/O 接口。当用户需要 I/O 时，通常调用库函数，例如 C 语言中的标准 I/O 函数，如 printf、scanf 等。而库函数代码要经过系统调用进入操作系统，为用户提供服务。

(2) I/O 管理软件。它是操作系统核心的一部分，其基本功能是执行所有设备共有的 I/O 功能，并为用户提供统一的接口。它包括设备的命名、设备的授权访问、错误处理等功能，还包括缓冲管理、设备分配及 SPOOLing 系统等与 I/O 有关的服务。

(3) 设备驱动程序。它是直接与硬件打交道的软件模块。一般地说，设备驱动程序的任务是接收 I/O 管理软件的抽象请求，进行与设备相关的具体设备操作。它控制设备的打开、关闭、读、写等操作，控制数据在设备上的传输。

(4) 中断处理程序。它位于 I/O 系统的底层，当输入就绪、输出完成或设备出错时，设备控制器向 CPU 发中断信号，CPU 接到中断请求后，如果中断优先级高于正在运行的程序的优先级，则响应中断，然后把控制权交给中断处理程序。

7.3.1 设备分配

设备是系统中的资源，一般而言，系统中进程的数量往往大于设备数，从而引起进程对设备的竞争。为了使系统有条不紊地工作，系统必须具有合理的设备分配原则，该原则应顾及设备的固有属性、设备分配的安全性、设备的独立性等。

1. 设备的固有属性

有些设备在工作时需要人工干预，如把磁带放入磁带输入机。有些设备由一个进程独占使用，一个进程用完了，其他进程才可使用，如打印机。而对于磁盘这样的设备，它却可由多个进程所共享。因此，操作系统要根据各种设备的固有属性采用不同的处理方法。按设备固有属性，一般把设备分为独占设备、共享设备和虚拟设备。对不同属性的设备要采用不同的分配方式。

(1) 独占设备。对独占设备要采用独享分配策略，即在将一个设备分配给某进程后，便一直由它独占，直到进程完成或释放该设备，然后系统才能再将该设备分配给其他进程使用。在这种分配方式下，不仅设备利用不充分，还会引起死锁。

(2) 共享设备。对于共享设备，可将它分配给多个进程使用，但这些进程对设备的访问需要进行合理的调度。

(3) 虚拟设备。因为虚拟设备本身属于可共享设备，因此可供多个进程使用，对这些进程访问该设备的先后次序要进行有效的控制。

2. 设备分配的安全性

死锁是一种会导致严重后果的状态，它会使若干进程循环等待彼此占有的资源，这些进程都无法继续运行下去。如果设备分配不当，可能会导致死锁的发生，所以设备分配时应注意系统的安全性。

从进程运行的安全性考虑，设备分配有以下两种方式。

1) 安全分配方式

在这种分配方式中，每当进程发出 I/O 请求后，便进入阻塞状态，直到 I/O 操作完成时才被唤醒。采用这种分配策略时，一旦某个进程获得某种设备后便阻塞，使它不可能再申请任何其他资源，因而也就不可能出现"请求与保持条件"，所以这种分配方式是安全的。其缺点是进程的进展缓慢。

2) 不安全分配方式

在这种分配方式中，当进程发出 I/O 请求后不阻塞，而是继续运行，需要时又可以发出第二个 I/O 请求、第三个 I/O 请求等。仅当进程所请求的设备已被另一进程占用时,进程才进入阻塞状态。

这种分配方式的优点是一个进程可以同时操作多个设备,从而使进程推进迅速。其缺点是分配方式不安全,因为它可能具备"请求与保持条件",从而可能造成死锁。因此,在设备分配的过程中,应对本次的设备分配是否会发生死锁进行安全性计算,仅当计算结果说明分配是安全时才进行分配。

3. 设备的独立性

为了提高操作系统的可适应性和可扩展性,需要实现设备的独立性,也称设备的无关性,含义是用户程序独立于具体使用的物理设备。为了实现设备的独立性,引入了逻辑设备和物理设备两个概念。在用户程序中,使用逻辑设备名请求使用某类设备,而系统在实际执行时,使用的是物理设备名。操作系统具有将逻辑设备名转换成物理设备名的功能。

1) 实现设备的独立性的好处

(1) 增加了设备分配的灵活性。用户程序使用物理设备名指定要使用的某台设备时,如果该设备已经分配给其他进程或设备本身有故障,则尽管有其他相同设备空闲,该进程仍然会因请求不到设备而阻塞。而用户程序使用逻辑设备名时,只要系统中有一台空闲的同类设备,它就可以分配到该设备。

(2) 易于实现 I/O 重定向。所谓 I/O 重定向,是指用于 I/O 操作的设备可以更换,即重定向,而不必改变用户程序。例如,用户程序可以将程序的输出结果输出到屏幕上显示,也可以在打印机上打印输出,只需要将 I/O 重定向的数据结构——逻辑设备表中的显示终端改为打印机,而不必修改用户程序。

2) 逻辑设备表

为了实现设备的独立性,系统必须能够将用户程序中所使用的逻辑设备名转换成物理设备名,为此需要设置一张逻辑设备表(Logical Unit Table,LUT),该表的每一个表目包含逻辑设备名、物理设备名和设备驱动程序的入口地址,如图 7-12 所示。

逻辑设备名	物理设备名	驱动程序入口地址
/dev/tty	5	1034
/dev/print	3	2056
...	...	...

图 7-12 逻辑设备表

当进程使用逻辑设备名请求分配 I/O 设备时,系统为它分配相应的物理设备,并在 LUT 表上建立一表项,填上用户程序使用的逻辑设备名和系统分配的物理设备名,以及该设备驱动程序的入口地址。当以后进程再利用逻辑设备名请求 I/O 操作时,系统通过查找 LUT 表即可找到物理设备和相应设备的驱动程序。

LUT 设置可采取以下两种方式。

(1) 为整个系统设置一张 LUT。由于系统中所有进程的设备分配情况都记录在同一张 LUT 中,因而不允许在 LUT 中具有相同的逻辑设备名,这就要求所有用户不使用相同的逻辑设备名。在多用户系统中,这通常难以做到,因而这种方式主要用于单用户系统。

(2) 为每个用户设置一张 LUT。当用户登录时,便为用户建立一个进程,同时也为之建立一张 LUT,并将该表放入进程的 PCB。

4. 设备分配数据结构

在计算机系统中,设备、控制器和通道等资源是有限的,并不是每个进程随时都可以得到这些资源。进程根据需要首先向设备管理程序提出申请,然后由设备管理程序按照一定的分配算法给进程分配必要的资源。如果进程的申请没有成功,就要在该资源的等待队列中排队等待,直到获得所需要的资源。

为了记录系统内所有设备的情况,以便对它们进行有效的管理,于是引入一些表结构,其中记录设备、控制器和通道的状态及对它们进行控制所需的信息。设备分配所需的数据结构有系统设备表、设备控制表、控制器控制表和通道控制表。

1) 系统设备表

系统设备表(System Device Table,SDT)在整个系统中只有一张,它记录已被连接到系统中的所有物理设备的情况,并为每个物理设备设置一个表项。如图 7-13(a)所示,系统设备表的一个表项内容有以下四个方面。

(1) 设备类型,反映设备的特性,例如终端设备、块设备或字符设备。

(2) 设备标识,是设备的唯一标识。

(3) 获得设备的进程号,记录正在使用该设备的进程。

(4) DCT 指针,指向该设备的设备控制表。

2) 设备控制表

系统中的每个设备都有一张设备控制表(Device Control Table,DCT),用于记录本设备的情况,如图 7-13(b)所示。设备控制表中除了有设备类型、设备标识之外,还包括如下内容。

(1) 设备忙/闲标记。当该设备处于被使用状态时,应将该设备的忙/闲标记置为 1,否则为 0。

(2) COCT 指针。该指针指向与该设备相连接的控制器控制表。

(3) 设备等待队列首指针和设备等待队列尾指针。凡是请求该设备而没有得到满足的进程,都在等待该设备的等待队列上排队等待。队首指针指向该队列上的第一个进程,队尾指针指向该队列上的最后一个进程。

3) 控制器控制表

系统中的每个控制器都设有一张控制器控制表(COntroller Control Table,COCT),它反映了控制器的使用情况及与通道的连接情况,如图 7-13(c)所示。

4) 通道控制表

系统中的每个通道都设有一张通道控制表(CHannel Control Table,CHCT),它反映了通道的使用情况,如图 7-13(d)所示。

5. 设备分配程序

当多个进程提出使用同一设备时,应把设备分配给哪个进程?系统应采用一定的分配算法,既要照顾到每个进程,又要公平合理。

1) 设备分配算法

设备分配算法与进程调度算法有些类似,但相对简单些,通常采用的算法有以下两种。

(1) 先来先服务。当有多个进程对某一个设备提出 I/O 请求时,系统按提出 I/O 请求的先后次序,将这些进程排成一个设备请求队列,设备分配程序总是把设备分配给队首的进程。

(2) 优先级高者优先。优先级高的进程提出的 I/O 请求优先获得满足。这样也有利于使高优先级的进程尽快完成,从而让出其占有的资源,使其他进程得以执行。

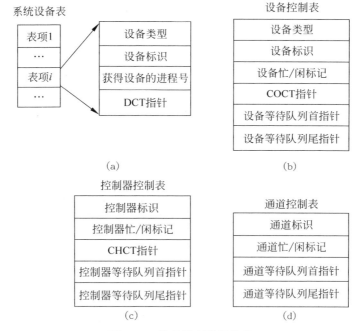

图 7-13　设备管理数据结构

2）设备分配步骤

按照某种分配算法，在进程提出 I/O 请求后，系统按下述步骤进行设备分配。

(1) 分配设备。首先根据用户提出的逻辑设备名查找逻辑设备表，从而找到该设备的物理设备名；然后查找系统设备表，从中找到该设备的设备控制表；最后根据 DCT 中的设备忙/闲标记判断该设备是否忙。若忙，便将请求 I/O 的进程阻塞在等待该设备的等待队列上；否则计算本次设备分配的安全性，如果不会导致系统进入不安全状态，便将该设备分配给请求进程，否则不予以分配。

(2) 分配控制器。系统把设备分配给请求 I/O 的进程后，再由 DCT 找到连接该设备的控制器控制表(COCT)，从 COCT 中的控制器忙/闲标记判断该控制器是否忙。若忙，便将请求 I/O 的进程阻塞在等待控制器的等待队列上；否则将该控制器分配给进程。

(3) 分配通道。把控制器分配给请求 I/O 的进程后，再由 COCT 找到连接该控制器的通道控制表(CHCT)，从 CHCT 中的通道忙/闲标记判断该通道是否忙。若忙，便将请求 I/O 的进程阻塞在等待该通道的等待队列上；否则将该通道分配给进程。

只有在设备、控制器和通道三者都分配成功时，本次分配才算成功。然后才可以启动设备进行数据传送。

3）设备分配问题

图 7-14 所示是单通路情况下的一个简单的设备分配程序流程，图中有以下两个问题没有解决。

(1) 进程提出的是逻辑设备名，系统中对应的该类设备可能有多个。因此，实际情况应该是，首先从 SDT 表中找出第一个该类设备的 DCT。如果该设备忙，再查找第二个该类设备的 DCT，仅当所有该类设备都忙时，才把进程阻塞在等待该类设备的等待队列上。而只要系统中有一个设备可用，就应分配设备。

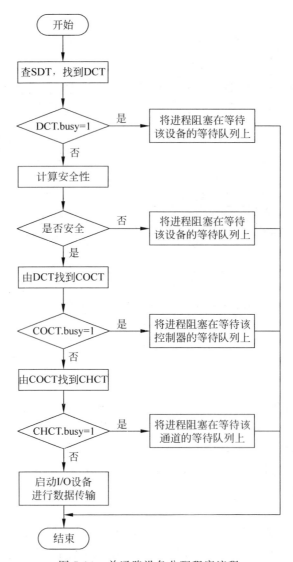

图 7-14 单通路设备分配程序流程

（2）对于图 7-6 所示的多通路连接情况，对控制器和通道的分配同样要经过几次反复。即设备（控制器）所连接的第一个控制器（通道）忙时，应检查第二个控制器（通道），仅当所有控制器（通道）都忙时，此次控制器（通道）分配才算失败。只要有一个控制器（通道）可用，系统便可分配给进程。

对于多通路情况下的设备分配程序，留作课后练习，请读者自己完成。

7.3.2 SPOOLing 技术

为了缓和 CPU 的高速性与 I/O 设备的低速性之间的矛盾，产生了脱机输入输出技术。该技术利用专门的外围计算机将低速 I/O 设备上的数据传送到高速磁盘上，或者相反，将磁盘上的数据传送到 I/O 设备上。这样，主计算机在运行过程中就可以直接在磁盘这样的高速设备上读取或写入数据，加速了主计算机的运行速度。

早期的设备分配的虚拟技术是脱机实现的，当多道程序设计技术产生以后，完全可以利用一个进程来模拟脱机输入时外围计算机的功能,把低速 I/O 设备上的数据传送到高速的磁盘上;再用一个进程模拟脱机输出时外围计算机的功能,把数据从磁盘传送到低速 I/O 设备上。此时,输入输出操作与 CPU 对数据的处理同时进行,这种在联机情况下实现的输入输出与 CPU 的工作并行的操作称为 SPOOLing(Simultaneous Peripheral Operation On Line)或假脱机操作,SPOOLing 技术是将一台独占设备改造成共享设备的一种行之有效的技术。

1. SPOOLing 系统的组成

SPOOLing 技术的实现必须有高速磁盘的支持,SPOOLing 通常有以下三部分组成,如图 7-15 所示。

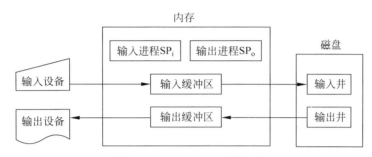

图 7-15 SPOOLing 系统组成

(1) 输入井和输出井。它们是在磁盘上开辟的两个大的存储空间。输入井是模拟脱机输入时的磁盘,用于收容从 I/O 设备上输入的数据。输出井是模拟脱机输出时的磁盘,用于收容用户程序需要输出的数据。

(2) 输入缓冲区和输出缓冲区。它们是在内存中开辟的两个缓冲区。输入缓冲区用于暂存由输入设备送来的数据,以后再传送到输入井。输出缓冲区用于暂存从输出井送来的数据,以后再传送到输出设备。

(3) 输入进程 SP_i 和输出进程 SP_o。输入进程 SP_i 模拟脱机输入时的外围计算机将用户要求的数据从输入设备通过输入缓冲区再送到输入井。当用户进程运行过程中需要输入数据时,直接从输入井将数据读到内存,将用户进程运行过程中要求输出的数据先输出到输出井。输出进程 SP_o 负责在输出设备空闲时,将输出井中的数据通过输出缓冲区送到输出设备上。

2. 共享打印机

打印机是经常使用的输出设备,也是一个独享设备。通过利用 SPOOLing 技术,可以将它改造成一台供多个用户使用的共享设备,从而提高设备的利用率,也方便了用户。共享打印机技术已广泛地应用于多用户系统和局域网络中。

当用户请求使用打印机时,SPOOLing 系统为之输出数据,但并不真正把打印机分配给该用户进程,而只为它做如下所述两件事。

(1) 由输出进程在输出井中为之申请一空闲盘块区,并将要打印的数据送入其中。

(2) 输出进程为用户进程申请一张空白的用户请求打印表,并将用户的打印要求填入其中,再将该表投入请求打印队列。

所有请求打印的进程,系统都为其做以上两步,以接纳其打印请求。如果打印机空闲,输出进程将从请求打印队列上依次取出一张用户请求打印表,根据表中的要求将要打印的数据从输出井传送到内存缓冲区,再由打印机进行打印。打印完毕后,输出进程再查看请求打印队列中是否还有其他等待打印的请求。如有,再取出一张用户请求打印表,并根据其要求进行打印。如此下去,直到请求打印队列为空时,输出进程将自己阻塞起来,直到下次再有打印请求时才被唤醒。

3. SPOOLing 系统的特点

SPOOLing 系统有以下三个特点。

(1) 提高了 I/O 速度。对数据进行的 I/O 操作,从低速 I/O 设备上进行的操作演变成对输入井或输出井中数据的存取,基于磁盘设备的高速性,提高了 I/O 速度,缓和了 CPU 与低速 I/O 设备之间速度不匹配的矛盾。

(2) 将独占设备改造成共享设备。像打印机这样的设备,它本身是独享设备,通过 SPOOLing 技术,多个用户可以同时提出打印请求,而不必等待,好像它们可以共享打印机一样。

(3) 实现了虚拟设备功能。宏观上,多个用户使用一台打印机。而对每个用户而言,它们都认为自己独占了一台打印机。当然,用户使用的只是逻辑上的设备,即一台物理设备通过 SPOOLing 技术变成了多个逻辑上的对应物。

7.3.3 设备驱动程序

1. 设备驱动程序的功能

设备驱动程序有以下五个方面的功能。

(1) 接收来自上层、与设备无关的软件的抽象读写请求,检查 I/O 请求的合法性。

(2) 向有关 I/O 设备的控制器的控制/状态寄存器发出控制命令,启动设备,监督设备的正确执行,并进行必要的错误处理。

(3) 对等待各种设备、控制器和通道的进程进行排队,对进程的阻塞和唤醒操作进行处理。

(4) 执行比寄存器级别更高的一些特殊处理,如代码转换、退出处理等。这些操作是依赖于设备的,因此不能放在较高层次的软件中。

(5) 处理来自设备的中断。

2. 设备驱动程序的特点

各种设备驱动程序存在很大差别,但它们也存在一些共同的特点。

(1) 设备驱动程序的突出特点是,它与 I/O 设备的硬件结构密切相关。设备驱动程序的代码依赖于设备。设备驱动程序是操作系统底层中唯一知道各种 I/O 设备、控制器细节及用途的软件。例如,只有磁盘驱动程序具体了解磁盘的区段、柱面、磁道、磁头的运动、交错访问系统、马达驱动器、磁头定位次数以及所有保证磁盘正常工作的机制,而彩色显示器的设备驱动程序结构显然与磁盘驱动程序的结构不同。

(2) 正是由于设备驱动程序与硬件密切相关,为了有效地控制设备的各种操作,如打开、关闭、读、写等,大部分设备驱动程序一般用汇编语言编写,甚至有些设备驱动程序固化在 ROM 中。

(3) 设备驱动程序与 I/O 控制方式相关。在没有通道的系统中,I/O 控制方式可以采用程序直接控制方式、中断控制方式和 DMA 控制方式。对于不支持中断的设备,只能采用程序直接控制方式。如果设备支持中断,则可采用中断控制方式,例如打印机可采用中断控制方式进行数据传送。对于磁盘一类的块设备常采用 DMA 控制方式,每传送一个数据块,就向 CPU 发一次中断。

(4) 设备驱动程序可以动态加载。在某些操作系统中,设备驱动程序全部安装并加载,这种模式只适合设备几乎不发生变化的环境中。但在个人计算机中,各种 I/O 设备千变万化,如果所有驱动程序都安装并加载，会造成系统资源（如内存、CPU）的极大浪费。因此，在个人计算机的操作系统中大都采用动态安装、动态加载驱动程序的方式。

3. 设备驱动程序在操作系统中的位置

通常，一个设备驱动程序对应处理一类设备。例如，在 Windows 中，为 CD-ROM 提供了一个通用的设备驱动程序，不同品牌和性能的 IDE CD-ROM 都可以使用这个通用的设备驱动程序。但是，为了追求更好的性能，用户也可以使用厂家提供的专为某一 CD-ROM 提供的设备驱动程序。对某一设备而言，是采用通用的设备驱动程序，还是采用专用的设备驱动程序，取决于用户对该 I/O 设备追求的目标。如果把设备安装的方便性放在第一位，可以使用为该类设备提供的通用驱动程序；如果优先考虑设备的运行效率，则应选择专用的设备驱动程序。

不管是哪个厂商提供的设备驱动程序，操作系统都要以某种方式把它安装到系统中。因此，操作系统的体系结构要满足安装外来设备驱动程序的需要。设备驱动程序在操作系统的层次结构中单独占一层，其位置如图 7-11 所示。设置设备驱动程序层的目的是对 I/O 管理软件隐藏各种设备控制器的细节和差异，实现 I/O 管理软件与硬件无关。这样的设计不仅简化了操作系统的设计，也为硬件厂商带来了方便。硬件厂商既可以使新设计的设备与已有的控制器兼容，也可以重新编写驱动程序，设计并实现新硬件与流行操作系统的接口。这样，新设备一旦推出，马上就可以连接到计算机上投入使用，不必等待操作系统开发商开发出支持该设备的代码。

遗憾的是，每种不同的操作系统都有自己的设备驱动程序标准。所以对于某个给定的设备，需要配备针对不同操作系统的多个设备驱动程序，如用于 Windows、Linux、UNIX 等不同操作系统的设备驱动程序。

从图 7-11 中还可以看出，设备驱动程序的上层是 I/O 管理软件，下层是设备控制器。另外，与一台计算机连接的设备千变万化，没有必要把所有设备的驱动程序都加载到内存中。因此，设备驱动程序与外界的接口有与操作系统内核的接口、与设备的接口和与系统引导程序的接口三部分。

（1）与操作系统内核的接口设置操作系统与这种设备的统一接口。

（2）与设备的接口描述设备驱动程序如何控制设备，与设备交互作用以完成 I/O 工作。

（3）与系统引导程序的接口实现系统初启时操作系统根据当前连接到计算机上的具体设备决定加载该设备的驱动程序，并对该设备进行初始化，包括为管理该设备而设置的数据结构、队列等。

7.3.4 中断处理程序

1. 中断的基本概念

中断是指在计算机执行期间，系统内部发生任何非寻常和非预期的急需处理的事件，使得 CPU 暂时中断当前正在执行的程序，而转去执行相应的事件处理程序，待处理完毕后又返回原来被中断处，继续执行或调度新进程执行的过程。

引起中断发生的事件是中断源。中断源向 CPU 发出的请求中断处理信号称为中断请求，CPU 收到中断请求后转去执行相应的事件处理程序称为中断响应。

在有些情况下，CPU 内部的处理机状态字（PSW）的中断允许位被清除，不允许 CPU 响应中断，这种情况称为禁止中断。CPU 禁止中断后，只有等到 PSW 的中断允许位被重新设置后才能接收中断。

禁止中断也称为关中断,PSW 的中断允许位被重新设置称为开中断。中断请求、关中断和开中断都是由硬件实现的。

开中断和关中断是为了保证某些程序执行的原子性。

除了禁止中断的概念之外,还有一个比较常用的概念是中断屏蔽。中断屏蔽是指在中断请求产生之后,系统用软件方式有选择地封锁部分中断,而允许其他中断仍能得到响应。

中断屏蔽是通过在每一类中断源设置一个中断屏蔽触发器,来屏蔽它们的中断请求而实现的。不过,有些中断请求是不能屏蔽甚至不能禁止的,也就是说,这些中断具有最高优先级。不管 CPU 是否是关中断的,只要这些中断请求一旦提出,CPU 必须立即响应。例如,电源掉电事件所引起的中断就是不可禁止和不可屏蔽的中断。

2. 中断的分类

根据系统对中断处理的需求,操作系统一般对中断进行分类,并对不同的中断赋予不同的处理优先级,以便不同的中断同时发生时,按轻重缓急进行处理。

根据中断源产生的条件,可把中断分为外中断和内中断。

外中断是指来自处理机和内存外部的中断,包括 I/O 设备发出的 I/O 中断、外部信号中断(例如用户按 Esc 键)、各种定时器引起的时钟中断以及调试程序中设置的断点引起的调试中断等。外中断在狭义上一般称为中断。

内中断主要是指处理机和内存内部产生的中断,也称为陷入(Trap)或异常,包括程序运算引起的各种错误,如地址非法、校验错、页面失效、存取访问控制出错、算术操作溢出、数据格式非法、除数为零、非法指令、用户程序执行特权指令、分时系统中的时间片中断以及从用户态到核心态的切换等。

上述中断和陷入都可以看成是硬件中断,因为中断和陷入要通过硬件产生相应的中断请求。而软中断则不然,它是通信进程之间用来模拟硬中断的一种信号通信方式。

软中断与硬中断相同的地方是,其中断源发出中断请求或软中断信号后,CPU 或接收进程在适当的时机自动进行中断处理或完成软中断信号所对应的功能。"适当的时机"表示接收软中断信号的进程不一定正好在接收时占有处理机,而相应的处理程序要等得到处理机之后才能进行。如果接收进程正好占有处理机,那么与中断处理相同,该接收进程在接收到软中断信号后将立即转去执行软中断信号所对应的功能。

3. 中断的优先级

为了按中断源的轻重缓急响应中断,操作系统对不同的中断赋予了不同的优先级。例如,在 UNIX 系统中,外中断和陷入的优先级共分为 8 级。Windows 中的中断优先级分为 32 级,如图 7-16 所示。

硬件设备的中断优先级为 3~31,软中断优先级为 1~2,一般线程都运行在中断优先级 0 和 1 上。用户态线程运行在中断优先级 0,核心态线程运行在中断优先级 1,因此核心态线程可以中断用户态线程的执行。运行在中断优先级为 1 的线程也称为异步过程调用(Asynchronous Procedure Call,APC)。所有硬中断的优先级都高于软中断,因此一旦有硬中断发生,线程的执行将被

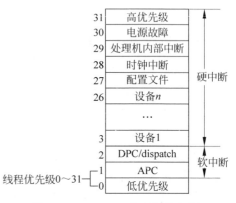

图 7-16 Windows 的中断优先级

中断。

线程调度程序(Dispatch)的中断优先级为2,它和延迟过程调用(Deferred Procedure Call,DPC)程序运行在一个优先级上。因此,当线程调度程序正在选择下一个要执行的线程时,系统中不会有正在运行的线程,也不可能修改线程的优先级等与调度有关的参数。

为了禁止中断和屏蔽中断,CPU的处理机状态字(PSW)中也设置有相应的优先级。如果中断源的优先级高于PSW的优先级,则CPU响应该中断源的中断请求;反之,CPU屏蔽该中断源的中断请求。

各中断源的优先级在系统设计时给定,系统运行过程中是不变的。而处理机的优先级则根据执行情况由系统程序动态设定。

4. 中断处理过程

一旦CPU响应中断,转入中断处理程序,系统就开始进行中断处理。下面是中断处理过程。

(1) 首先检查CPU响应中断的条件是否满足。如果有来自中断源的中断请求,且中断源的优先级高于CPU处理机的优先级,则CPU响应该中断源的中断请求。否则中断请求不予处理。

(2) 如果CPU响应中断,则必须关中断,使CPU进入不可再次响应中断的状态。

(3) 保存被中断进程的现场。为了在中断处理结束后能使进程正确地返回中断点,系统必须保存当前处理机状态字(PSW)、程序计数器(PC)及当前寄存器等的值。这些值一般保存在特定堆栈中,如图7-17所示。

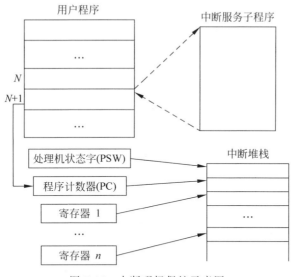

图7-17 中断现场保护示意图

(4) 分析中断原因,调用中断处理子程序。在多个中断请求同时发生时,处理优先级最高的中断源发出的中断。在系统中,为了处理上的方便,通常针对不同的中断源编制不同的中断处理子程序,这些子程序的入口地址存放在内存的特定单元中。而不同的中断源也对应着不同的处理机状态字(PSW),这些不同的PSW也被放在相应的内存单元中,与中断处理子程序入口地址一起构成中断向量。显然,根据中断的种类,系统可由中断向量表迅速地找到该中断响应的优先级、中断处理子程序的入口地址和对应的PSW。

(5) 执行中断处理子程序。对于陷入来说,有些系统中则是通过陷入指令向当前执行的进程发出中断信号后调用对应的处理子程序执行。

(6) 退出中断,恢复被中断进程的现场或调度新进程占用处理机。

(7) 开中断,此时系统可以接收新的中断请求。

7.4 磁盘管理

视频讲解

几乎所有可随机存取的文件都存放在磁盘上,磁盘 I/O 速度的高低将直接影响文件系统的性能。而在过去的几十年中,CPU 和内存速度的提高远远大于磁盘速度的提高。目前磁盘的速度至少比内存的速度慢了四个数量级,并且它们速度之间的差距还有继续增大的趋势。因此,如何提高磁盘的性能,是磁盘管理的主要问题。

7.4.1 磁盘结构和管理

1. 磁盘的硬件结构

磁盘的硬件结构如下所述。

(1) 磁头(Header)。通常看到的磁盘都是封装起来的,看不到内部的结构。一个磁盘中包含多个盘片,每个盘片分两面,每面有一个读写磁头,如图 7-18(a)所示。

(2) 柱面(Cylinder)。每个盘面上的存储介质同心圆环称为磁道(典型值为 500~2000 条磁道),磁道之间留有必要的间隙。通常,最外圈的磁道为 0 号,向内磁道号逐步增加,如图 7-18(b)所示。一块硬盘的多个盘面同一位置上的磁道不仅存储密度相同,而且几何形状就像一个存储介质组成的圆柱,因此,将硬盘的多个盘面上的同一磁道称为柱面,如图 7-18(c)所示。引入柱面的概念是为了提高硬盘的存储速度。当要存储一个较大的文件,而一条磁道存储不完时,应选择同一柱面上的其他磁道,这样,多个磁头同时定位,不需要变换磁道,省去了寻道时间。

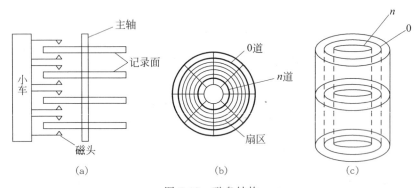

图 7-18 磁盘结构

(3) 扇区(Sector)。为使磁盘的处理简单,每条磁道上存储了相同数目的二进制位。扇区是将磁道按照相同角度等分的扇形,每个磁道上的等分段都是一个扇区(典型为 10~100 个扇区),如图 7-18(b)所示。

当向磁盘寻址时,一般表示为柱面(磁道)号、磁头(盘面)号、扇区号。在进行数据读/写时,通过磁头从磁盘中取出/存入数据。磁头是固定不动的,磁盘在其下面旋转。

2. 磁盘的格式化

刚出厂的空白磁盘在使用前需要进行格式化，即写入格式信息，进行扇区的划分，然后才能写入有效数据，如图 7-19 所示。此例中每条磁道包含 30 个扇区，每个扇区 600 字节。为了避免磁头读写精度出现误差，扇区之间及扇区内部的 ID 域（标识域）与数据域之间留有间隙。ID 域由同步字节、磁道号、磁头号、扇区号及 CRC 字段组成，其中，同步字节用来定义扇区的起始点，2 字节的 CRC 用于错误校验。数据域包括同步字节、数据及 CRC，其中数据的长度为 512 字节。可以看出，一个物理扇区的大小虽有 600 字节，但只 512 字节真正用于存储用户的数据，剩下的 88 字节存储的是磁盘本身的格式信息。通常读写磁盘时都以扇区为单位，每个扇区相当于一个存储块，扇区（有效数据）的大小固定为 512B。

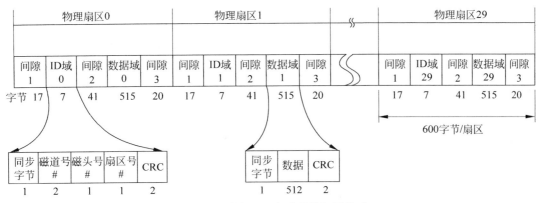

图 7-19 磁盘上一个磁道的记录格式

磁盘的格式化分为两个层次，上文所述的格式化称为低级格式化，其任务是按照规定的格式为每个扇区填充格式控制信息。低级格式化一般由厂商在出厂之前完成。另一个层次是高级格式化，其任务是在磁盘上建立文件系统。高级格式化由用户利用操作系统提供的工具完成。

3. 磁盘引导块

为了让计算机开始运行，在打开电源或重启系统时，它需要一个引导程序。该引导程序将初始化系统的各种设备，从 CPU 的寄存器到设备控制器和内存，然后启动操作系统。

多数计算机的引导程序都保存在只读存储器（ROM）中。由于 ROM 不需要初始化且位于计算机的固定位置上，便于计算机在打开电源或系统重启时从该位置开始执行，并且 ROM 是只读的，因此不受计算机病毒的影响。问题是要想改变引导程序代码就必须更换 ROM 硬件芯片，这很不方便，因此，多数系统都在引导用的 ROM 中存放很小的引导程序的装入程序，再由它把引导程序从磁盘装入内存。整个引导程序存放在磁盘的引导块中，该引导块在磁盘上的位置是固定的，通常是磁盘的起始扇区。例如 MS-DOS 的引导块位于磁盘的第 0 号扇区，如图 7-20 所示。放在引导块中的引导程序可以很容易地被修改，只要进行写磁盘操作即可。拥有引导块的磁盘称为启动盘或系统盘。

图 7-20 MS-DOS 的磁盘布局

4. 磁盘的类型

从不同的角度进行分类，可将磁盘分成硬盘和软盘、单片盘和多片盘、固定头磁盘和活动头磁盘等。下面具体介绍固定头磁盘和活动头磁盘。

(1) 固定头磁盘。这种磁盘在每条磁道上都有一个读/写磁头,所有磁头都被装在一个刚性磁臂中。通常这些磁头可访问所有磁道,并进行并行读/写,有效提高了磁盘的 I/O 速度。这种结构的磁盘主要用于大容量磁盘设备。

(2) 活动头磁盘。这种磁盘是由多个盘片组成的,磁盘的每个盘面配有一个磁头,也被装入磁臂,为能访问该盘上的所有磁道,该磁头必须能够移动以进行寻道。任何时候,所有磁头位于与磁盘中心距离相同的磁道上,所有盘片上相对位置相同的磁道的组合称为柱面。活动头磁盘比固定头磁盘的读/写速度慢,但由于结构简单,故广泛地用于中、小型磁盘设备中。微机上配置的温盘(温彻斯特盘)和软盘都采用活动头结构,表 7-1 所示是典型磁盘的性能参数。

表 7-1 磁盘性能参数

特性	Seagate Cheetah 36	Western Digital Enterprise(WDE)18300
容量	36.4GB	18.3GB
最小寻道时间	0.6ms	0.6ms
平均寻道时间	6ms	5.2ms
轴心速度	10 000rpm	10 000rpm
平均旋转延迟	3ms	3ms
最大传输速率	313Mbps	360Mbps
每个扇区的字节数	512	512
每个磁道的扇区数	300	320
盘片一面的磁道数	9801	13 614
磁盘的盘面数	24	8

5. 磁盘的访问

磁盘输入和输出的实际操作细节取决于计算机系统、操作系统以及 I/O 通道和磁盘控制硬件的特性,图 7-21 给出了磁盘输入和输出传送的一般时序图。

图 7-21 磁盘输入和输出传送的时序

当磁盘驱动器工作时,磁盘以一种稳定的速度旋转。为了进行读/写,磁头必须定位于期望的磁道和该磁道期望的扇区上。磁头定位磁道所需要的时间称为寻道时间(Seek Time)。一旦选择好磁道,磁盘控制器就开始等待,直到适当的扇区旋转到磁头处,扇区到达磁头的时间称为旋转时间(Rotational Delay)。之后就可以进行读/写操作,即进行数据的传送。

除了寻道、旋转和数据传送时间外,磁盘的输入和输出通常还有许多排队延迟时间。当进程发出一个 I/O 请求后,它必须首先在队列中等待系统将该设备分配给该进程。如果该磁盘与其他磁盘驱动器共享一个 I/O 通道,还需要额外增加一些等待通道可用的时间。

一般地,把磁盘的访问时间分成如下所述三部分。

(1) 寻道时间 T_s。一般磁盘的平均寻道时间一般为 5~10ms。

(2) 旋转时间 T_r。硬盘的旋转速度为 5400~10 000rpm,10 000rpm 相当于每 6ms 转一周。因此,速度为 10 000rpm 时,平均旋转时间为 3ms(半周)。软盘的转速通常为 300~600rpm,因此平均旋转时间为 100~200ms。

(3) 传输时间 T_t。T_t 的大小与每次所访问的字节数 b 及旋转速度有关,表示为 $T_t = \frac{b}{rN}$,其中 r 为旋转速度,单位为转/秒;N 为一个磁道中的字节数。

磁盘的访问时间为

$$T = T_s + \frac{1}{2r} + \frac{b}{rN}$$

由上式可以看出,在磁盘的访问时间中,一次读取数据的多少与磁盘的访问时间有一定的关系。但在读取相同大小的数据时,访问时间又与要访问数据的组织有一定关系。

例如,磁盘的寻道时间为 10ms,旋转时间为 10 000rpm,每个磁道有 320 个扇区,每个扇区 512 字节,假设读取一个包含 2560 个扇区的文件,文件的大小是 1.3MB。现在估计磁盘的访问时间。

(1) 如果文件尽可能紧密地保存在磁盘上,也就是说,文件占据了 8 个相邻磁道中的所有扇区,这就是通常所说的顺序组织。读第一个磁道的时间如下。

平均寻道时间	10ms
旋转时间	3ms
读 320 个扇区的时间	6ms
	19ms

如果在读其余的磁道时不需要寻道时间,那么后面的每个磁道的读取时间是 $3+6=9$ms,读取整个文件的时间为总时间 $=19+7\times 9=82$ms$=0.082$s。

(2) 如果采用随机访问,也就是说,访问随机分布在磁盘上的扇区。对于每个扇区的访问时间如下。

平均寻道时间	10ms
旋转时间	3ms
读一个扇区的时间	0.018 75ms
	13.018 75ms

总时间 $=2560\times 13.018\,75=33\,328ms=33.328$s

显然,文件所占扇区在磁盘上的组织方式对 I/O 的性能有很大的影响,所以读/写扇区数据的顺序要进行一定的控制。

7.4.2 磁盘调度

前面的例子中,产生性能差异的原因主要是寻道时间。如果扇区访问请求包括随机选择磁道,磁盘 I/O 的速度会非常低。为了提高性能,要减少花费在寻道上的时间。

在多道程序环境中,操作系统为每个 I/O 设备维护一条请求队列。因此对于一个磁盘,队列中可能有来自多个进程的许多 I/O 读/写请求,如果随机从队列中选择一个进程,则磁道是被随机访问的,这种情况的性能最差。因此,当有多个进程都请求访问磁盘时,应采用一种适当的调度算法,以使各进程对磁盘的平均访问时间最小。目前常用的磁盘调度算法有先来先服务、最短寻道时间优先、扫描算法和循环扫描算法等。

1. 先来先服务(First Come First Served,FCFS)

最简单的磁盘调度算法就是 FCFS,它根据进程请求访问磁盘的先后顺序进行调度。此算法的优点是公平、简单,且每个进程的请求都一次得到处理,不会出现某一进程的请求长期得不到处理的情况。

但此算法由于没有对寻道进行优化,致使平均寻道时间较长。例如表 7-2 所示的例子中,假设磁盘有 200 个磁道，当前从磁盘的第 100 道开始处理，被请求的磁道按接收顺序分别为 55、58、39、18、90、160、150、38、184。

使用 FCFS 算法，平均寻道长度为 55.33。

2. 最短寻道时间优先(Shortest Seek Time First，SSTF)

该算法尽可能使寻道距离最短，即总是选择要求访问的磁道与磁头所在的磁道的距离最近的进程。

由表 7-2 示例中采用 SSTF 算法的情况可以看出，该算法的平均寻道长度明显低于 FCFS，故 SSTF 是一种比 FCFS 性能更好的算法。

3. 扫描算法(SCAN)

SSTF 算法虽然可以获得较好的寻道性能，但它可能导致某些进程出现"饥饿"现象。因为如果不断有新进程到达，且其所要访问的磁道与磁头当前所在的磁道的距离较近，这种新进程的 I/O 请求必然先被满足，而那些老进程的 I/O 请求就有可能永远得不到满足。对 SSTF 算法进行改进就形成了 SCAN 算法。

该算法不仅考虑要访问的磁道与当前磁头所在磁道的距离，更优先考虑磁头的当前移动方向。例如表 7-2 示例中就是从 100 道开始，沿磁道号增大的顺序(从外向里)进行访问，直到再无更大的磁道需要访问时，才将磁臂换向，从外向里移动。这时，同样也是每次选择离当前磁道距离最近的进程所在的磁道进行访问，直到再无更小的磁道需要访问，从而避免了"饥饿"现象的出现。

由于这种算法中磁头的移动规律颇似电梯的运行，故又称为电梯调度算法。

4. 循环扫描算法(Circular SCAN，C-SCAN)

SCAN 算法既获得了较好的寻道性能，又能防止进程"饥饿"现象的发生，故被广泛地应用于大、中、小型机的磁盘调度。但也存在这样的问题，当磁头刚从里向外移动过某一磁道时，恰好有一个进程请求访问此磁道，这时，该进程必须等待，待磁头从里向外，然后再从外向里扫描完所有的磁道后才处理该进程的请求，致使该进程的请求被严重推迟。

为了减少这种延迟，C-SCAN 算法规定磁头单向移动。例如表 7-2 示例中，磁头从里向外移动，当磁头移动到最外被访问的磁道(184)时，磁头立即返回到最里的要访问的磁道(18)，即将最小磁道号紧接着最大磁道号构成循环，进行扫描。

表 7-2 磁盘调度算法比较

(a) FCFS		(b) SSTF		(c) SCAN		(d) C-SCAN	
下一个被访问磁道	移动的磁道数	下一个被访问磁道	移动的磁道数	下一个被访问磁道	移动的磁道数	下一个被访问磁道	移动的磁道数
55	45	90	10	150	50	150	50
58	3	58	32	160	10	160	10
39	19	55	3	184	24	184	24
18	21	39	16	90	94	18	166
90	72	38	1	58	32	38	20
160	70	18	20	55	3	39	1
150	10	150	132	39	16	55	16
38	112	160	10	38	1	58	3
184	146	184	24	18	20	90	32
平均寻道长度：55.33		平均寻道长度：27.56		平均寻道长度：27.78		平均寻道长度：35.78	

5．N-Step-SCAN 与 FSCAN

1) N-Step-SCAN 算法

对于 SSTF、SCAN 和 C-SCAN，都可能出现磁臂停留在某处不动的情况。例如，如果一个或多个进程对某一磁道有较高的访问频率，即反复地请求对某一磁道进行 I/O，从而垄断了整个设备，这一现象称为磁臂黏着。在高密度磁盘上更容易出现此情况。N-Step-SCAN 算法将磁盘请求队列分成若干个长度是 N 的子队列，磁盘调度将按 FCFS 算法依此处理这些子队列。而处理每一个队列时，是按 SCAN 算法，一个队列处理完毕后，再处理另一个队列，这样就可以避免出现黏着现象。当 N 值很大时，N-Step-SCAN 算法的性能接近 SCAN 算法；当 $N=1$ 时，N-Step-SCAN 算法退化为 FCFS 算法。

2) FSCAN 算法

它实质上是 N-Step-SCAN 算法的简化，它只将磁盘请求访问队列分成两个子队列。一个子队列是当前所有请求磁盘 I/O 的进程形成的队列，由磁盘调度算法 SCAN 进行处理。另一个子队列则是在扫描期间新出现的所有请求磁盘 I/O 进程所形成的队列，所有新请求都被推迟到下一次扫描时处理。

7.4.3 独立磁盘冗余阵列

外存储器的运行速度远远低于主存的速度，这种不匹配使得提高磁盘存储系统的性能成为系统的焦点。与操作系统其他领域的研究一样，如果当提高单个组件的运行速度不能达到令人满意的结果时，可以通过使用多个并行的组件来获得性能的提高。这就导致了独立并行运行的磁盘阵列的开发。当用户发出 I/O 请求后，通过同时访问多个磁盘得到用户需要的数据。

在使用多个磁盘时，有多种方法组织数据，并且可以通过增加冗余度来提高磁盘系统的可靠性。廉价磁盘冗余阵列(Redundant Array of Inexpensive Disks，RAID)是 1987 年由美国加利福尼亚大学伯克利分校提出的。它利用一台磁盘阵列控制器统一管理和控制一组磁盘驱动器，组成一个高可靠的、快速的、大容量磁盘系统。RAID 是用多个小容量磁盘代替一个大容量磁盘，并且定义了一种数据分布的方式，使得能同时从多个磁盘中访问数据，因而提高了磁盘 I/O 的性能。RAID 得以广泛使用是因为其高可靠性和更高的数据传输率，而不是价格更便宜。因此，业界把 RAID 中的 I 重新定义为 Independent，而不是 Inexpensive。

RAID 的贡献在于它有效地解决了对冗余的要求。尽管 RAID 允许多个磁头同时操作，可能使多个设备失败的可能性增加，但为补偿可靠性的降低，RAID 通过存储奇偶校验信息使得能够从一个磁盘的失败中恢复丢失的数据。目前，RAID 技术已广泛地应用于大、中型计算机系统和计算机网络。

RAID 技术有 7 级，即 RAID 0～RAID 6，不同的级别代表了不同的设计结构。其中，RAID 2 和 RAID 4 没有商业性的产品，然而对它们的描述有利于说明其他级的设计结构。表 7-3 所示是 RAID 的 7 级结构每一层的简单描述，下面分别加以讨论。

表 7-3　RAID 级别

分　类	级别	说　　明	典　型　应　用
简单并行访问	0	非冗余	对速度要求高,但对数据的可靠性要求不高的应用
镜像	1	镜像	对可靠性要求很高的重要文件
并行访问	2	海明码位校验	I/O 请求量比较大的应用
	3	位校验,单独的校验盘	
独立访问	4	块校验,单独的校验盘	对 I/O 请求的速度要求高、量比较大、读操作密集的应用
	5	校验块交错分布	
	6	双重校验块交错分布	对可靠性要求极高的应用

1. RAID 0

为了提高对磁盘的访问速度,在磁盘存储系统中采用了并行交叉存取技术。

该系统中有多台磁盘驱动器,每个磁盘被划分成多个条带,一个条带可以是一个物理块、扇区或其他存储单元。当要读取磁盘上的数据时,采取并行传输方式将各个磁盘条带中的数据同时向内存中传输,从而使传输的时间大大减少。例如,在存放一个文件时,可将该文件中的第一个数据单位(逻辑条带)放在第一个磁盘上的某一个条带中,将第二个数据单位(逻辑条带)放在第二个磁盘上与第一个磁盘相对应的条带中,将第 N 个数据单位(逻辑条带)放在第 N 个磁盘上相应的条带中。当以后需要读取该文件的数据时,采取并行读取方式,即同时从 N 个磁盘上将 N 个条带中的数据读出,这样便把磁盘 I/O 的速度提高了 $N-1$ 倍,如图 7-22 所示。

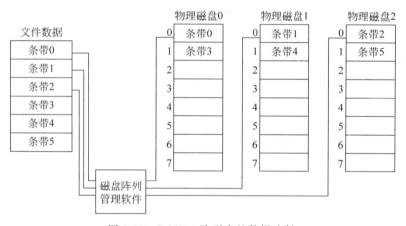

图 7-22　RAID 0 阵列中的数据映射

2. RAID 1

它具有磁盘镜像的功能,为了防止磁盘本身及磁盘驱动器发生故障,在同一个磁盘控制器的控制下,RAID 0 磁盘阵列中再增设一套与之完全相同的磁盘阵列。原磁盘阵列称为主盘,增设的阵列称为镜像盘。利用并行交叉特性,每次将文件中的数据写入后,再将其写入镜像盘,使两组磁盘上有着完全相同的位像图。或者说,把镜像盘看成是主盘的一面镜子。当其中一个磁盘驱动器发生故障时,由于有镜像盘的存在,进行切换后,可以从镜像盘上读取数据,从而不会造成数据丢失,如图 7-23 所示。

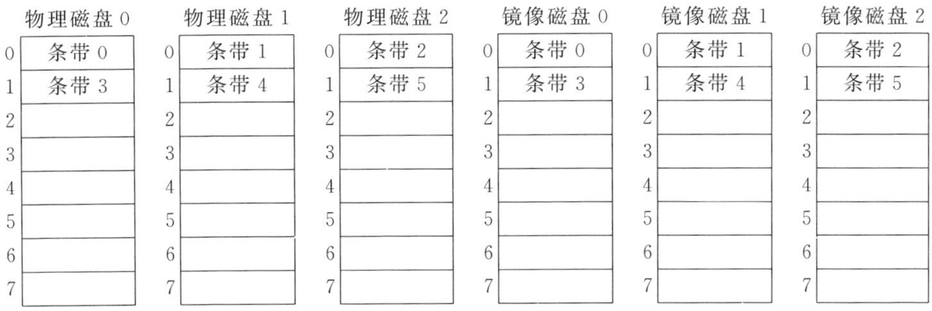

图 7-23　RAID 1（磁盘镜像）

RAID 1 是通过冗余设备来实现的，磁盘的利用率只有 50%。由于这一点，RAID 1 通常用于保存系统软件和数据以及其他极其重要的文件。在这种情况下，RAID 1 提供对所有数据的实时备份，使得即使一个磁盘读写数据失败，也仍然可以立即得到所有重要的数据。

3．RAID 2

RAID 2 采用内存方式的差错纠正代码结构，对磁盘上每字节中的位都计算一个错误校验位，并将它存储在多个错误校验盘的相应位中。这样，如果一个磁盘的某个字节有错误，可通过该字节的其他位和相关错误校验位来重新构造损坏的数据。这种模式需要的奇偶校验盘的个数与数据盘的个数成正比。RAID 2 的数据条带为 1 字节。

4．RAID 3

RAID 3 采用位交叉奇偶校验结构进行数据容错，在并行访问阵列中，所有磁盘成员都参与每个 I/O 请求的执行。RAID 3 的数据条带通常也是 1 字节。

与 RAID 2 不同的是，不论磁盘阵列有多大，RAID 3 都只需要一个冗余磁盘。例如，如果阵列中有 7 个盘，可用 6 个盘作为数据盘，1 个作为奇偶校验盘。校验盘为所有数据磁盘同一位置中位的集合计算一个简单的奇偶校验位。

如果发生磁盘故障，则访问奇偶校验盘驱动器，并从其余的设备中重新构造数据。数据的重新构造非常简单，例如在有 7 个盘的磁盘阵列中，如果 $X_0 \sim X_5$ 是数据盘，X_6 为奇偶校验盘，则第 i 位的奇偶校验可计算如下。

$$X_6(i) = X_5(i) \oplus X_4(i) \oplus X_3(i) \oplus X_2(i) \oplus X_1(i) \oplus X_0(i)$$

假设磁盘驱动器 X_1 出现故障，给上述等式的两边都加上 $X_6(i) \oplus X_1(i)$，则有如下表达式。

$$X_1(i) = X_6(i) \oplus X_5(i) \oplus X_4(i) \oplus X_3(i) \oplus X_2(i) \oplus X_0(i)$$

因此，X_1 中每个条带的数据内容都可以由阵列中其余磁盘相应的条带的内容重新构成。该原理对 RAID 3～RAID 6 都适用。

由于数据被分成了很小的条带，因此 RAID 3 可以达到非常高的数据传输速率，任何一个 I/O 请求都会导致从所有数据磁盘中并行传送数据。这对于大量的数据传送，性能的提高非常显著。另外，磁盘的利用率是 $N-1/N$。

5．RAID 4

RAID 4 采用块交叉奇偶校验结构进行数据容错。即 RAID 4 也使用数据条带，但条带比较大，通常为一个数据块。与 RAID 3 一样，在 RAID 4 中也设置一个校验盘，对每个数据盘中的相应条带计算逐位的奇偶校验，并将奇偶校验位保存在奇偶校验盘的相应条带中。

RAID 4～RAID 6 都采用了独立访问技术，即每个磁盘驱动器都有自己独立的数据通路，独立地进行数据的读写。在独立访问阵列中，每个磁盘成员都独立地运转，不同的 I/O 请求可以并行地得到满足。

当执行一个非常小的 I/O 写请求时，RAID 4 阵列管理软件不但必须更新用户数据，而且必须更新相应的奇偶校验位。同样考虑有 7 个磁盘驱动器的阵列，如果 $X_0 \sim X_5$ 是数据盘，X_6 为奇偶校验盘，假设执行写操作涉及磁盘 X_1 的一个条带。最初，第 i 位的奇偶校验如下。

$$X_6(i) = X_5(i) \oplus X_4(i) \oplus X_3(i) \oplus X_2(i) \oplus X_1(i) \oplus X_0(i)$$

在更新后，可能修改过的位用一个撇（'）表示，即有如下所述。

$$X_6{'}(i) = X_5(i) \oplus X_4(i) \oplus X_3(i) \oplus X_2(i) \oplus X_1{'}(i) \oplus X_0(i)$$
$$= X_5(i) \oplus X_4(i) \oplus X_3(i) \oplus X_2(i) \oplus X_1{'}(i) \oplus X_0(i) \oplus X_1(i) \oplus X_1(i)$$
$$= X_6(i) \oplus X_1(i) \oplus X_1{'}(i)$$

为了计算新的奇偶校验，阵列管理软件必须读取旧的用户条带和旧的奇偶校验条带，然后用新数据和新计算的奇偶校验条带更新这两个条带。因此，每个条带的写操作包含两次读和两次写。

对于涉及所有磁盘驱动器条带的大数据量的 I/O 写操作，奇偶校验可以很容易地得到，它只需要使用新数据位进行计算。因此，奇偶校验驱动器可以和数据驱动器一起并行地进行更新，从而不需要额外的读和写。

由于每次的写操作都需要奇偶校验盘参与，因此奇偶校验盘有可能成为阵列的瓶颈。

6. RAID 5

RAID 5 采用块交叉分布式奇偶校验结构进行数据容错。与 RAID 4 类似，不同之处在于 RAID 5 把奇偶校验条带分布在所有磁盘中。典型的分配方案是循环分配，如图 7-24 所示。

	物理磁盘 0	物理磁盘 1	物理磁盘 2	物理磁盘 3	物理磁盘 4
0	条带 0	条带 1	条带 2	条带 3	校验 0～3
1	条带 4	条带 5	条带 6	校验 4～7	条带 7
2	条带 8	条带 9	校验 8～11	条带 10	条带 11
3	条带 12	校验 12～15	条带 13	条带 14	条带 15
4	校验 16～19	条带 16	条带 17	条带 18	条带 19
5	...	...	...	...	...

图 7-24　RAID 5

对于一个有 5 个磁盘的阵列，奇偶校验条带分布在 5 个不同的磁盘上，且在磁盘中的位置也不同。它可以避免 RAID 4 可能出现的 I/O 瓶颈。

7. RAID 6

RAID 6 中采用了两种不同的奇偶校验计算方法，并保存在两个不同磁盘的不同块中。因此，数据盘为 N 的 RAID 6 阵列由 $N+2$ 个磁盘组成，如图 7-25 所示。

	物理磁盘 0	物理磁盘 1	物理磁盘 2	物理磁盘 3	物理磁盘 4	物理磁盘 5
0	条带 0	条带 1	条带 2	条带 3	P(0～3)	Q(0～3)
1	条带 4	条带 5	条带 6	P(4～7)	Q(4～7)	条带 7
2	条带 8	条带 9	P(8～11)	Q(8～11)	条带 10	条带 11
3	条带 12	P(12～15)	Q(12～15)	条带 13	条带 14	条带 15
4	P(16～19)	Q(16～19)	条带 16	条带 17	条带 18	条带 19
5	...	...	...	...	...	...

图 7-25　RAID 6

图 7-25 中，P 和 Q 是两个不同的数据校验算法，其中一种是 RAID 4 和 RAID 5 所使用的异或计算，另一种是独立数据校验算法。这就使得即使有两个包含用户数据的磁盘出现故障，也可以重新生成数据。

RAID 6 的优点是它达到了极高的数据可用性。在磁盘修复间隔中，必须有三个磁盘发生故障，才会使数据变得不可用。

总结一下，RAID 技术有以下三个优点。

1）可靠性高

除 RAID 0 级外，其余各级均采用了容错技术。当阵列中某一个磁盘损坏时，并不会造成数据的丢失，因为它可以实现磁盘镜像或其他冗余方式。可以根据未损坏磁盘中的信息来恢复已损坏磁盘中的信息。

2）磁盘 I/O 速度快

由于磁盘阵列可采取并行交叉存取方式，因此可将磁盘 I/O 速度提高 $N-1$ 倍。这里的 N 为磁盘数目。

3）性能/价格比高

用 RAID 技术实现的大容量、高速度的存储系统，与具有相同容量和速度的高性能磁盘系统相比，其价格更便宜，可靠性更高，即以牺牲 $1/N$ 的容量（冗余部分）为代价来换取高可靠性。

7.4.4 非易失性存储器

随着多核系统的普及和发展，中央处理器的数目越来越多，软件应用规模也越来越大，对存储器的存储容量和访问速度要求逐渐提高。另外，随着工艺的发展，主流的 DRAM 和 SRAM 的工艺技术发展到 10nm 级别后，其进一步提升空间越来越小。因此，传统存储介质的能耗墙和存储墙问题日益严重，已经严重制约存储系统的进一步发展。人们迫切需要新的存储技术替代现有的 DRAM 和 SRAM 工艺。新型非易失性存储器具有数据存储的断电信息不丢失、漏电能耗低、访问延迟低和信息密度高等特点，被认为是替代传统的存储技术的最有效方式之一。

传统的存储系统，例如内存，如果发生断电等突发情况，数据容易丢失，而保护内存数据不丢失是存储系统领域的重要研究方向。因此，传统的存储系统属于易失性存储器，在断电情况下或者计算机意外关闭情况下，数据会丢失。而非易失性存储设备不同于传统存储系统，它是发生突发情况后仍然能够保存数据的存储器，具有高速、高密度、低功耗和抗辐射等优点，磁盘等外存就是典型的非易失性存储器。

1. 闪存和固态硬盘

1）闪存（Flash Memory）

闪存是一种电子式可清除程序化只读存储器的形式，它允许在操作中被多次擦除或写入，且断电时数据不会丢失。

（1）闪存技术。

NOR 和 NAND 是市场上两种主要的非易失闪存技术，区别如表 7-4 所示。

表 7-4　NOR 和 NAND 的区别

类型		NOR	NAND
性能	容量	较小	很大
	读取速度	很快	快
	写入速度	慢	快
	擦除速度	很慢	快
	可擦除次数	1万～10万次	10万～100万次
	可靠性	高	较低
	访问方式	可随机访问	块方式
	价格	高	低
接口	接口类别	SRAM 接口	复杂的 I/O 接口

NOR 的特点是在芯片内执行(eXecute In Place, XIP), 应用程序不必再把代码读到系统 RAM 中, 可以直接在闪存内运行。NOR 具有很高的传输效率, 在 1～4MB 的小容量时, 它具有很高的成本效益, 但是其很低的写入和擦除速度会影响性能。NOR 更像内存, 有独立的地址线和数据线, 但价格比较贵, 容量比较小。

NAND 结构能提供极高的单元密度, 可以达到高存储密度, 并且写入和擦除速度很快。NAND 更像硬盘, 地址线和数据线是共用的 I/O 线, 与硬盘的所有信息都通过一条硬盘线传送类似。与 NOR 相比, 其成本低, 容量大。由于 NAND 的管理需要特殊的系统接口, 因此其应用和推广比较困难。

(2) 闪存的原理。

闪存是一种电压控制型器件, 其存储单元由源极、漏极和栅极组成, 如图 7-26 所示。在栅极与硅衬底之间有二氧化硅绝缘层, 其作用是保护浮置栅极中的电荷不会泄漏。闪存的三端器件结构保证了存储单元的电荷保持能力。

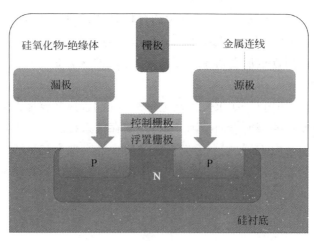

图 7-26　闪存的存储单元

NAND 的擦除和写入均基于隧道效应, 电流穿过浮置栅极与硅衬底之间的绝缘层, 对浮置栅极进行充电(写入数据)或放电(擦除数据)。NOR 擦除数据基于隧道效应(电流从浮置栅极到硅衬底), 但在写入数据时采用热电子注入的方式(电流从浮置栅极到源极)。

(3) 闪存的应用。

NOR读取速度快，容量小，适合频繁随机读写的场合，通常用于存储程序代码并直接在闪存内运行，典型的应用场景为手机内存。NAND成本低，容量大，适合存储资料，常用的闪存产品，如闪存盘、数码存储卡等，都是NAND。

闪存卡（Flash Card）是利用闪存技术的信息存储器，其主要作为存储介质，应用于数码相机等小型数码产品中。常见的闪存卡有Smart Media Card（SM卡）、Compact Flash Card（CF卡）、Multi-Media Card（MMC卡）、Secure Digital Memory Card（SD卡）、Memory Stick（记忆棒）和微硬盘（Microdrive）。

① SM卡。

SM卡是一种基于NAND的存储卡，卡内没有任何电路。SM卡可以采用专用的读写器进行读写，也可以通过一个转接卡作为PC卡（个人计算机卡）来进行读写。SM卡适合存储文件，其主要特点为读写高速、价格低廉、体积小、重量轻，主要用于数码相机、电子音乐设备、数码录音机、打印机、扫描仪以及便携式终端设备等。

② CF卡。

CF卡是一种小型的移动存储设备，其内部结构主要由控制芯片和存储模块组成，计算机通过控制芯片提供的高电平接口实现对存储卡的读写操作。CF卡需要专用的读写设备，但是因为它兼容PCMCIA-ATA标准，所以可以通过一个转接卡作为PCMCIA（个人电脑存储卡国际协会）设备来使用。CF卡主要用于数码相机等便携式产品。

③ MMC卡。

MMC卡是由美国SanDisk公司和德国西门子公司共同开发的一种通用的、低价位的、可用于数据存储和数据交换的多功能存储卡。MMC卡的数据通信是基于一种可工作在低电压范围下的串行总线，它有7条引线。MMC卡工作电压低，耗电少，价格低，体积小，容量大，内置写保护功能，应用范围广，主要用于数码相机、数码摄像机、数码录音机、手机等设备。

④ SD卡。

SD卡是由Panasonic、Toshiba及美国SanDisk公司于1999年8月共同开发研制的一种基于NAND的闪存卡。SD卡的主要特点是体积小，容量大，具有优秀的数据安全性和版权保护功能，主要应用于数码相机、数码报录机、手机、笔记本电脑、数码录音机、游戏机等设备。

⑤ 记忆棒。

记忆棒是SONY公司推出的一种小体积的存储卡。它可用于各种消费类电子设备，如数码摄像机、便携式音频播放设备、手机等。对于音乐、视频等一些受保护的内容。它具备数字版权保护功能。

⑥ 微硬盘。

微硬盘最早由IBM公司开发，其最初的容量为340MB和512MB，后续推出的产品容量可达8GB、16GB以及30GB等。微硬盘具有低成本、高容量的特点，其最大优势是单位存储容量的价格更低。微硬盘比CF卡稍厚，可以使用CF卡的设备大都可以直接使用微硬盘，如数码相机等。微硬盘是采用固态存储技术的存储器的替代。

(4) 优势与应用前景。

闪存克服了传统存储方式的易失性，使数据存储更为可靠。闪存广泛应用在闪存盘、计算机中的BIOS、数码相机、录音笔、手机、数字电视、游戏机等电子产品中。闪存盘可用来在计算机之间交换数据。从容量上讲，闪存盘的容量一般为16MB～128GB，突破了软驱1.44MB

的局限性;从读写速度上讲,闪存盘采用 USB 接口,读写速度比软盘高很多;从稳定性上讲,闪存盘没有机械读写装置,避免了移动硬盘由于碰伤、跌落等造成的损坏。部分闪存盘具有加密等功能,令用户的使用更具个性化。闪存盘外形小巧,易于携带,且采用支持热插拔的 USB 接口,使用非常方便。闪存正朝大容量、低功耗、低成本的方向发展。

2) 固态硬盘

固态硬盘(Solid State Disk 或 Solid State Drive,SSD),也称作电子硬盘或固态电子盘,是由控制单元和固态存储单元(动态随机存储器或闪存)组成的硬盘。SSD 的接口规范和定义、功能及使用方法上与普通硬盘相同,在产品外形和尺寸上也与普通硬盘一致。由于 SSD 没有普通硬盘的旋转介质,因此具有很好的抗震性。其芯片的工作温度范围很广,其中商规产品为 $0 \sim 70\,^\circ\!\mathrm{C}$,工规产品为 $-40 \sim 85\,^\circ\!\mathrm{C}$。

(1) SSD 的工作原理。

SSD 在系统接口、供电部分以及驱动方式等方面与机械式硬盘相似,主要的区别是组成单元与物理工作方式。SSD 的主要结构包括 PCB 板、主控制器芯片和闪存芯片,其中闪存芯片是 SSD 的基本单位。作为一种非易失性内存芯片,闪存通过充电、放电的方式写入和擦除数据,速度快。与传统硬盘读取数据进行的移动磁头、旋转盘片等操作不同,SSD 的读写操作完全通过电路进行信号传输,传输时间大幅减少。根据闪存的分类,SSD 也存在差异性。目前消费级 SSD 以及部分企业级 SSD 采用 MLC(多层单元)闪存,相比采用 SLC(单层单元)闪存,其具有明显的价格优势。

闪存颗粒是 SSD 的独立存储单位,一块 SSD 由多个闪存颗粒(主要是 NAND 闪存颗粒)组成,SSD 主控通过若干个通道并行操作多块闪存颗粒,类似 RAID 0,它能够大幅提高底层的带宽,实现多线程读写。即每次的工作并不会只局限于一个颗粒,主控可以让数据分解并同时在不同颗粒上进行写入,速度极快。例如,假设主控与闪存颗粒之间有 8 个通道,每个通道上挂载了一个闪存颗粒,主控与闪存之间的数据传输速率为 200MB/s。该闪存颗粒页大小为 8KB,闪存页的读取时间 T_r 为 50us,平均写入时间 T_p 为 800us,8KB 数据传输时间 T_x 为 40us,那么底层的读取最大带宽为 $(8KB/(50us+40us))\times 8 = 711MB/s$,写入最大带宽为 $(8KB/(800us+40us))\times 8 = 76MB/s$。可以看出,要提高底层带宽,可以增加底层并行的颗粒数目,也可以选择速度快的闪存颗粒(或让速度慢的颗粒变快,如 MLC 配成 SLC 使用)。

(2) SSD 的主控器。

与机械式硬盘相同,SSD 通过逻辑地址进行管理,由于 SSD 的最小写入单位(4KB)与操作系统的逻辑地址最小单位(512B)不一致,因此 SSD 的管理需要 CPU、芯片组和主控制器的紧密协作,其中主控制器的性能是影响 SSD 速度的关键。主控制器负责分配每个闪存芯片的任务量、全盘闪存状态的监控、各个块的管理与数据校验等,目前新型的主控制器采用双核心处理器。

与机械式硬盘不同,SSD 的写入与擦除操作的最小单位不同,写入的最小单位为 4KB,称作"页(Page)",而擦除的最小单位为 512KB,称作"块(Block)"。也就是说,在空白单元上写入,可以以页为单位来进行,但是若要删除这个数据,就需要对整个块进行擦除操作。并且当有一个块中的数据需要删除时,会先对需要删除的数据进行标记而非真正物理擦除,当再次需要在同一个物理位置写入时,会将有效数据保留,复制到新的块上,然后擦除并写入原来的块。SSD 的写入机制决定了实际操作量大于计划操作量,例如原本需要写入 1MB 数据,实际操作量会大于 1MB,具体大小取决于主控制器的算法是否具备高效率,而实际随机写入速度则取决于运算速度是否足够快。

（3）SSD 的分类。

SSD 的存储介质分为三种：采用闪存作为存储介质；采用动态随机存取存储器（Dynamic Random Access Memory，DRAM）作为存储介质；采用 3D XPoint 技术的固态硬盘，如表 7-5 所示。其中基于闪存的 SSD 与基于 DRAM 的 SSD 是主流。

表 7-5　SSD 的分类

类型	存储介质	存储特性	接口	应用方式	使用范围
基于闪存的 SSD	闪存芯片（NAND）	非易失性存储器（NVRAM，永久性存储器）	IDE 和 Serial ATA、PCI-E 等	笔记本硬盘、微硬盘、存储卡、U 盘等	个人
基于 DRAM 的 SSD	DRAM（动态随机存取存储器，如 SDRAM）	非永久性存储器（需独立电源维持）	工业标准的 PCI 和 FC 接口、DIMM	SSD 硬盘和 SSD 硬盘阵列	服务器
基于 3D XPoint 的 SSD	全新主流存储芯片	非易失性存储器	无	无	专业级台式机和数据中心

基于闪存的 SSD 作为一种非易失性存储器，写入数据后，无须借助独立电源来维持数据，是传统硬盘的优秀替代品，适合个人用户使用，应用方式有笔记本硬盘、微硬盘、存储卡、U 盘等。SSD 的数据访问速度介于易失性存储器和传统硬盘之间，其特性与 ROM 类似，具有可读、可写的特征。这种 SSD 最大的优点是可以移动，且数据保护不受电源控制，能适应各种环境，但是使用年限不长。目前用来生产 SSD 的 NAND 闪存有三种：单层式存储（Single Level Cell，SLC）、多层式存储（Multi-Level Cell，MLC，通常指两层式存储）和三层式存储（Triple-Level Cell，TLC）。这三种闪存对比如表 7-6 所示。

表 7-6　SSD 闪存对比

类型	读写速度比	使用寿命比	可读写次数	存储层式	成本
SLC	4	6	100000	单层	高
MLC	2	3	3000～10000	双层	中
TLC	1	2	500～1000	三层	低

SLC 的特点是成本高，容量小，但是它速度快，且因为结构简单，在写入数据时电压变化的区间小，所以使用寿命较长，可以经受 10 万次的读写。MLC 的特点是容量大，成本低，但是它速度慢，其可读写次数一般为 3000～10000 次，因其成本低，SSD 开始普及。TLC 的制造工艺低于 MLC，高于 SLC，理论上它的读写速度最慢，但它在容量和价格方面具有优势，与 MLC 相比，它的容量能够达到 MLC 的 1.5 倍，而价格最大降低 50%，可读写次数为 500～1000 次，主要用作 U 盘。

基于 DRAM 的 SSD 主要采用 DRAM 作为存储介质，是一种随机访问存储器，具有访问速度快、使用寿命长的优点，缺点是具有数据易失性，需要独立电源来保护数据安全。当电源意外中断时，此类硬盘靠电池驱动可以有足够的时间将数据转移到传统硬盘中，当电源恢复后，再从传统硬盘中恢复数据，所以基于 DRAM 的 SSD 主要用于临时性存储。

基于 3D XPoint 的 SSD 在原理上接近 DRAM，但是它属于非易失性存储器。它的优点是读取延迟极小，并且有接近无限的存储寿命。缺点是密度相对 NAND 较低，成本极高，多用于专业级台式机和数据中心。

(4) SSD 的优缺点。

SSD 主要有以下五个优点。

① 启动速度和读写速度快,没有电机加速旋转的过程。SSD 不用磁头,快速随机读取,读延迟极小。根据相关测试,两台计算机在同样配置下,搭载 SSD 的计算机从开机到出现桌面只需要 18s,而搭载传统硬盘的计算机共用 31s。SSD 具有极短的存取时间,最常见的 7200 转机械硬盘的寻道时间一般为 12～14ms,而 SSD 可以轻易达到 0.1ms 甚至更短。

② 防震、抗摔性强。传统硬盘是盘片型,数据存储在扇区里。而 SSD 是使用闪存颗粒制作而成,所以 SSD 内部不存在任何机械部件,这样即使在高速移动甚至伴随翻转、倾斜的情况下也不会影响正常使用,而且在发生碰撞和震荡时能够将数据丢失的可能性降到最小。相较传统硬盘,SSD 具有绝对优势。

③ 低功耗,无噪音。SSD 的功耗要低于传统硬盘。其内部不存在任何机械活动部件,不会发生机械故障,也不怕碰撞、冲击和振动。工作时噪音值为 0dB。由于 SSD 采用无机械部件的闪存芯片,所以具有发热量小、散热快等特点。

④ 工作温度范围广。典型的硬盘驱动器只能在 5～55℃范围内工作,而大多数 SSD 可在 －10～70℃工作,一些工业级的 SSD 还可以在 －40～85℃甚至更大的温度范围下工作(例如军工级产品的工作温度为 －55～135℃)。

⑤ 轻便。低容量的 SSD 比同容量的硬盘体积小、重量轻,但这一优势随容量增大而逐渐减弱。

固态硬盘与传统硬盘相比较,拥有以下三个缺点。

① 成本高,容量低。基于闪存的 SSD 每单位容量价格是传统硬盘的 5～10 倍,基于 DRAM 的 SSD 每单位容量价格是传统硬盘的 200～300 倍。目前传统硬盘的容量快速增长,而 SSD 最大容量远低于传统硬盘。

② 使用寿命有限,易受干扰。基于闪存的 SSD 写入寿命有限,一般为 1 万～10 万次,特制的 SSD 可达 100 万～500 万次,特制的文件系统或者固件可以通过分担写入的位置,使 SSD 的整体寿命达到 20 年以上。相比于机械式硬盘,SSD 更易受到断电、磁场干扰、静电等外界因素的不良影响。

③ 数据安全性差。SSD 的数据损坏后难以恢复。一旦在硬件上发生损坏,如果是传统的磁盘或者磁带存储方式,通过数据恢复有机会挽救部分数据。但是如果是固态存储,一旦芯片发生损坏,数据很难恢复。SSD 可以牺牲存储空间来提高数据安全性,采用 RAID 1 来实现备份,但由于目前 SSD 的成本较高,采用这种方式进行备份价格不菲。

(5) 主流的固态硬盘产品。

目前以 2.5 寸 SSD 为主流产品,它采用标准的 SATA 接口,可以连接笔记本电脑、台式机和服务器。目前常见的 SSD 品牌有创见(Transcend)、金士顿(Kingston)、芝奇(G. Skill)、OCZ、威刚(V-Data)、Intel 和金胜(kingspect)。在容量方面,64G 和 128G 是主流。

2. 常见的新型非易失性存储器

1) 铁电存储器(FRAM)

FRAM 综合了 ROM 长期保存数据和 RAM 高速读写的特点,具有发生突发情况后能长期保存数据、运行能耗低的特点。FRAM 使用铁电材料实现信息的保存,其采用工业标准的 CMOS 半导体存储器制造工艺,是下一代新型非易失存储器。FRAM 也存在寿命短并且具有读取破坏性的缺点,即进行读取操作会造成 FRAM 中存储的数据消失。

2) 阻变存储器(RRAM)

RRAM 是为了模拟人脑处理信息的方式而产生的一种新型非易失存储器。RRAM 是建立在纳米器件技术之上的、具有记忆功能的非线性电阻器,其物理组成为两个金属电极和一个薄介电层,因此 RRAM 本质上是一种绝缘体,具有绝缘体的自然属性。RRAM 具有类似人类大脑的独特记忆功能,还具有存储访问时间短、读写速度快、存储单元小等特点,同时兼顾闪存与 DRAM 的特性。RRAM 可以与 CMOS 技术相兼容,是下一代非易失性存储技术的发展趋势。

3) 磁性随机存储器(MRAM)

MRAM 是 DRAM 的升级版,它的速度更快,根据实验数据显示,MRAM 的写入时间可低至 2.3ns。MRAM 具有无限次读写、低功耗、瞬时开关机、使用寿命长等特点,同时 MRAM 的电路比普通存储器简单,整个芯片只需要一条读出电路。但 MRAM 的生产成本比 SRAM、DRAM 及闪存都高得多。

4) 聚合物存储器(PFRAM)

作为一种塑料的、基于聚合物的非易失性存储器,PFRAM 通过三维堆叠技术可以得到很高的密度,但它的读写操作寿命有限。PFRAM 可能会替代闪存,并且其成本只有 NOR 型闪存的 10% 左右。同时 PFRAM 作为典型聚合物存储器,具有巨大的存储潜力。

5) 相变存储器(PCM)

PCM 的读写操作寿命比较长,可以替代低功耗的闪存,但是它比传统的闪存集成性更高。PCM 存储单元的密度极高,读取操作安全,只需要极低的电压和功率即可工作,与现有逻辑电路的集成也十分简单。用 PCM 单元制作的存储器大约可写入 10 亿次,这使它成为便携设备中大容量存储器的理想替代品。但是,PCM 有一定的使用寿命,长期使用会出现一些可靠性问题。

6) 自旋转移矩磁性随机存储器(STT-MRAM)

STT-MRAM 与 DRAM 不同,它不需要功率刷新,也不存在读写破坏性。STT-MRAM 具有抗辐射性、高可靠性、读写无线性以及低功耗与低延迟性等优势。其与现有的 NAND Flash 相比,写入速度快 10 万倍,读取速度快接近 10 倍。而且,STT-MRAM 运行时只需要少量电力,不运行时完全不需要电力。STT-MRAM 是典型的下一代存储技术,具有芯片尺寸较小和读写速度快的优点,因此在嵌入式存储器的应用中很适用。在人工智能与物联网迅速发展的背景下,STT-MRAM 具有无可比拟的作用。

7) 3D XPoint 存储器

3D XPoint 存储技术是 2015 年由英特尔与美光公司联合发布的,它是最接近商用的、真正意义上的、字节寻址的非易失性存储器。3D XPoint 存储器的速度比 NAND Flash 快 1000 倍,密度比 DRAM 高 8~10 倍。3D Xpoint 通过 PCIe 挂载,未来会使新的主板离 CPU 更近以更好地发挥性能。它的主要应用场景是手机(容量及能耗)、游戏(容量)和数据中心(容量、速度、寿命)了。

FRAM、MRAM 和 PCM 这三种存储器与传统的半导体存储器相比有许多突出的优点,应用前景十分广阔。近年来,人们对它们的研究已经取得了可喜的进展,尤其是 FRAM,已实现了初步的商业应用。但它们要在实际应用上取得进一步突破,仍需要大量的研究工作。同时,存储技术的发展是无止境的,但是追求更高密度、更大带宽、更低功耗、更短延迟时间、更低成本和更高可靠性的目标永远不会改变。

3. 非易失性存储设备的应用场景

非易失存储器(Non-Volatile Memory,NVM)技术在近年来得到了广泛的关注和迅速的发展。非易失性存储器按照寻址类型可分为块寻址和字节寻址两类。以闪存为代表的块寻址非易失性存储器已经广泛应用于嵌入式系统、桌面系统及数据中心等系统。字节寻址的非易失性存储器主要包括相变存储器(PCM)、阻变存储器(RRAM)、自旋转移矩磁性随机存储器(STT-MRAM)等。

在应用层面,随着大数据技术分析以及高性能计算对存储能力的要求日益提高,非易失性存储器的使用需求也越来越迫切。非易失性存储器在数据密集型的应用方面所占比例越来越高,它被应用于未来的高速应用程序(如数据库应用、缓存应用)中,从而克服目前内存容量或者存储延迟给这类应用带来的不足。它是计算机系统中的主流应用,在设备检测、汽车系统、航空系统、金融系统都具有很广泛的应用前景。在未来,非易失存储器可能会完全取代内存,或者成为新型的Cache,与DRAM混合使用构成新的内存系统,与SSD一样成为外存块设备。

7.5 缓冲管理

视频讲解

在操作系统中引入缓冲的目的,可以归结为以下三点。

(1) 缓解CPU与I/O设备之间速度不匹配的矛盾。一般情况下,程序的运行过程是时而进行计算,时而进行输入输出。以打印机输出为例,如果没有缓冲,则程序在输出时,必然会由于打印机的速度跟不上而使CPU停下来等待;而在计算阶段,打印机又无事可做。如果设置一个缓冲区,程序可以将输出的数据先输出到缓冲区,然后继续执行;而打印机则可以从缓冲区中取出数据慢慢打印。

(2) 减少中断CPU的次数。例如,假设某设备只能用一位二进制数接收从系统外传来的数据,则设备每接收到一位二进制数就要中断CPU一次,而如果设置一个8位的缓冲寄存器,则可使CPU被中断的次数降低为前者的1/8。

(3) 提高CPU与I/O设备之间的并行性。由于在CPU和设备之间引入了缓冲区,CPU可以从缓冲区中读取或向缓冲区写入信息,设备也可以向缓冲区写入或从缓冲区读取信息。在CPU工作的同时,设备也能进行输入输出操作,这样,CPU和I/O设备就可以并行工作了。

7.5.1 缓冲

缓冲是一种被泛采用的技术。就广义来说,缓冲是在通信问题中,为了通信双方的速度匹配而引入的一个中间层次,这个层次的速度比通信双方中较慢的一方快,而与较快的一方更匹配。按照这个定义,缓冲的内涵非常大,就其设置可分成以下四种。

(1) Cache。即在内存管理部分介绍的联想寄存器,它以较为便宜的半导体材料制成,是计算机系统硬件的一部分。

(2) I/O设备或控制器内部的纯硬件缓冲区。如打印机内部的硬件缓冲区、磁盘控制器上的纯硬件缓冲区等。

(3) 内存开辟的缓冲区。操作系统在内存中开辟的I/O设备缓冲区、文件缓冲区。如在早期操作系统中为用户进程设置的单缓冲、双缓冲等。

(4) 脱机 I/O 技术和 SPOOLing 技术也属于缓冲技术。实际上是为慢速 I/O 设备在外存储器上开设的缓冲区。

以上四种都属于缓冲,其中,Cache 和纯硬件缓冲是计算机上的硬件设备,不是操作系统主要研究的内容。SPOOLing 技术已在前面做过介绍,下面主要介绍的是内存开辟的缓冲区。

1. 单缓冲

单缓冲是当用户发出 I/O 请求时,操作系统在主存中为其分配一个缓冲区,如图 7-26(a) 所示。

当块设备使用单缓冲时,要读取磁盘上的某块数据。首先从磁盘把数据送入内存缓冲区,其所花费的时间为 T;然后由操作系统将缓冲区的数据送入用户区,花费的时间为 M;接着 CPU 对数据进行处理,其所花费的时间为 C;则系统对整块数据的处理时间为 $\max(C,T)+M$(通常 M 远小于 T 或 C)。

如果不使用缓冲区,数据直接进入用户区,则一块数据的处理时间为 $T+C$。因此使用缓冲技术可以提高处理 I/O 请求的速度。

对于字符设备,缓冲区用于暂存用户的一行数据。如在输出时,用户进程将一行数据送到缓冲区后,CPU 可继续处理其另一行数据。而此时,字符设备从缓冲区将数据输出。如果 CPU 处理数据的速度与字符设备的输出速度匹配,使用单缓冲可以将 I/O 的速度提高一倍,使原来 CPU 与设备的串行工作变为并行工作。

但采用单缓冲技术,必须保证设备的速度与 CPU 的速度相匹配。如果前文所述的字符设备的速度比 CPU 的处理速度慢,当字符设备想输出第二行数据时,因第一个数据未输出完毕,用户进程就只能阻塞。

2. 双缓冲

为了进一步提高 I/O 速度,又引入了双缓冲,如图 7-27(b)所示。

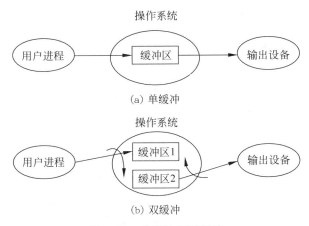

图 7-27 单缓冲与双缓冲

当块设备使用双缓冲时,先将数据输入第一个缓冲区,装满后输入第二个缓冲区,在向第二个缓冲区送数据的同时,CPU 对第一个缓冲区中的数据进行计算。因此在有双缓冲的情况下,系统处理一块数据的时间为 $\max(C,T)$。如果 $C<T$,块设备连续输入,CPU 有短时间的等待;如果 $C>T$,CPU 就不必等待设备输入。

对于字符设备输出,如果使用双缓冲,先将第一行数据送入缓冲区 1,装满后在字符设备上输出。在输出缓冲区1内容的同时，又向缓冲区2送入第二行数据。缓冲区1的内容在设备上输出完毕后，缓冲区2也刚好输入了数据，如此用户进程就不必阻塞，CPU与字符设备完全并行地工作。

3. 循环缓冲

当输入、输出的速度基本相匹配时，可使用双缓冲，但若二者的速度相差甚远，双缓冲的效果就会不太理想，此时可使用多缓冲。典型的多缓冲应用即生产者和消费者问题。

图7-28所示为循环缓冲示意图。循环缓冲中，多个缓冲区链接成一个循环。每个缓冲区可以为以下三种情况之一。

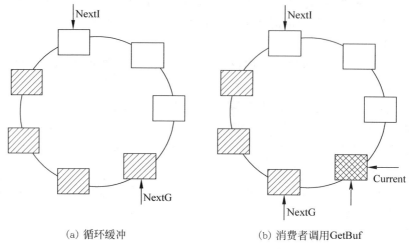

图7-28 循环缓冲示意图

(1) 空闲缓冲区。
(2) 已装满数据的缓冲区。
(3) 当前正在处理的缓冲区。

实现时，系统需要设置三个指针。
(1) NextG，指向一个装满数据的缓冲区，供消费者进程使用。
(2) NextI，指向一个空闲缓冲区，供生产者进程使用。
(3) Current，指向当前正在使用的缓冲区。

系统提供两个过程GetBuf和ReleaseBuf。每当生产者进程要使用空闲缓冲区时，可调用GetBuf过程。该过程将指针NextI所指向的缓冲区提供给生产者进程使用，并用指针Current指向它，同时将指针NextI移向下一个空闲缓冲区；类似地，当消费者进程需要装满数据的缓冲区时，也调用GetBuf过程。该过程将指针NextG指向的缓冲区提供给消费者进程使用，并用指针Current指向它，同时将指针NextG移向下一个装满数据的缓冲区。当消费者进程将缓冲区中的数据取走以后，便可调用ReleaseBuf过程释放缓冲区。此时，当前缓冲区变成空闲缓冲区；类似地，当生产者进程将空闲缓冲区装满数据后，便可调用ReleaseBuf过程释放缓冲区。当前缓冲区变成装满数据的缓冲区。

为了使生产者进程和消费者进程并行执行，系统需要有一定的同步机制。相应地，指针NextG和NextI将不断地沿顺时针方向移动，可能出现下述两种情况。

(1) 指针NextG追上指针NextI，这意味着生产者进程的速度大于消费者进程的速度，已将系统中所有缓冲区装满了数据,此时,生产者进程阻塞,直到消费者进程将缓冲区中的数据取走,系统中有空闲缓冲区为止。

(2) 指针 NextI 追上指针 NextG,这意味着消费者进程的速度大于生产者进程的速度,系统中所有缓冲区的数据都已经取走(所有缓冲区都成为空闲缓冲区),此时,消费者进程阻塞,直到生产者进程又生产了数据,并装入某个缓冲区为止。

4. 缓冲池

以上所介绍的缓冲只能用于某些特定的进程,它们属于专用缓冲。为了提高缓冲区的利用率,可采用公用缓冲池,供多个进程共享。

缓冲池是由如下所述三个缓冲区链队列组成的。

(1) 空缓冲区队列 emq,由系统中所有的空闲缓冲区链成。
(2) 输入队列 inq,由装满输入数据的缓冲区链成。
(3) 输出队列 outq,由装满输出数据的缓冲区链成。

除了上述三个队列,系统中有如下所述四种工作缓冲区。

(1) 用于收容输入数据的工作缓冲区 hin。
(2) 用于提取输入数据的工作缓冲区 sin。
(3) 用于收容输出数据的工作缓冲区 hout。
(4) 用于提取输出数据的工作缓冲区 sout。

工作缓冲区结构如图 7-29 所示。

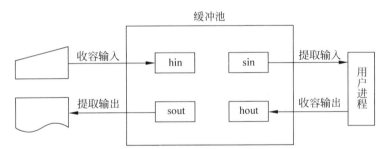

图 7-29 缓冲池的工作缓冲区结构

对三个队列的操作是类似的,主要有两个操作,一是 AddBuf(Type,number),将一个由 number 指向的缓冲区挂在某个队列 Type 上;二是 TakeBuf(Type),从 Type 指示的某个队列上摘下一个缓冲区。

由进程同步的知识可知,队列是临界资源,多个进程在访问该临界资源时要互斥和同步。因此设置了互斥信号量 MS(Type),为每个缓冲区设置了资源信号量 RS(Type)。为实现互斥和同步,系统设置两个过程,即 GetBuf 和 PutBuf,程序如下。

```
void GetBuf(QUEUE type)
{
    BUFFER number;
    P(RS(type));
    P(MS(type));
    number = TakeBuf(Type);
    V(MS(type));
}
```

```
void PutBuf(QUEUE type,BUFFER number)
{
    P(MS(type));
    AddBuf(Type,number);
    V(MS(type));
    V(RS(type));
}
```

缓冲区在以下四种工作方式下进行工作。

(1) 收容输入。在输入进程需要输入数据时,便调用 GetBuf(emq)过程,从 emq 队列的队首摘下一空缓冲区,把它作为收容输入工作缓冲区 hin。然后把数据输入其中,之后再调用 PutBuf(inq,hin)过程,将该缓冲区挂在输入队列 inq 的队尾。

(2) 提取输入。当计算进程需要输入数据时,调用 GetBuf(inq)过程,从输入队列 inq 中取下一个缓冲区作为提取输入工作缓冲区 sin,计算进程从中提取数据。计算进程用完数据后,再调用 PutBuf(emq,sin)过程,将该缓冲区挂在空缓冲队列 emq 的队尾。

(3) 收容输出。当计算进程需要输出数据时,调用 GetBuf(emq)过程,从空缓冲队列 emq 中取下一个空缓冲区作为收容输出的工作缓冲区 hout;当其中装满数据后,再调用 PutBuf(outq,hout)过程,将该缓冲区挂在输出缓冲队列 outq 的队尾。

(4) 提取输出。当输出进程工作时,调用 GetBuf(outq)过程,从输出队列 outq 中取下一个装满输出数据的缓冲区作为提取输出工作缓冲区 sout。在数据取完后,再调用 PutBuf(emq,sout)过程,将该缓冲区挂在空缓冲队列 emq 的队尾。

7.5.2 磁盘高速缓存

目前,磁盘已经成为计算机的主要外存储设备,磁盘 I/O 速度直接影响计算机系统,特别是文件系统的性能。而磁盘的访问速度远远低于内存的访问速度,通常要低 4～6 个数据级。因此,磁盘的 I/O 已经成为计算机系统的瓶颈。于是,人们千方百计地去提高磁盘的速度,其中主要的技术便是利用磁盘高速缓存。

1. 磁盘高速缓存的形式

磁盘高速缓存并非指增加硬件设备,而是利用内存中的存储空间来暂存从磁盘上读出或来不及写回磁盘的数据。因此,磁盘高速缓存是指一组逻辑上属于磁盘,而物理上驻留在内存的盘块。

磁盘高速缓存在内存中有以下两种形式。

(1) 在内存中开辟一个单独的存储空间作为磁盘高速缓存,其大小是固定的,不会受到应用程序的影响。

(2) 把内存中难以利用的小存储区域变成一个缓冲池,供请求页式管理系统和磁盘 I/O 共同使用。此时,高速缓存的大小显然不是固定的。当磁盘 I/O 频繁程度较高时,该缓冲池中较多的内存空间用于磁盘高速缓存;而应用程序运行较多时,该缓冲池中的内存空间更多地用于存储程序,供请求页式存储管理系统使用。

2. 数据交付

数据交付是指将磁盘高速缓存中的数据传送给请求者进程。当有一进程请求访问某个盘块中的数据时,由操作系统先去查看磁盘高速缓冲管理器中是否存在进程所需访问的盘块数据的复制。如有其复制,便直接从高速缓存中提取数据交付给请求者进程。这样就避免了磁盘访问操作,从而使本次数据访问的速度提高4～6个数量级;否则再从磁盘中将所要访问的数据读出并交付给请求进程,同时也将数据送入高速缓存,当以后再需要访问该磁盘块时,就可以直接从高速缓存中提取数据。

系统可以采用以下两种方式将数据交给请求者进程。

(1) 数据交付。直接将高速缓存中的数据传送给请求者进程的内存工作区。

(2) 指针交付。只将指向高速缓存中某区域的指针交付给请求者进程。这种方式所传送的数据量少,因而节省了数据在内存不同区域复制的时间。

3. 置换算法

同请求页式(段)存储管理系统一样,在将磁盘中的盘块数据读入高速缓存之后,会出现高速缓存中已装满数据,而需要将某些数据换出的问题;相应地,也存在采用哪种置换算法的问题。较常使用的置换算法仍然是最近最久未使用(LRU)算法及时钟置换算法。

由于请求页中的联想存储器与高速缓存(磁盘 I/O)的工作情况不同,因而使得选择置换算法时所要考虑的问题有所不同。因此,在设计高速缓存的置换算法时,除了考虑最近最久未使用这一原则之外,还应考虑以下三点。

(1) 访问频率。通常,每执行一条指令,便可能访问一次联想存储器,即联想存储器的访问频率基本上与指令的执行频率相当;而对高速缓存的访问频率则与磁盘 I/O 的频率相当,因此,对联想存储器的访问频率远远高于对高速缓存的访问频率。

(2) 可预见性。在高速缓存中的各盘块数据,有哪些数据可能在较长时间内不会再被访问,又有哪些数据可能很快就再被访问,会有相当一部分是可预知的。例如,对目录块,在被访问后,可能很久不会再被访问;而对于正在写入数据的未满块,可能会很快又被访问。

(3) 数据的一致性。由于高速缓存是内存,而内存又是易失性存储器,一旦发生故障,存放在高速缓存中的数据将会丢失,而其中有些盘块中的数据(例如索引节点盘块)已被修改,但尚未复制回磁盘。因此,当系统发生故障时,可能会造成数据的不一致。

基于以上考虑,在有的系统中,将高速缓存中的所有盘块拉成一条LRU链。会严重影响数据一致性的盘块数据和很久都不再使用的盘块数据都放在LRU的链头,这使它们优先被写回磁盘,以减少发生数据不一致的概率,并且也可以尽早地腾出高速缓存的空间。可能在不久之后还要使用的盘块数据应挂在LRU链的链尾,以便在不久以后需要时直接到高速缓存中访问它们。

4. 周期性写回磁盘

有一种情况值得注意,就是根据LRU算法,那些经常被访问的盘块数据可能会一直保留在高速缓存中而长期地不会被写回磁盘中(因为LRU链中的元素在被访问后,总是又被挂在链尾而不被写回磁盘;只有一直未被访问的元素才有可能移动到链首,而被写回磁盘)。

为了解决这一问题,UNIX 系统中专门增设了一个程序,使其在后台运行。该程序周期性地调用一个系统调用SYNC,该调用的主要功能是强制性地将所有高速缓存中的已修改盘块的数据写回磁盘,一般把两次调用SYNC 的时间间隔定为30s。这样一来,即使系统出现故障,所造成的工作损失也不会超过30s 的工作量。

MS-DOS 中采取的措施是,只要高速缓存中的某盘块数据被修改,便立即将它们写回磁盘。MS-DOS 所采取的写回方式几乎不会造成数据的丢失,但需要频繁地启动磁盘。因此,系统的效率较低。

7.5.3 提高磁盘 I/O 速度的其他方法

在系统中设置磁盘高速缓存之后,能显著地减少等待磁盘 I/O 时间。下面介绍三种能有效提高磁盘 I/O 速度的其他方法,这些方法已被许多系统采用。

1. 预读(Read Ahead)

用户进程对文件进行访问时经常采用顺序方法,即顺序地访问文件各盘块的数据。在这种情况下,在读当前盘块时可以预知下一次要读的盘块,因此可以采用预读方式。即在读当前盘块的同时,提前将下一个盘块(预读块)中的数据也读入磁盘缓冲区。这样,当下一次要读该盘块中的数据时,由于该数据已被提前读入磁盘缓冲区,因而此时可直接从磁盘缓冲区中取得数据,而不需要再去启动磁盘,从而大大减少了读数据的时间。这也就等效于提高了磁盘 I/O 的速度。

预读功能目前已被很多操作系统采用,如 Windows、OS/2 和 UNIX 等。

2. 延迟写(Lazy Writing)

延迟写是指在缓冲区 A 中的数据本应立即写回磁盘,但考虑到该缓冲区中的数据不久之后可能还会再被本进程或其他进程访问(共享数据),因而并不立即将该缓冲区 A 中的数据写入磁盘,而是将它挂在空闲缓冲区队列的末尾。随着空闲缓冲区的使用,缓冲区 A 也慢慢往前移动,直到移动到空闲缓冲区队列之首。当再有进程申请到该缓冲区时,才将该缓冲区中的数据写入磁盘,而把该缓冲区作为空闲缓冲区分配出去。当该缓冲区 A 仍在队列中时,任何访问该数据的进程,都可以直接读出其中的数据,而不必访问磁盘。这样又可进一步减少磁盘的 I/O 时间。

同样,延迟写功能已经在 Windows、OS/2 和 UNIX 等操作系统中被广泛地采用。

3. 虚拟盘(Virtual Disk)

虚拟盘,又称为 RAM,该盘的设备驱动程序可以接收所有标准的磁盘操作,但这些操作的执行不是在磁盘上,而是在内存中。这些对用户都是透明的。换句话说,用户并不会发现这与真正的磁盘操作有什么不同,而仅仅是速度快一些而已。

虚拟盘的主要问题是,内存是易失性存储器,故一旦系统发生故障或电源掉电,又或系统重新启动,原来保存在虚拟盘中的数据将会丢失。因此,虚拟盘通常用于存放临时文件,或者存放一些只读文件,每次系统重新启动时,由操作员或系统自动地将这些文件从磁盘复制到虚拟盘中。

虚拟盘与磁盘高速缓存的主要区别是,虚拟盘中的内容完全由用户控制,而高速缓存中的内容是由操作系统控制的。RAM 盘建立之初是空的,用户可以通过联机用户界面或在程序中创建文件存放到 RAM 盘中。

虚拟盘功能在 OS/2 和 MS-DOS 等操作系统中多有采用。

思考与练习题

自测题

1. 数据传输控制方式有哪几种?试比较它们的优缺点。
2. 什么是设备的独立性?如何实现设备的独立性?
3. 什么是缓冲?为什么要引入缓冲?操作系统如何实现缓冲技术?
4. 设备分配中为什么可能出现死锁?

5. 以打印机为例说明 SPOOLing 技术的工作原理。

6. 假设一个磁盘有 200 个柱面,编号为 0~199,当前存取臂的位置是在 143 号柱面上,并刚刚完成了 125 号柱面的服务请求,如果存在请求序列 86、147、91、177、94、150、102、175、130,为完成上述请求,采用下列算法时存取臂的移动顺序是什么?移动总量是多少?

(1) 先来先服务(FCFS)。
(2) 最短寻道时间优先(SSTF)。
(3) 扫描算法(SCAN)。
(4) 循环扫描算法(C-SCAN)。

7. 磁盘的访问时间分成三部分,分别是寻道时间、旋转时间和数据传输时间。而优化磁盘磁道上的信息分布能减少输入输出服务的总时间。例如,有一个文件有 10 个记录 A,B,C,…,J 存放在磁盘的某一磁道上,假定该磁盘共有 10 个扇区,每个扇区存放一个记录,安排如表 7-4 所示。现在要从这个磁道上顺序地将 A~J 这 10 个记录读出,如果磁盘的旋转速度为 20ms 转一周,处理程序每读出一个记录要花 4ms 进行处理。试回答如下问题:

(1) 处理完 10 个记录的总时间为多少?
(2) 为了优化分布缩短处理时间,如何安排这些记录?并计算处理的总时间。

表 7-4 文件记录的存放

扇区号	1	2	3	4	5	6	7	8	9	10
记录号	A	B	C	D	E	F	G	H	I	J

8. 假设一个磁盘有 100 个柱面,每个柱面有 10 个磁道,每个磁道有 15 个扇区。当进程要访问磁盘的 12345 扇区时,计算该扇区在磁盘的第几柱面、第几磁道、第几扇区。

9. 一个文件记录大小为 32B,磁盘输入输出以磁盘块为单位,一个盘块的大小为 512B。当用户进程顺序读文件的各个记录时,计算实际启动磁盘 I/O 占用整个访问请求时间的比例。

10. 如果磁盘扇区的大小固定为 512B,每个磁道有 80 个扇区,一共有 4 个可用的盘面。假设磁盘旋转速度是 360rpm。处理机使用中断驱动方式从磁盘读取数据,每字节产生一次中断。如果处理中断需要 2.5ms,试回答如下问题:

(1) 处理机花费在处理 I/O 上的时间占整个磁盘访问时间的百分比是多少(忽略寻道时间)?
(2) 采用 DMA 方式,每个扇区产生一次中断,处理机花费在处理 I/O 上的时间占整个磁盘访问时间的百分比又是多少?

第 8 章 文件管理

文件系统提供了存储、访问计算机上所有程序和数据的机制。计算机中用到了大量程序和数据，由于内存的容量有限，且不能长期保存，故平时总是把它们以文件的形式存放在外存（一般是磁盘中），需要时再将它们调入内存。操作系统的文件管理部分就是来管理这些存放在外存上的文件的。有关文件的构造、存取、使用、保护及实现方法等都是文件管理的主要内容。

8.1 文件概述

视频讲解

文件是具有文件名的一组相关数据的集合。从用户的角度而言，文件是外存的最小分配单位，即数据只有放在文件中，才可写到外存上。文件可分为有结构文件和无结构文件两种。有结构文件由若干个相关记录组成，而无结构文件则被看成是字符流的集合。

一个文件必须要有一个文件名。文件的具体命名规则在各个系统中是不同的。不过，所有操作系统都至少允许用 1～8 个字母作为合法的文件名。例如 user、student、proc、document 等都是合法的文件名。通常，文件名中允许有数字和一些特殊字符，如 user1、fig2_14 等。

有些文件系统区分大小写，有些则不区分。例如 UNIX 操作系统就区分大小写，而 MS-DOS 则不区分。

很多操作系统都支持扩展名，如 proc.c、mytext.txt 及 win.dll 中点(.)后面的字母表示的是文件的扩展名。文件的扩展名表示文件的一些信息，如.c 表示的是 C 语言源程序；.txt 表示文本文件；.dll 表示动态链接库。

8.1.1 文件类型

为了有效、方便地组织和管理文件，常按某种观点对文件进行分类。文件的分类方法有很多，下面是常用的四种。

1. 按文件的用途分类

（1）系统文件。由操作系统软件构成，包括系统内核、系统管理程序等。这些文件对于系统的正常运行是必不可少的。

（2）用户文件。用户自己的文件，如用户的源程序文件、可执行程序文件或文档资料。

（3）库文件。由标准的子程序及非标准的子程序构成。标准的子程序通常称为系统库，提供对系统内核的直接访问。而非标准的子程序则是满足特定应用的库。库文件一般有两种形式，即动态链接库和静态链接库。

2. 按文件的性质分类

(1) 普通文件。系统所规定的普通格式的文件,例如字符流组成的文件,它包括用户文件、库文件和应用程序文件等。

(2) 目录文件。包含目录的属性信息的文件,目录是为了更好地管理普通文件。

(3) 特殊文件。在 UNIX 系统中,所有输入输出设备都被看成是特殊文件,这些特殊文件在使用形式上与普通文件相同。通过对特殊文件的操作完成对相应设备的操作。

3. 按文件的存取属性分类

(1) 可执行文件。只允许被核准的用户调用执行,不允许读,更不允许写。

(2) 只读文件。只允许文件主及被核准用户读,但不允许写。

(3) 读/写文件。允许文件主和被核准用户读文件和写文件。

4. 按文件数据的形式分类

(1) 源文件。由源程序和数据构成的文件。

(2) 目标文件。它是指源程序经过编译程序编译,但未经链接程序链接成可执行代码的目标代码文件。它是二进制文件,通常目标文件使用扩展名 .obj。

(3) 可执行文件。指源程序经过编译生成目标代码,再经链接程序链接生成的可直接运行的文件。

8.1.2 文件属性

文件包含两部分的内容:一是文件所包含的数据;二是关于文件自身的说明信息或属性。文件的属性主要描述文件的元信息,如创建日期、文件的长度、文件的使用权限等,这些信息主要被文件系统用来管理文件。不同的文件系统通常有不同种类和数量的文件属性。常用的文件属性主要有以下几种。

(1) 文件名。文件名是供用户使用的外部标识符,它是文件最基本的属性。每个文件都必须有一个文件名。

(2) 文件的内部标识符。有些文件系统不仅为文件规定了一个外部标识符,而且还规定了一个内部标识符。文件内部标识符是一个编号,它是文件的唯一标识,用它可以方便地管理和查找文件。

(3) 文件的物理位置。具体标明文件在存储介质上所存放的物理位置,例如文件所占用的物理块号。

(4) 文件的拥有者。这是多用户系统中必须拥有的一个文件属性。在多用户系统中,不同的用户拥有不同的文件,不同的用户对不同的文件拥有不同的权限。通常,文件创建者对自己所建的文件拥有一切权限,而对其他用户所建的文件只拥有有限的权限。为了更好地管理好各个用户,需要为多用户操作系统所使用的文件加上文件拥有者的属性。

(5) 文件的存取控制。规定哪些用户能够读,哪些用户可以读/写该文件。

(6) 文件的类型。可以从不同的角度规定文件的类型,例如普通文件和设备文件、可执行文件和不可执行文件、系统文件和用户文件等。

(7) 文件的长度。指文件当前长度或允许的最大长度。长度的单位可以是字节,也可以是块。

(8) 文件时间。文件时间有很多,如创建时间、最后一次修改时间等。

8.1.3　文件的操作

为了方便用户使用文件,文件系统通常向用户提供各种调用接口。用户通过这些接口对文件进行各种操作。对文件的操作可分为对文件记录的操作和对文件自身的操作。

1. 对文件记录的操作

（1）检索记录。检索文件中的某个或所有记录。例如对于学生文件,可能需要查找某个学生的成绩,这就需要检索一个记录。如果要对一个班的学生成绩进行统计,就需要检索每一个学生记录。

（2）插入记录。将一条新记录插入文件中的适当位置。

（3）修改记录。文件中的某个记录信息发生变化时,对该记录信息进行修改。

（4）删除记录。从已保存文件中删除一条记录。

2. 对文件自身的操作

（1）创建文件。创建文件时,系统首先要为新文件分配必要的外存空间,并为其建立一个目录项,目录项中应记录新文件的文件名及其在外存的地址等信息。

（2）删除文件。当不再需要某个文件时,可将它从所在目录中删除。在删除时,系统应从目录中找到要删除文件的目录项,使其成为空项,然后再回收文件所占用的存储空间。

（3）读文件。通过读指针,将位于外存储器上的文件数据读入内存指定区域。

（4）写文件。通过写指针,将位于内存指定区域中的数据写入外存储器上的文件。

（5）设置文件的读/写位置。对文件进行读/写操作之前,需要先对文件的读/写位置进行定位,然后再进行读/写。

（6）截断文件。如果一个文件的内容已经没用,虽然可以先删除文件再建立一个新文件,但如果文件名及其属性并没有发生变化,也可截断文件。即将文件的长度设为 0,或者放弃原有的文件内容。

（7）打开文件。在使用文件之前,需要打开文件,将文件的属性信息调入内存,以便以后快速查找文件。

（8）关闭文件。在完成文件使用之后,应关闭文件,以释放文件占用的内存空间。

（9）得到文件属性。进程在运行过程中常需要读取文件的属性。

（10）设置文件的属性。在文件被创建后,用户可以设置文件的某些属性,例如改变文件的存取控制权限。

8.1.4　文件访问方式

文件是用来存储信息的,使用时,必须访问并读出这些信息。文件信息可按多种方式进行访问,具体使用哪一种文件的访问方式是由文件的性质和用户使用文件的方式决定的。

1. 顺序访问

文件最简单的访问方式是顺序访问。文件信息按顺序,一个记录接着一个记录地得以处理。这种访问方式最为常用。

对文件大量的操作是读/写。当读取文件时,按文件指针指示的位置读取文件的内容,并且文件指针自动向前推进。类似地,写文件操作是把信息附加到文件的末尾,且把文件指针移动到文件的尾部。

如果用 rp 表示文件指针,rp 指向当前要读取的文件位置,当一个记录读出后,rp 做相应的修改。例如,对于定长记录文件,有 $rp_{i+1}=rp_i+l$,其中,l 为记录的长度。对于变长记录文件,由于每个记录的长度不同,所以当一个记录读出后,rp 做修改 $rp_{i+1}=rp_i+l_i$,其中,l_i 为第 i 个记录的长度,如图 8-1 所示。

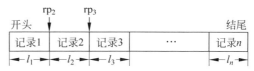

图 8-1 顺序访问变长记录

2. 直接访问

直接访问也称对文件的随机存取,它是磁盘文件的访问模式。一般每次存取的单位是固定的,称为块。块的大小可以是 512B、1024B 或更大。

随机存取方式允许以任意顺序读取文件中的某个信息,如当前访问文件的第 14 块,接着访问第 32 块、第 3 块等。随机存取方式主要用于大批量信息的立即访问,如对大型数据库的访问。当接到访问请求时,系统计算出信息在文件中的位置,然后直接读取其中的信息。

进行随机存取时,先要设置文件读/写指针的位置,然后使用系统提供的专门的操作命令从该位置开始读/写文件。

随机方式读/写文件都以块号为参数,该块号是文件的相对块号,即相对文件开头的索引。而该块在磁盘上的物理块号由操作系统根据磁盘空间的具体使用情况动态分配。

8.2 文件结构和文件系统

视频讲解

8.2.1 文件结构

可用不同的方式构造文件。通常使用的方式有无结构文件、有结构文件和树形文件。

1. 无结构文件

无结构文件也称流式文件。它是最简单的一种文件组织形式。文件中的数据按其到达时间顺序被采集,文件由一串数据组成。使用流式文件的目的仅仅是积累大量的数据并保存这些数据。流式文件没有记录,也没有结构。由于流式文件没有结构,因此对数据的访问是通过穷举搜索的方式进行的。也就是说,如果想找到某一特定数据项,需要查找流式文件中的所有数据,直到找到所需要的数据项,或者搜索完整个文件为止。对于流式文件,一般直接按字节计算其长度,大量的源程序、可执行程序、库函数等都采用流式文件的形式。

把文件看成字符流,为操作系统带来了灵活性,用户可以根据需要在自己的文件中加入任何内容,不用操作系统提供任何额外的帮助。

2. 有结构文件

有结构文件又称记录式文件,它在逻辑上可以看成一组连续记录的集合。即文件由若干个相关记录组成,且每个记录都有一个编号,依次为记录 1、记录 2、……、记录 n。每个记录用于描述对象某个方面的属性,如学号、姓名、性别、年龄等。记录式文件按记录的长度是否相同又可分为定长记录和不定长记录。

(1) 定长记录文件。文件中各个记录的长度是相同的,文件的长度可以用记录的数目来表示。定长记录处理方便,被广泛应用于数据处理。

(2) 变长记录文件。文件中各个记录的长度不相同。变长记录文件在处理之前,每个记录的长度是已知的。

3. 树形文件

树形文件是有结构文件的一种特殊形式。该结构文件由一棵记录树构成,各个记录的长度可以不同。在每个记录的固定位置上有一个关键字字段,该树可以按关键字进行排序,从而可以对特定关键字进行快速查找。

8.2.2 有结构文件的组织

对于有结构文件,如何组织其记录称为文件组织。

对文件组织提出的要求有以下四个方面。

(1) 提高检索效率。在将大批记录组织成文件时,应有利于提高检索记录的速度和效率。

(2) 便于修改。便于在文件中增加、删除和修改一个或多个记录。

(3) 降低文件存储费用,减少文件占用的存储空间,最好不要求大片的连续存储空间。

(4) 维护简单。便于用户对文件进行维护。

文件的组织形式可以分为以下三种。

1. 顺序文件

顺序文件(Sequential File)是最常用的一种文件组织形式。在这种文件中,每个记录都使用一种固定的格式,所有记录都具有相同的长度,并且由相同数目、长度固定的数据项组成。由于每个数据项的长度和位置是已知的,因此只需要保存各个数据项的值,每个数据项的名字和长度是该文件结构的属性。

为了方便文件的查找,在顺序文件中通常指定一个或几个数据项作为关键字。关键字能唯一地标识一个记录,因此,不同记录的关键字的值是不同的。一般地,记录是按关键字值的某种顺序(如按字母顺序升序次序、按数字降序次序等)存储的。图 8-2 所示为一个顺序文件的例子。

学号	姓名	性别	年龄
200224101	张红	女	18
200324102	李明	男	19
200324103	王萧	男	18
200324104	王燕	女	18
...	...	...	...

图 8-2 顺序文件

顺序文件的最佳应用场合是对记录进行批量存取时。此时,顺序文件的存取效率是所有文件逻辑组织形式中最高的。此外,顺序文件可以很容易地存储在磁带上,并能有效地工作。

对于涉及查询或更新记录的交互式应用,例如用户要求查找或更新单个记录,系统要逐个地查找每个记录,顺序文件表现出的性能可能很差,尤其当文件较大时,情况更为严重。

顺序文件的另一个缺点是,增加或修改一个记录比较困难。为了解决这一问题,可以为顺序文件配置一个日志文件(Log File)或事务文件(Transaction File)。通过周期性地执行一个成批的更新,把日志文件或事务文件合并到主文件中,并按正确的关键字顺序产生一个新文件。

2. 索引文件

顺序文件只能基于关键字进行查询,当需要基于其他数据项搜索一个记录时,顺序文件就不能胜任。但在某些应用中,却需要有这种灵活性。为了实现这样的应用,可以采用索引文件。

索引文件(Index File)就是为每一种可能成为搜索条件的数据项建立一张索引表。对于主文件中的每个记录,在索引表中有一相应项,用于存储该记录在主文件中的位置。

对于变长记录的文件,使用顺序文件将很难进行直接存取,而使用索引文件却非常方便。可以在索引表中建立两个字段,用于存放记录的长度和指向主文件记录的指针。在对索引文件进行检索时,首先根据用户给出的数据项的值,利用折半查找的方法去检索索引表,从中找到相应的项;再利用表中给出的指向主文件记录的指针访问主文件中所需的记录。

每当要向主文件中增加一个新记录时,都要对索引表进行修改。由于索引文件有较快的检索速度,故它主要用于对信息处理的及时性要求较高的场合,如航空订票系统或商品库存系统。

由于索引表本身是一个定长记录的顺序文件,所以也可以方便地实现直接存取。索引文件的主要缺点是,它除了主文件以外,还需要配置一个索引文件,而且每个记录都要有一个索引项,因而增加了存储费用。

3. 索引顺序文件

索引顺序文件(Index Sequential File)是顺序文件和索引文件相结合的产物。它也要为顺序文件建立一张索引表,不同的是,它将顺序文件中的所有记录分成若干个组,在索引表中,为每个组建立一个索引项。索引文件的每个记录由关键字和指向主文件记录的指针两个数据项组成,如图 8-3 所示。

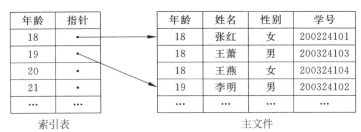

图 8-3　索引顺序文件

为了查找某个特定的记录,首先根据关键字搜索索引表,然后用索引表中指向主文件记录的指针在主文件中查找所需要的记录。

为了说明该方法的有效性,下面举一个例子。如果有一个文件有 1 000 000 条记录文件,如果采用顺序文件查找一个特定记录,平均查找的记录数为 500 000 条。但如果采用索引顺序文件,假设创建一个包含 1000 项的索引表,为找到一个特定记录,平均在索引表中查找 500 条记录,接着在主文件中进行 500 次访问,总共查找的记录数为 1000 条。可见,在这个例子中,索引顺序文件的检索效率是顺序文件的 500 倍。

一般地,假设一个文件的记录数为 N,采用顺序文件,平均检索 $N/2$ 个记录;但对于索引顺序文件,平均只需要检索 $\sqrt{N}$ 个记录,因而检索效率是顺序文件的 $\sqrt{N}/2$ 倍。

8.2.3　文件系统

1. 文件系统的结构

文件系统是操作系统的重要组成部分。它含有大量的文件及其属性信息,负责对文件进行操纵和管理,并向用户提供一个使用文件的接口。不同的文件系统有不同的组织方式,例如图 8-4 所示的文件系统软件结构是具有代表性的。

(1) 文件及其属性。文件系统中有各种不同类型的文件,它们是文件管理的对象。为了方便对文件的检索和存取,在文件系统中必须配置目录。在目录中,除包含文件名外,还包括对文件属性的说明,对目录的组织和管理是方便用户和提高文件存取速度的关键。

(2) 文件系统接口。为了方便用户使用文件系统,文件系

文件系统接口	
文件管理软件	逻辑文件系统
	I/O 管理程序
	物理文件系统
	外存储设备驱动程序
文件及其属性	

图 8-4　文件系统软件结构

统通常向用户提供两种类型的接口,即命令接口和程序接口。命令接口是用户通过键盘终端取得文件系统服务。程序接口是用户程序通过系统调用取得文件系统服务。

(3) 文件管理软件。文件管理软件是文件系统的核心,文件系统的大部分功能都在这一层实现。从最低层到最上层依次是外存储设备驱动程序、物理文件系统、I/O 管理程序和逻辑文件系统。

① 逻辑文件系统,提供对文件记录操作的能力,并维护文件的基本数据。

② I/O 管理程序,由文件名寻找文件所在的设备,并负责 I/O 操作的完成。它需要一定的数据结构来维护设备的输入输出、设备的调度等。

③ 物理文件系统,主要负责处理内存与文件所在设备(磁盘或磁带)的数据交换。

④ 外存储设备驱动程序是文件系统的最低层,主要由设备驱动程序(磁带或磁盘)组成,该层也称为设备驱动程序层。设备驱动程序的主要任务是启动 I/O 和对设备发出的中断进行处理。

另外,文件系统既要负责为用户提供对自己私有信息的访问,又要负责提供给用户访问共享信息的控制方式。

2. 文件管理功能

用户和应用程序通过使用创建文件、删除文件及其他文件操作命令,与文件系统进行交互。

在执行任何文件操作之前,文件系统必须确认和定位所选择的文件。这要求使用某种类型的目录来描述文件所在的位置,以及它们的属性。此外,大多数文件系统都对文件实行访问控制,只有被授权的用户才允许以特定的方式访问特定的文件。

用户和应用程序可以在文件上执行的基本操作都是基于记录的,文件按记录为单位组织成某种结构,如顺序结构、索引结构等。因此把用户命令转换成特定的文件操作命令时,必须采用适合于该文件结构的访问方法。图 8-5(a)显示了用户和应用程序关注的文件管理功能。

操作系统关注的文件管理问题与用户是不同的,用户和应用程序访问文件的单位是记录,而文件在其物理存储介质上是以块为单位存储的。因此操作系统必须解决文件逻辑记录与外存物理块之间的转换。为此需要管理好外存储器,包括外存空闲空间的管理、文件存储空间的分配、磁盘调度、磁盘 I/O、缓冲管理以及如何提高文件系统的性能等问题。图 8-5(b)显示了操作系统关注的文件管理功能。

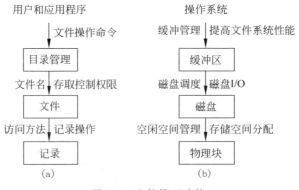

图 8-5 文件管理功能

用户与操作系统的交点是关于记录的处理,即文件的逻辑记录是如何组织成物理块存储在外存储介质上的。

3. 常见的文件系统

文件系统是设计操作系统的一个重要组成部分,如下是已经实现的比较著名的文件系统。

(1) Sysv:System v/386 及 Xenix 上的文件系统。

(2) Minix:最老的 UNIX 文件系统。它可靠,但没有时间标记,文件名最长 30 个字符,每个文件最多 64MB。

(3) EXT2:Linux 最常用的文件系统。

(4) EXT:EXT2 的老版本。

(5) NFS:网络文件系统。

(6) HPFS:OS/2 上的文件系统。

(7) FAT:最早用在 MS-DOS 中,后被用在 Windows 及 OS/2 等操作系统中。经过各种操作系统的不断改进,又发展为 FAT12、FAT16、FAT32。

(8) NTFS:Windows 上的文件系统,安全性和可靠性比较好。

通常,文件是由一系列记录组成的。文件系统设计的关键问题是将这些记录构成一个文件的方法以及将一个文件存储到外存储介质上的方法。因此,对于任何一个文件系统,都存在两种形式的结构,即文件的逻辑结构和文件的物理结构。

8.3 目 录

视频讲解

建立文件系统的主要目的,就是通过用户给出的文件名快速、准确地找到文件。而这主要依赖于文件目录来实现。或者说,目录具有将文件名转换为文件在外存的物理位置的功能。具体地说,文件目录的功能如下。

(1) 实现按名存取。用户只需要给出文件名,就可以对文件进行操作。这是目录管理的基本功能,也是文件系统向用户提供的最基本服务。

(2) 提高检索速度。合理地组织目录结构,可以加快对目录的检索速度,从而加快文件的存取速度。对于大型系统来说,这是一个很重要的设计目标。

(3) 允许文件同名。为了便于用户按照自己的习惯来命名和使用文件,文件系统应该允许对不同文件使用相同的名称,以便于用户按照自己的习惯命名和使用文件。

(4) 文件共享。在多用户系统中,应该允许多个用户共享一个文件,从而可以方便用户共享文件资源。这时,系统需要有相应的安全措施,以保证不同权限的用户只能取得相应的文件操作权限,反之则为越权行为。

8.3.1 文件控制块和索引节点

为了能对文件进行正确的存取,必须为文件设置用于描述和控制文件的数据结构——文件控制块(File Control Block,FCB),该数据结构包含文件名及文件的各种属性,每个文件有一个文件控制块。

1. 文件控制块的内容

文件控制块中包含的信息可以分成三类,即文件的基本信息、文件存取控制信息和文件的使用信息。

文件的基本信息有以下几方面。
(1) 文件名。
(2) 文件的物理位置。指出存放文件的设备名、盘块号、文件所占盘块数。
(3) 文件的逻辑结构。指出文件是顺序文件，还是索引文件等。

文件存取控制信息指出不同用户访问文件的权限，包括以下几方面。
(1) 文件的存取权限。
(2) 核准用户的存取权限。
(3) 一般用户的存取权限。

文件的使用信息包括以下几方面。
(1) 文件的建立日期和时间。
(2) 文件的修改日期和时间。
(3) 当前使用信息，包括当前已打开该文件的进程数、文件是否被进程锁住等。

2．文件目录

为了加快对文件的检索，常常把文件控制块集中在一起进行管理。文件控制块的有序集合即为文件目录，文件控制块就是其中的目录项。或者说，一个文件控制块就是一个文件目录项。完全由目录项组成的文件称为目录文件。

文件目录具有将文件名转换成该文件在外存的物理位置的功能，它实现文件名与文件存放盘块之间的映射，这是文件目录提供的最基本功能。

3．索引节点

文件目录通常存放在磁盘上，当文件很多时，文件目录可能要占用大量的盘块。在查找文件时，首先把存放文件目录的第一个盘块中的内容从磁盘调入内存，然后把用户所给出的文件名与其中的内容逐一进行比较。若未找到指定文件，则再把下一个盘块中的目录项调入内存。假如一个 FCB 占 32B，盘块的大小是 512B，则一个盘块中只能存放 16 个 FCB。若一个目录中有 3200 个 FCB，需占用 200 个盘块。因此，查找一个文件平均需要启动磁盘 100 次。

而实际上，在查找文件的过程中，只用到了文件名，而文件的其他描述信息是用不到的。所以，在有些文件系统中，如 UNIX 系统中，把文件名与文件的描述信息分开，把文件的描述信息单独形成一个称为索引节点的数据结构，简称 i 节点。而在文件目录中的每个目录项，则由文件名及指向该文件所对应的 i 节点的指针构成。

在 UNIX 系统中，一个目录项仅用 16 字节，其中 14 字节是文件名，2 字节存放 i 节点指针。

磁盘上的索引节点称为磁盘索引节点，每个文件有唯一的一个磁盘索引节点。它包括以下内容。
(1) 文件主标识。拥有该文件的用户标识符。
(2) 文件类型。指定该文件是普通文件、目录文件或特殊文件。
(3) 文件存取权限。指定各类用户对该文件的存取权限。
(4) 文件物理地址。在每个索引节点中有 13 个地址项 i.addr(0)～i.addr(12)，它们可以以直接或间接的方式给出数据文件的盘块号。
(5) 文件长度。即文件含有的字节数。
(6) 文件连接计数。在系统中共享该文件的进程数。

(7) 文件存取时间。

内存索引节点是指存放在内存中的索引节点。当文件被打开时,要将磁盘索引节点中的部分内容复制到内存的索引节点中,以便于以后使用。内存索引节点的内容如下。

(1) 索引节点编号。

(2) 状态。它指示该 i 节点是否被上锁。

(3) 访问计数。当有进程访问此 i 节点时,将访问计数加 1;访问完毕再减 1。

(4) 文件所在设备的逻辑设备号。

(5) 链接指针。

当文件打开时,由磁盘索引节点生成内存索引节点。当用户访问一个已打开的文件时,只需访问内存索引节点,因此提高了访问速度。

8.3.2 单级目录

1. 单级目录结构

单级目录是最简单的一种目录结构,如图 8-6 所示。在整个系统中,只建立一张目录表,系统中的所有文件都在该目录表中有一对应项。

当存取文件时,用户只要给出文件名,系统通过查找目录表,检索到文件名对应的项就可获得该文件的属性信息,在通过访问权限验证后,便可以根据目录项中提供的文件物理地址对文件实施存取操作。

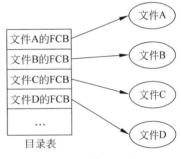

图 8-6 单级目录

在建立文件时,只要在目录表中申请一个空闲项,并填入文件名及其相关属性信息即可。同样,在删除文件时,只要将相应的目录项标记为空闲项,并从中找到文件的物理地址,对文件所占用的存储空间进行回收即可。

单级目录的优点是实现简单,但却存在下述两个缺点。

(1) 不允许文件重名。单级目录下的文件,不允许与另一个文件有相同的名字。然而,对于多用户系统来说,这是难以避免的。即使是单用户系统,当文件数目很大时,用户在给文件命名时,也很难控制文件不重名。

(2) 查找速度慢。对于具有一定规模的文件系统,会拥有数目可观的目录项,在单级目录的情况下,为找到一个指定的文件,要花费较多的时间。

2. 单级目录实例——CP/M 的目录

CP/M 操作系统采用的是单级目录结构,其目录项如图 8-7 所示,各组成部分的含义如下。

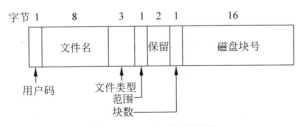

图 8-7 CP/M 的目录项

(1) 用户码占1字节,它指出文件的所有者。在查找文件时,只检查那些属于当前登录用户的目录项。

(2) 文件名占用8字节,CP/M 系统允许文件名的最大长度是8个字符。

(3) 文件类型也称为扩展名,它占用3字节。

(4) 范围占用1字节,多于16个盘块的文件,占用多个目录项。范围指出该目录项是某个文件的第几个目录项。

(5) 块数占用1字节。它指出文件占用了16个盘块中的多少个盘块。

系统中只有一个目录,要查找文件,文件系统所要做的工作就是根据文件名在这个目录中进行查找。当找到对应的目录项之后,也就知道了文件的磁盘块号。如果文件的盘块数多于一个目录项中所能容纳的数目,就为该文件分配额外的目录项。

8.3.3 两级目录

在一级目录中,要求文件名和文件之间有一一对应的关系,不允许有多个文件具有相同的名字。但在多道程序系统中,不同的用户给不同的文件取相同名字的现象屡见不鲜。为了解决文件的重名问题,文件系统应具有更加灵活的命名能力。在多用户情况下,采用二级目录办法较为方便。所谓二级目录,就是把登记文件的目录分成两级,一级主文件目录(Master File Directory,MFD)和一级用户文件目录(User File Directory,UFD)。MFD 上登记用户名和 UFD 的地址,用户文件目录是一个单级文件目录,如图8-8所示。

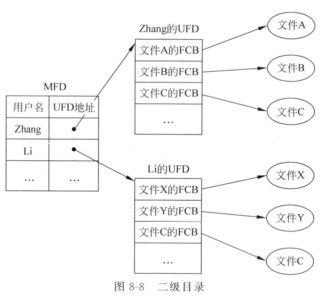

图8-8 二级目录

当一个用户想有自己的用户文件目录时,可以请求系统为其创建一个 UFD。系统为其在 MFD 中开辟一项,登记它的用户名,并准备一个存放该用户的文件目录的区域,建立它的 UFD。之后,用户可以根据自己的需要创建新文件。每当用户要创建一个新文件时,系统会先检查该用户的 UFD,判断在该 UFD 中是否已有同名的另一个文件。若有,用户必须为新文件重新命名;若没有,便在 UFD 中建立一个新的目录项,将新文件名及其有关属性填入目录项。当用户要删除一个文件时,系统也需要查找该用户的 UFD,从中找出指定文件的目录项,在回收该文件所占有的存储空间后,将该目录清除。当用户不再需要自己的用户文件目录时,可以请求系统管理员将其 UFD 撤销,同时将 MFD 中的相应表项删除。

二级文件目录克服了单级目录的缺点,并具有以下优点。

(1) 提高了文件检索速度。当用户需要查找一个文件时,只需要在自己的 UFD 目录中进行查找。因而大大地缩小了需要检索的文件数量。

(2) 部分允许文件重名。在不同的用户文件目录中可以使用相同的文件名,只要保证在用户自己的 UFD 中其文件名是唯一的。例如图 8-8 所示的示例中,两个用户 Zhang 和 Li 都有一个文件名为 C。

二级目录结构也存在着一些问题。该结构虽然能有效地将多个用户隔开,在各用户之间完全无关时,这种隔离是一个优点;但当多个用户需要共享一个文件时,这种隔离又成为一个缺点。

8.3.4 树形目录

树形目录是二级文件目录的推广,如图 8-9 所示。为了更好地反映系统中众多文件的不同用途,也为了方便查找文件,可以把二级目录加以扩展,而形成多级文件目录。在多级文件目录中,有一个主目录和许多分目录,分目录不但可以包括文件,还可以包含下一级的分目录。这样扩展下去就形成了多级层次目录。多级目录也称为树形目录,主目录是树的根节点,文件是树的叶子节点,其他分目录是树的分支节点。

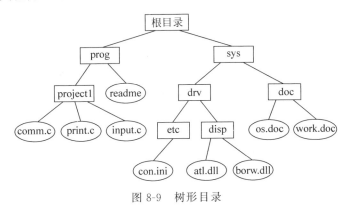

图 8-9 树形目录

1. 路径名

在树形文件目录结构中,从根目录到任何文件之间只有一条唯一的通路,在该通路上所有目录名和文件名用"\"连接起来,即构成该文件的路径名。用户访问文件时,为了保证访问的唯一性,用户可以使用路径名。例如图 8-9 所示的示例中,要访问文件 comm.c,可通过其路径名\prog\project1\comm.c 来访问。

2. 当前目录

当一个文件系统的目录包含很多级时,如果访问一个文件都要使用从根目录开始,直到树叶的文件名为止,包含所有经过的各级分目录在内的全路径名,这是相当麻烦的。此外,用户访问的文件大多局限于某一范围内,因此,可为每个用户设置一个当前目录,又称为工作目录。此时,用户访问文件时使用的路径名只需要从当前目录开始,逐级通过中间的分目录,最后到要访问的文件即可。将这一路径上的全部分目录名与文件名用"\"连接而形成的路径名称为相对路径。相应地,从根目录开始的路径名称为绝对路径。例如,如果用户的当前目录是

prog,那么,它可以通过相对路径 project1\comm.c 访问文件。如果用户的当前目录是 project1,那么,它可以直接访问文件 comm.c。

3. 目录操作

不同的文件系统提供的目录操作可能有所不同,常用的目录操作有以下几种。

(1) 目录创建。目录是多个文件控制块的集合,通常以文件的形式存储在外部存储器上,目录创建就是在外存上建立一个目录文件用以存储文件的 FCB。

(2) 目录删除。在外存上删除一个目录,有的系统中,要求只有当目录为空时,才能删除;有的系统中,删除一个非空目录,也就删除了其中的所有文件及子目录。

(3) 目录检索。要实现用户对文件的按名存取,就涉及文件目录的检索。因此文件目录检索是文件系统中最常用的操作。

(4) 目录打开与关闭。为了提高文件检索的速度,很多系统把当前使用的目录文件放在内存中,系统也为之提供了打开目录和关闭目录两个目录操作命令。打开目录就是从外存中读入相应的目录文件到内存,当目录使用结束,应关闭目录以释放内存空间。

4. 树形目录结构的优点

树形目录结构有以下优点。

(1) 既可以方便用户查找文件,又可以把不同类型的文件或不同用途的文件分类。

(2) 允许文件重名。不但不同用户可以使用相同的文件名,同一用户也可在不同的分目录下使用相同的文件名。

(3) 利用多级分层结构关系,可以更方便地制定保护文件的存取权限,有利于文件保护。

5. MS-DOS 的树形目录结构

由于树形目录结构有很多优点,因此众多操作系统都使用树形目录结构。MS-DOS 就是其中之一,图 8-10 所示是 MS-DOS 的目录项结构。

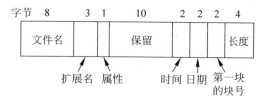

图 8-10 MS-DOS 的目录项结构

(1) 文件名占 8 字节,即文件名的长度不能超过 8 个字符。

(2) 扩展名占 3 字节。

(3) 属性占 1 字节,其每一位的意义如图 8-11 所示。

b7	b6	b5	b4	b3	b2	b1	b0
保留	保留	档案	子目录	卷标	系统	隐含	只读

图 8-11 MS-DOS 目录项中属性字段的含义

(4) 时间占 2 字节,记录文件建立或最后修改时间。

(5) 日期占 2 字节,记录文件建立或最后修改日期。

(6) 第一块的块号占 2 字节,文件的第一块的块号。

(7) 长度占 4 字节,文件长度以字节为单位。

在 MS-DOS 中，目录可以含有其他子目录，从而形成层次文件系统，通常在 MS-DOS 中，每个用户都可以在根目录下创建一个子目录，并把它的全部文件都放在该子目录下。因此，不同的用户不会发生冲突。

6. UNIX 的树形目录结构

UNIX 的目录结构非常简单，如图 8-12 所示，每个目录项只含有一个文件名和一个指向索引节点的指针。文件的类型、长度、时间、所有者和文件所在的磁盘块号等信息都放在索引节点中。

图 8-12 UNIX 目录项

8.3.5 目录的查询

为了实现用户对文件的按名存取，系统按如下步骤寻找其所需的文件。

（1）利用用户提供的文件名，对文件目录进行查询，找出该文件的 FCB 或索引节点。

（2）根据找到的 FCB 或索引节点中记录的文件物理地址（盘块号）算出文件在磁盘上的物理位置。

（3）启动磁盘驱动程序，将所需的文件读入内存。

对目录的查询有多种算法，如线性检索算法、哈希检索算法等及其他算法。

1. 线性检索算法

目录查询的最简单的算法是线性检索算法，又称为顺序检索算法。以 UNIX 的树形目录结构为例，用户提供的文件名包含由多个分量组成的路径名，此时需要对多级目录进行查找。假定用户给定的文件路径名为\usr\ast\books，如图 8-13 所示，查找过程如下。

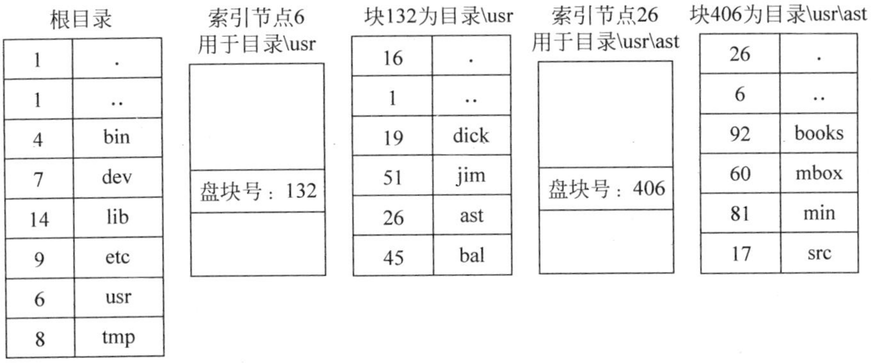

图 8-13 查找\usr\ast\books 的过程

（1）首先读入文件路径名的第一个目录名 usr，用它与根目录中的各目录项顺序地进行比较，从中找到匹配者，并得到匹配项的索引节点号 6，再从索引节点中得知 usr 目录文件存放在第 132 号盘块中，将它读入内存。

（2）系统读入路径名的第二个目录名 ast，用它与 132 号盘块中的第二级目录文件中的各目录项顺序地进行比较，从中找到匹配者，并得知 ast 的目录文件放在索引节点 26 中，再从索引节点中得知 usr\ast 目录文件存放在第 406 号盘块中，将它读入内存。

（3）系统读入路径名的第三个分量 books，用它与第三级目录文件 usr/ast 中的各目录项顺序地进行比较，从而得到\usr\ast\books 的索引节点号为 92，即 92 号索引节点中存放了指定的文件的物理地址。目录查找到此结束。

相对路径的查找过程也类似，不同的是，相对路径从当前目录开始，而不是从根目录开始查找。每个目录在创建时都自动包含一个"."项和一个".."项。"."项给出了当前目录的索引节点号；".."项给出父节点的索引节点号。所以，如果查找..\dick\prog.c，则要在当前目录中查找".."项，找到父目录的索引节点后，再从父目录中查找 dick 目录。

2. 哈希检索算法

采用哈希检索算法时，目录项信息存放在一个哈希表中。进行目录检索时，首先根据目录名来计算一个哈希值，然后得到一个指向哈希表目录项的指针。这样，该算法就可以大幅度地减少目录检索的时间。插入和删除目录时，要考虑两个目录项的冲突问题，就是两个目录项的哈希值是相同的。

哈希检索算法的难点在于选择合适的哈希表长度和哈希函数的构造。

3. 其他算法

除了上述两种算法之外，还可以考虑其他算法，如 B+树。Windows 就采用 B+树来存储大目录的索引信息，B+树是一个平衡树，对于存储在磁盘上的数据来说，平衡树是一种理想的分类组织方式，这是因为它可以使得查找一个数据项所需的磁盘访问次数最少。

由于使用 B+树存储文件，文件按顺序排列，所以可以快速地查找目录，并且可以快速地返回已经排好序的文件名。同时，B+树是向宽度扩展而不是向深度扩展的，Windows 的目录查找时间不会因为目录的增大而增大。

8.3.6 文件的共享

在现代计算机系统中都存放了大量文件。其中，有些文件可供多个用户共享。当几个用户在一个项目组中工作时，他们常常需要共享一些文件。如果一个共享文件同时出现在属于不同用户的不同目录下，工作起来就很不方便。

在树形结构的目录中，当有两个或多个用户要共享一个子目录或文件时，必须将共享文件或子目录链接到两个或多个用户的目录中，以便能方便地找到该文件，如图 8-14 所示。此时，文件系统的目录结构，已不再是树形结构，而是一个有向非循环图（Directed Acyclic Graph，DAG）。

图中文件 X 是一个共享文件，如何建立目录与共享文件之间的链接呢？如果在文件目录 C_{11} 中包含了文件的物理地址，即文件所在的盘块号，则在链接时，必须将文件的物理地址复制到另一个目录 B_2 中去。但如果以后某个用户 B 向文件 X 中添加内容，也必然要相应地增加新的盘块。而这些新增加的盘块也只会出现在用户 B 的目录 B_2 中。这种变化对用户 C 来说是不可见的，也就是说，目录 C_{11} 中不会有用户 B 新增加的盘块。当然用户 C 不能共享新增加的内容。

1. 基于索引节点的文件共享

为了解决这一问题，在 UNIX 系统中使用了索引节点。即文件的物理地址及其他文件属性信息不再放在目录中，而是放在索引节点中。在文件目录中只设置文件名和指向相应索引节点的指针，如图 8-15 所示。这样，一个用户对文件大小的改变，对其他用户是可见的，从而也能提供给其他用户共享新增加的内容。

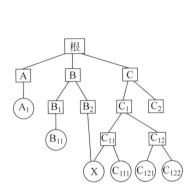

图 8-14 包含共享文件的文件系统

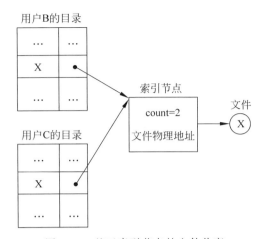

图 8-15 基于索引节点的文件共享

在索引节点中有一个链接计数 count,用于表示链接到本索引节点上的目录项的数目。例如,当 count=3 时,表示有 3 个目录项链接到该文件上,或者说,有 3 个用户共享该文件。

当用户 C 创建文件时,它是该文件的所有者。此时 count 置为 1。当用户 B 要共享该文件时,在用户 B 的目录中增加一个目录项,并设置一指针指向该文件的索引节点。此时,文件所有者仍然是 C,count=2。如果用户 C 不再需要此文件,也不可以将该文件删除,因为如果用户 C 删除了该文件,也必然删除了该文件的索引节点,这样,使用户 B 指向该索引节点的指针悬空。但是如果用户 C 不删除此文件,等用户 B 继续使用,由于文件所有者是用户 C,如果系统要记账收费,则 C 必须为 B 使用该共享文件而付账,这样也不合理。图 8-16 所示为用户 B 链接到文件上的前后情况。

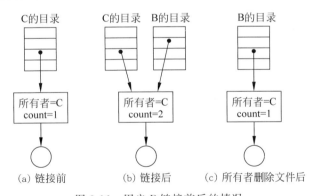

图 8-16 用户 B 链接前后的情况

2. 基于符号链接的文件共享

对于上述基于索引节点共享文件不能解决的问题,可以使用符号链接的方法。用户 B 为了共享用户 C 建立的一个文件 F,可以由系统创建一个 LINK 类型的新文件 F′,将新文件 F′写入用户 B 的目录,以实现用户 B 的目录与文件 F 的链接。在新文件 F′ 中,只包含被链接文件 F 的路径名,这样的链接方法为符号链接。新文件中的路径名被看成是符号链,如图 8-17 所示。

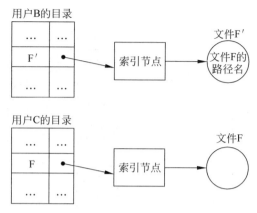

图 8-17 基于符号链接的文件共享

当用户 B 要访问被链接的文件 F 时,由操作系统按照文件 F′中的路径名去寻找文件 F,于是实现了用户 B 对用户 C 的文件 F 的共享。

在基于符号链接的共享方式中,由于只有文件所有者拥有指向索引节点的指针,而共享用户只有该文件的路径名,这样就不会发生文件所有者删除文件使得其他用户指向该文件的指针悬空的问题。当文件主删除共享文件后,其他用户试图通过符号链去访问一个被删除的共享文件时,会因系统找不到该文件而使访问失败,于是将符号链删除,此时不会发生任何影响。

符号链接方式存在的问题是需要额外的开销。读取一个包含路径名的文件,系统要根据路径名,逐个分量地去查找目录,直到找到该文件。因此,每次访问一个共享文件时,都可能多次读盘。这使得访问共享文件的开销很大。另外,为每个共享文件建立一条符号链,由于该链实际上是一个文件,该文件仍然要占用一定的磁盘空间。

符号链接的一个优势是,用该方法可以连接全球任何一处的机器上的文件,此时只需要提供该文件所在机器的网络地址,以及在该机器中的文件路径。

3. 远程文件共享

网络的出现允许在远程计算机之间进行通信。网络允许在世界范围内进行资源共享。文件是网络上一个重要的共享资源。

随着网络和文件技术的发展,远程文件共享方式也不断改变。第一种方式为用户通过程序(如 FTP)实现在计算机之间的文件传输。第二种方式是利用分布式文件系统(DFS)直接访问远程文件目录。第三种方式是万维网,用浏览器获取对远程文件的访问。

远程文件系统允许一台计算机安装一台或多台远程机器上的一个或多个文件系统。在这种情况下,包含文件的机器称为服务器,需要访问文件的机器称为客户机。对于网络系统,客户机—服务器关系是常见的。通常,服务器声明哪些文件可为客户机所用,并精确地说明客户的名称或 IP 地址。根据客户机—服务器关系的实现,一台服务器可服务于多个客户机,而一台客户机也可使用多个服务器。

服务器通常标明目录或卷的哪些文件可用。客户机可通过其网络名称或其 IP 地址来指定。为安全起见,一般会对客户机通过加密密钥向服务器进行安全验证。

一旦安装了远程文件系统,那么文件操作请求会代表用户通过网络按照 DFS 协议发送到服务器。通常,一个文件打开请求与其请求的用户 ID 一起发送。然后,服务器应用标准访问检查以确定该用户是否有权限按所请求的模式访问文件。请求可能被允许或拒绝。如果允许,那么文件句柄就返回给客户机应用程序,这样该程序就可执行读、写和其他文件操作。当访问完成时,客户机会关闭文件。

为了便于管理客户机—服务器服务,分布式信息系统也称为分布式命名服务,用来提供用于远程计算所需信息的统一访问。域名系统(DNS)为整个 Internet 提供了主机名称到网络地址的转换。

8.4 文件系统实现

视频讲解

前面介绍的都是从用户的观点看待文件系统的情况,用户关注的是文件如何命名、允许对文件进行什么操作、目录树什么样子以及用户界面等。而文件系统的设计者所关注的是如何存放文件、磁盘空间如何管理、如何使文件系统高效又可靠。

8.4.1 文件系统的格式

1. 文件系统的含义

文件系统是操作系统的重要部分。文件系统一词在不同的情况下有不同的含义。一般而言,对文件系统的定义是指在操作系统内部用来对文件进行控制和管理的一套机制及其实现。而在具体应用和实现上,文件系统又指存储介质按照一种特定的文件格式加以构造。例如,MS-DOS 的文件系统是 FAT,Linux 的文件系统是 EXT2,Windows 的文件系统是 NTFS。对文件系统可以进行安装或拆卸等操作。

2. 分区与文件系统

文件系统是在建立在某种存储介质上的,目前最常用的存储介质就是磁盘。

磁盘在出厂之前,都做过低级格式化,即进行了扇区的划分。低级格式化之后的硬盘一般先进行分区。所谓分区,就是把硬盘分成几部分,以便于用户使用。如果一个计算机系统中只有一块硬盘,而用户又希望安装多个操作系统,为了使多个操作系统互不干扰,必须将它们安装在不同的分区上。

分区相当于把一块硬盘划分成多个逻辑硬盘,每个逻辑硬盘的第一个扇区都为引导记录,分别用于不同操作系统的引导,即多引导。整个硬盘的第一个扇区超脱了所有的分区之外,它不属于任何一个分区,称为主引导记录(Main Boot Record,MBR)。

主引导记录存放该硬盘的分区信息,称为分区表。主引导记录不直接引导操作系统,而是从分区信息表中选择一个活跃的引导记录,从而引导一个操作系统。

硬盘被分区之后,可以分别对每个分区进行高级格式化,即在该分区上创建文件系统,如 FAT32、NTFS 等,文件系统也称为卷。

分区表记录了硬盘分区的情况及每个分区的类型,分区类型指定了该分区被格式化为哪种文件系统。每个被格式化为某种文件系统的分区都有一个引导记录用来存储该分区文件系统的结构信息及操作系统引导程序。

对于每个创建了文件系统的分区而言,除了都以引导记录开头之外,其他信息的存储格式依据其上的文件系统有很大差别。但一般来说,一个分区有以下信息。

(1) 引导记录。

(2) 文件系统管理信息。其中记录了文件系统的全部参数信息。

(3) 空闲空间管理信息。记录该分区的哪些空间是空闲的,哪些是被文件占有的。

(4) 目录信息。每个文件有一个文件控制块,其中记录该文件的全部管理信息,文件控制块的集合就是目录。

(5) 文件。

8.4.2 文件的存储结构

文件的存储结构又称为文件的物理结构,是指文件在外存上的存储形式,它与存储介质的性能有关。由于磁盘具有可直接访问的特性,故用磁盘来存放文件,具有很大的灵活性。在现代操作系统中,磁盘是文件的主要存储设备。所以,实现文件存储的关键问题是将文件分配到磁盘的哪些磁盘块中。

1. 文件分配单位

按照磁盘的组织方式,扇区、磁道和柱面都可以作为文件的分配单位。那么,如何选择文件存储空间的分配单位呢?

如果分配单位很大,如以柱面为分配单位,这时每个文件,甚至 1B 的文件也要占用整个柱面。分配单位小就意味着每个文件由很多块组成,每读一块都有寻道和旋转时间,所以读取由很小块存储的文件会非常慢。

图 8-18 所示的实线表示一个磁盘的数据读取速率与块的大小的关系。如果假设文件的大小均为 1KB,则磁盘空间的利用率如图 8-18 中的虚线所示。从图中可以看出,磁盘空间利用率的提高,意味着磁盘的数据读取速率的降低。反之亦然,时间效率和空间效率在本质上相互冲突。

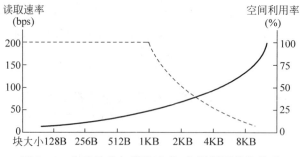

图 8-18 分配单位与读取速率、空间利用率的关系

一般地说,对于文件平均大小为 1KB 的系统,折中方法是把块的大小选定为 512B、1KB 或 2KB。如果在扇区的大小为 512B 的磁盘上,一个 1KB 的文件将占用两个扇区。这两个扇区可看成是一个不可分割的单位,有些系统中,把这个不可分割的单位称为簇。

为了讨论方便,下面假定文件的分配单位为块,块的大小为 512B。

2. 连续分配

连续分配是最简单的一种存储分配方案,它要求为每个文件分配一组连续的磁盘块。例如,如果磁盘块的大小为 512B,一个 50KB 的文件需要分配 100 个连续的磁盘块,通常它们位于一条磁道上,因此在进行读/写时,不必移动磁头的位置(寻道)。仅当访问到一条磁道的最后一个盘块时,才需要移到下一个磁道,于是又可以连续地读/写多个盘块。

采用连续分配方式时,可把逻辑文件中的记录顺序地存储到邻接的各个物理盘块中,这样形成的物理文件称为顺序文件。这种分配方式保证了逻辑文件的记录顺序与物理存储器中文件占用的盘块顺序的一致性。

如图 8-19 所示,对于连续分配方式,目录通常包括文件名、文件块的起始地址和文件的长度。图中有 4 个文件 A、B、C 和 D。文件 A 占用了 3 个连续的盘块,分别是盘块 2、盘块 3 和盘块 4;文件 B 占用了 5 个连续的盘块,分别是盘块 7、盘块 8、……、盘块 11 等。

图 8-19 连续分配

如同内存的分配一样,随着文件的建立和删除,磁盘存储空间被分配和回收,使磁盘存储空间被分割成许多小块,这些较小的连续区已难以用来存储文件,即形成了外存的碎片。与内存的管理方法一样,也可以采用紧凑的方法将盘上的所有文件移动到一起,使所有碎片拼接成一大片连续的区域。

连续分配的优点体现在以下两方面。

(1) 便于顺序访问。只要目录中找到文件所在的第一个盘块号,就可以从此开始,逐个地往下进行访问。连续分配也支持直接存取,例如,要访问从 b 开始存放的文件中的第 i 个盘块的内容,就可直接访问 $b+i$ 号盘块。

(2) 顺序访问速度快。因为连续分配所装入的文件所占用的盘块可以位于一条或几条相邻的磁道上,不需要寻道或磁头的移动距离比较小,因此,访问文件的速度快。采用连续分配顺序访问,其速度是几种物理分配方式中速度最快的一种。

连续分配的主要缺点有以下两点。

(1) 要求有连续的存储空间。因要为文件分配一段连续的存储空间,便会出现许多外部碎片,严重降低了外存空间的利用率。定期用紧凑的方法来消除碎片,又需要花费大量的时间。

(2) 不便于文件的动态增长。因为一个文件的末尾处的空闲空间可能已分配给别的文件,一旦文件需要增加其长度,就需要大量的移动。

3. 链接分配

与连续分配相对的另一个极端是链接分配。采用链接分配方式,每个磁盘块都含有一个指向下一个盘块的指针,通过指针将属于同一文件多个离散的盘块链接成一个链表,形成链接文件。

如图 8-20 所示，文件 B 是一个占用 5 个盘块的链接文件。目录中记录了该文件的第一个盘块号 7 和最后一个盘块号 19。通过盘块中的指针，从第一个盘块 7，可以找到第二个盘块 9；从第二个盘块 9，找到第三个盘块 22；从第三个盘块 22，再找到第四个盘块 11；最后找到盘块 19。

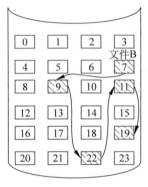

图 8-20　链接分配

链接分配的主要优点是解决了文件动态增长的问题，但也有一些问题。

(1) 只适合于文件的顺序访问，随机访问是低效的。为了访问文件的第 i 块，必须从第一块开始，根据指针找到下一块，直到找到第 i 块。每次都需要进行读盘操作，有时还需要寻道。

(2) 指针占用存储空间。如果指针占用 4 字节，则对于盘块大小是 512B 的磁盘，每个盘块有 508B 供用户使用。

4. 索引分配

索引分配解决了连续分配方式和链接分配方式中的许多问题。对于索引分配，每个文件都有一个索引块，索引块是一个表，其中存放了文件所占用的盘块号。目录中存储每个文件的文件名和索引块的地址。如图 8-21 所示，目录中有一个文件 B，它的索引块号为 16。盘块 16 中存放的就是文件 B 占用的所有磁盘块的盘块号。

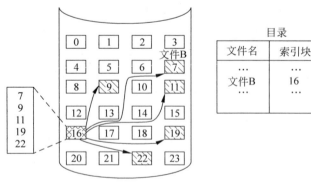

图 8-21　索引分配

索引分配方式不但避免了连续分配存在的外部碎片问题和文件长度不便于动态增长的问题，而且还支持对文件的直接访问。其缺点是，索引块的分配增加了系统存储空间的开销。由于文件的大小不同，尤其对于小文件，采用索引分配方式时，索引块的利用率是很低的，如一个文件只占用了两个盘块，也要为其建立一个索引块。而如果采用的是链接分配方式，只需要在两个盘块中分别占用 4B 的存储空间。对于中、大型文件,又有可能一个索引块中存储不下一个文件的所有盘块号。此时,需要再为文件分配另一个索引块,用于将为文件分配的其他盘块号记录在其中,并通过链接指针将所有索引块链接起来。显然,当文件特别大,其索引块太多时,这种方法是低效的,一个比较好的方法是为索引块再建立一级索引,即系统再分配一索引块,作为第一级索引的索引块,将第一块、第二块等索引块的盘块号填入此索引块中,这样便形成了两级索引分配。如果文件非常大,还可以采用三级、四级索引分配方式。

5. 混合分配

所谓混合分配方式,就是指将多种分配方式相结合形成的一种分配方式。例如,在 UNIX System V 系统中,既采用直接地址,又采用一级索引、二级索引,甚至三级索引分配。如图 8-22 所示,UNIX System V 系统的索引节点中共设有 13 个地址项,即 i.addr(0)~i.addr(12)。

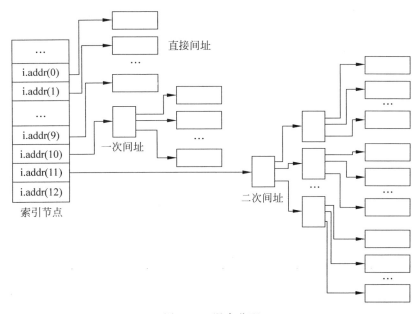

图 8-22 混合分配

(1) i.addr(0)~i.addr(9)用来存放直接地址,即这里每一项中所存放的是一个文件数据盘块的盘块号。假如每个盘块的大小为 4KB,当文件小于 40KB 时,便可以直接从索引节点中得到该文件的所有盘块号。

(2) 对于文件大于 40KB 的中型文件,除了使用 i.addr(0)~i.addr(9)存放文件的前 10 个盘块号外,再利用 i.addr(10)提供一次间接地址,即一级索引分配。如图 8-22 所示,用一个索引块(一次间址块)记录分配给文件的其他多个盘块号,再将索引块的地址存入 i.addr(10)。假如每个盘块号占 4B,一个索引块中可以存放 1K 个盘块号,因此,一次间址可支持的最大文件长度是 4MB+40KB。

(3) 当文件长度大于 4MB+40KB 时,系统采用二次间址分配。用地址项 i.addr(11)提供二次间址,即采用两级索引分配。此时,系统在二次间址块中记录所有一次间址块的盘块号。在采用二次间址的时候,文件最大长度可达 4GB+4MB+40KB。同理,地址项 i.addr(12)作为三次间接地址,其所允许的文件长度最大可达 4TB+4GB+4MB+40KB。

8.4.3 空闲存储空间的管理

为了实现文件存储空间的分配,系统必须记住空闲存储空间的情况,以便随时分配给新的文件和目录。下面介绍四种常用的空闲存储空间的管理方法。

1. 空闲表

空闲表用于连续分配方式,连续分配方式为每个文件分配一个连续的存储空间,系统需要维护一张空闲表,记录外存上所有空闲区的情况,如图 8-23 所示。空闲表中包括序号、该空闲区的起始盘块号、该空闲区的空闲盘块数等信息。系统中所有空闲区按其起始盘块号递增的次序排列,形成空闲表。

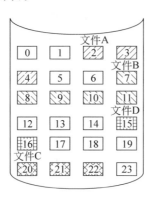

图 8-23 空闲表

空闲区的分配与内存的可变分区分配方式类似,可以使用首次适应法、下次适应法、最佳适应法和最坏适应法。如果采用首次适应法和下次适应法,系统中所有空闲区按其起始盘块号递增的次序排列,形成空闲表;如果采用最佳适应法和最坏适应法,系统中所有空闲区按空闲盘块数递增的次序排列,形成空闲表。

系统在对用户文件占用的外存空间进行回收时,也采用类似内存回收的方法,即要考虑回收区与其前、后的空闲区的合并问题。

空闲表法的缺点是,因为整个系统只有一张表,当磁盘存储空间较碎时,会造成表很大,从而影响文件分配时查找空闲表的速度。

2. 空闲链

空闲链法是将所有空闲存储空间拉成一个空闲盘块链。当系统需要给文件分配空间时,分配程序从链首开始依次摘下适当数目的空闲盘块分配给文件;与此相反,当删除文件而释放存储空间时,系统将回收的盘块依次插入空闲盘块链的尾部。

该方法的优点是,分配和回收过程简单,缺点是每当在链上增加或删除空闲块时都需要 I/O 操作,因此工作效率低。

空闲链方法适用于任何分配方式。

3. 位示图

位示图是利用二进制的一位表示磁盘中一个盘块的使用情况。当其值为 0 时,表示对应的盘块空闲;为 1 时,表示对应的盘块已分配。磁盘上的所有盘块都有一个二进制位相对应,这样,所有盘块所对应的位构成一个向量,称为位示图,如图 8-24 所示。

位示图的优点如下。

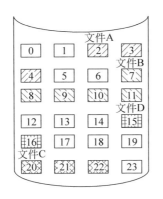

位示图
001110011111000110001110

图 8-24 位示图

(1) 通过位示图可以很容易找到一个或一组相邻接的空闲盘块。因此它适用于任何一种文件分配方式。

(2) 它占用的磁盘空间比较少。一个位示图需要的存储总量是 $\dfrac{磁盘大小}{8 \times 磁盘块的大小}$(B)。

例如,对于一个 1GB 的磁盘,块的大小是 512B,则位示图占用 256KB 的空间,大约需要 512 个磁盘块。

在实际应用中,为了提高文件磁盘空间的分配速度,常将位示图放在内存中。

位示图常用在微机系统中,如 CP/M、Apple-DOS 等。

4. 成组链接法

空闲表和空闲链都不适合用于大型文件系统,因为会使空闲表或空闲链太长。UNIX 系统中采用的成组链接法,是综合上述两种方法而形成的一种空闲盘块管理方法。它兼备了两种方法的优点,并克服了它们的不足。成组链接法的空闲盘块的组织如图 8-25 所示。

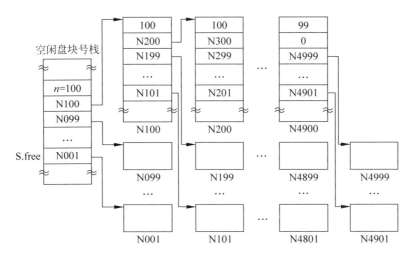

图 8-25 成组链接法

(1) 将磁盘文件区中的所有空闲盘块分成若干个组,如将 100 个盘块作为一组。假定文件区上共有 5000 个盘块,被分成 50 组,每个盘块的大小是 512B。N001~N100 为第一组;N101~N200 为第二组;……;N4801~N4900 为第四十九组;N4901~N4999 为第五十组。

(2) 将每一组含有的盘块数和该组的所有盘块号记入其前一组的最后一个盘块。由各组的最后一个盘块链接成一条链表。

(3) 最后一组只有 99 个盘块,其盘块号记入前一组的最后一个盘块 N4900 号盘块的第 99 个表项中,而剩余的一个表项存放 0,作为空闲盘块链的结束标志。

(4) 第一组盘块总数 n 和该组含有的所有盘块号记录在系统的空闲盘块号栈中。

(5) 空闲盘块号栈用于存放当前可用的一组空闲盘块的盘块号(最多为 100 个)及其盘块数。

为了提高文件空闲空间的分配速度,可将空闲盘块号栈放在内存中,S.free 为空闲盘块号栈中指向第一个空闲盘块的指针。

当系统要为用户分配文件所需的盘块时,需调用盘块分配过程来完成。该过程首先从空闲盘块号栈中取出由指针 S.free 指向的一空闲盘块号,将其对应的盘块分配给用户;然后将栈指针 S.free 上移指向下一个空闲盘块号,盘块数 n 减 1。如果该盘块号已是栈中最后一个可分配的盘块号($n=1$),由于该盘块号对应的盘块中记录有下一组可用的盘块号,因此需要调用读磁盘过程,将栈指针指向的盘块号所对应的盘块中的内容读入栈中,作为新的空闲盘块号栈的内容。同时把该盘块分配出去。

例如,用户需要 4 个盘块,假如空闲盘块号栈初始内容如图 8-26(a)所示,S.free 指向 N099,盘块数 $n=2$;分配过程首先将盘块号为 N099 的盘块分配出去,分配之后情况如图 8-26(b)所示,栈指针 S.free 指向下一个盘块号 N100,盘块数 $n=1$;然后分配盘块号 N100,由于盘块号 N100 中记录有下一组的可用盘块号 N101~N200。因此,需要调用读磁盘过程,将盘块 N100 中的内容读入空闲盘块号栈中,作为新的空闲盘块号栈的内容,然后将盘块 N100 分配出去。分配之后的情况如图 8-26(c)所示,栈指针 S.free 指向下一个盘块号 N101,盘块数 $n=100$;此后,可为用户分配另外两个空闲盘块 N101 和 N102,分配之后的情况如图 8-26(d)所示,栈指针 S.free 指向下一个盘块号 N103,盘块数 $n=98$。

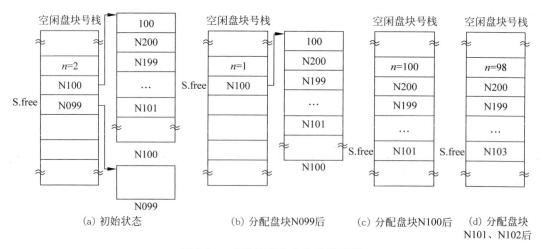

图 8-26 成组链接法盘块分配过程

空闲盘块回收时,需要调用盘块回收过程。回收时,将回收块的盘块号记入空闲盘块号栈,并将栈指针 S.free 下移,盘块数 n 加 1。如果空闲盘块号栈中的盘块数 $n=100$,表示栈已满,将现有栈中的 100 个盘块号记入新回收的盘块中,空闲盘块号栈清空,再将新回收盘块号作为新的栈元素存储在空闲盘块号栈中。

8.5　文件系统的可靠性

文件系统的可靠性是文件系统的重要问题,下面讨论与文件系统可靠性有关的问题。

8.5.1　坏块管理

由于磁盘的价格较贵,因而只有当磁盘上有较多坏块或完全损坏时,才考虑换一块新磁盘;而对于由于磁盘本身出现的损坏,则多采用一些补救措施,使得补救之后的磁盘仍能照常使用。补救措施主要用于防止将数据写入有缺陷的盘块。

1. 热修复重定向

系统将磁盘空间的一部分划分出来,通常为整个磁盘空间的2%～3%,作为热修复重定向区。该区域不分配给用户,而是由操作系统管理。热修复重定向区用于存放当发现磁盘块有缺陷时的待写数据,并对写入该区域的所有数据进行登记,以便以后对数据进行访问。例如用户文件写入磁盘时,操作系统为其分配的磁盘块为第12磁道的第10、11和12扇区,当进行写入操作时发现第10扇区的盘块是坏的,于是便将数据写入热修复重定向区中的第153磁道的第27扇区。当以后用户需要读取第12磁道第10扇区的内容时,系统便从第153磁道的第27扇区的盘块中读数据。

2. 写后读校验

为了保证所有写入磁盘的数据都能写入完好的盘块中,在每次从内存缓冲区向磁盘写入一个数据后,立即从磁盘上读出该数据块,送至另一缓冲区,再将该缓冲区中的内容与原缓冲区中写后仍保留的数据进行比较。若二者一致,便认为此次写入成功,可继续写下一个盘块;否则要重写,如重写后二者仍不一致,则认为该盘块有缺陷。此时,便将应写入该盘块的数据写入热修复重定向区,并将该损坏盘块的地址记录在坏盘块表中。

8.5.2　备份

即使有再好的处理坏块的策略,也不能保证万无一失。保证文件不会丢失和损坏的另一个有效的手段是备份,即定期地将文件复制或转储到另一个存储设备或另外一块存储区域中。

1. 备份设备

用于备份的常用存储设备有磁盘和光盘。

(1) 磁盘。利用活动硬盘作为后备系统也是一种比较常见的方式,该方式的优点是速度快,脱机保存期也可以比磁带长3～5年。但磁盘单位容量的存储费用比较高。

(2) 光盘。光盘的种类很多,可以分为一次写入式光盘和可擦写式光盘。光盘容量一般为650MB。由于光盘的容量大,且保存期也特别长,一般可达15年以上,有的甚至可达百年;单位容量的费用也比较适中,只是速度比较慢。一般光盘的读出速度为4倍速,写入速度为2倍速,单倍速为150Kbps。随着近几年光盘的发展,其速度有了很大的提高,已提高到24倍速、48倍速等。

2. 备份方法

为了将磁盘上的文件复制到备份系统中,可采用如下两种方法。

(1) 完全转储。指定期地将磁盘上的整个文件系统复制到后备系统中。此方法简单,但效率低,因为两次备份之间整个文件系统可能只有一小部分发生了变化,很大一部分没有任何变化,因而会产生很多重复复制品。

(2) 增量转储。制定一个备份周期,如一个月为一个周期。在一个周期的第一天,把磁盘上的所有文件都复制到后备系统中;第二天只复制在第一天之后发生变化的那些文件;第三天则复制在第二天后又发生变化的那些文件;直到月末。到下个月的第一天起,又重复以上过程。

为了实现增量转储,系统应设置一张转储时间表,记录每个文件最后一次的转储时间。转储程序在进行转储时,检查每个文件在最近一次转储后是否又发生了变化。如果没有发生变化,此次就不对它进行转储;否则进行转储,并修改转储时间表中该文件的最后转储时间。这种方法需要占用较多的后备存储空间和机器的时间。但由于每天都进行了转储,当文件被损坏时,可以进行恢复。

8.5.3 文件系统一致性问题

影响文件系统可靠性的另一个问题是文件系统的一致性。当文件系统读取某文件的盘块后进行了修改,如果在修改过的盘块没有全部写回磁盘之前系统出现崩溃,则有可能造成文件系统处于不一致的状态。如果一些未写回的盘块是带有目录、空闲表或索引节点的盘块,问题会更为严重。

为了解决文件系统不一致的问题,很多操作系统都设计了检验文件系统是否一致的程序。在系统启动时,特别是系统崩溃后重新启动时,将运行该程序。

1. 盘块号一致性检查

在检查盘块号的一致性时,系统构造一张表,表中为每个盘块设立两个计数器,计数器的初值为 0。一个计数器记录该块在文件中出现的次数,另一个记录该块在空闲块表中出现的次数。在文件系统中进行查询,每读到一个盘块号,该块在表中的第一个计数器加 1;然后再检查空闲盘块表、空闲盘块链或位示图,对所有空闲盘块,表中的第二个计数器加 1。

(1) 如果文件系统是一致的,第一个计数器的值应与第二个计数器的值互补,如图 8-27(a)所示。

(2) 当系统崩溃时,可能造成图 8-27(b)所示的情况。盘块 2 没有出现在两张表中的任何一张中,这称为块丢失。尽管块丢失不会对文件系统造成损害,但它会造成磁盘空间的浪费。解决块丢失问题很容易,将丢失块加到空闲表中即可。

(3) 有可能出现的第三种情况如图 8-27(c)所示,在空闲表中,盘块 4 出现了两次。解决的方法也简单,只要重新设置空闲表即可。

(4) 最糟糕的情况是在两个或多个文件中出现同一盘块号,如图 8-27(d)所示。如果其中一个文件被删除,会将盘块 5 添加到空闲表中,这将导致一个盘块同时出现使用和空闲两种状态。若两个文件均被删除,将导致该盘块在空闲表中出现两次。解决的方法是,先分配一个空闲块,将盘块 5 中的内容复制到空闲块中,然后把它插入其中一个文件中。这样,文件的内容未改变,至少保证了文件系统的一致性。之后将该错误报告给用户,由用户检查错误的原因。

(5) 另一种可能如图 8-27(e)所示。盘块 2 同时出现在文件和空闲块表中,解决的方法是将盘块 2 在空闲块表中删除。

盘块号:	0	1	2	3	4	5	6	7	8	9	10	11	12	13	14	15
使用盘块	1	1	0	1	0	1	1	1	1	0	0	1	1	1	0	0
空闲盘块	0	0	1	0	1	0	0	0	0	1	1	0	0	0	1	1

(a)

盘块号:	0	1	2	3	4	5	6	7	8	9	10	11	12	13	14	15
使用盘块	1	1	0	1	0	1	1	1	1	0	0	1	1	1	0	0
空闲盘块	0	0	0	0	1	0	0	0	0	1	1	0	0	0	1	1

(b)

盘块号:	0	1	2	3	4	5	6	7	8	9	10	11	12	13	14	15
使用盘块	1	1	0	1	0	1	1	1	1	0	0	1	1	1	0	0
空闲盘块	0	0	1	0	2	0	0	0	0	1	1	0	0	0	1	1

(c)

盘块号:	0	1	2	3	4	5	6	7	8	9	10	11	12	13	14	15
使用盘块	1	1	0	1	0	2	1	1	1	0	0	1	1	1	0	0
空闲盘块	0	0	1	0	1	0	0	0	0	1	1	0	0	0	1	1

(d)

盘块号:	0	1	2	3	4	5	6	7	8	9	10	11	12	13	14	15
使用盘块	1	1	1	1	0	1	1	1	1	0	0	1	1	1	0	0
空闲盘块	0	0	1	0	1	0	0	0	0	1	1	0	0	0	1	1

(e)

图 8-27 盘块号一致性检查

2. 链接数一致性检查

除了检查盘块之外,文件系统还要检查目录系统。例如在 UNIX 系统中,每个目录项含有一个索引节点号,用于指向文件的索引节点。对于一个共享文件,其索引节点号会在目录中出现多次。例如,当有五个用户共享某个文件时,该文件的索引节点号将会在目录中出现五次。另外,在共享文件的索引节点中有一个链接计数 count,用于指向共享该文件的用户数。在正常情况下,这两个数据应该是一致的,否则就出现了不一致性错误。

为了检查这种一致性,同样需要一张计数器表。表中为每个文件设立一个表项,其中含有该索引节点号的计数值。在进行检查时,从根目录开始,当在目录中遇到该索引节点号时,便在该计数器中相应文件的表项上加 1。当所有目录查找完毕后,便可将该计数表每个表项中的索引节点计数值与该文件索引节点中的链接计数 count 的值进行比较。如果一致,便表示是正确的;否则,出现了链接数数据不一致性错误。

如果索引节点中的链接计数 count 的值大于计数器表中相应索引节点号的计数值,当所有共享该文件的用户都不再使用该文件时,其 count 的值仍不为 0,因而该文件不会被删除,这将使一些已无用户需要的文件仍驻留在磁盘上,从而浪费了一些存储空间。解决的方法是用计数器表中正确的值更新 count 的值。

反之,如果 count 的值小于索引节点号的计数值,就存在潜在的危险。假如有两个用户共享一个文件,但 count 的值却为 1,这样,当一个用户不需要该文件时,count 的值变为 0,从而使系统将此文件删除,释放其索引节点及文件占用的盘块。此时,另一个共享该文件的用户的对应目录项指向一个空索引节点,最终使该用户无法使用该文件。解决该问题的方法是将count的值置为正确的值。

8.5.4 数据一致性控制

当数据被分别存储在多个文件中时,一个文件中的数据修改了,就要同时对其他文件中的数据进行修改,而此时若突然出现故障,将导致数据不一致。

1. 事务

事务是用于访问和修改各种数据项的一个程序单位。被访问的数据可以分散在多个文件中,事务也可以看作是一系列的读和写操作。当这些操作全部完成时,再以托付(Commit)操作来终止事务。当有一个读或写操作失败时,则执行夭折(Abort)操作。

为了实现原子修改,通常借助事务记录来实现。用它记录事务运行时数据项修改的全部信息,故又称为运行记录 Log。该记录包括以下四个字段。

(1) 事务名。它是用于标识事务的唯一的名字。

(2) 数据项名。它是被修改数据项的名字。

(3) 旧值。修改前数据项的值。

(4) 新值。修改后数据项的值。

由于一组被事务 T_i 修改过的数据,以及它们被修改前和修改后的值,都能在事务记录中找到。因此,利用事务记录表,系统能处理任何故障而不致使故障造成非易失性存储器中信息的丢失。恢复算法利用以下两个过程。

(1) Undo(T_i):把所有事务 T_i 修改过的数据,恢复为修改前的值。

(2) Redo(T_i):把所有事务 T_i 修改过的数据,设置为新值。

2. 检查点

引入检查点的目的是使对事务记录表中事务记录的请求的清理工作经常化,即每隔一定时间做一次下述工作。

(1) 将驻留在易失性存储器(内存)当前事务记录中的所有记录输出到稳定存储器中。

(2) 将驻留在易失性存储器中的所有已修改数据输出到稳定存储器中。

(3) 将事务记录表中的检查点记录输出到稳定存储器中。

(4) 每当出现一个检查点记录时,系统便执行恢复工作,即利用 Redo 和 Undo 过程实现恢复操作。

引入检查点之后,可以大大减少恢复处理的开销,因为在发生故障后,并不需要对事务记录表中的所有事务记录进行处理,而只需要对最后一个检查点之后的事务记录进行处理。

8.6 保护机制

计算机中存放了越来越多的宝贵信息供用户使用,给人们带来了极大的方便,但同时也存在有一些不安全因素。例如人们有意或无意的行为,使文件系统中的数据遭到破坏或丢失。下面讨论如何通过存取控制机制,防止人为因素造成文件系统的不安全性。

8.6.1 保护域

在计算机系统中,有很多有待保护的对象,这些对象有硬件,如 CPU、内存、终端、磁盘等;

也有软件,像进程、文件、信号等。每个对象有一个唯一的名字,用户通过这个名字引用对象。对象有一些允许进程在其上执行的操作,如进程 A 可以读文件 F,但不能修改文件 F。操作系统需要某种方法禁止未授权进程访问对象。保护机制就是根据需要限制进程只执行合法的操作。

1. 保护域

为了更好地讨论保护机制,引入保护域的概念。保护域是对象与权限的集合,可表示为 <对象,[权限]>。每个对象—权限对标记了一个对象和一个可执行操作的子集,权限表示允许执行的操作。进程只能在保护域中执行操作,该域指出进程所能访问的对象。

图 8-28 列出了三个保护域,并给出了每个域中的对象和这些对象允许的操作。在域 1 中有两个对象 F_1 和 F_2,只允许进程读(R)F_1,而允许进程对 F_2 读(R)和写(W)。对象 printer(打印机)出现在域 2 和域 3 中,表示在两个域中的进程都可以使用打印机。

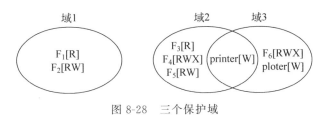

图 8-28 三个保护域

进程任何时刻都运行在某个保护域中。换句话说,进程可访问某些对象,对每个对象有一定的权限。进程在执行时,它可以从一个域切换到另一个域。切换的规则独立于操作系统。例如,在操作系统中,任何一个进程都处于用户态和核心态这两个状态之一。在用户态和核心态,进程分别有不同的访问对象集合。当进程从用户态切换到核心态时,其保护域也进行了切换。

进程与域之间有以下两种联系。

(1) 静态联系。指进程的可用资源集在进程的整个生命期中是固定的,即进程在其生命周期内保护域是不变的。

(2) 动态联系。指进程的可用资源集在进程的整个生命期中是可变的,即进程在其生命周期内需要从一个保护域到另一个保护域的切换。

2. 保护矩阵

描述系统存取控制的矩阵称为保护矩阵。矩阵的行代表域,列代表对象,矩阵中的每个元素代表某个对象在某个保护域上的访问权限。访问权定义了在域中能对对象施加的操作集。

保护矩阵中的访问权,通常由资源的拥有者或管理者决定。当用户创建一个文件时,创建者就是该文件的拥有者,系统在保护矩阵中为新文件增加一列,由创建文件的进程决定该列中某个项应拥有哪些访问权。当删除此文件时,也要相应地将该文件从保护矩阵中取消,表 8-1 列出了一个保护矩阵。

表 8-1 保护矩阵

域	对象							
	文件 1	文件 2	文件 3	文件 4	文件 5	文件 6	打印机	绘图仪
D_1	R	RW						
D_2			R	RWX	RW		W	
D_3						RWX	W	W

为实现进程和域之间的动态联系,应能够将进程从一个保护域切换到另一个保护域。为了能对进程进行控制,同样应将切换作为一种权利,仅当进程拥有切换权时才能进行切换。

表 8-2 在表 8-1 的保护矩阵中又增加了几个对象,它们是保护矩阵中的几个域。表 8-2 中,域 D_1 到 D_2 对应的项中有一个切换权 S,所以允许 D_1 中的进程切换到 D_2。类似地,域 D_2 到 D_3 对应的项中也有一个切换权 S,表示运行在域 D_2 中的进程可以切换到 D_3。但不允许再从 D_3 切换到 D_2 和从 D_2 切换到 D_1。

表 8-2 具有切换权的保护矩阵

域	对象										
	文件 1	文件 2	文件 3	文件 4	文件 5	文件 6	打印机	绘图仪	D_1	D_2	D_3
D_1	R	RW								S	
D_2			R	RWX	RW		W				S
D_3						RWX	W	W			

8.6.2 保护矩阵的实现

保护矩阵有能力实现和控制动态保护,但是实现起来开销太大。为了减少时、空开销,可将矩阵按列划分形成存取控制表,按行划分形成用户权限表。

1. 存取控制表

为每个对象设立一张存取控制表,表中列出了可以访问该对象的所有域及在该域中的访问权限。

在文件系统中,对象就是文件。系统常常为每个文件建立一个存取控制表,并把该表放在该文件的 FCB 或索引节点中,作为该文件的存取控制信息。

域是一个抽象的概念。它能以各种方式实现。

(1) 一个用户为一个域,如表 8-3 所示。这是最常见的一种情况,一个用户为一个域,而对象则是文件。此时,用户能够访问的文件和访问的权限取决于用户的身份。通常,在一个用户退出而另一个用户进入时,即用户发生改变时进行域的切换。

表 8-3 存取控制表

用户	文件 A
文件主	RWX
项目组成员	RW
协作成员	RX
其他用户	X

(2) 一个进程为一个域。此时能够访问对象的访问权限取决于进程的身份。

存取控制表也可用于定义默认的访问权集,即在该表中列出各个域对某对象的默认访问权集。系统中配置了这种访问控制表后,当某用户或进程要访问某个对象时,系统首先到默认访问控制表中查找该用户或进程是否有对指定对象进行访问的权力。

2. 用户权限表

用户权限表是由一个域对每个对象可以执行的一组操作所构成的,表中的每一项即为该域对某一对象的访问权限。当域为用户或进程、对象为文件时,用户权限表便可用来描述一个用户或进程对每一个文件所能执行的一组操作。因此,应为每个用户或进程设置一张用户权限表。

表 8-4 所示为一个用户权限表。在表中有三个字段,其中,类型字段用于说明对象;权限字段是指某个用户或进程对该对象所拥有的访问权限;对象指针字段是一个指向相应对象的

指针。在 UNIX 系统中,对象指针就是文件的索引节点号。表 8-4 中,该域有四个对象,即文件 A、文件 B、文件 C 和打印机,对文件 A 的访问权限为只读;对文件 B 的访问权限是可读、可写、可执行等。

表 8-4 用户权限表

类型	权限	对象指针	类型	权限	对象指针
文件 A	R	指向文件 A 的指针	文件 C	RW	指向文件 C 的指针
文件 B	RWX	指向文件 B 的指针	打印机	W	指向打印机的指针

应该指出,只有用户权限表是安全的,它保护的对象才是安全的。因此用户权限表不允许被用户或进程直接访问。通常采用以下三种方式对用户权限表进行保护。

(1) 将用户权限表放在系统区内的专用区,只允许操作系统对它进行访问。

(2) 用于存放访问权限表的内存区域中,为每个字设置一个标识位,用于标明该内存字是否包含访问权限。该标识位不允许用户程序访问,只能由操作系统进行修改。

(3) 将用户权限表放在用户区,但表中的每一个用户权限必须译成密文。

目前,大多数操作系统都同时采用用户权限表和存取控制表。在系统中,为每个对象配置一个存取控制表,当进程第一次试图访问该对象时,先检查存取控制表,看是否具有对该对象的访问权限。如果无权访问,由系统拒绝该进程,并构成一异常事件;否则为该进程建立一个用户权限表,并将它连接到该进程上。以后,该进程就可以直接利用用户权限表中指定的权限去访问该对象,这样可以快速地验证访问的合法性。当进程不再需要对该对象进行访问时,便将用户权限表删除。

8.6.3 分级安全管理

在计算机应用迅速发展的同时,许多操作系统都对系统的安全进行逐级管理。下面介绍一个实际操作系统中使用的四级安全性管理措施,包括系统级管理、用户级管理、目录级管理和文件级管理。

1. 系统级管理

系统级管理的主要任务是不允许未经授权的用户进入系统,从而防范他人非法地使用系统中的各种资源。系统级管理方法有以下两种。

1) 注册

注册的目的是使系统管理员能够掌握要使用系统的诸用户的情况,并保证用户名在系统中的唯一性。为此,在系统中设置一张用户表,每个注册用户占用表中的一项,如图 8-29 所示。

用户名	密码	注册时间	终端号
张红	***	20021023	tty1
王萧	***	20030424	tty3
…	…	…	…

图 8-29 注册用户表

用户在使用系统前,应先在系统中注册,由系统管理员负责在用户表中为用户填写相关的项目。当用户不再使用该系统时,再由系统管理员将该用户在用户表中相应的表目删除。一个系统中允许同时注册的用户数是有限的,一旦该数目到达规定的值,系统将拒绝新用户的注册。

2) 登录

用户在注册后,使用系统之前要进行登录。登录的目的是通过核实用户的注册名和密码来检查用户的合法性。用户登录时,必须根据屏幕提示输入自己的注册名和密码。系统将用户输入的注册名与用户表中的注册名逐一进行比较,仅当找到相匹配的名字,且用户输入的密码也正确时,才允许用户进入系统。为了防止非法用户窃取密码,在用户输入密码时,系统将不在屏幕上回显。凡是未通过注册名和密码检查的用户,一律不能进入系统。

2. 用户级管理

用户级管理是为了给用户分配文件的访问权限而设计的。用户访问权限可根据用户的性质、需要及文件的属性而不同。用户级管理包括两方面的内容,为对用户进行分类和为用户分配文件访问权。

不同系统对用户进行分类的方法各不相同,例如,有的系统将用户分成如下所述三类。

(1)文件主,是文件的创建者。

(2)伙伴,是由文件主指定的少数用户。

(3)一般用户。

文件访问权决定了用户对哪些文件可以执行哪些操作,可以有如下所述 8 种文件访问权。

(1)建立,允许用户创建一个新文件,并同时打开它。

(2)删除,允许用户删除一个已存在的文件。

(3)打开,允许用户打开一个已存在的文件。

(4)读,允许用户从打开的文件中读数据。

(5)写,允许用户将数据写入一个已打开的文件。

(6)查询,允许用户查找目录文件。

(7)修改,允许用户修改文件。

(8)父权,允许建立、修改和删除子目录。

3. 目录级管理

目录级管理是为了保护系统中的目录而设计的,它与用户的权限无关。为了保证目录的安全,规定只有系统核心才具有写目录的权力。

对目录的读、写和执行与一般文件的读、写和执行有所不同。读许可是指用户可以读目录;写许可是指允许用户请求系统为其建立一个目录或删除一个已存目录;而执行许可是指用户可以检索目录,以找到指定文件。

通常,系统分别给用户和目录独立指定权限。当一个用户访问一个目录时,系统将对用户访问权和目录访问权分别进行验证。验证通过后,才允许指定用户对指定目录进行访问;否则拒绝用户访问。

4. 文件级管理

文件级管理是通过对文件属性的设置,来控制用户对文件的访问。通常可设置的文件属性有以下几种。

(1)只执行(E 或 X),只允许用户执行该文件。

(2)隐含(H),文件是隐含文件。

(3)索引(I),文件是索引文件。

(4)修改(M),指文件自上次备份后是否已被修改。

(5)只读(RO),只允许用户读该文件。

(6)读/写(RW),允许用户对文件进行读/写。

(7)共享(SHA),指文件可被多个用户共享。

(8)系统(SY),指文件是系统文件。

用户对文件的访问将由用户访问权、目录访问权和文件属性三者确定。通过上述四级文件保护措施,可有效地对文件进行保护。

思考与练习题

自测题

1. 文件系统要解决的问题有哪些?
2. 许多操作系统中提供了文件重命名功能,它能赋予文件一个新的名字。若进行文件复制,并给复制文件起一个新名字,然后删除旧文件,也能达到给文件重新命名的目的。试问这两种方法在实现上有何不同?
3. 使用文件系统时,通常要显式地进行 Open() 与 Close() 操作。试回答如下问题。
(1) 这样做的目的是什么?
(2) 能够取消显式的 Open() 与 Close() 操作吗? 若能,怎样做?
(3) 取消显式的 Open() 与 Close() 操作有什么不利影响?
4. 文件目录的作用是什么? 文件目录项通常包含哪些内容?
5. 文件物理结构中的链接分配方式有几种实现方法? 各有什么特点?
6. 设某文件 A 由 100 个物理块组成,现分别用连续文件、链接文件和索引文件来构造。针对三种不同的结构,执行以下操作时各需要多少次磁盘 I/O?
(1) 将一个物理块加到文件头部。
(2) 将一个物理块加到文件正中间。
(3) 将一个物理块加到文件尾部。
7. 文件系统用混合方式管理存储文件的物理块,设块的大小为 512B,每个块号占 3B,如果不考虑逻辑块号在物理块中所占的位置,求二级索引和三级索引时可寻址的文件最大长度。
8. 一个计算机系统中,文件控制块占 64B,磁盘块的大小为 1KB,采用一级目录,假定目录中有 3200 个目录项,问查找一个文件平均需要访问磁盘多少次?
9. 假定磁盘块的大小是 1KB,对于 1GB 的磁盘,其文件分配表 FAT 需要占用多少存储空间? 当硬盘的容量为 10GB 时,FAT 需要占用多少空间?
10. UNIX 系统中采用索引节点表示文件的组织,在每个索引节点中,假定有 12 个直接块指针,分别有一个一级、二级和三级间接指针。此外,假定系统盘块的大小为 8KB。如果盘块指针用 32 位表示,其中 8 位用于标识物理磁盘号,24 位用于标识磁盘块号。
(1) 该系统支持的最大文件长度是多少?
(2) 该系统支持的最大文件系统分区是多少?
(3) 假定主存中除了文件索引节点外没有其他信息,访问位置在第 12345678 字节时,需要访问磁盘多少次?
11. 磁盘文件的物理结构采用链接分配方式,文件 A 有 10 个记录,每个记录的长度为 256B,存放在 5 个磁盘块中,每个盘块中放 2 个记录,如表 8-5 所示。若要访问该文件的第 1580 字节。
(1) 应访问哪个盘块的哪个字节?
(2) 要访问几次磁盘才能将该字节的内容读出?
12. 有一个磁盘共有 10 个盘面,每个盘面上有 100 个

表 8-5 链接分配

物理块号	链接指针
5	7
7	14
14	4
4	10
10	0

磁道,每个磁道有 16 个扇区,每个扇区 512 字节。假定文件分配以扇区为单位,若使用位示图来管理磁盘空间,回答如下问题。

（1）磁盘的容量有多大？

（2）位示图需要占用多少空间？

（3）若空白文件目录的每个表目占 5 字节,什么时候空白文件目录占用空间大于位示图？

第 9 章

Windows 操作系统

9.1 Windows 的特点和结构

Microsoft Windows 是微软公司推出的一系列操作系统。它问世于 1985 年,起初仅是 MS-DOS 之下的桌面环境,从 Windows 95 开始脱离 MS-DOS 成为独立运行的操作系统。Windows NT 架构操作系统是完整独立的操作系统,本节将介绍 Windows 操作系统的基本框架。

9.1.1 Windows 的特点

1. 用户态和核心态

Windows 与其他许多操作系统一样,通过硬件机制实现用户态和核心态两个特权级别。当操作系统的状态为核心态时,CPU 处于特权模式,可以执行任何指令。而在用户态时,CPU 处于非特权模式,只能执行非特权指令。一般地说,操作系统中那些至关重要的代码都运行在核心态,而用户程序一般都运行在用户态。当用户程序使用了特权指令时,操作系统就能借助于硬件提供的保护机制剥夺用户程序的控制权,并做出相应的处理,进入核心态。

在 Windows 中,只有那些对系统性能影响很大的操作系统程序才在核心态运行,例如虚拟存储器管理程序、高速缓存管理程序、对象管理程序、安全访问监控程序、设备驱动程序及进程和线程管理都运行在核心态。因为核心态和用户态的区分,所以应用程序不能直接访问操作系统的特权代码和数据,所有操作系统程序也就受到了保护。这种保护使得 Windows 可能成为坚固、稳定的应用程序服务器。

2. 微内核设计

Windows 的最初设计是微内核结构,随着不断的改进以及对性能的优化,Windows 已经不是纯粹的微内核结构。但是,Windows 保持了微内核结构高度模块化的特点。每个系统函数都正好由一个操作系统部件来管理,操作系统的其余部分和应用程序通过相应的部件使用标准接口来访问这个函数。从理论上讲,任何模块都可以移动、升级和替换,而不需要重写整个系统或它的标准应用程序编程接口(API)。

但是,与纯粹的微内核系统不同的是,在 Windows 中,许多微内核外的系统函数可以在核心态下运行,其原因是性能的要求。如果使用纯粹的微内核方法,则许多非微内核函数需要多次进程或线程的切换、模式的切换和使用附加的缓冲区才能运行。

3. 可移植性

Windows 的设计目标之一就是能够在各种硬件平台上运行,它用两种方法实现了对硬件结构和平台的可移植性。首先使用了分层的系统设计方法,把依赖于处理机体系结构和平台的系统底层部分隔离在一个单独的模块中,这样系统的高层部分就可以被屏蔽在千差万别的硬件平台之外。

提供操作系统可移植性的两个关键部件是 HAL(Hardware Abstraction Layer,硬件抽象层)和内核,依赖于系统结构的功能在内核中实现,与硬件有关的功能在 HAL 中实现。再者就是 Windows 大多数代码是用高级语言写成的,除了 HAL、内核及 NTDLL.dll 中的少量用户态库是用汇编语言书写的,其他几乎全部是用 C 语言编写的,其中窗口管理程序及用户界面是用 C++编写的。

4. 支持对称多处理机

对称多处理机(Symmetric Multiprocessing,SMP)就是在系统中不存在主处理机的情况下,操作系统和用户线程可以被安排在任何一个处理机上运行,所有处理机共享一个内存空间。多处理机系统的一个关键问题是处理机个数的可伸缩性,为了保证系统能在 SMP 上运行,操作系统必须考虑到系统中每个处理机的忙闲。资源的竞争和其他性能问题也比单处理机系统中要复杂得多。

Windows 操作系统本身可以在任何处理机上运行,并且它采用完全可重入的代码,以便同时可以在多个处理机上运行。系统采用抢占式优先级线程调度方案,所有线程都可以被抢占,在不同的处理机上多个线程可以同时被执行。

5. 使用面向对象的程序设计概念

Windows 中使用了大量面向对象的设计概念,面向对象的方法简化了进程间资源和数据的共享,便于保护资源免受有意或无意的侵袭。Windows 中的所有实体并非都是对象。当数据在用户模式的访问是开放的,或者当数据访问是共享的或受限制的时候,都使用对象。

对象表示的实体有文件、进程、线程、信号、计时器和窗口等。Windows 通过对象管理程序以一致的方法创建和管理所有对象类型,对象管理程序代表应用程序负责创建和撤销对象,并负责授权访问对象的服务和数据。

Windows 不是一个成熟的面向对象的系统,只是部分操作系统程序是用面向对象的语言实现的,然而,Windows 说明了面向对象技术的能力,表明了这种技术在操作系统中的应用不断增长的趋势。

9.1.2 Windows 的结构

图 9-1 显示了 Windows 的整体结构。模块化结构使得 Windows 具有相当的灵活性,在设计上考虑了它要在不同的硬件平台上运行,还考虑了其他操作系统上的程序可以在 Windows 上运行。

1. 硬件抽象层

硬件抽象层(HAL)在通用的硬件命令和响应之间与某一特定平台专用的命令和响应之间进行映射,它将操作系统从与平台相关的硬件差异中隔离开来。HAL 隐藏了各种与硬件有关部分的细节,使得每个计算机的系统总线、直接存储器访问(DMA)控制器、中断控制器、系统时钟及 Cache 对于内核来说是相同的。另外,它还传递对称多处理机(SMP)通信机制所需要的支持。HAL 是使 Windows 能够在多种硬件平台上移植成为可能的关键部分。

HAL 是一个可加载的核心态模块 HAL.dll,它为运行在 Windows 上的硬件平台提供低级接口。

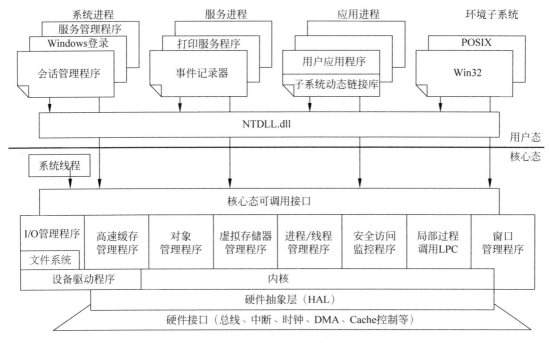

图 9-1 Windows 的整体结构

2．内核

内核由操作系统中最有用、最基本的部件组成。它提供的功能有线程调度、异常和陷阱处理、中断处理和调度及多处理机同步，它还向用户态程序提供核心态可调用接口。微内核是用原语写成的，一般来说，系统中的其他线程和用户线程是不能剥夺微内核的。

3．设备驱动程序

它是可加载的核心态模块，通常以 .sys 为扩展名，它们是 I/O 系统和相关硬件之间的接口。Windows 中有硬件设备驱动程序、文件系统驱动程序、过滤器驱动程序几种类型的驱动程序。它接收 I/O 请求，并将 I/O 传递到下一层之前执行某些特定的操作。

4．窗口管理程序

创建面向窗口的屏幕接口，并管理图形设备。

5．执行程序

Windows 提供了一些执行程序来完成特殊的系统功能，并为用户模式的软件提供可调用接口。这些执行程序包括以下 7 种。

(1) I/O 管理程序，提供了应用程序访问 I/O 设备的一个框架，还负责为进一步的处理分派合适的驱动程序。I/O 管理程序实现了所有 Windows 输入输出应用程序接口，并实现了设备的安全性、文件系统。

(2) 高速缓存管理程序，通过最近访问过的磁盘数据驻留在主存储器中以供快速访问，以及在更新后的数据发送到磁盘之前，通过在主存储器中保留一段时间以延迟磁盘写操作来提高文件系统的 I/O 性能。

(3) 对象管理程序，创建、管理和删除 Windows 执行程序对象和用于表示进程、线程、同步对象等资源的抽象数据类型。为对象的命名、安全性设置实施统一的规则，对象管理程序创建对象句柄，对象句柄由访问控制信息和指向对象的指针组成。

（4）虚拟存储器管理程序，负责把进程地址空间中的虚拟地址映射到计算机存储器中的物理地址。

（5）进程/线程管理程序，创建、删除和跟踪进程/线程对象。

（6）安全访问监控程序，实施访问确认和审核产生规则。Windows 使用一组例程对所有受保护的对象进行确认访问和审核检查，这些受保护的对象包括文件、进程、地址空间和 I/O 设备。

（7）局部过程调用 LPC。它是一个用于高速信息传输的进程间通信机构。使用它可以在用户态客户进程和核心态服务器进程之间传递信息。

6. 用户进程

Windows 支持如下所述四种基本的用户进程。

（1）系统进程，包括会话管理程序（SMSS）、服务管理程序（Services）、Windows 登录进程、系统线程、本地安全身份验证服务程序和 Idle 进程。

（2）服务进程，几乎所有操作系统都有一个在系统启动时自动运行服务进程的机制，在 Windows 中，这些服务进程类似于 UNIX 的守候进程，在客户端/服务器应用程序中扮演着服务器的角色。

（3）应用进程。

（4）环境子系统。最早的 NT 架构系统支持三种环境子系统，为 OS/2、POSIX、Win32。OS/2 在 Windows XP 中不再使用。Vista 支持的子系统有 Win32/WinFX、POSIX。Win32 和 POSIX 这两种环境子系统是为了在 Windows 上能运行其他操作系统应用程序而设计的。Win32 子系统比较特殊，它一直处于运行状态，如果没有它，Windows 系统就不能运行。而 POSIX 子系统只是在需要时才启动。POSIX 代表了 UNIX 类型的操作系统接口的国际标准集，在 Windows 中实现了 POSIX 1003.1 标准。

最新的 Windows API 是 WinFX，它是基于微软的.NET 编程模型。不同于 Win32，WinFX 并不是原来 NT 的内核接口上的正式子系统，是建立在 Win32 编程模型之上，这样就可以使.NET 与现有的 Win32 程序很好地互通，而不必关心其他子系统。

7. 系统支持库

NTDLL.dll 是一个特殊的系统支持库，主要是用户子系统动态链接库。NTDLL.dll 包含两种类型的函数，一是提供给用户程序使用的，可以从用户态调用的系统调用；另一个是子系统和子系统动态链接库使用的内部支持函数。这些函数大部分都可以通过 Win32 API 访问。

9.2 Windows 进程管理

9.2.1 Windows 的进程和线程

1. 多种环境子系统的进程关系

为了支持 Win32、OS/2 和 POSIX 多种环境子系统，Windows 核心进程之间没有任何父子关系，各个环境子系统分别建立、维护和表达各自的进程关系。

Windows 把 Win32 环境子系统设计成整个系统的主子系统，一些基本的进程管理功能都放置在 Win32 子系统中，POSIX 和 OS/2 子系统会利用 Win32 子系统的功能来实现自身的功能,如图 9-2 所示,POSIX 子系统利用 Win32 子系统访问 Windows 内核。在 Windows 中,与一个环境子系统中的应用进程相关的进程控制信息分布在本环境子系统、Win32 子系统和系统内核中。

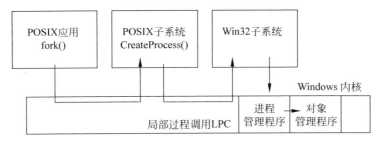

图 9-2 Windows 多种环境子系统中的进程关系

2. 进程

在一个操作系统中,关于进程的设计主要需要考虑以下 6 个方面的问题。

(1) 进程如何命名。

(2) 进程中是否提供线程。

(3) 进程如何表示。

(4) 如何保护进程资源。

(5) 进程之间的通信和同步采用什么机制。

(6) 进程之间如何建立相互之间的关系。

Windows 所提供的进程结构和服务是相当简单和通用的,同时它还允许多种环境子系统模拟某种特定的进程结构和功能。Windows 进程的特点主要有以下三个方面。

(1) 进程作为对象实现。

(2) 一个可执行的进程可以含有一个或多个线程。

(3) 进程对象和线程对象都具有同步能力。

图 9-3 显示了 Windows 的 Win32 中每个进程的结构。其中每个进程都用一个进程控制块表示,描述了进程的基本信息,并有一个指针指向与其他进程控制相关的数据结构。进程控制块的主要内容包括以下三个方面。

(1) 线程列表,描述属于该进程所有线程的相关信息,处理机的分配和回收是以线程为单位的。

(2) 虚拟地址空间描述(Virtual Address space Descriptor,VAD),描述进程地址空间各个部分的属性,用于虚拟存储管理。

(3) 对象列表,列出该进程正在访问的所有对象,用于对象访问。当进程创建或打开一个对象时,就会得到这个对象句柄。表中列出所有对象的句柄。

Windows 所支持的所有子环境都有相应的系统调用实现进程控制,Win32 子系统用于进程控制的系统调用主要有以下两种。

(1) CreateProcess 创建新进程及其主线程,以执行指定的程序段。Win32 进程在创建时可指定从父进程中继承某些属性,许多对象句柄的继承特征可在对象创建或打开时指定,从而影响新进程的执行。新进程可以继承的进程属性包括打开的文件句柄、各种对象(如进程、线程、信号量、管道等)的句柄、环境变量、当前目录、父进程的控制台、父进程所属的进程组等。

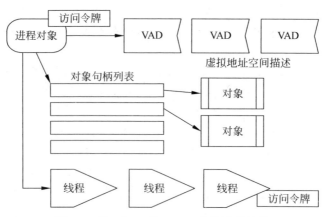

图 9-3　Windows 的 Win32 中的进程结构

新进程不能从父进程那里继承的属性包括优先级、内存句柄、DLL 模块句柄等。

（2）ExitProcess 和 TerminalProcess 都可以用于进程的退出。当调用它们时，它们会终止进程的所有线程，这两个系统调用的区别在于终止操作是否完整。ExitProcess 终止一个进程和它所有的线程，并关闭所有进程的对象句柄和所有线程。TerminalProcess 也可以终止进程和其所有的线程，但终止工作不完整，通常只用于异常情况下对进程的终止。

3. 进程对象和线程对象

Windows 使用两类与进程有关的对象，即进程和线程。进程是对应一个拥有存储空间、打开的文件等资源的程序实体；线程是执行体的一个可分派单元，它在执行中是可以被中断的，是处理机调度的单位。

每个 Windows 进程用一个对象表示。每个进程由许多属性定义，并且封装了它可以执行的许多动作或服务。一个进程在收到相应的消息后将执行一个服务，调用这些服务的方法是给提供该服务的进程对象发送消息。当 Windows 创建一个进程后，它使用为 Windows 进程定义的、用作模板的对象类产生一个新的对象实例，并且在创建对象时赋予其属性值。表 9-1 列出了进程中每个对象属性的定义及其服务。

表 9-1　Windows 进程对象的属性和服务

进程对象的属性	说　　明
进程 ID	操作系统标识该进程的唯一值
安全描述符	记录谁是对象的创建者，谁可以访问和使用该对象
基本优先级	进程中线程的基本优先级
默认处理机	可以运行进程中线程的默认处理机集合
定额限制	已分页的和没有分页的存储空间的定额，进程可以使用的处理机时间定额
已执行时间	进程中所有线程已经执行的时间总量
I/O 计数器	记录进程中线程已经执行的 I/O 操作的数量和类型
虚拟存储器操作计数器	记录进程中线程已经执行的虚拟存储器操作的数量和类型
异常/调试端口	当进程中的某个线程引发异常时，进程管理器用来给进程发送消息的进程通信通道
退出状态	进程终止的原因

续表

进程对象的服务	说　　明
创建进程	创建一个进程
打开进程	打开已存在的进程
查询进程信息	从进程控制块中查询进程信息
设置进程信息	设置进程控制块中进程的信息
当前进程	查看当前进程
终止进程	终止一个进程

一个 Windows 的进程至少包含一个执行线程,该线程可能会创建别的线程。在多处理机系统中,同一个进程中的多个线程可以并行地执行。表 9-2 定义了线程对象的属性和服务。从表中可以看到,线程的某些属性与进程的属性类似,因为线程的某些属性值是从进程中继承的。例如,在多处理机系统中,线程的默认处理机集合可能是进程的默认处理机集合,也可能是进程默认处理机集合的子集。

表 9-2　Windows 线程对象的属性和服务

线程对象的属性	说　　明
线程 ID	当线程调用一个服务程序时,标识该线程的唯一值
线程上下文	定义线程在执行时使用的寄存器和其他易失的数据
动态优先级	在任何时刻该线程的执行优先级
基本优先级	线程动态优先级的下限
默认处理机	可以运行线程的默认处理机集合,它是该线程的进程的默认处理机集合的全集或子集
线程执行时间	线程在用户态下和核心态下执行时间的累计值
警告状态	表示线程是否将执行一个异步过程调用的标志
挂起计数器	线程在执行时被挂起的次数
假冒标志	允许线程代表另一个进程执行操作的临时访问标志(供子系统使用)
终止端口	当线程终止时,进程管理器用于发送消息的通信通道
I/O 计数器	记录线程已经执行的 I/O 操作的数量和类型
退出状态	线程终止的原因
创建线程	创建一个线程
打开线程	打开已存在的线程
查询线程信息	从线程控制块中查询线程信息
设置线程信息	设置线程控制块中的线程信息
当前线程	查看当前线程
终止线程	终止一个线程
获得上下文	得到线程执行时有关寄存器等的上下文信息
设置上下文	设置线程执行时有关寄存器等的上下文信息
挂起	将线程挂起
激活	激活线程
警告线程	线程执行一个异步过程调用
测试线程警告	测试线程执行一个异步过程调用的情况
寄存器终止端口	得到线程终止时有关寄存器的信息

线程对象的属性之一是上下文环境，该属性用于线程的挂起和激活。当线程被挂起时，可以通过修改该线程的上下文改变其行为。

4. Windows 线程状态及其转换

由于不同进程中的线程可以并发执行，因而 Windows 支持进程之间的并发。此外，同一进程中的多个线程可以分配给不同的处理机并且同时运行。同一个进程中的线程可以通过它们的公共地址空间交换信息，并访问进程中的共享资源，不同进程中的线程可以通过两个进程建立的共享存储区交换信息。

Windows 中的线程是内核级线程，是处理机分派单位。线程的上下文主要包括寄存器、线程控制块、核心堆栈和用户堆栈。Windows 线程分成 7 种状态，如图 9-4 所示。

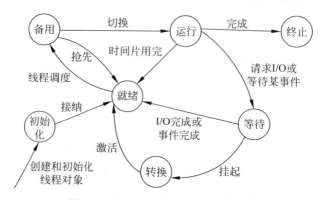

图 9-4 Windows 线程状态及其转换

(1) 就绪状态(Ready)：线程已获得除了处理机之外的所需资源，可以被调度执行。线程调度程序跟踪这些线程，并按优先级的先后次序进行调度。

(2) 备用状态(Standby)：已经被选定为下一个在处理机上运行的线程，该线程在这个状态下等待，直到得到处理机。如果处于备用状态的线程的优先级比正在处理机上运行线程的优先级高，则备用线程可以剥夺正在运行的线程。系统中每个处理机上只有一个处于备用状态的线程。

(3) 运行状态(Running)：一旦系统处理一个进程或线程的切换，备用线程就进入运行状态并开始执行，线程的运行一直持续到被剥夺、时间片用完或者因某事件进入等待状态或终止状态。

(4) 等待状态(Waiting)：当线程因某种事件被阻塞，就进入等待状态。当线程等待的条件满足时，又转入就绪状态。

(5) 转换状态(Transition)：线程所需要的资源不可用，且线程的内核堆栈位于外存时，线程处于转换状态。当资源可用，并且内核堆栈调回内存时，线程进入就绪状态。

(6) 终止状态(Terminated)：一个线程执行完、被另一个线程终止或其父进程终止时，线程进入终止状态。完成一些辅助工作后，该线程被从系统中移出或重新初始化后将被再次使用。

(7) 初始化状态(Initialized)：线程处于创建过程中。

在 Windows 中，用户可以在自己的程序中创建和撤销线程，CreateThread 完成线程的创建工作；ExitThread 用于结束当前线程；SuspendThread 可挂起指定的线程；ResumeThread 可激活指定的线程。

9.2.2 Windows 的互斥与同步

Windows 中提供的互斥和同步机制有互斥对象、信号量对象和事件对象等,通过系统提供的系统调用可以使用这些对象。在使用时,这些对象都有一个用户指定的对象名称,进程或线程通过对象名称来创建或打开对象,从而获得该对象的访问句柄,之后用对象句柄完成对这些对象的访问。

1. 互斥对象(Mutex)

任何时刻,互斥对象只能被一个进程或线程使用,它用于进程或线程的互斥操作。相关 API 如下。

(1) CreateMutex:创建一个互斥对象,返回一个对象句柄。
(2) OpenMutex:打开并返回一个已存在的互斥对象句柄。
(3) ReleaseMutex:释放对互斥对象的占用。

2. 信号量对象(Semaphore)

(1) Create Semaphore:创建一个信号量对象,在输入参数中指定初始值和最大值,返回一个对象句柄。
(2) Open Semaphore:打开并返回一个已存在的信号量对象句柄。
(3) Release Semaphore:释放对信号量对象的占用。

3. 事件对象(Event)

相当于触发器。通知线程某事件的出现。相关 API 如下。

(1) CreateEvent:创建一个事件对象,返回一个对象句柄。
(2) OpenEvent:打开并返回一个已存在的事件对象句柄。
(3) SetEvent:设置事件对象为可用状态。
(4) ResetEvent:指定事件对象为不可用状态。
(5) PulseMutex:指定事件对象为可用状态。
(6) WaitForSingleObject:在指定时间内等待指定对象为可用状态。
(7) WaitForMultipleObject:在指定时间内等待多个对象为可用状态。

4. 临界区对象(Critical Section)

临界区对象只能用于一个进程中多个线程对临界区的互斥访问。将变量定义为 CRITICAL_SECTION 类型,对该变量的访问就可作为临界区使用。相关 API 如下。

(1) InitializeCriticalSection:对临界区对象进行初始化。
(2) EnterCriticalSection:等待占有临界区的使用权,得到使用权后返回。
(3) TryCriticalSection:以非等待方式申请临界区的使用权,得到使用权后返回。
(4) LeaveCriticalSection:释放对临界区的使用权。
(5) DeleteCriticalSection:删除与临界区有关的所有系统资源。

5. 硬件锁(Interlocked)

硬件锁相当于硬件指令,用于对整型变量的操作,可避免线程间的切换对操作连续性的影响。对硬件锁变量访问的 API 如下。

(1) InterlockedExchange:进行 32 位数据的先读后写操作。
(2) InterlockedCompareExchange:依据比较结果进行赋值的原子操作。
(3) InterlockedExchangeAdd:先加后存结果的原子操作。

(4) InterlockedDecrement：先减 1 后存结果的原子操作。

(5) InterlockedIncrement：先加 1 后存结果的原子操作。

6. 读者—写者锁（SRWLock）

Vista 中增加了读者—写者锁。它把对共享资源的访问划分成读者和写者，读者只对共享资源进行读访问，写者则需要对共享资源进行写操作。而 SRWLock 读写锁是用户态下的读写锁，适用于对数据结构的读次数比写次数多得多的情况。

与 SRWLock 相关的主要函数如下。

(1) AcquireSRWLockShared：读者线程申请读资源。

(2) AcquireSRWLockExclusive：写者线程申请写资源。

(3) ReleaseSRWLockShared：读者线程结束读取资源，释放对资源的占用。

(4) ReleaseSRWLockExclusive：写者线程写资源完毕，释放对资源的占用。

(5) InitializeSRWLock：初始化读写锁。

使用读者—写者锁时，进程要声明一个 SRWLock 类型的变量，并调用 InitializeSRWLock 对其初始化。线程通过调用 AcquireSRWLockExclusive 或 AcquireSRWLockShared 可获得读或写锁，通过调用 ReleaseSRWLockExclusive 或 ReleaseSRWLockShared 可释放锁。

7. 条件变量（Condition Variable）

条件变量是 Windows Vista 中新增加的一种处理线程同步问题的机制。它可以与临界区对象（Critical Section）或读者—写者锁（SRWLock）相互配合使用，来实现线程的同步，特别是在实现类似生产者—消费者问题的时候，十分有效。

和条件变量相关的函数如下。

(1) InitializeConditionVariable：初始化条件变量。

(2) SleepConditionVariableCS：释放临界区锁和等待条件变量作为原子性操作。

(3) SleepConditionVariableSRW：释放 SRW 锁和等待条件变量作为原子性操作。

(4) WakeAllConditionVariable：唤醒所有等待条件变量的线程。

(5) WakeConditionVariable：唤醒一个等待条件变量的线程。

进程必须定义一个 CONDITION_VARIABLE 类型的变量，并在某个线程中调用 InitializeConditionVariable 进行初始化。条件变量可以和临界区或读者—写者锁一起使用，因此有两种调用方法，即 SleepConditionVariableCS 和 SleepConditionVariableSRW。它们在特定的条件下睡眠，并按照原子操作的方式释放特定的锁。

从本质上讲，这些互斥和同步工具的功能是相同的，区别在于它们的适用场合和效率。

9.2.3 Windows 的进程通信

1. 消息传递机制

Windows 支持多个操作环境或子系统，应用程序可通过消息机制进行通信。Windows 的消息传递工具是本地过程调用（Local Procedure Call，LPC），LPC 可以使同一计算机上的两个进程之间进行通信。Windows 使用端口对象，以建立和维护两个进程之间的连接。调用子系统的每个客户需要一个通信信道，该信道由端口提供且不能继承。Windows 使用两种类型的端口，为连接端口和通信端口。它们事实上是相同的，但根据应用场合不同而具有不同的名称。连接端口称为对象，进程可以使用该对象的一个方法来建立通信信道，以完成如下通信工作。

(1) 客户端打开子系统的连接端口对象的句柄。
(2) 客户端发送连接请求。
(3) 服务器创建两个私有通信端口,并返回其中一个句柄给客户端。
(4) 客户端和服务器使用相应端口句柄发送消息或句柄,并等待回答。

Windows 使用两种类型的端口消息传递技术,其中一个端口在客户端建立通信信道时指明。简单的消息传递技术用于中小消息的传递(最多可发送 256 字),它使用端口消息队列来实现,它将消息从发送进程的地址空间复制到系统地址空间,再从系统地址空间复制到接收进程的地址空间;对于大消息,可通过文件映射(共享存储区)来完成。使用文件映射前,先发送一个小消息,其中包括文件映射的指针和消息的大小。使用文件映射方法传递消息比较复杂,但它避免了数据复制。

2. 文件映射

共享存储区是 Windows 支持的一种进程通信方式,进行通信的进程可以任意地读写共享存储区中的数据。需要注意的是,在使用共享存储区时,要用进程互斥和同步机制来保证数据的一致性。Windows 中采用文件映射(File Mapping)机制来实现共享存储区。用户使用系统提供的 API 建立文件映射,然后在操作系统的帮助下将文件映射转换为用户进程虚拟地址空间的一部分,并返回该映射地址空间的首地址。当完成文件到进程地址空间的映射后,就可对该区域进行数据的读写操作,通过一个进程向共享存储区中写入数据,另一个进程从共享存储区读出数据,实现两个进程间大量的数据传递。具体的 API 如下。

(1) CreateFileMapping:为指定文件创建一个文件映射对象。
(2) OpenFileMapping:打开一个文件映射对象。
(3) MapViewOfFile:把文件映射到本进程的地址空间,返回映射地址空间的首地址。
(4) FlushViewOfFile:把映射地址空间的内容写到物理文件中。
(5) UnmapViewOfFile:拆除文件与本进程地址空间之间的映射关系。
(6) CloseHandle:关闭文件映射对象。

3. 邮件槽

Windows 中的消息通信使用一种称为邮件槽(Mailslot)的通信机制,该机制传递的消息不定长、不可靠,可连接本机或网络上的两个进程进行单向消息通信。由于发送消息时不需要接收方准备好,随时都可以发送,因此这种通信机制不是很可靠。邮件槽采用客户端—服务器模式,只能从客户端进程向服务器进程发送消息。邮件槽的创建由服务器进程负责,邮件槽建立后,客户端进程可利用邮件槽的名字向它发送消息,而服务器进程通过从邮件槽读消息完成进程之间的通信。需要注意的是,建立邮件槽时,服务器进程只能在本机上进行。具体的 API 如下。

(1) CreateMailslot:服务器建立邮件槽,并返回对象句柄。
(2) GetMailslotInfo:服务器查询邮件槽的信息,如消息长度、消息数目、读操作等待时限等。
(3) SetMailslotInfo:服务器设置邮件槽的信息。
(4) ReadFile:服务器读邮件槽中的信息。
(5) CreateFile:客户端打开邮件槽。
(6) WriteFile:客户端向邮件槽发送消息。

4. 管道通信

管道是一条在进程之间建立的、以字节流的方式传送的通信通道。它是利用操作系统核心的缓冲区来实现的一种双向通信方式。Windows 中提供了无名管道和有名管道两种管道机制。

1) 无名管道

无名管道只能连接本机上的两个进程，通过一个进程向管道中写数据，通过另一个进程从管道读数据完成进程间的通信。相关 API 如下。

（1）CreatePipe：创建无名管道，并得到读句柄和写句柄。

（2）ReadFile：用读句柄从无名管道中读出数据。

（3）WriteFile：用写句柄向无名管道中写入数据。

2) 有名管道

有名管道采用客户端—服务器模式连接本机或网络上的两个进程，它与无名管道不同的是，它可以实现不同机器上的进程通信。有名管道的创建由服务器负责，只能在本机上建立有名管道。有名管道建立后，客户端可以连接到其他计算机上的有名管道上。相关 API 如下。

（1）CreateNamedPipe：在服务器创建一个有名管道，并返回有名管道的句柄。

（2）ConnectNamedPipe：服务器等待客户端进程对管道的访问请求。

（3）CallNamedPipe：客户端进程建立与服务器进程的管道连接。

（4）ReadFile：以阻塞方式从有名管道中读出数据。

（5）WriteFile：以阻塞方式向有名管道中写入数据。

（6）ReadFileEx：以非阻塞方式从有名管道中读出数据。

（7）WriteFileEx：以非阻塞方式向有名管道中写入数据。

5. 套接字

套接字(Socket)是一种网络通信机制，它通过网络在不同的计算机之间进行双向的信息通信。值得一提的是，套接字可以实现不同操作系统上进程之间的通信。为了实现不同操作系统上的进程通信，需要约定网络通信时不同层次的通信过程和通信格式，TCP/IP 就是一种被广泛使用的网络通信协议，大多数操作系统都支持 TCP/IP。

BSD 套接字是基于 TCP/IP 的，UNIX 操作系统使用了 BSD 套接字，同时，UNIX 操作系统中也提供了一组标准的系统调用命令来完成通信连接的维护和数据的收发。Windows 也提供了套接字，它除了支持标准的 BSD 套接字以外，还实现了一个真正独立于协议的应用程序编程接口，可支持多种网络通信协议。

9.2.4 Windows 的线程调度

1. 线程调度特征

Windows 实现了一个基于优先级的抢占式多处理机线程调度策略。通常线程可在任何可用处理机上运行，但也可以限制某线程只能在某个处理机上运行，亲和处理机集合允许用户通过 Win32 系统调度函数选择其偏爱的处理机。

Windows 处理机调度的对象是线程，进程仅作为提供资源的对象。处理机调度严格按线程的优先级进行，不考虑被调度线程属于哪个进程。

Windows 内核中，实现线程调度的代码分布在内核中与调度相关事件出现的位置，并不存在一个单独的线程调度模块。内核中完成线程调度功能的这些函数统称为内核调度器。线程调度的触发事件有以下四个。

(1) 一个线程进入就绪状态。

(2) 一个线程时间片用完。

(3) 一个线程的优先级被改变。

(4) 一个正在运行的线程改变了它的亲和处理机集合。

2. Win32 线程调度相关函数

(1) Suspend/ResumeThread：挂起/激活一个正在运行的线程。

(2) Get/SetPriorityClass：得到/设置一个进程的基本优先级。

(3) Get/SetThreadPriority：得到/设置一个线程的相对优先级。

(4) Get/SetProcessAffinityMask：得到/设置一个进程的亲和处理机集合。

(5) SetThreadAffinityMask：设置一个线程的亲和处理机集合(它必须是进程亲和处理机集合的子集)。

(6) Get/SetThreadPriorityBoost：得到/设置线程暂时提升优先级状态。

(7) SetThreadIdealProcessor：设置一个线程的首选处理机。

(8) Get/SetProcessPriorityBoost：得到/设置当前进程的默认优先级提升控制。

(9) SwitchToThread：当前线程放弃一个时间配额的运行。

(10) Sleep：使当前线程等待指定的一段时间(时间单位为 ms)。时间若为 0，表示线程放弃剩余的时间配额。

(11) SleepEx：当前线程进入等待状态，直到 I/O 完成、有一个与该线程有关的异步过程调用(APC)或等待了一段指定的时间。

3. 线程优先级

Windows 内部使用 32 个线程优先级，从 0～32 分成三个部分，分别为实时优先级、可变优先级和零页线程优先级，如图 9-5 所示。用户可以使用 Win32 提供的应用程序编程接口(API)在创建进程时指定其基本优先级，它们是实时、高级、中上、中级、中下和空闲。进程的基本优先级默认设置为各个优先级类型的中间值，即 24、13、10、8、6 和 4。线程的优先级随着其运行可能有所不同，因此 Windows 还指定了线程的相对优先级，即相对实时、相对高级、相对中上、相对中级、相对中下和相对空闲。一个进程只有一个基本优先级，而一个线程具有基本优先级和相对优先级。线程在创建时，其相对优先级与基本优先级相同，就是其所属进程的基本优先级。但是，随着它的运行，其相对优先级可在一定范围内(1～15)变化，此时线程的相对优先级与其基本优先级就不同了。应当说明的是，Windows 从不调整实时范围内(16～31)线程的优先级，因此实时范围内线程的相对优先级与其基本优先级相同。

32 个优先级的具体划分如下。

(1) 16 个实时优先级(16～31)：通过 Win32 编程接口可指定线程的优先级为实时。用户可以改变实时优先级的级别，但必须在拥有此权限时进行。Windows 许多重要的内核系统线程都运行在实时优先级别上。如果具有实时优先级的用户线程过多，可能导致系统线程运行的延迟。具有实时优先级的线程被抢占时，其行为与可变优先级线程的行为是不同的。它的时间配额被重置为进入运行状态时的初值。

(2) 15 个可变线程优先级(1～15)：通过 Win32 编程接口可指定线程的优先级为高级、中上、中级、中下、空闲。

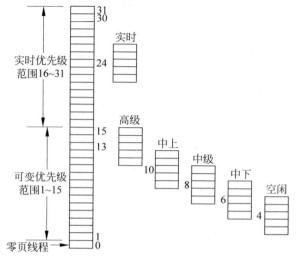

图 9-5　Windows 线程优先级

(3) 一个系统线程优先级(0)：仅用于对系统中空闲物理页面进行清零的零页线程。

4. 线程时间配额

当一个线程被调度进入运行状态时，它可运行一个称为时间配额的时间片。时间配额是一个线程从进入运行状态到系统确认是否有其他优先级相同的线程需要开始运行之间的时间总和。一个线程运行完一个时间配额后，系统会中断该线程的运行，并判断是否需要降低该线程的优先级。同时，系统查找是否有其他更高优先级的线程等待运行，并重新调度。线程的时间配额是可以修改的。由于 Windows 采用的是抢占式调度，因此一个线程可能没有运行完它的时间配额就被其他线程抢占。

1) 时间配额的计算

(1) Windows 客户端系统中，线程开始时的时间配额为 6。

(2) Windows 服务器系统中，线程开始时的时间配额为 36。

(3) 每次时钟中断，时钟中断服务例程从线程的时间配额中减少一个固定值 3。一个时钟中断的间隔对于不同的硬件平台是不同的，大多数 X86 单处理机系统的时钟中断间隔为 10ms，多处理机系统的时钟中断间隔是 15ms。

2) 时间配额的控制

在系统注册表中有一个注册项 HKEY_LOCAL_MACHINE\SYSTEM\CurrentControlSet\Control\PriorityControl\Win32PrioritySeparation，允许用户指定时间配额的长度和前后台线程的时间配额是否改变。该注册表有 6 位，分成 3 个字段，每个字段占 2 位，如图 9-6 所示。

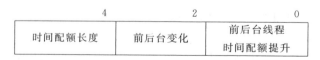

图 9-6　注册项 Win32PrioritySeparation 的定义

(1) 时间配额长度：1 表示长时间配额；2 表示短时间配额；0 或 3 表示按默认设置（Windows 客户端系统的默认设置为短时间配额，Windows 服务器版的默认设置为长时间配额）。

(2) 前后台变化：1 表示改变前台线程的时间配额；2 表示前后台线程的时间配额相同；0 或 3 表示按默认设置(Windows 专业版的默认设置为改变前台线程的时间配额，Windows 服务器版系统的默认设置为前后台线程的时间配额相同)。

(3) 前后台线程时间配额提升：该字段的取值只能是 0、1 和 2(取 3 是非法的，视同为 2)，该字段的值保存在内核变量 PsPrioritySeparation 中。

5. 线程调度器数据结构

为了进行线程调度，内核用调度器数据结构来记录各个线程的状态，如图 9-7 所示。在该数据结构中，最主要的内容是调度器的就绪队列，该队列由 32 个子队列组成，每个调度优先级拥有一个子队列，其中包括该优先级上等待被调度的就绪线程。

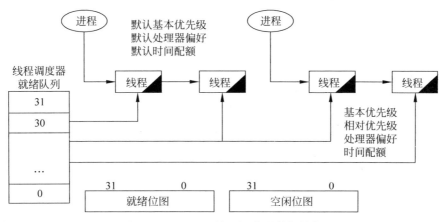

图 9-7　Windows 线程调度器数据结构

为了提高调度速度，系统设置了一个就绪位图(占 32 位)，就绪位图中的每一位指示一个调度优先级就绪队列中是否有等待的线程。另外，系统还设置了一个空闲位图(占 32 位)，空闲位图中的每一位指示一个处理机是否处于空闲状态。

6. 线程调度策略

1) 主动切换

如图 9-8 所示，一个线程因某事件进入阻塞状态，会主动放弃处理机。使用 Win32 提供的等待函数，例如 WaitForSingleObject 或 WaitForMultipleObjects 会使线程进入阻塞状态。

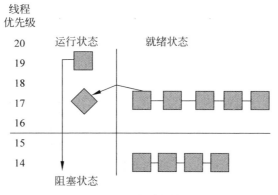

图 9-8　主动切换

2) 抢占

抢占如图 9-9 所示。

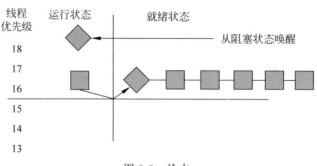

图 9-9　抢占

3) 时间配额用完

如图 9-10 所示，当一个正在运行的线程的时间配额用完时，系统首先确定是否需要降低该线程的优先级，然后确定是否调度另一个线程运行。

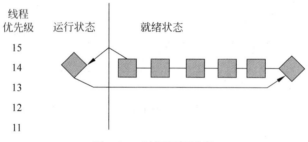

图 9-10　时间配额用完

如果刚运行完的线程的优先级被降低了，系统将选择一个优先级高于刚运行完的线程的线程运行。如果刚运行完的线程的优先级没有被降低，系统将选择其他具有相同优先级的就绪线程运行，刚运行完的线程被排在就绪队列的队尾。

4) 线程结束

当一个线程运行结束时，它的状态从运行态进入终止态，该线程将被从进程的线程列表中删除，相关数据结构也会被释放。

7. 线程优先级的提升

以下情况可以提升线程的优先级。

提升优先级是为了保证等待的线程能有更多的机会立即处理，以免使线程的等待时间过长。

线程优先级的提升是以线程的基本优先级为基准，而不是以线程当前的相对优先级为基准。线程优先级提升后将在提升后的优先级上运行一个时间配额，然后降低一个优先级，并运行另一个时间配额，再降低一个优先级，直到线程的优先级降低至原来的基本优先级。另外，线程优先级的提升策略只适用于可变优先级范围内（1～15）的线程。不管线程的优先级提升的幅度有多大，都不会超过 15 而进入实时优先级。

(1) I/O 操作完成后线程的优先级提升。

(2) 等待事件和信号量后的线程优先级提升。

(3) 前台线程在等待结束后的优先级提升。为了提高交互性应用程序的响应时间,前台应用程序完成等待操作时,其优先级有小幅度的提升,并且这种提升是在线程当前相对优先级的基础上进行的,提升的幅度由图 9-6 所示注册项 Win32PrioritySeparation 定义中的第三个字段"前台线程时间配额提升"的值决定。

(4) 图形用户接口线程被唤醒后的优先级提升。拥有窗口的线程在被窗口活动唤醒时将得到一个幅度为 2 的额外优先级提升。与(3)类似,提升优先级也是为了获得较好的响应时间。

(5) 对处理机饥饿线程的优先级提升。如果有一个线程的优先级特别低,只要系统中有优先级高于它的线程,它就没有机会运行,以至于永远等待。为了解决这个问题,系统中有一个用于内存管理的系统线程,每秒钟检查一次就绪队列,看是否有在就绪队列中排队超过 300 个时钟中断间隔的线程,即 3~4s。如果找到这样的线程,系统将把该线程的优先级提升到 15,并分配给它一个长度为两倍于正常时间配额的时间配额。当该线程运行完它的时间配额后,其优先级立即恢复到它原来的基本优先级。

Windows 永远不会提升实时优先级(16~31)线程的优先级,因此,在实时优先级范围内的线程调度总是可以预测的。

9.3 Windows 内存管理

Windows 采用的是虚拟存储管理方案,存储器管理程序设计成可以在各种平台上运转,并且页大小为 4~64KB。其中 Intel、Power PC 和 MIPS 平台每页的大小是 4KB,而 DEC Alpha 平台每页的大小是 8KB。

9.3.1 Windows 的地址空间布局

从 Windows XP 开始支持 64 位平台,本书以 32 位平台为例。介绍 Windows 地址空间布局。对于 32 位平台,进程拥有 4GB 的地址空间。默认情况下,操作系统占有 2GB 的地址空间,用户进程占有 2GB 虚拟地址空间。Windows 系统有一个引导选项(在 Boot.ini 中通过 /3GB 标识激活),允许用户占有 3GB 的地址空间,剩余 1GB 给操作系统使用。设置该选项的目的是支持 Windows 服务器对存储空间要求非常高的应用程序,并且使用大地址空间可以大幅度地提高应用程序的功能,如数据挖掘系统的决策支持应用等。图 9-11 给出了 Windows 虚拟地址的布局图示,表 9-3 给出了 2GB 用户地址空间的布局情况。

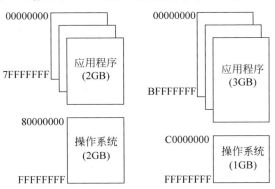

图 9-11 Windows 虚拟地址的布局

表 9-3 用户地址空间布局

范　　围	大　　小	功　　能
0x00000000～0x0000FFFF	64KB	拒绝访问区域,帮助程序员避免使用空指针赋值
0x000010000～0x7FFEFFFF	192KB～2GB	用户进程使用的地址空间,该空间被划分成页,装入内存
0x7FFDE000～0x7FFDEFFF	4KB	第一个线程的线程控制块
0x7FFDF000～0x7FFDFFFF	4KB	进程控制块
0x7FFE0000～0x7FFE0FFF	4KB	可共享的用户数据页
0x7FFF0000～0x7FFFFFFF	64KB	拒绝访问区域,使系统可以很容易地检查出越界指针的访问

图 9-12 给出了 2GB 系统地址空间的布局情况,具体内容如下。

(1) 系统代码和非分页缓冲池。系统代码(Ntoskrnl.exe)包括 Windows 微内核、硬件抽象层(HAL)及系统引导程序。非分页缓冲池是不可分页的系统内存。

(2) 系统映射视图和会话空间。系统映射视图(Win32k.sys)指用来映射 Win32 子系统的可加载核心部分,以及它使用的核心态图形驱动程序。会话空间用来映射用户的会话信息。如果系统没有安装终端服务,则是系统映射视图,否则是会话空间。

(3) 附加系统页表项。用于内核栈、映射 I/O 空间等。

(4) 进程页表和页目录。这是被映射到系统中的每个进程的页表和页目录。

(5) 超空间。用来映射进程驻留集链表,以便进行一些页面管理的操作,如将空闲链表上的页置零等。

(6) 系统驻留集链表。描述系统驻留集的驻留集链表数据结构。

(7) 系统高速缓存。用来映射在系统高速缓存中打开文件的虚拟空间。在系统引导时计算其大小,最大为 512MB。

(8) 分页缓冲池。可分页系统内存。在系统引导时计算其大小,最大值为 160MB。

(9) 系统页表项和非分页缓冲池。系统页表项用来映射系统页面,当注册表中的值被置成-1时,系统页表项移至 0xA4000000,非分页缓冲池使用 0xEB000000 这块区域。否则,非分页缓冲池在 0x80000000 的地址空间部分。

(10) 故障转储信息。用来记录系统性故障的状态信息。

(11) HAL 使用区域。为硬件抽象层(HAL)特定的结构而保留的系统内存。

80000000	系统代码和非分页缓冲池
A0000000	系统映射视图和会话空间
A4000000	附加的系统页表项
C0000000	进程页表和页目录
C0400000	超空间
C0800000	没有使用
C0C00000	系统驻留集链表
C1000000	系统高速缓存
E1000000	分页缓冲池
EB000000	系统页表项和非分页缓冲池
FFBE0000	故障转储信息
FFC00000	HAL 使用区域

图 9-12 系统地址空间布局

9.3.2 Windows 的地址变换机制

1. 虚拟逻辑地址构成

Windows 在 Intel X86 平台上采用的是两级页表结构(运行物理地址扩展 PAE 的内核采用三级页表结构),32 位的逻辑地址被分成页目录索引、页表索引和页内位移三个部分,如图 9-13 所示。

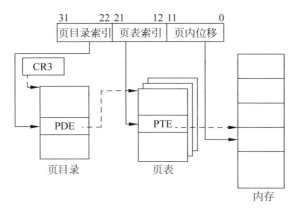

图 9-13 Windows 的地址变换(Intel X86 系统)

页目录索引指出虚拟逻辑地址中页目录项在页目录中的位置,页表索引用来确定页表项在页表中的具体位置,页内位移指出该页在内存物理存储块中的某个具体地址。页内位移占 12 位,最多可以索引 4KB 的数据,正好是一页的大小。

2. 页目录

每个进程有一个页目录,进程页目录的物理地址被保存在进程的进程控制块中。当进程运行时,该进程页目录的物理地址被复制到 Intel X86 的一个专用寄存器 CR3 中。进程的每次切换都会引起 CR3 内容的刷新。因为同一进程的多个线程共享同一进程地址空间,所以同一进程的不同线程之间的切换不会导致页目录物理地址的更新。

页目录由页目录项(Page Directory Entry,PDE)组成,一个页目录共有 1024(2^{10})项。每个页目录项有 32 位长,描述了进程所有页表的状态和位置。进程的页表根据需要建立,所以大多数进程的页目录仅有一小部分指向页表。

3. 页表

页表分成进程页表和系统页表两部分。每个进程都有其私有地址空间,因此每个进程都有自己独有的页表集来映射其私有地址空间,这就是进程页表。

描述系统空间的页表被所有进程共享,称为系统页表。当进程创建时,页目录项的系统空间表项被初始化为指向现存的系统页表,如图 9-14 所示。

在 Intel X86 系统中,页目录有 10 位,最多允许有 1024 个页表项。页表的大小为 4KB,每张页表可映射的地址空间为 4MB,因此需要 1024 张页表才能映射 4GB 的地址空间。

页表是由页表项(Page Table Entry,PTE)构成的,页表项的结构如图 9-15 所示。

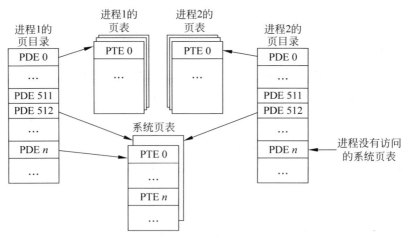

图 9-14 系统页表和进程私有页表

图 9-15 Windows 的页表项(Intel X86 系统)

页框号(Page Frame Number,PFN)即页在内存的存储块号,它占用页表项的第 12～31 位。其他各位的含义如表 9-4 所示。

表 9-4 页表项各位的含义

标 志	名 称	含 义
U(第 11 位)	转换	在该内存的后备链表或修改链表中,不是有效页
F(第 10 位)	原型	表示该页为共享页
Cw(第 9 位)	保留	
Gl(第 8 位)	全程符	变换对全部进程有效,0 表示该页是私有页,1 表示该页是共享页
L(第 7 位)	保留	
D(第 6 位)	修改位	此页是否已被修改过,0 为未写,1 为写过
A(第 5 位)	访问位	此页是否已被访问过,0 为未访问,1 为访问过
Cd(第 4 位)	禁用高速缓存	禁止访问此页的高速缓存
Wt(第 3 位)	通写	在多处理环境下可写。写入此页时禁用高速缓存,内存页面数据修改时立即刷新磁盘对应数据
O(第 2 位)	所有者	此页是否可在用户态下访问,还是只能在核心态下访问
W(第 1 位)	写	0 表示页只读,1 表示页可读/写
V(第 0 位)	有效	表示变换是否映射到物理内存的实际页面,0 为无效,1 为有效。访问无效页时产生缺页中断

4. 快表

为了提高地址变换速度,Intel X86 提供了一组联想存储器。联想存储器是一个向量,它的存储单元被同时读取,查询时速度很快。快表中保留最近使用过的页。如果一页被调出内存,系统内存管理器要将相应的快表项置为无效。当进程再次访问该页时将产生缺页中断,然后内存管理器将该页重新调入内存,同时在快表中为它重新创建一项。如果一个页表项的全程符为 1,也就表示该页是共享页,当进程切换时,它在快表中的表项仍然有效。

5. 缺页中断

当页表项的有效位为 1 时，进行正常的地址变换；当页表项的有效位为 0 时，表示所需的页由于某种原因，当前进程不可以访问。进程对无效页的访问将引起缺页中断错误，表 9-5 列出了缺页访问错误的原因，内核中断处理程序负责处理该中断。

表 9-5　缺页访问错误的原因

错 误 原 因	结　　果
所访问的页没有在内存，而是在磁盘上的某个页文件或映射文件中	在内存分配一个存储块，将所需页调入，并放入驻留集
所访问的页在后备链表或修改链表中	将此页放入进程驻留集
所访问的页未提交	访问违法
用户态进程访问一个只能在核心态下访问的页	访问违法
对一个只读页执行写操作	访问违法
请求零页	在进程驻留集中添加一个零初始化页
对一个写保护页执行写操作	访问违法
所访问的页在系统空间	从系统空间复制该页目录项
在多处理机环境下对一个尚未写回磁盘的页执行写操作	将页目录项的修改位置 1

对于无效的页表项，可以有以下四种情况。

(1) 在页文件中，所需的页尚未调入内存，在磁盘文件中。页表项的第 0 位（V：有效位）为 0，此时页表项的第 1～4 位存储的是文件号。找到文件将其调入即可。

(2) 请求零页。零页是指初始化过的页面，初始化的目的是满足系统安全的需要，以防止进程读取以前其他进程曾经在内存中的信息。系统专门有一个零页线程负责从空闲链表中移出页面，并进行初始化工作。请求零页时，页面管理器从零页链表中取出一页分配给进程。如果此时零页链表为空，页面管理程序负责从空闲链表中取出一页，将其初始化后予以分配。

(3) 转换。此时页表项的第 11 位 U 为 1，表示所需的页面在内存的后备链表或修改链表中。应将所需的页从其当前的页表中删除，并将该页添加到驻留集中。后备链表中的页是指以前属于该进程驻留集的页面，但现在已被从驻留集中删除，这些页在写回磁盘后没有被修改过。修改链表中的页是指以前属于该进程驻留集的页面，但现在已被从驻留集中删除，这些页在使用过程中被修改过，且它当前的内容还没有写回磁盘。

(4) 未知。页表不存在或需要的页表项为 0。此时应检查虚拟地址描述符（VAD）以确定这个虚拟地址是否已经提交。如果已经提交，则建立页表，以表示新近提交的地址空间。

6. 页文件

页文件是提供虚拟存储器的磁盘空间。如果计算机的内存为 64MB，磁盘上有 100MB 的页文件，则认为该计算机的虚拟存储器是 164MB。

Windows 默认的页文件大小为 20MB，系统引导时创建，可通过设置将其大小增加。

9.3.3　Windows 的内存分配

1. 以页为单位的内存分配形式

Windows 内存管理器采用请求页式调度算法将页面调入内存，当线程访问的逻辑地址引起缺页中断时，内存管理器才将所缺的页调入。页表的建立也是当线程实际访问时进行。为了记录一个进程的虚拟地址空间哪些使用、哪些没有使用，系统用虚拟地址描述符（Virtual

Address Descriptor,VAD)来描述进程地址空间的状态。虚拟地址描述信息构成一棵自平衡二叉树,如图 9-16 所示。

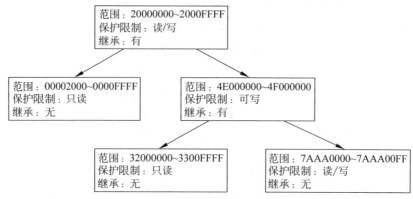

图 9-16 虚拟地址信息自平衡二叉树

当进程的某段虚拟地址空间被使用时,内存管理器创建一个 VAD 来存储分配请求所提供的信息,包括该段虚拟地址空间是共享的还是私有的,子进程是否可以继承该段地址空间,该段地址空间应用于页面的保护措施(如只执行、只读或可读写)。

当线程首次访问该段地址空间的一个地址时,内存管理器为包含这个地址的页创建页表项。如果进程访问的地址在 VAD 覆盖的地址范围之外,内存管理器就知道这个线程试图使用没有分配的内存,则产生一越界中断。

进程地址空间中的页面处于空闲、保留或提交三种状态之一。保留页面是为线程将来使用所保留的一块虚拟地址空间。提交页面是指已分配物理内存的页面。提交的页面可以是私有的,也可以是映射到映射文件的某一部分。

如果页面是私有的,且以前从来没有访问过,第一次访问时,它们被当作零初始化页创建。私有提交的页面不允许其他进程访问。如果提交的页面映射到映射文件的某一部分,且其他拥有该映射文件的进程还没有访问过该页面,首次访问该页面的进程需要从磁盘读出页面。

地址空间先保留,需要时再提交,分两步的目的是减少内存的使用。保留内存是 Windows 既快速又便宜的操作,因为它不消耗任何物理内存,只需要更新或创建进程的虚拟地址描述符(VAD)。先保留、再提交对于需要大量连续内存缓冲区的应用程序非常有用。

2. 区域对象实现进程间数据共享

区域对象(Section Object)在 Win32 子系统中也称为文件映射对象,表示可以被两个以上进程所共享的内存块。为了实现段式存储管理方案所特有的段共享和保护等特性,Windows 采用区域对象予以实现。区域对象的属性如表 9-6 所示。

表 9-6 区域对象的属性

区域对象属性	用 途
最大规模	区域可增长的最大字节数。如果映射一个文件,最大规模就是文件的大小
页保护限制	分配给区域对象所有页面的内存保护限制
页文件/映射文件	区域若创建为空,表示为页文件;否则为映射文件
基准的/非基准的	区域若是为所有进程共享的,其虚拟地址是相同的,该区域即为基准区域;如果是可以出现在不同进程的不同虚拟地址处的区域,即为非基准的

区域对象服务有创建区域、打开区域、扩展区域、查询区域和映射视图/非映射视图。

区域对象的结构如图 9-17 所示,对于每个打开的文件(由一个文件对象表示),都有一个单独的区域对象指针结构。该结构为所有类型的文件访问,维护数据一致性,同时也是为文件提供高速缓存的关键。区域对象指针由三个 32 位的指针组成,为指向数据区控制区域的指针(用来映射数据文件)、指向共享的高速缓存映射的指针和指向映像区控制区域的指针(用来映射可执行文件)。

使用区域对象可以将一个文件映射到进程地址空间,形成内存映射文件。内存映射文件可以用于以下三个方面。

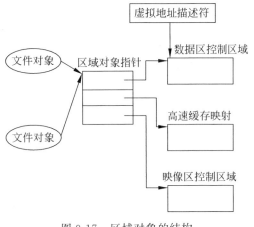

图 9-17　区域对象的结构

(1) 加载和执行.exe 和.dll 文件,加载.exe 文件可以节省应用程序启动所需要的时间。
(2) 访问磁盘上的数据文件,可减少文件的 I/O,并且不必对文件进行缓存。
(3) 实现多个进程间的数据共享。

区域对象可以连接到已打开的磁盘文件(即映射文件)或已提交的内存(共享内存)上,可以使用 Win32 提供的函数 CreateFileMapping 创建区域对象,其他进程可以使用区域对象的名字通过函数 OpenFileMapping 打开该区域对象。进程使用 MapViewOfFile 函数映射区域对象的一部分(称为映射视图)到内存,并可以指定映射范围。

应用程序可以通过将文件映射到它的地址空间来方便地完成文件的 I/O 操作。操作系统可以使用区域对象加载可执行文件、动态链接库以及设备驱动程序到内存。高速缓冲存储器使用区域对象在被缓存的文件中存取数据。

Windows 提供了进程之间共享内存的机制,共享内存可以定义为多个进程都可用的内存。例如,如果两个进程使用同一动态链接库,第一个访问该动态链接库的进程将其被访问的代码页面装入物理内存,供其他进程映射此动态链接库页面以共享。

3. 内存堆实现少量内存申请

堆(Heap)是保留在地址空间中的一页或多页组成的区域。这个区域由堆管理器划分成更小的单位予以分配和回收。

进程启动时带有一个默认进程堆,通常是 1MB 大小(可以使用/HEAP 在映像文件中指定其大小)。随着进程的运行,还可以根据需要扩大进程堆的大小。进程可以使用 Win32 函数 HeapCreate 创建另外的私有堆,用完后可以使用函数 HeapDestroy 释放私有堆。进程的默认堆在其生命周期内不可以释放。

为了从默认堆分配内存,线程可以使用函数 GetProcessHeap 得到指向堆的句柄,然后再使用函数 HeapAlloc 分配堆,使用函数 HeapFree 回收内存堆。堆管理器使线程对堆的分配和回收串行化,使得多个线程即使同时调用堆函数,也不会破坏堆数据结构。默认进程堆被默认设置了串行化选项。对于私有堆,可以在使用 HeapCreate 创建堆时指定一个标志,设置串行化功能。

9.3.4 Windows 的页面共享

对于被多个进程共享的页面,内存管理器用原型页表来记录。当一个区域对象被创建时,原型页表也同时被创建。

当进程首次访问区域对象中的页面时,内存管理器利用原型页表项中的信息填入该进程用于地址变换的实际页表项。如果该页为"有效",进程页表项和原型页表项均包含该页的存储块号。为了记录共享该页的进程数,页框号数据库中设置了一个共享计数。当共享计数为 0 时,表示该共享页面不再被任何进程使用,此时该页面就可以被标记为"无效",并从该进程的驻留集中删除。

当一个共享页面"无效"时,对应的进程页表项用一个指针指向原型页表项。这样,当该页再次被访问而调入内存时,内存管理器可以用页表项中的信息找到对应的原型页表项,原型页表项描述被访问页面,进而解决缺页问题。

内存管理器可以方便地管理共享页面,而无须更新每个共享该页进程的页表。例如,一段共享代码或数据可能在某个时候被调到外存,当内存管理器将此页重新调入内存时,只需要更新原型页表项,使其指向此页新的物理位置,而共享此页的进程页表项始终不变。此后,当进程访问该页时,实际的页表才得到更新。

图 9-18 表示了两个共享页的情况,一个为"有效",一个为"无效"。对于有效页,进程页表项和原型页表项均指向内存中的某一页框。对于无效页,原型页表项中保存着该页的确切位置——在页文件中,进程页表项指向原型页表项。

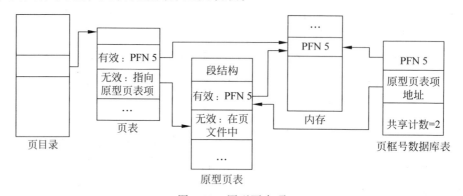

图 9-18 原型页表项

9.3.5 Windows 的驻留集

1. 页面调入与置换策略

Windows 采用请调和预调相结合的页面调入策略,当线程发生缺页时,内存管理器将引起中断的页和其后续相邻页一起调入内存,默认页面读取簇的大小取决于内存的大小。表 9-7 列出了缺页时读取簇的大小。

表 9-7 缺页时读取簇的大小(单位:页)

内存大小	代码页面簇的大小	数据页面簇的大小	其他页面簇的大小
小于 12MB	3	2	5
12~19MB	3	2	5
大于 19MB	8	4	8

当内存满时,Windows 多处理机系统采用局部 FIFO 置换策略,而单处理机系统则采用 Clock 置换算法。

2. 进程驻留集管理

每个进程有一个默认驻留集的最大值和最小值,如表 9-8 所示。系统初始化时,所有进程的默认驻留集的最大值和最小值是相同的。进程可以利用 Win32 提供的函数 SetProcessWorkingSet 更改这些默认值,但必须拥有改变驻留集的用户权限。

当缺页发生时,系统检测进程的驻留集大小和系统中空闲内存的数量,如果内存有足够的空闲空间,内存管理器把进程的驻留集增加,直到该进程驻留集的最大值;如果内存紧张,则置换进程页面而不增加其驻留集的大小。

系统中有一个驻留集管理器负责自动调整驻留集。它随时检测可用内存的多少,如果有充足的内存,驻留集管理器将不会减小进程的驻留集;否则减小某些进程的驻留集,但调整后进程的驻留集会大于该进程驻留集的最小值。

选择减小驻留集的进程,系统有一定的优先次序策略。等待时间较长的大进程比频繁运行的小进程优先被减少其驻留集,前台进程应最后被减小其驻留集。

驻留集管理器调整驻留集的时机有两个,一是系统缺页率很高时;二是空闲链表太小时。

3. 系统驻留集

与进程拥有驻留集一样,操作系统中可分页的代码和数据由一个系统驻留集管理,系统驻留集中可以驻留操作系统的以下页面。

(1) 系统高速缓存。
(2) 分页缓冲池。
(3) 系统映射视图(Win32k.sys)。
(4) 设备驱动程序中可分页的代码和数据。
(5) 系统代码(Ntoskrnl.exe)。

系统驻留集的最大值和最小值是在系统初始化时计算出来的。表 9-9 是内存大小不同时系统驻留集的初始值。

表 9-8 默认驻留集的最大值和最小值(单位:页)

内存大小	默认最小驻留集	默认最大驻留集
小于 19MB	20	45
20~32MB	30	145
大于 32MB	50	345

表 9-9 系统驻留集的最大值和最小值(单位:页)

内存大小	默认最小驻留集	默认最大驻留集
小	388	500
中	688	1150
大	1188	2050

9.3.6 Windows 的物理内存管理

驻留集描述了进程拥有的内存页面数,而页框号数据库描述了物理内存中各个页面的状态。页框号数据库与页表的关系如图 9-19 所示。

页表项指向页框号数据库的项,页框号数据库项的指针指回利用它的页表项。对于共享页,页表项指向原型页表项,原型页表项再指向页框号数据库的项。

1. 物理页面的状态

页框号数据库中物理页面的状态有以下 8 种。

(1) 有效。该页面有一个页表项指向它,它属于某个进程驻留集或系统进程驻留集。

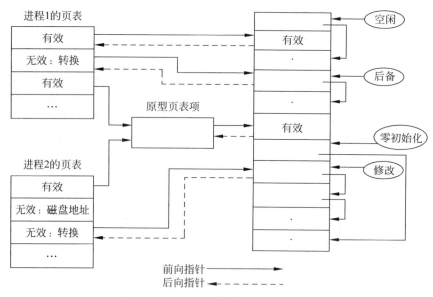

图 9-19　页表与页框号数据库的关系

(2) 过渡。对页面的调入或调出正在进行。

(3) 后备。以前属于某个进程的驻留集,但已被删除。该页面在写入磁盘后未被修改过。

(4) 修改。以前属于某个进程的驻留集,但已被删除。该页面在使用过程中被修改过,且它当前的内容未被写入磁盘。

(5) 修改不写回。与修改页面相同,但它被标记不用写回。例如,文件系统驱动程序发出请求时,其在高速缓存中的页面被标记为"修改不写回"。

(6) 空闲。页是空闲的,但有不确定的数据,出于安全原因,这些页在进行零初始化之前不能给用户进程使用。

(7) 零初始化。页是空闲的,并且已经由零初始化线程进行了初始化。

(8) 坏。页面出现了奇偶校验错误或其他硬件错误,不可用。

页框号数据库中处于各种状态的物理页面,都用链表将处于同一状态的物理页面链接起来。

2. 物理页面状态的转换

页框号数据库中页面的状态是变化的,因此,当页面的状态改变时,页面会从一个链表转换到另一个链表中,如图 9-20 所示。

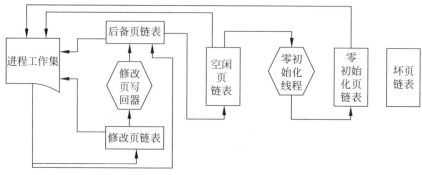

图 9-20　页面状态的转换

(1) 当内存管理器需要一个零初始化的页框来满足用户的请求时，首先从零初始化页链表中得到一个页面。如果该链表为空，则从空闲页链表中选取一页并将其进行零初始化。如果空闲页链表也为空，则从后备页链表中选取一页，并对其进行零初始化处理。

(2) 当内存管理器需要一个非零初始化的页时，它首先访问空闲页链表。如果该链表为空，则访问后备页链表。在使用一个后备页框之前，要清除页框号数据库中该页对应项指向原拥有该页的进程页表中对应页表项的指针。

(3) 当进程的驻留集减小时，它要放弃的页如果是没有修改过的，则将其放入后备页链表；如果修改过，则放入修改页链表。当进程撤销时，所有其私有页都加入空闲页链表。

(4) 当修改页链表太大或零初始化页链表和后备页链表太小而低于一个最小值(系统启动时指定，并存入内核变量)时，修改页写回器被唤醒，它负责将修改过的页写回磁盘，并将该页移入后备页链表。

(5) 系统中有一个零页线程(系统进程中的线程 0)专门负责初始化工作。它从空闲页链表中取出页框，对其进行初始化。零页线程是事件驱动的，当空闲页链表中的页数大于等于 8 页时，它被激活。零页线程仅在没有其他线程运行时才会运行，因为它的优先级为 0(最低)。

因为 Windows 要满足 C2 级安全要求，所以分配给用户态进程的页框必须进行初始化，以防止它们读取其他进程曾经在内存中的内容。除非页框的内容直接来自磁盘，此时用磁盘上的数据来初始化页框，否则用户进程的页框都必须进行初始化。

3. 页框号数据库项的结构

页框号数据库项是定长的，根据页面状态的不同，其表项个别域的内容有所变化，页框号数据库项的这种状态如图 9-21 所示。

驻留集索引		
页表项地址		
共享计数		
标识	状态	访问计数
初始页表项内容		
页表项的页框号		

驻留集中的页框号项

前向指针		
页表项地址		
后向指针		
标识	状态	访问计数
初始页表项内容		
页表项的页框号		

后备和修改链表页框号项

链接指针		
页表项地址		
颜色链页框号号数		
标识	状态	访问计数
初始页表项内容		
页表项的页框号		

零和空闲链表页框号项

事件地址		
页表项地址		
共享计数		
标识	状态	访问计数
初始页表项内容		
页表项的页框号		

正在进行 I/O 的页框号项

图 9-21　页框号数据库项

对不同的页框号数据库项状态来说，有一些域是相同的，但有些域为特定页框号数据库状态所特有。页框号数据库项中都有的一些域有以下几种。

(1) 页表项地址：该页的页表项地址。

(2) 访问计数：对此页的访问数量。

(3) 状态：该页框号数据库的状态，可以是有效、过渡、后备、修改、修改不写回、空闲、零初始化和坏。

(4) 标识。

(5) 初始页表项内容：当该页表项不再驻留内存时，可以用此初始页表项内容恢复该页表项。

(6) 页表项的页框号。

(7) 共享计数：该页有多少线程共享。

页框号数据库项中特有的域有以下四种。

(1) 驻留集索引，是进入进程驻留集链表的一个指针。如果是私有页，则驻留集索引域直接指向驻留集链表中的项。

(2) 前向指针和后向指针。对于后备链表和修改链表中的页，它们是通过双向指针链接在一起的，目的是方便查找。

(3) 颜色链页框号号数。对于零初始化和空闲链，该域说明物理页面在处理器内存高速缓存中的位置。系统试图利用 CPU 高速缓存中不同的物理页面减少不必要的 CPU 存储器高速缓存的振荡。通过尽量避免让两个不同的页面使用相同的高速缓存项来实现优化。

(4) 事件地址。对于正在进行 I/O 的页面，该域指向在 I/O 完成时将被激活的事件对象。

9.4 Windows 设备管理

9.4.1 Windows 的 I/O 系统结构

Windows 的 I/O 系统由一些组件和设备驱动程序组成，它接收用户的 I/O 请求，并以不同的形式把用户的请求转换成对 I/O 设备的访问，如图 9-22 所示。

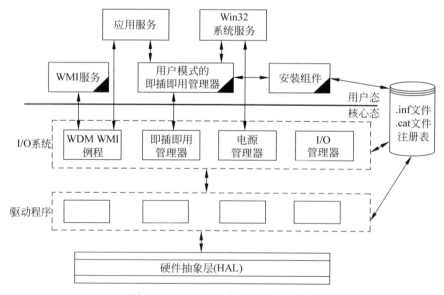

图 9-22　Windows 的 I/O 系统构成

Windows I/O 系统组件有以下 6 种。

(1) I/O 管理器：把应用程序和系统组件连接到各种虚拟的、逻辑的和物理的设备上，并定义了一个支持设备驱动程序的基本框架。

(2) 即插即用管理器(Plug and Play,PnP)：通过与 I/O 管理器和总线驱动程序的协同工作来检验硬件资源的分配,并检验硬件设备的添加和删除。

(3) 电源管理器:通过与 I/O 管理器的协同工作来检验整个系统和单个硬件设备,完成不同电源状态的转换。

(4) WMI(Windows Management Instrumentation)例程:也叫作 Windows 驱动程序模型 WDM(Windows Driver Model)。WMI 提供者允许驱动程序使用这些支持例程作为媒介,与用户态运行的 WMI 服务通信。

(5) 注册表:作为一个数据库,存储基本硬件设备的描述信息以及驱动程序的初始化和配置信息。

(6) 硬件抽象层(HAL):把驱动程序与多种多样的硬件平台隔离开来,使它们在给定的体系结构中是可移植的。

设备驱动程序为某种类型的设备提供了一个 I/O 接口。设备驱动程序从 I/O 管理器接收 I/O 处理命令,驱动程序处理完 I/O 请求后又通知 I/O 管理器,各个设备驱动程序的协同工作也是由 I/O 管理器完成的。

大部分 I/O 操作不会涉及所有 I/O 系统组件,一个典型的 I/O 操作从应用程序调用一个与 I/O 操作有关的函数开始,通常会涉及 I/O 管理器、一个或多个驱动程序和 HAL。

所有 I/O 操作都通过虚拟文件执行,隐藏了 I/O 操作的实现细节,为应用程序提供了统一的使用设备的界面,如图 9-23 所示。

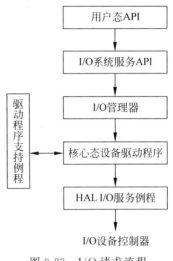

图 9-23 I/O 请求流程

9.4.2 Windows 的 I/O 系统的数据结构

Windows 的 I/O 系统的数据结构有四种,为文件对象、驱动程序对象、设备对象和 I/O 请求包。

1. 文件对象

文件符合 Windows 的对象标准是,它们是两个或两个以上用户态进程的线程共享的系统资源。

文件对象提供了基于内存的共享物理资源表示法。文件对象代表一段可以共享的内存资源。表 9-10 列出了文件对象的属性。

表 9-10 文件对象的属性

属 性	说 明
文件名	用于标识文件对象指向的物理文件
字节偏移量	在文件中标识当前位置
共享模式	表示当一个调用者正在使用该文件时,其他调用者是否可以对该文件进行读、写或删除操作
打开模式	表示 I/O 是同步还是异步、用高速缓存还是不用高速缓存、连续访问还是随机访问
指向设备对象的指针	表示文件所驻留的设备
指向卷参数块的指针	表示文件所驻留的卷或分区
指向区域对象的指针	表示一个映射文件
指向磁盘高速缓存的指针	表示文件的哪些部分在高速缓存中,以及文件在高速缓存中的位置

当打开文件或设备时,I/O 管理器将为文件对象返回句柄。图 9-24 说明了当一个文件被打开时的情况。

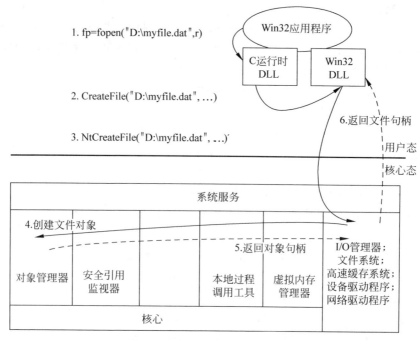

图 9-24　打开一个文件对象示例

在图例中,用 C 程序调用库函数 fopen,由它调用 Win32 的函数 CreateFile,然后 Win32 系统动态链接库(NTDLL.dll)调用 I/O 管理器的 NtCreateFile 函数,动态链接库中的调用引发了从用户态程序到核心态系统服务程序的转换。

一个文件对象有一个唯一的对象句柄,当线程打开一个文件句柄时,就创建了一个文件。文件对象对进程而言是唯一的。

文件对象由安全访问控制表进行安全保护。

2. 驱动程序对象和设备对象

当线程打开一个文件对象,并得到文件对象的句柄时,I/O 管理器必须根据文件对象的名字调用一个驱动程序来处理这个事件。

驱动程序对象代表系统中一个独立的驱动程序,I/O 管理器从驱动程序对象中获得驱动程序例程的入口地址。

设备对象在系统中代表一个物理设备、逻辑设备或虚拟设备,设备对象描述了该设备的特征。

当一个驱动程序被加载到系统中时,I/O 管理器负责创建这个驱动程序对象,并将驱动程序的入口地址放在该驱动程序对象中。

当打开一个文件时,文件名中包括文件驻留的设备对象的名字。例如,\Device\Floppy0\Myfile.dat 表示要引用软盘驱动器 A 上的文件 Myfile.dat。字符串 \Device\Floppy0 是 Windows 内部设备对象的名称,它代表一个软盘驱动器。当打开文件 Myfile.dat 时,I/O 管理器就创建了一个文件对象,并在文件对象中存储指向设备对象\Device\Floppy0 的指针,然后将文件句柄返回给调用者。此后,当调用者使用文件句柄时,I/O 管理器就可以直接找到

\Device\Floppy0 设备对象。设备对象又指向其自己的驱动程序对象,如图 9-25 所示。这样,I/O 管理器就知道在接收一个 I/O 请求时应调用哪个驱动程序。

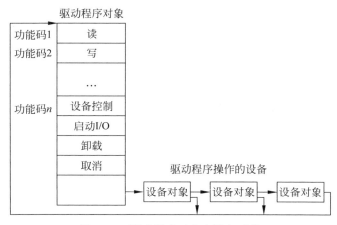

图 9-25 驱动程序对象和设备对象

驱动程序对象通常有多个与其相关的设备对象。设备对象列表代表驱动程序可以控制的物理设备、逻辑设备或虚拟设备。例如,硬盘的每个分区都有一个独立的、包含具体分区信息的设备对象,然而,所有硬盘分区使用相同的硬盘驱动程序。当一个驱动程序从系统中被卸载时,I/O 管理器使用设备对象列表确定哪个设备因为没有了驱动程序而不能再被使用。

3. I/O 请求包

I/O 请求包(Input/Output Request Packet,IRP)是 I/O 系统用来存储 I/O 请求的一个数据结构。当线程调用一个 I/O 函数时,I/O 管理器就为其创建一个 IRP,来表示系统在进行 I/O 时要执行的操作。I/O 管理器在 IRP 中保存一个指向调用者文件对象的指针。

IRP 由以下两部分组成。

(1) 固定部分。它包括的信息有请求的类型和大小、是同步请求还是异步请求、指向缓冲区的指针及随着请求的执行需要记录的一些状态信息。

(2) 一个或多个堆栈单元。IRP 堆栈单元包括一个功能码、功能特定的参数及一个指向调用者文件对象的指针。

9.4.3 Windows 的 I/O 系统的设备驱动程序

1. 设备驱动程序分类

Windows 支持多种类型的设备驱动,有核心模式的驱动,也有用户模式的驱动。核心模式的驱动程序主要有以下 6 种。

(1) 文件系统驱动。它接收访问文件的 I/O 请求,主要控制大容量的磁盘和网络设备。

(2) 与 PnP 管理器和电源管理器有关的驱动。

(3) 核心态图形驱动。Win32 子系统显示驱动程序和打印驱动程序将与设备无关的图形请求转换为设备的专用请求。

(4) 总线驱动。总线驱动程序管理逻辑的或物理的总线,例如 PCMCIA、PCI、USB、IEEE 1394 和 ISA,需要检测并向 PnP 管理器通知总线上的设备,并能够管理电源。

(5) 功能驱动。功能驱动程序管理具体的一种设备,对硬件设备进行的操作都是通过功能驱动程序进行的。

(6) 过滤器驱动。它与功能驱动程序协同工作,用于增加或改变功能驱动程序的行为。

用户模式的驱动程序主要有以下两种。

(1) 16 位程序驱动。通常用于模拟 16 位的 MS-DOS 应用程序。它们捕获 MS-DOS 应用程序对 I/O 端口的引用,并将其转换为本机的 Win32 I/O 函数。因为 Windows 是一个完全受保护的操作系统,用户态 MS-DOS 应用程序不能直接访问硬件,而必须通过一个真正的核心设备驱动程序,才能完成对硬件设备的访问。

(2) 用户态打印机驱动,如并口驱动、USB 打印驱动。Win32 子系统的打印驱动程序将与设备无关的图形请求转换为打印机相关的命令,再将这些命令发给核心模式的驱动程序。

2. 设备驱动程序结构

一个设备驱动程序是由一组调用 I/O 请求不同阶段的例程组成的,主要的例程有以下 10 种。

(1) 初始化例程。当 I/O 管理器把驱动程序加载到操作系统中时,它执行驱动程序的初始化。

(2) 添加设备例程。用于支持 PnP 管理器的工作。

(3) 一系列调度例程。调度例程是设备驱动程序提供的主要函数,包括打开、关闭、读取、写入等。

(4) 启动 I/O 例程。它用于启动设备。

(5) 中断服务例程与中断服务延迟过程调用 DPC 例程。中断服务例程用于接收设备发来的中断。由于中断服务例程运行在比较高的设备中断优先级上,因此它越简单越好,以防止影响其他低优先级中断的响应。因此中断服务例程只对中断做一些简单的处理,中断处理的剩余部分将由中断服务延迟过程调用 DPC 例程来完成。

(6) 完成例程。部分驱动程序可能会有完成例程,例如,当设备驱动程序完成了数据传输以后,I/O 管理器将调用文件系统的完成例程,由后者通知文件系统操作是否成功。

(7) 取消 I/O 例程。如果某个 I/O 操作是可以取消的,则其驱动程序将包含一个取消 I/O 例程。

(8) 卸载例程。它负责释放驱动程序正在使用的资源,使 I/O 管理器能够从内存中删除它们。

(9) 系统关闭通知例程。当系统关闭时,它负责驱动程序的最后清理工作。

(10) 错误记录例程。当发生意外时,该例程负责记录已发生的错误,并通知 I/O 管理器把这些信息写入错误记录文件。

9.4.4 Windows 的 I/O 处理

1. I/O 类型

用户进程在发出 I/O 请求时,可以设置不同的选项,其中包括以下选项。

(1) 同步 I/O/异步 I/O。同步 I/O 是指应用程序发出 I/O 请求后等待设备执行数据传输,并在 I/O 完成时返回一个状态码,然后应用程序立即访问被传输的数据;异步 I/O 是指应用程序发出 I/O 请求后并不等待设备执行数据传输,而是继续执行。要使文件使用异步 I/O,必须在创建的文件函数 CreateFile 中指定 FILE_FLAG_OVERLAPPED 标志。

(2) 快速 I/O。这是一个特殊的 I/O 机制,它允许 I/O 系统不产生 IRP 而直接到文件系统驱动程序或高速缓冲存储器去执行 I/O 请求。

（3）映射文件 I/O。是指把磁盘中的文件视为进程虚拟内存的一部分。要使用映射文件 I/O，必须使用 Win32 的函数 CreateFileMapping 和 MapViewOfFile。

（4）分散 I/O。通过使用 Win32 的函数 ReadFileScatter 和 WriteFileScatter 可以实现文件的分散 I/O，应用程序在读取和写入文件时，从虚拟内存的多个缓冲区读取数据，并写到磁盘上文件的一个连续的区域中。使用分散 I/O 时，要求文件必须以非高速缓冲 I/O 方式打开，被使用的用户缓冲区必须是页对齐的，并且 I/O 必须被异步执行。

2．I/O 请求的处理过程

I/O 请求的处理过程通过以下 6 个步骤实现。

（1）I/O 请求传送到 Win32 环境子系统。

（2）Win32 环境子系统调用 I/O 管理器的 NtWriteFile 服务。

（3）I/O 管理器创建 IRP，并发送给设备驱动程序。

（4）驱动程序启动 I/O 操作，传送指定数据。设备执行完 I/O 后，发中断。

（5）内核中断处理程序处理中断，设备驱动调用 I/O 管理器完成 I/O 并处理 IRP。

（6）I/O 管理器向 Win32 环境子系统报告 IRP 完成，返回成功或错误。

3．I/O 优先级

为了有助于前台 I/O 操作，Windows Vista 及以后版本中引入了两个全新类型的 I/O 优先级排列，即单独 I/O 操作的优先级和 I/O 带宽保留。系统为线程或程序运行建立 I/O 请求时，根据程序或线程的背景为其 I/O 请求分级，优先满足某些程序或线程 I/O 所需要的 I/O 资源，或者为一些应用程序保留部分 I/O 带宽。

如果没有 I/O 优先级，搜索索引、病毒扫描和磁盘碎片整理等后台活动会对前台操作带来严重的影响。例如，用户在另一进程正在执行磁盘 I/O 时启动应用程序或打开文档，则该用户将感到程序打开的速度延迟，因为前台任务要等待磁盘访问。同样的干扰也会影响到多媒体内容的播放效果。如果大量应用程序或线程运行都需要对磁盘发出 I/O 请求，占用系统 I/O 资源，系统磁盘 I/O 很容易成为性能瓶颈。

Windows Vista 及以后版本中的 I/O 优先级分为关键、高、正常、低、非常低五个级别。I/O 优先级是由发起 I/O 操作的线程来确定的。关键级别为内存管理器预留，以避免系统经历极端内存压力时出现死锁现象。低和非常低的优先级为后台进程所使用，例如磁盘碎片整理服务、防病毒软件和桌面搜索，以免干扰正常操作。大部分 I/O 操作的优先级是正常级别，多媒体应用程序也可标记它们的 I/O 优先级为高。多媒体应用可有选择地使用带宽保留模式获得带宽保证，以访问时间敏感的文件，如音乐或视频。

9.4.5　Windows 的磁盘管理

Windows 中定义了基本盘和动态盘的概念。由于 Windows 的外存管理是从 MS-DOS 演变而来的。Windows 借鉴了 MS-DOS 的分区机制，把基于 MS-DOS 分区方式的盘称为基本盘，动态盘是 Windows 自己的磁盘格式。基本盘与动态盘之间的一个主要的不同之处在于，基本盘只能支持简单卷，动态盘支持创建新的多分区卷。

简单卷是 Windows 的一个对象，它代表文件系统驱动程序作为一个独立单元，管理来自一个分区的所有扇区。

多分区卷是这样一种对象，它代表文件系统驱动程序作为一个独立单元，管理来自多个分区的所有扇区。多分区卷提供简单卷所不支持的高性能和高可靠性，支持大容量的磁盘。

1. 基本盘

在安装操作系统之前，必须先在系统的主物理盘上创建一个分区。然后，Windows 在该分区上定义系统卷，用于存储系统引导过程中用到的文件。

X86 的硬件系统采用 BIOS 标准格式，主盘的第一个扇区中包含主引导记录。当 X86 处理器开始工作时，计算机的 BIOS 读取主引导记录中的内容，并把它当作可执行代码。当 BIOS 完成硬件的基本设置后，激活主引导记录代码启动操作系统的引导过程。在 Windows 中，主引导记录中包含了一个分区表。分区表记录了硬盘分区的情况，其中包括分区的类型。分区类型指定了该分区被格式化的文件系统，如 FAT32、NTFS 等，所以每个被格式化的某种文件系统的分区都有一个引导扇区用来存储这个分区上文件系统的结构信息。

2. 动态盘

动态盘是 Windows 偏爱的磁盘格式，Windows 的逻辑磁盘管理（Logical Disk Management，LDM）子系统负责管理动态盘。LDM 分区与 MS-DOS 分区的一个最大的不同在于，LDM 使用一个单独的数据库，用于存储系统动态盘的分区信息，包括多分区卷的设置。

LDM 数据库存在于每个动态盘最后 1MB 的保留空间中。在动态盘上也有一个 MS-DOS 分区表，设置它的目的是在双引导环境中让其他系统不至于认为动态盘还没有被分区。图 9-26 说明了动态盘的内部组织情况。

LDM 数据库中包含四个区域，为私有头、内容表、数据库记录区和事务处理日志区，另外还有一个私有头的备份，如图 9-27 所示。

图 9-26　动态盘的内部组织情况

图 9-27　LDM 数据库结构

（1）私有头存在于动态盘最后 1MB 的开始位置，占用一个扇区的大小，它是 LDM 数据库的开始标志。私有头中存放了磁盘组的名字和一个指向内容表的指针。为了保证动态盘系统的可靠性，LDM 在磁盘的最后一个扇区保存了一个私有头的备份。

（2）内容表由 16 个扇区组成，其中包含关于数据库记录区的布局信息，包括数据库记录的个数。

（3）数据库记录区中的每个数据库记录可以是分区、磁盘、组件和卷四种类型之一。分区项描述磁盘上的一个连续区域，分区项中的标识符把该分区项与一个组件项和一个磁盘项联系起来。磁盘项代表一个动态盘。组件项把多个分区项和与分区相连的卷项联系起来。卷项存放该卷的大小、状态及驱动器的名字。

（4）事务处理日志区用于当数据库信息改变时存储备份信息。这样能确保在系统崩溃或断电时，LDM 能够利用处理日志信息把系统恢复到正确的状态。

要描述一个简单卷，LDM 需要三个数据库记录项，即分区项、组件项和卷项。分区项描述系统分配给该卷的磁盘上的一块区域；组件项把一个分区项和一个卷项联系起来；卷项中包含用来识别该卷的信息。

描述一个多分区卷,需要的数据库记录项多于三个,例如一个条带卷需要至少两个分区项、一个组件项和一个卷项。而描述一个镜像卷只需要两个组件项,一个组件项描述主盘,另一个描述镜像盘。

3. 多分区卷

Windows 中支持跨分区卷、条带卷、镜像卷和 RAID 5。

跨分区卷是一个单独的逻辑卷,可以由一个或多个磁盘上的多个空闲分区组成,分区的个数最多可达 32 个。Windows 的磁盘管理工具负责管理跨分区卷。这种卷可以格式化为 Windows 所支持的各种分区类型,如 FAT32 或 NTFS 等。图 9-28 所示示例中,分区号为 D 的 100MB 的磁盘空间就是一个跨分区卷。

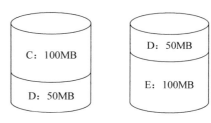

图 9-28　跨分区卷

跨分区卷可以把小的磁盘空闲区域或多个小磁盘组成一个大的卷。如果跨分区卷被格式化为 NTFS 格式,那么该卷在扩展空间或增加磁盘时不会影响已经存在其上的数据。如果不是 NTFS 格式的跨分区卷,如 FAT 格式的卷,在动态扩展卷的大小时,将导致其上信息丢失。

Windows 的卷管理器对文件系统隐藏了磁盘的物理配置信息,文件系统会将图中 100MB 的 D 卷当作普通的文件卷使用。卷管理器把分区卷中的物理扇区看成从第一个盘的第一个扇区到最后一个盘的最后一个扇区是连续的。

Windows 支持条带卷,即 RAID 0。Windows 最多支持 32 个分区,并且每个盘一个分区。另外,Windows 还支持镜像卷(RAID 1)和 RAID 5。

9.4.6　Windows 的高速缓存管理

在 Windows 中,一组核心态函数和系统线程组成了高速缓存管理器。它与内存管理器一起为 Windows 的文件系统提供数据高速缓存。

1. Windows 高速缓存的结构特点

Windows 的高速缓存管理器有以下三个特点。

(1) 单一集中式系统高速缓存。Windows 提供的高速缓存管理器可以用来缓存所有外存数据,包括本地硬盘、软盘、网络文件服务器和 CD-ROM。任何数据都能存入高速缓存,无论它是用户数据流,还是文件系统管理用数据,如目录和文件头等。

(2) 与内存管理器相结合。Windows 的高速缓存管理器采用文件视图映射到系统虚拟存储空间的方法访问数据,高速缓存区域即为区域对象。Windows 的高速缓存不同于其他系统,它自己也不清楚内存中有多少缓冲数据。这是因为对于通过映射文件实现基于虚拟地址空间的高速缓存,高速缓存管理器在访问缓存中文件的数据时,仅在内存与被缓存的文件部分所被映射的虚拟地址之间复制数据,并依靠内存管理器去处理换页。这样的设计使得打开一个缓存文件就像将文件映射到用户地址空间一样。

(3) 很多操作系统,如 OS/2、UNIX 等的高速缓存管理器都是基于磁盘逻辑块的。在这种情况下,系统可以知道磁盘分区中哪些块在高速缓存中。而 Windows 的高速缓存则不同,其基于一种虚拟块缓存方式,高速缓存管理器对缓存中文件的某些部分进行追踪。这种方式有利于实现文件的预读和快速 I/O 功能。

2. 高速缓存的结构

Windows 的高速缓存管理器基于虚拟空间缓存数据，所以它管理一块系统虚拟地址空间区域，而不是一块物理内存区域。高速缓存管理器把每个地址空间区域分成以 256KB 为单位的槽，称为视图。高速缓存管理器在文件视图和缓存地址空间的槽之间进行循环映射，将所请求的第一个视图映射到第一个 256KB 的槽中，再将第二个视图映射到第二个 256KB 的槽中，以此类推，如图 9-29 所示。

图中文件 B 最先被映射，文件 A 其次，然后是文件 C。文件 B 被映射的块占据高速缓存的第一个槽，文件 B 的大小虽然为 750KB，但只有 256KB 被映射，因为该文件只有该部分是活跃的。文件 C 只有 100KB，但也要独立地占有缓存中 256KB 的槽。

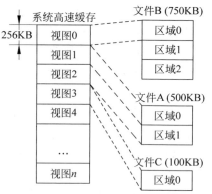

图 9-29 文件到高速缓存的映射

只有文件中的活跃部分才被高速缓存映射。在对文件的某些部分进行读/写操作时，该视图被标记为活跃。

当高速缓存管理器要映射一个文件视图，但缓存内没有空闲的槽时，它将取消最近一个未激活的映射视图，并使用这个槽。如果没有视图可用，则返回一个 I/O 错误，说明没有足够的系统资源完成操作。然而，由于只有在进行读或写操作的视图才被激活，这样的情况只有在系统访问的文件特别多时才会出现。

3. 高速缓存的大小

Windows 的高速缓存的大小依赖于内存的大小。

(1) 缓存的虚拟大小。缓存的虚拟大小与物理内存相关，若系统物理内存大于 16MB，缓存虚拟大小以 128MB 为基础，物理内存每增加 4MB，虚拟大小则增加 64MB。例如，若系统有 64MB 物理内存，则缓存为 128MB+(64MB−16MB)/4MB×64MB=896MB。

(2) 缓存的物理大小。前文提到过，Windows 高速缓存管理器是与内存管理器一起工作的。所以是由内存管理器负责管理驻留集的扩展和收缩及已修改和未修改页链表的，因此缓存的物理大小是动态变化的。

系统高速缓存没有自己的驻留集，而是与分页缓冲池、可分页的核心代码、可分页的驱动程序代码共用一个系统驻留集。

9.4.7 Windows 的高速缓存支持的操作

Windows 的高速缓存支持文件系统完成文件的 I/O 操作，在文件 I/O 过程中，仅当文件被打开时高速缓存才被激活。被映射的文件及用 FILE_FLAG_NO_BUFFERING 标记打开的文件不使用高速缓存。

1. 延迟写

Windows 高速缓存管理器能实现文件的延迟写功能。在进行文件的写操作时，写入文件的数据首先被存储在高速缓存页面的内存中，然后再被写入磁盘。因此，在一段时间内的写操作，只是将数据写入了内存的高速缓存中，并未立即写入磁盘。

只有当内存不足时才进行磁盘的刷新，这样可以减少磁盘 I/O 的次数。这种方式适合反复变化的数据。然而，被缓存的文件数据也可能不是频繁变化的数据。例如一个进程修改了高速缓存的数据,而用户期望将修改过的部分及时地反映到磁盘上。

确定高速缓存的刷新频率是十分重要的。如果高速缓存刷新过分频繁,系统将因不必要的 I/O 操作而降低性能;如果高速缓存刷新过少,用户将面临系统崩溃时丢失已修改数据的危险;由于已修改数据占用了过多的内存,系统将面临物理内存用光的危险。

为了平衡这些关系,高速缓存管理器每秒产生一个延迟写线程,它负责排列系统缓存中的脏页(已修改页),并将其中的若干页写入磁盘。如果脏页产生的频率大于延迟写线程写入页面的频率,延迟写线程将按脏页产生的频率计算出需要额外写入的页面数,并将这些页面写入磁盘。

延迟写线程有以下功能。

(1) 计算脏页阈值。脏页阈值就是系统唤醒延迟写线程将页面写入磁盘之前保存在内存中的系统高速缓存的页面数。该数值在系统初始化时进行计算,其大小依赖于系统物理内存的大小和系统注册表中对系统高速缓存的设置。当系统最大驻留集的大小超过 4MB 时(一般都是这样),脏页阈值一般被设置为系统最大驻留集的大小减去 2MB 的页数。

(2) 屏蔽延迟写。如果应用程序在调用 Win32 的函数 CreateFile 时,指定 FILE_ATTRIBUTE_TEMPORARY 标志创建一个临时文件。延迟写线程将不会进行脏页的写回,除非物理内存严重不足或文件被关闭。延迟写线程的这一特性改善了系统的性能,它不会做无用功,不会将没有用的数据写入磁盘。

(3) 立即写。与(2)相反,如果一些应用程序希望将改变的数据立即写回磁盘,高速缓存管理器将强制性地将缓存中的数据写入磁盘。此时,用户需要在调用 Win32 的函数 CreateFile 时指定 FILE_FLAG_WRITE_THROUGH(文件通写)标志。

(4) 刷新被映射的文件。对于被映射的文件,情况就有些复杂了。因为对于一个进程来讲,它只知道自己修改了哪些页面,而不可能知道其他进程是否也修改了这些页面。而映射文件是被多个进程所共享的,所以有可能出现多个进程都修改一个页面的情况。为了处理这种情况,当用户映射一个文件时,内存管理器就会通知高速缓存管理器。当文件在高速缓存内被刷新时(调用 Win32 的函数 FlushFileBuffers),高速缓存管理器就将缓存中的脏页写入磁盘。然后检查文件是否被其他进程映射,如果文件被其他进程所映射,那么高速缓存管理器就把文件区域所对应的整个视图刷新一遍,以便将第二个进程可能改变的页面写回磁盘。如果用户映射了一个在高速缓存中打开的视图,当该视图被取消映射时,修改过的页被标记为脏页,延迟写线程将负责在刷新该视图时将这些脏页写入磁盘。

2. 预先读

Windows 高速缓存管理器运用局部性原理,基于进程当前所读取的数据预测其下一步可能读的数据,从而实现智能预读。

(1) Windows 的预读易于实现。因为 Windows 系统缓存是以虚拟地址为基础的,而虚拟地址对于一个文件而言是连续的,它们在物理内存中是否连续并不重要;而基于逻辑块的高速缓存系统以磁盘上被访问数据的相对位置为基础,而文件未必连续地存储在磁盘上。所以,对于基于逻辑块的高速缓存的文件预读会更复杂。

(2) 虚拟地址预读。当内存管理器在解决缺页时,它会将被访问页面及相近几页一起读到内存中,实现预读。对于顺序访问的应用程序,这种预读操作减少了获取数据所需的磁盘操作次数。顺序预读方式是在处理缺页时进行的,所以它必须同步进行,等待缺页的线程处于等待状态。内存管理器进行的虚拟地址预读提升了系统的 I/O 性能。

(3) 带历史信息的异步预读。对于随机访问的数据,高速缓存管理器在文件的私有缓存映射结构中为正在被访问的文件保存最后两次读请求的历史信息,这种方法称为带历史信息的异步预读。例如,如果进程读取了文件的第 500 页,然后是第 400 页,则高速缓存管理器会假设下一个请求页是第 300 页,并预先读取第 300 页。

为了提高预读的效率,对于顺序访问的文件就不需要预测历史记录,而是进行顺序预读。此时在使用 Win32 的函数 CreateFile 时,要指定 FILE_FLAG_SEQUENTIAL_SCAN 标志。有了这个标志,高速缓存管理器就不预测历史记录,而是进行顺序预读。

带历史记录的预读是异步实现的。由于执行预读的线程与读入数据的线程是两个线程,因此二者可以同时执行。当用户线程请求读取被缓存的数据时,高速缓存管理器首先访问被请求的页面,并完成本次请求。此时,系统工作线程提出另一次 I/O 请求,读取预读页,并且系统线程在后台执行。当用户线程继续执行,需要预读数据时,该数据已经由系统线程调入内存。

对于无法预测读取模式的应用程序,可以在调用 Win32 的函数 CreateFile 时指定 FILE_FLAG_RANDOM_ACESS 标志,通知高速缓存管理器取消预读功能。

3. 快速 I/O

快速 I/O 就是在读/写一个缓存文件时不需要产生 I/O 请求包(IRP)。由于 Windows 高速缓存管理器能够追踪哪些文件的哪些块在高速缓存中,所以文件系统驱动程序能够利用高速缓存管理器通过简单复制那些在高速缓存中的页面来访问数据,而不需要产生 I/O 请求包。

下面是用快速 I/O 机制进行读/写操作的步骤。

(1) 线程提出一个读/写操作。

(2) 如果文件被缓存,而且是同步 I/O,I/O 请求就会被传送到文件系统驱动程序的快速 I/O 入口点。

(3) 如果文件系统驱动程序的快速 I/O 例程断定可以使用快速 I/O,它将调用高速缓存管理器的读或写例程去直接访问缓存中的数据。如果快速 I/O 不可能进行,文件系统驱动程序返回 I/O 系统,之后为 I/O 产生一个 IRP,调用文件系统的常规读或写例程。

(4) 可以进行快速 I/O 时,高速缓存管理器将得到的文件偏移量转换为高速缓存中的虚拟地址。

(5) 对于读操作,高速缓存管理器将数据从系统高速缓存中复制到请求数据进程的缓冲区中;对于写操作,高速缓存管理器将数据从进程的缓冲区复制到系统高速缓存中。

(6) 对于读操作,更新调用者私有缓存映射中的预读信息;对于写操作,设置高速缓存中所有被修改页面的修改位,以便延迟写线程将它写入磁盘;对于通写文件,任何修改都立即刷新到磁盘。

4. ReadyBoost 技术

Windows Vista 及以后版本中引入了一个名为 ReadyBoost 的功能来利用闪存存储设备,方法是在这些设备上创建一个逻辑上介于内存和磁盘之间的中间缓存层,增加磁盘缓存的数量。

9.5　Windows 文件管理

Windows 支持许多文件系统,包括运行在 Windows 95、MS-DOS 和 OS/2 上的 FAT 文件系统。Windows NT 设计的文件系统 NTFS 用于满足工作站和服务器中的高级要求。

9.5.1 Windows 文件系统概述

1. 文件系统结构

Windows 的文件系统驱动(File System Driver,FSD)程序可分为本地 FSD 和远程 FSD。本地 FSD 负责向 I/O 管理器注册自己,当访问某个卷时,I/O 管理器将调用 FSD 来进行卷识别。完成卷识别后,本地 FSD 创建一个设备对象以表示所装载的文件系统,I/O 管理器通过卷参数记录管理器所创建的卷设备对象,并与 FSD 创建的设备对象之间建立连接。

远程 FSD 由客户端 FSD 和服务器 FSD 两部分组成。客户端 FSD 接收来自应用的 I/O 请求,然后转换为网络文件系统协议命令,再通过网络发送给服务器 FSD。服务器监听网络命令,接收网络文件系统协议命令,并转交给本地 FSD 去执行。

2. Windows 支持的文件系统

Windows 支持 CDFS、UDF、FAT12、FAT16、FAT32 和 NTFS 文件系统。

1) CDFS

1988 年制定了只读光盘文件系统(CD-ROM File System,CDFS)的标准,它要求文件名和目录名的长度必须少于 32 个字符,目录的深度不得超过 8 层。

2) UDF

通用磁盘格式(Universal Disk Format,UDF)是 1995 年为 DVD-ROM 制定的磁盘格式。它的特点是文件名区分大小写,文件名最多可以有 255 个字符,最长路径名可以有 1023 个字符。

3) FAT12

FAT 是 Windows 95 遗留下来的文件系统,为了向后兼容,Windows 仍然保留对 FAT 的支持。每种 FAT 文件系统都用一个数字标识磁盘上簇号的位数,FAT12 最多只能存储 2^{12} 个簇,因此取名 FAT12。簇的大小为 512B~8KB,因此 FAT12 卷的大小至多只有 32MB。Windows 使用 FAT12 作为 5.25 英寸(1.2MB)和 3.5 英寸(1.44MB)软盘的标准格式。

4) FAT16

FAT16 自 1982 年开始用于 MS-DOS 中,FAT16 最多只能存储 2^{16} 个簇。簇的大小为 512B~64KB,因此 FAT16 卷的大小最大为 4GB。表 9-11 所示为 FAT16 中卷的大小和簇的变化关系。FAT16 的主要优点是,它可以被多种操作系统访问,如 MS-DOS、Windows 3.x、Windows 9x、Windows NT 及 OS/2 等。但 FAT16 不支持长文件名,给文件命名受到 8.3 命名约定的限制。

表 9-11 FAT16 卷的大小和簇的变化关系

卷 大 小	簇	卷 大 小	簇
0~32MB	512B	256~512MB	8KB
32~64MB	1KB	512MB~1GB	16KB
64~128MB	2KB	1~2GB	32KB
128~256MB	4KB	2~4GB	64KB

应该注意的是,如果格式化了一个 0~32MB 的分区,Windows 会使用 FAT12,而不是 FAT16。FAT12 和 FAT16 的根目录预留一定的空间,存储 256 个目录项。也就是说,根目录最多只能存放 256 个文件或目录。一个 FAT 目录项占用 32B。

5) FAT32

FAT32 是对 FAT16 的增强,主要应用于 Windows 9x、Windows Me 及以后的系统。FAT32 最多能存储 2^{28} 个簇(它的高 4 位被暂时保留,真正有效的是 28 位),簇的大小为 4~32KB,因此 FAT32 理论上拥有 8TB 的寻址能力,而 Windows 则限制它的卷大小为 32GB。表 9-12 所示为 FAT32 卷大小与簇大小的关系。

表 9-12 FAT32 卷大小与簇大小的关系

卷 大 小	簇/KB
32MB~8GB	4
8~16GB	8
16~32GB	16
32GB	32

当分区大于 512MB 时,使用 FAT32 能有效地存储数据,减少磁盘空间的浪费。还可以加快程序的运行,使消耗的计算机资源更少。因此,它是大容量磁盘的一个有效的文件系统。FAT32 的根目录不再是固定区域、固定大小,而是用一般子目录文件相同的管理方式,因此根目录下的文件数不再受 256 的限制。FAT32 也支持长文件名,但仍保留有扩展名。

3. 文件分配表

文件分配表(File Allocation Table,FAT)是 FAT 文件系统的基础。文件分配表包含一个卷上所有簇的分配情况,它记录了每个簇是空闲(被标识为 0000)还是分配给某个文件。分配给一个文件的所有簇用文件分配链链接起来。在文件目录中,每个目录项指向文件的第一个簇的簇号,通过文件分配链,链接到下一个簇的簇号,文件分配链的结尾被指定为 0xFFFF(FAT16)或 0xFFF(FAT12),如图 9-30 所示。

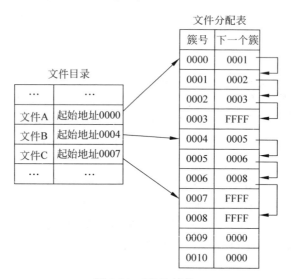

图 9-30 FAT 结构

4. NTFS 文件系统

在 Windows 3.1 之前就有 MS-DOS 的 FAT 和 OS/2 的 HPFS,随着 Windows NT 的推出,需要一个支持 NT 的高安全性、高可靠性的文件系统。

1) 设计目标

NTFS 的定位是企业级的文件系统,其设计目标如下。

(1) 可恢复性。NTFS 基于原子事务的概念实现文件系统的可恢复性。

(2) 安全性。NTFS 可以指定谁能访问哪些文件和目录及对它可以进行什么操作。

(3) 数据冗余和容错。数据采用冗余存储,支持 RAID 1、RAID 5 等。

2) 高级特性

为了适应众多的应用领域，NTFS不但满足以上设计目标，还提供了其他一些高级特性，如下所述。

(1) 基于Unicode字符存储文件、目录和卷的名称。Unicode是一种16位的字符编码方案，世界上每种主要语言中的每个字符都有唯一的表示，这有利于实现国际化。传统的字符编码方案中，有些字符用8位表示，有些字符用16位表示，且还需要编码表才能确定字符。而Unicode对每个字符都有唯一的一个16位的表示法，不再使用编码表。

(2) 通用索引机制。可以索引文件属性，从而大大提高了文件管理的效率。

(3) 动态坏簇重映射。即具有热修复重定向功能，将受损簇的信息写入其他簇，并标记坏簇的地址，以防止以后再使用它。

(4) POSIX支持。可移植操作系统接口(Portable Operating System Interface of UNIX, POSIX)是UNIX类型操作系统的国际标准。NTFS文件系统实现了POSIX 1003.1的所有要求，如大小写敏感、访问目录和文件的安全许可、提供文件最后被改变的时间及硬连接等。

(5) 文件压缩。NTFS支持文件数据的压缩，应用程序通过DeviceIOControl传递FSCTL-SET-COMPRESSION文件控制代码来压缩或解压缩。压缩后，文本性质的应用程序代码和数据被压缩约50%，可执行文件压缩大约40%。

(6) 日志记录。通过监视卷上文件或目录的改变，实现文件的可恢复性。

(7) 磁盘限额。为了防止人们贪心地占用太多磁盘空间，NTFS提供一种强行限制的磁盘配额机制。其思想是系统管理员分配给每个用户可以占用文件存储空间的最大簇数，由操作系统确保每个用户不超过分给他们的最大配额。NTFS随时跟踪记录用户的磁盘使用情况，当用户试图使用超过限额的空间时，记录这一事件并使这一企图失败。默认情况下不使用磁盘限额跟踪，如果要使用，可以通过卷属性来完成。

(8) 硬链接。允许从多个路径指向同一文件和目录。如果有一个文件为C:\Documents and Settings\Administrator\My Documents\Student，且为其创建一个硬链接为C:\Student，那么这两个路径指向同一个文件，可以使用其中任何一个路径来对文件进行操作。系统提供了API函数CreateHardLink和POSIX命令ln来创建硬链接。

(9) 加密。NTFS提供了一个加密文件系统(Encrpyting File System, EFC)工具对数据进行加密，应用程序可以使用API函数EncryptFile和DecryptFile分别对文件进行加密和解密。

(10) 碎片整理。Windows提供了碎片整理函数，用于进行磁盘的碎片整理。

(11) 多数据流。文件的实际内容被当作字符流进行处理。在NTFS中可以为一个文件定义多个数据流，文件的属性(包括文件名、文件的拥有者、文件的时间标记、文件的内容等)都可以作为一个数据流来存储。

(12) 符号链接(Symbolic Link)。从Windows Vista开始，NTFS支持符号链接。符号链接是NTFS文件系统中指向文件系统中另一个对象的一类对象。被指向的对象叫作目标。它们可以像普通文件一样操作，但所有对符号链接的操作都实际作用于目标对象。符号链接对用户而言是透明的，它看上去和普通的文件和文件夹没有区别，操作方法也一样。系统提供了API函数CreateSymbolicLink来创建符号链接。

9.5.2 NTFS 卷及其结构

1. 卷与簇

NTFS 是以卷为基础的,而卷建立在磁盘逻辑分区上,供文件系统分配空间使用。一个卷包括文件系统信息、一组文件以及卷中剩余的可以分配给文件的未分配空间。一个卷可以是整个磁盘,也可以是一个磁盘的一个分区,还可以由多个磁盘组成,如 RAID 阵列。

簇又称卷因子。NTFS 与 FAT 一样,以簇为磁盘空间分配和回收的基本单位。簇的大小是物理扇区的整数倍,通常是 2 的幂,如 512B、1KB、2KB、4KB。例如,假设每个扇区为 512B,并且系统为每个簇配置两个扇区(1 簇=1KB),如果一个用户创建了一个 1600B 的文件,则要给该文件分配两个簇;如果文件增长为 3200B,则需要再给文件分配另外两个簇。分配给一个文件的簇不一定需要是连续的,即允许一个文件在磁盘上被分成几部分存储。NTFS 支持的最大文件为 2^{32} 个簇。

使用簇进行文件分配的好处是使得 NTFS 不依赖于物理扇区的大小,这使得 NTFS 易于支持扇区大小不是 512B 的非标准磁盘。使用簇为文件分配单位的另一个好处是能够通过使用比较大的簇有效支持非常大的磁盘和非常大的文件,从而能够适应计算机硬件的飞速发展。表 9-13 所示为 NTFS 卷大小与簇大小的对应关系。

表 9-13 NTFS 卷大小与簇大小的对应关系

卷 大 小	簇	卷 大 小	簇
小于或等于 512MB	512B	4~8GB	8KB
512MB~1GB	1KB	8~16GB	16KB
1~2GB	2KB	16~32GB	32KB
2~4GB	4KB	大于 32GB	64KB

NTFS 使用一种非常简单但功能强大的方法组织磁盘卷中的信息。卷中的元素是文件,每个文件包含一组属性,文件的数据内容也看作是文件的一个属性。这种简单的结构使得组织和管理文件系统只需要一些通用的功能。

图 9-31 显示了 NTFS 卷的布局,它由四个区域组成。在任何一个卷中,开始的第一个扇区为主引导记录,其中包含引导系统所用的卷布局信息、文件系统结构以及启动代码。主控文件表包含关于该 NTFS 卷中所有文件和文件夹的信息以及磁盘未分配空闲的信息。系统文件区域的长度约为 1MB,最后是普通文件区域。

图 9-31 NTFS 卷的布局

2. 主控文件表

主控文件表(Master File Table,MFT)是 NTFS 卷的核心。MFT 以记录数据实现,每个记录的大小为 1KB,卷上的每个文件至少占一个 MFT 记录。MFT 上前 16 个记录是保留的,16 以后是普通的用户文件记录。若文件属性较多或分散成很多碎片,可能需要几个记录来存储,则第一个记录称为基本文件记录。

MFT 的前 16 个记录为 MFT 本身、MFT 镜像、日志文件、卷文件、属性定义表、根目录、位图文件、引导文件、坏簇文件、安全文件等非常重要的系统信息，为了防止数据丢失，NTFS 系统对这 16 个记录进行了备份。

MFT 占用卷空间的 12%，以满足不断增长的文件数量。为了保持 MFT 元文件的连续性，MFT 对这 12% 的空间享有独占权。余下的 88% 的空间被分配用来存储文件。

卷上的每个文件都有一个文件引用号（占 64 位），文件引用号的前 48 位为文件号，对应该文件在 MFT 中的位置。余下的 16 位为文件共享计数，它随文件的每次被使用而增加，用于进行一致性检查。

MFT 文件记录是文件属性的集合，每个属性以单个流组成。严格地说，NTFS 并不对文件进行操作，而是对属性流进行读写。NTFS 提供对属性流的各种操作，如创建、删除、读、写等。表 9-14 所示为 NTFS 卷上文件和目录常用属性说明，其中前四项是每个文件必须有的属性，其他为可选属性。

表 9-14 NTFS 文件和目录常用属性

属 性 名	说　　明
标准信息	包括文件访问属性，如只读、存档、文件的创建时间、最近一次修改时间、有多少个目录指向该文件（硬连接）
文件名	NTFS 文件名的长度可达 255 个字符，可以包含 Unicode 字符、多个空格及句点。由于 MS-DOS 不能识别 Windows 创建的文件名，当创建一个文件时，NTFS 会自动生成一个备用的 MS-DOS 文件名，所以一个文件可以有多个文件名
安全描述符	确定哪个用户创建了该文件，哪些用户可以访问它
文件数据	文件的内容。一个文件有一个默认的无名数据属性，还可以有多个命名数据属性
属性列表	当一个文件需要多个 MFT 记录时，该文件就需要一个属性列表，其中记录每个属性在 MFT 中的文件引用号
索引根	对目录中的所有子目录名和文件名进行索引，用于实现文件夹
索引分配	记录非常驻属性盘区中 VCN 到 LCN 的映射，用于实现文件夹
位图信息	提供在 MFT 记录中分配给文件的哪些簇被使用、哪些空闲
EFS 加密属性	为了实现 EFS 而存储有关加密信息，如解码密钥、合法访问的用户列表等

3. 常驻属性与非常驻属性

当文件较小时，文件的所有属性可以全部存放在一个 MFT 记录中，这些属性称为常驻属性。NTFS 的有些属性是永远常驻的属性，NTFS 用它确定其他非常驻属性，如标准信息、索引根。

如果属性能直接存放在 MFT 中，那么 NTFS 对它的访问时间将大大缩短。因为 NTFS 只需要访问磁盘一次，就可以对文件进行操作。而对于 FAT 文件系统，需要先在 FAT 表中查找文件的簇号，再去访问文件数据。小文件和小目录均可以常驻 MFT，如图 9-32 所示。

标准信息	目录名	文件索引				空
		文件 A	文件 B	文件 C	文件 D	

图 9-32 小目录的 MFT 记录

对于大文件和大目录，其所有属性因太大而不能放在一个 MFT 记录中，NTFS 将在 MFT 之外分配一块区域（称为盘区），来存放文件的属性，这部分属性称为非常驻属性。对于文件的属性来说，只有能够增长的属性才可以为非常驻属性，如数据、属性列表等。标准信息和文件名是常驻属性，图 9-33 所示为两个盘区的非常驻属性。

对于一个大目录（见图 9-34），MFT 记录没有足够的空间来存储大目录的文件索引，将一部分文件信息存储在索引根属性中，另一部分存储在被称为索引缓冲区的盘区中。图为两个盘区的目录非常驻属性。

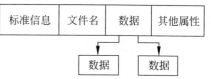

图 9-33 两个盘区的非常驻属性

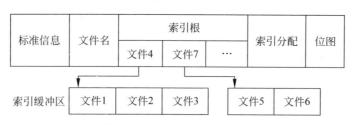

图 9-34 大目录的 MFT 记录

当一个文件或目录的属性不能存放在一个 MFT 记录中时，NTFS 通过逻辑簇号（Logical Cluster Number, LCN）和虚拟簇号（Virtual Cluster Number, VCN）之间的关系来记录盘区情况。LCN 对整个卷中的所有簇按 $0 \sim n$ 顺序进行编号，VCN 则对属于特定文件的簇按逻辑顺序 $0 \sim m$ 进行编号。为了便于 NTFS 快速查找文件数据，具有多个盘区文件的常驻属性头中包含了 VCN-LCN 的映射关系。图 9-35 显示了非常驻数据属性的盘区的 VCN-LCN 映射。

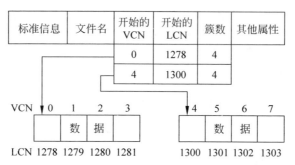

图 9-35 非常驻属性的 VCN-LCN 映射关系

数据属性常常因太大而被存储在盘区中，文件的其他数据也可能因 MFT 记录中没有足够空间需要存储在盘区中。如果一个文件的属性太多而不能存放在一个 MFT 记录中，系统将分配给该文件第二个 MFT 记录来容纳这些属性，此时就需要一个属性列表，用来记录文件属性名称、属性类型代码以及属性所在 MFT 的文件引用号。属性列表用于特别大的文件或太零散的文件，该文件因 VCN-LCN 映射关系太大而需要多个 MFT 记录。超过 200 个盘区的文件通常需要属性列表。

4. 索引

在 NTFS 中，文件目录仅是文件名的一个索引。NTFS 使用 B+ 树把文件名组织起来，以便于快速访问。当创建一个目录时，NTFS 必须对目录中的文件名属性进行索引。

一个目录的 MFT 记录将其目录中的文件名和子目录名进行排序，并保存在索引根属性中。然而，对于一个大目录，许多文件名实际存储在索引缓冲区中。索引缓冲区是通过 B+ 树数据结构来实现的。B+树是一种平衡树,对于存储在磁盘上的数据来说,平衡树可以使得查找一个文件时所需要的磁盘访问次数减到最少。索引根属性是B+树的根目录,它指向下一级子目录或文件的索引缓冲区。

如图9-36所示,目录中,一部分文件存储在索引根属性中,另一部分存储在为索引缓冲区的盘区中,索引分配属性包含了索引缓冲区的VCN到LCN的映射。位图属性跟踪在非常驻盘区中哪些VCN是被使用的、哪些是空闲的。

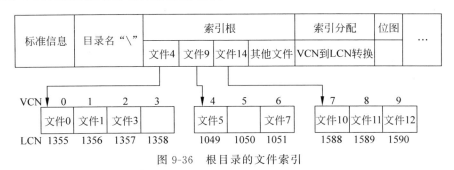

图 9-36　根目录的文件索引

9.5.3　NTFS 的可恢复性、可靠性和安全性

1. NTFS 的可恢复性

日志文件服务(Log File Service,LFS)是一组 NTFS 驱动程序中的核心态程序,NTFS 通过 LFS 例程访问日志文件,其结构如图 9-37 所示。

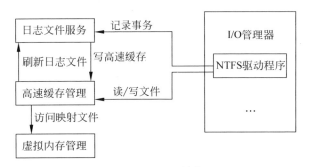

图 9-37　LFS 结构

LFS 将日志文件分成以下两部分。

(1) 重启动区域。系统失败后的恢复过程中,NTFS 将从该区域读取信息。因为其重要性,LFS 为其保留一个副本。

(2) 无限记录区。在重启动区域之后是无限记录区域,LFS 利用逻辑序列号(Logic Sequence Number,LSN)来标识日志文件中的记录。LSN 为 64 位,提供了许多操作来处理日志文件,如打开、写入、向前、向后、更新等。

NTFS 为了实现卷的可恢复性而执行的操作步骤如下。

(1) NTFS 首先调用 LFS 在日志文件中记录的所有改变卷结构的事务。

(2) NTFS 在高速缓存中写入更改卷结构的操作。

(3) 高速缓存管理器调用 LFS 将日志文件刷新到磁盘。

(4) 高速缓存管理器把卷的变化刷新到磁盘。

严格执行这些步骤，可保证即使文件系统的最终修改是不成功的，通过日志文件也能恢复相应的事务。重新引导系统后，当第一次使用卷时，文件系统的恢复工作就自动开始。这就保证了无论发生什么意外，NTFS 都可以通过日志文件记录中的操作信息来恢复文件系统的一致性。

日志文件中的记录有以下两种类型。

（1）更新记录，其中记录的是文件系统的更新信息，如创建文件、删除文件、扩展文件、截断文件、设置文件信息、重新命名文件及更改应用在文件的安全信息。

（2）检查点记录。NTFS 周期性地向日志文件中写入检查点记录，当系统失败后，NTFS 通过检查点记录信息来定位日志文件中的恢复点。NTFS 每隔 5s 向日志文件写入一个检查点记录。

NTFS 通过 LFS 来实现可恢复性功能。

NTFS 在内存中维护如下所述两张表。

（1）事务表：跟踪已经启动但尚未提交的事务。

（2）脏页表：记录在高速缓存中还未写入磁盘的包含改变 NTFS 卷结构操作的页面。恢复时，这些改动必须刷新到磁盘上去。

NTFS 在向日志文件写入一个检查点记录之前，先将事务表和脏页表作为更新记录复制到日志文件中。

要实现 NTFS 的卷恢复，NTFS 对日志文件进行如下所述三次扫描。

（1）分析扫描。NTFS 从日志文件中最近一个检查点开始分析扫描，检查点之后的所有更新记录都代表了一个对事务（由事务表记录）或脏页（由脏页表记录）的修改。在事务表和脏页表被复制到内存后，NTFS 搜索这两张表，事务表中包含了未提交事务的 LSN，脏页表中包含了高速缓存中还未刷新到磁盘的记录的 LSN。

（2）重做扫描。在重做扫描过程中，NTFS 从分析扫描中得到的最早记录的 LSN 开始在日志文件中向前扫描，查找更新记录，该记录中包含在系统失败前就已经写入的卷更新，但这些卷更改可能还未刷新到磁盘上。因此，NTFS 重做这些更新到高速缓存中，以后，高速缓存管理器的延迟写将向磁盘写入高速缓存中的内容。

（3）撤销扫描。在 NTFS 完成重做扫描后，将开始撤销扫描。在撤销扫描时，将回退系统失败时任何未提交的事务。每个更新记录中的信息有两种，一是重做一次操作，另一个是撤销一个操作。如图 9-38 所示，有两个事务，事务 1 在断点时已经提交，事务 2 未提交，假设事务 2 创建一个文件，有三个子操作为 LSN1093、LSN1092 和 LSN1089，三个子操作之间通过指针链接。NTFS 在定位 LSN1093 之后执行撤销操作，直到 LSN1089，完成事务 2 的回退。

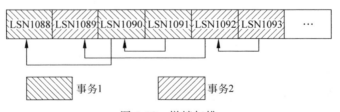

图 9-38　撤销扫描

当然，日志文件中也要记录撤销操作，因为撤销时也有可能发生系统崩溃。恢复完成后，NTFS 将高速缓存中的内容写入磁盘，从而保证卷的内容是最新的。同时，NTFS 在 LFS 重启动区域写入一个空,指明卷的一致性。此时,即使系统再次崩溃,前面的事务也不必再恢复了。

2. NTFS 的坏簇恢复

NTFS 在系统运行时动态收集有关坏簇的资料,并把这些资料存储在系统文件中。

如果一个扇区发生错误并且磁盘不能提供备用扇区,NTFS 卷管理工具程序会给系统发出警告。当卷管理器返回一个坏扇区警告,或当磁盘驱动程序返回坏扇区信息时,NTFS 分配一个新的簇替换包括坏扇区的簇。NTFS 动态地替换包含坏扇区的簇,并跟踪这些簇,以保证它们不被重新使用。

3. NTFS 的安全性

加密文件系统(Encrypting File System,EFS)提供的文件加密技术可将加密的 NTFS 文件存储到磁盘上。EFS 加密技术是基于公共密钥的,它用随机产生的文件密钥(File Encryption Key,FEK)通过加强型的数据加密标准(Data Encryption Standard,DES)算法对文件进行加密。

EFS 使用公共密钥加密算法对 FEK 进行加密,并把它和文件存储在一起,形成了文件的一个特殊的 EFS 属性字段——数据解密字段(Data Decryption Field,DDF)。在解密时,用户用自己的私钥解密存储在文件 DDF 中的 FEK,然后再用解密后得到的 FEK 对文件数据进行解密,最后得到文件的原文。

Windows Vista 中提供了 BitLocker 驱动器加密工具,BitLocker 加密技术能够同时支持 FAT 和 NTFS 两种格式,可以加密整个操作系统分区和数据分区,能够与硬件 TPM (Trusting Platform Module)安全组件结合使用。

思考与练习题

自测题

1. Windows 包括哪些主要的组成部分?它们各自的作用是什么?
2. Windows 的可移植性是通过什么实现的?
3. Windows 中系统调度的单位是进程还是线程?
4. Windows 的线程分为几种状态?其中设置备用状态的意义是什么?
5. 在 Windows 中若对一个临界区进行互斥访问,应使用哪个对象?又如何使用系统提供的 API?
6. 使用 Windows 中提供的信号量对象和互斥对象(或临界区对象)解决生产者与消费者问题。
7. 在 Windows 中提供了哪些进程通信工具?试述它们的适用场合。
8. 在 Windows 中的线程优先级有几级?线程的调度策略又如何?
9. 论述 Windows 如何利用 X86 结构对页式存储管理的支持实现请页式存储器。
10. 在 Windows 中是如何实现程序共享的?
11. 试说明在 Windows 中,物理页分为几种状态,以及这些状态之间是如何转换的。
12. Windows 是否支持 RAID?
13. Windows 是否支持文件的预先读和延迟写?又是使用什么机制来实现的呢?
14. NTFS 文件系统的设计目标是什么?
15. NTFS 文件系统管理文件的主要数据结构是什么?
16. NTFS 文件系统是如何组织较大文件占用多个物理块的?

第 10 章

Linux 操作系统

Linux 是真正的多用户、多任务操作系统。它继承了 UNIX 的主要特征，具有强大的信息处理能力，特别是在 Internet 应用中占有明显优势。Linux 公开源代码的方式，使用户有机会了解操作系统内核的工作方式。内核以独占的方式执行底层的任务，保证系统的正常运行。

本章将介绍 Linux 内核的结构，说明系统的启动过程、进程和线程在 Linux 中的实现及进程之间的通信方式，分析 Linux 的内存管理、文件管理和设备管理。

10.1 Linux 内核设计

10.1.1 内核设计目标

Linux 的设计目标是清晰性、兼容性、可移植性、健壮性、安全性和高速性。这些目标有时是互补的，有时是矛盾的。在 Linux 的设计中，它们尽可能地保持相互协调的状态，内核设计和实现都是围绕这些目标而进行的。

1. 清晰性

内核设计的目标之一是在保证速度和健壮性的前提下尽量清晰。在某种程度上，清晰性是健壮性的必要补充。一个很容易理解的实现方法比较容易保证其健壮性，即使出现问题，也比较容易找出问题所在。因此，这两个目标很少会发生冲突。

2. 兼容性

Linux 最初的编写目的是实现一个完整的、与 UNIX 兼容的操作系统内核。随着开发的展开，它也符合 POSIX 标准。Linux 的兼容性体现在以下三个方面。

（1）兼容各种文件系统。

（2）网络兼容性。

（3）硬件兼容性。

3. 可移植性

Linux 最初是为标准 IBM 兼容机上的 Intel x86 而设计的。现在正式的内核移植包括 Alpha、ARM、Motorola 68x0、MIPS、Power PC、SPARC 及 SPARC-64 系统。因此，Linux 可以在 Macintosh、Sun 和 SGI 工作站及 NeXT 机上运行。Linux 能够广泛成功移植的原因在于，内核把源代码清晰地划分为与体系结构无关部分和与体系结构相关部分。

4. 健壮性和安全性

Linux 健壮、稳定，系统自身没有任何缺陷，还可以保护进程，以防止进程之间的相互干扰，内核也提供了支撑安全体系的原语。

保证 Linux 健壮性和安全性的最重要因素是其开放的开发过程，这种开发过程可以被看成一种广泛而严格的检查。内核的每一行代码、每一个小的变化都会很快由世界上数不清的程序员检验。

5. 高速性

速度是最重要的衡量标准,虽然它的等级比健壮性、安全性和兼容性要低,但它仍然是系统最直观的性能之一。

10.1.2 微内核与单内核

操作系统内核是对硬件功能的扩充,它管理硬件资源,如内存、CPU 和各种 I/O 设备;并向用户提供友好接口,如 Shell、系统调用或 API。

操作系统的内核设计方法有两种,即微内核和单内核。微内核的代表产品是微软的 Windows NT 及 Windows 其他版本,它们都是基于 Windows NT 技术构建的。

1. 微内核

微内核是一种分层的结构。下层向上层提供调用接口,最下层只是用来抽象硬件资源,提供最基本的调用,向上层提供稳定的接口,使得上层的调用不因硬件的改变而变化。

微内核的优点体现在以下三个方面。

(1) 方便移植。当想把内核移植到其他硬件平台时,只需要改变最下层的硬件抽象层,而同时它对上层的接口是不变的,系统的移植工作量可以降到最低。

(2) 便于维护。可以随时抽掉要修改的那一层,只要其保持接口不变,就可以不需要改动上层的代码。如果要增加哪一层的功能,只需要将该层加入微内核即可,不会对其他层次有影响。

(3) 便于对内核裁剪。由于其操作系统功能都建立在硬件抽象层的上面,而且只依赖于硬件抽象层,这样各个功能就可以单独地加载或卸载,按需定制操作系统。

微内核的缺点是效率低。上层的调用要作用到硬件上,至少也要经过几层的接口转换和消息发送,这样就降低了响应速度,不利于一些对速度有较高要求的应用的实现。所以,Windows NT 也不完全是按照微内核的定义而构建的,而是允许一些跨层操作,如关于图像处理的调用 API 就直接建立在硬件上,而不经过中间的转换。

2. 单内核

简单地说,单内核就是把整个内核设计成一个大程序,代表性的产品就是 UNIX,它的所有功能都集中在一个层次,对外提供一个完整的内核界面,即系统调用。内核中的各种函数可以相互直接调用,汇编程序和 C 程序可以相互跳转,用一个整体的大程序来实现内核功能,没有微内核的分层结构。

单内核的好处是简单、便于理解和实现。UNIX 的流行,也在于它的设计很简单,实现了基本的内核功能。另外,相对于微内核,单内核的效率较高,基本上每个系统调用只需要经过一个函数调用就可以实际作用于硬件层,速度很快。

单内核的缺点也很明显,就是不利于移植和维护,由于没有在功能上采用分层的结构,因此它不能像微内核一样只需要改变最下层的硬件抽象层就可达到移植的目的。

移植可以分为以下两个层次。

(1) 目标代码级别的移植,也就是直接将原来机器上的目标代码放到新的机器上可以运行,这个层次的移植 Java 声称可以做到,但实际上 Java 做到的只是中间代码级别的移植,因为它的代码是运行在 JVM(Java 虚拟机)上的,不是最终的机器识别的二进制代码。

(2) 第二个层次的移植就是源代码级别的移植,也就是只需要在新的硬件平台上重新编译、连接就可以了。微内核和单内核的移植都是源代码级别的,但是微内核由于分层,可以只修改硬件抽象层的代码,而单内核由于没有明确的分层,必须将整个二进制代码进行移植。可以在源代码的级别上进行合理组织,虽然最终编译成一个大的二进制映像,但是源代码可以根据不同的机器结构进行条件编译各个目录下的代码。所以,如果保证源代码的组织结构清晰,移植也不混乱,就可以重用大量的代码。

3. Linux 的内核类型

Linux 继承了 UNIX 的风格,将整个操作系统看作一个大的程序,属于单内核的风格。这有利于很简单地向用户展示整个操作系统的全貌。

Linux 在单内核设计的基础上加入了微内核的设计观念,形成了特有的模块机制。Linux 被组织成一组相对独立的块,称为可加载模块(Loadable Module)。Linux 可加载模块有两个重要特征。

(1) 动态链接:模块代码可以动态地装载,也可以动态地卸载。这样可以做到按需加载,而不是一开始产生一个大的内核,但实际上很多功能却用不到。设备驱动程序、文件系统、网络通信都可以让用户选择是否将其作为模块加载,这样就吸收了微内核便于剪裁操作系统的优点。

(2) 模块分层:模块按层次排列,当被高层的客户模块访问时,它们作为服务库;当被低层的客户模块访问时,它们作为客户。

所以,很难严格地说 Linux 是哪种类型的操作系统,它是一个现实的操作系统,以实用为目的,而不简单地拘泥于某个学术界定。

10.1.3 Linux 内核结构

Linux 系统内核结构可分为三个层次,分别为应用程序接口、内核和硬件,如图 10-1 所示。Linux 内核结构的特点如下所述。

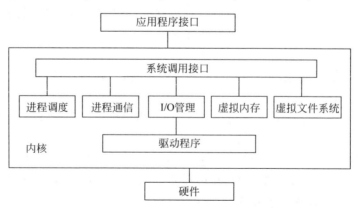

图 10-1 Linux 系统内核结构

(1) 内核将应用程序与硬件分离。
(2) 内核中将与硬件相关和无关的部分分离,使移植成为可能。
(3) 用户程序的可移植性通过系统库实现。

用户程序要想访问 Linux 系统,必须通过系统提供的应用程序接口。内核部分的底层驱动程序部分负责处理中断以及硬件的控制,该部分是与硬件相关的部分。其上的两层都与硬件无关,为了系统的安全,所有访问内核的程序必须通过内核提供的系统调用接口实现,系统调用接口的下层才是操作系统的主要功能部分。它包括进程调度、进程通信、虚拟内存管理、I/O 管理、虚拟文件系统等功能。

10.2 Linux 系统的启动与初始化

每个操作系统都必须有初始过程,Linux 也不例外,其初始化流程如图 10-2 所示。

10.2.1 初始化系统

1. 系统加电和复位

当一台 Intel x86 CPU 的计算机系统的电源开启时,冷启动过程就开始了。CPU 进入复位状态,将内存的所有数据清零,并对内存进行校验。如果内存没有错误,CS 寄存器和 IP 寄存器被置位。CS:IP 指向 BIOS 的入口,作为处理器运行的第一条指令。

2. BIOS 启动

BIOS(Basic Input Output System,基本输入输出系统)的主要任务是提供 CPU 所需的启动指令。系统的启动程序存放在机器 ROM 中的固定位置,CPU 从 BIOS 中获得启动所需的指令集完成启动工作。

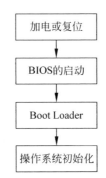

图 10-2　Linux 系统初始化流程

BIOS 启动程序的主要任务如下。

(1) 加电自检。

(2) 检测系统中的硬件设备。

(3) BIOS 从启动盘读入 Boot Loader,并将系统的控制权交给 Boot Loader。

3. Boot Loader

Boot Loader 通常是一段汇编代码,它存放在启动盘的 0 柱面、0 磁道上的第 0 号扇区。它的主要作用是将操作系统启动代码读入内存。

10.2.2 操作系统的初始化

Boot Loader 将控制权交给操作系统的初始化代码之后,操作系统要完成存储管理、设备管理、文件管理、进程管理等部分初始化任务,以便系统进入用户状态,等待用户的操作命令。

1. Setup.S

Boot Loader 将控制权交给操作系统后,由操作系统的启动程序完成剩下的工作,接受控制权的是 Setup.S 程序。

Setup.S 首先对调入内存的操作系统代码进行检查,它通过 BIOS 中断获取内存容量信息,设置键盘的响应速度和显示器的基本模式,获取硬盘信息,检查是否有 PS/2 鼠标。此后,操作系统就准备让 CPU 进入保护模式,Setup.S 设置保护模式的标志位,同时把控制权交给 Head.S 这段 32 位汇编代码。

2. Head.S

Head.S屏蔽中断,然后对中断向量表做一些处理,用一些默认的表项填满所有256个中断向量。这些默认的表项指向一个特殊的中断服务程序,事实上,该中断服务程序并不做什么工作,这是因为Linux初始化后,BIOS的中断服务程序就不会再被使用。Linux使用完善的设备驱动程序使用机制,该机制使特定硬件设备的中断服务程序很容易被系统本身或用户直接调用,而且,调用时使用的参数通常比BIOS简单得多。由于设备驱动程序是针对设备的,它所包含的中断服务程序的功能通常比BIOS完善,由于在启动过程的这一阶段,相应的设备驱动程序还未加载,所以把中断向量表置空是个合理的选择。

Head.S将Boot Loader读入,并被内存的启动参数和命令行参数保存在empty_zero_page页中。之后,Head.S检查CPU的类型,并根据CPU的类型由start_kernel()对系统进行设置。

Head.S调用函数setup_paging()对内存空间以4KB为单位大小进行分页,然后由函数start_kernel()分配内存空间。

3. 初始化内核

Head.S在最后将控制权交给函数start_kernel(),启动程序从start_kernel()继续执行。该函数是main.c乃至整个操作系统初始化部分最重要的函数,一旦它执行完毕,操作系统的初始化工作就完成了。

CPU在执行start_kernel()前已经进入了保护模式,设立了中断向量表,并初始化了其中的表项,建立了段和页机制,把线性空间中用于存放系统数据和代码的地址映像到了物理空间的第一个4KB,用户已经使CPU进入了全面执行操作系统代码的状态。一旦start_kernel()开始执行,Linux内核就可以展现在用户面前了。start_kernel()执行后,用户就可以开始登录和使用Linux了。

start_kernel()负责初始化内核自身的部分组件,如内存、硬件中断、调度程序等;分析编译时给内核设置各种选项,并根据选项的内容进行各种设置;做好接收硬件中断的准备;测试CPU的各种缺陷,以便于内核的其他部分以后可以正确地工作。start_kernel()完成内核的初始化工作后,就进入Idle状态,以消耗空闲的CPU时间片。

10.2.3 init进程

init是一个非常特殊的进程,它是内核运行的第一个进程,要负责触发其他必需的进程,以使系统作为一个整体进入可用状态。这些工作由/etc/inittab文件控制,通常包括设置getty进程,以接收用户的登录信息,建立网络服务,例如FTP和HTTP守候进程等。

init是系统中所有进程的祖先,init产生getty进程,getty进程又产生login进程,login进程产生自己的Shell,使用Shell可以产生每个用户运行的进程。进程的这种家族关系有利于系统对进程运行完毕后的处理。进程结束后,父进程将担负起子进程的清除工作,父进程退出时,祖父进程就要担负起这种责任,最终由从不退出的init进程负责回收其他进程。

由于Idle进程已经占据了进程ID号0,所以init就被赋值为下一个可用的进程标识符(PID),也就是1。

10.3 Linux 进程管理

10.3.1 Linux 中的进程与线程

1. Linux 中的进程

进程这个概念是伴随着 UNIX 的产生而出现的,UNIX 之父 Dennis Ritchie 当初用来发表 UNIX 的论文时就提出了用进程的观点来看待整个操作系统。随着操作系统理论的发展,进程作为程序执行实体和资源分配单位的观念也在变化。线程的出现,改变了进程的传统概念。但是在 Linux 中,进程仍然保留着传统的意义,它包括以下四个要素。

(1) 内存空间的正文段。
(2) 内存空间的数据段。
(3) task_struct 结构。
(4) 系统堆栈。

每当产生一个新的进程时,就会在内核空间中分配一个 8KB 的空间记录新进程信息,如图 10-3 所示。task_struct 结构和系统堆栈占用这 8KB 的空间,其中底部约 1KB 的空间用于存放 task_struct 结构,而剩余约 7KB 的空间用于存放系统堆栈。

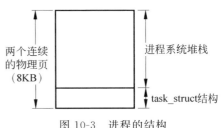

图 10-3　进程的结构

2. Linux 中的线程

Linux 继承了 UNIX 的风格,早期的版本没有提供对线程的支持,只提供传统的 fork() 系统调用,用来产生一个新的进程。随着内核版本的更新,内核开始加入了新的系统调用 vfork() 和 clone(),用来支持线程。Linux 2.4.0 已经能够支持 POSIX 标准线程。

Linux 在调度上不区分进程和线程,用 fork() 创建的进程和与 vfork()、clone() 创建的线程没有什么区别。进程和线程的区别主要在于它们是否拥有资源,用 fork() 创建的子进程拥有自己的资源(例如地址空间);而用 vfork()、clone() 创建的线程不拥有自己的资源,它们与其父进程共享文件和内存等资源。这样,属于同一父进程的线程切换时不需要切换上下文。

Linux 的线程模型是一种一对一模型(即一个进程中只有一个线程),也就是每个线程实际上核心是一个单独的进程,核心的调度程序负责线程的调度,就像调度普通进程。线程用系统调用 vfork() 和 clone() 创建,Linux 允许新创建的线程共享父进程的存储空间、文件描述符和软中断处理程序。

实现一对一线程的好处在于实现起来简单且强壮。在线程的切换方面,虽然没有一对多模型速度快,但由于 Linux 的上下文切换的特定实现,其切换速度还是令人满意的。

线程已经被处理成进程的一个特例,而不是那种一对多模式下的包含与被包含的关系。同时,进程和线程的概念也不是那么严格,线程可以产生新的进程,是进程还是线程,在某个阶段也没有很明确地划定,要根据上下文来理解。

3. Linux 进程控制块

作为描述进程的信息,操作系统感知进程存在的进程控制块,在 Linux 中是由结构 task_struct 来实现的。

当系统创建一个进程时,系统就为其分配一个 task_struct 结构;进程结束时,收回其 task_struct 结构。进程的 task_struct 结构可以被系统中的许多模块访问,如调度程序、资源分配程序、中断处理程序等。由于 task_struct 结构经常被访问,所以它常驻内存。

4. 进程的状态

Linux 进程的状态有五种,转换图如图 10-4 所示。

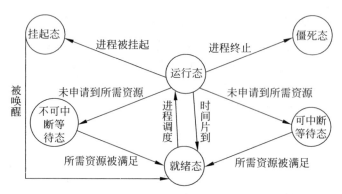

图 10-4　Linux 进程状态转换图

(1) 不可中断等待态(TASK_UNINTERRUPTIBLE)表示进程处于等待状态。处于该状态的进程不能被软中断信号中断。

(2) 可中断等待态(TASK_INTERRUPTIBLE)也表示进程的一种等待状态,但处于该状态的进程可以被软中断信号中断。

(3) 运行态与就绪态(TASK_RUNNING)表示进程处于运行态或准备运行(即就绪态),也就是具备被调度运行的能力。当进程处于该状态时,内核就将该进程的 task_struct 结构挂入就绪队列。

(4) 僵死态(TASK_ZOMBIE)表示进程已经被撤销,但其 task_struct 结构尚未注销。

(5) 挂起态(TASK_SWAPPING)用于表明进程正在执行磁盘交换工作。

5. 进程优先级

Linux 调度算法是一种抢占式的、基于优先级的调度算法。Linux 2.5 版本对调度算法进行了改进,改进后的算法对不同的优先级分配的时间片长短不同,例如优先级为 0 的进程,时间片为 200ms;而优先级为 140 的进程,时间片为 10ms,如图 10-5 所示。另外,在 Linux 2.5 版本中还增加了对 SMP 的支持。

Linux 系统的调度优先级有以下两种。

(1) 实时优先级,优先级范围为 0~99(数值越低优先级越高)。较高优先级的进程总是优先于较低优先级的进程。实时任务的优先级是静态的,即一旦进程获得了某个优先级,其数值一直保持不变。

(2) 动态优先级,优先级范围为 100~140。与实时优先级不同的是,只要进程拥有 CPU,其动态优先级就随着时间不断减小。当它小于零时,表示系统需要重新调度。

在 2.6 版本之前,Linux 是非抢占式的,这意味着以内核模式运行的进程不能被抢占,即使一个更高优先级的进程变为可运行。从 2.6 版本开始,Linux 内核变为完全抢占式的,任务在内核中运行时可以被抢占。

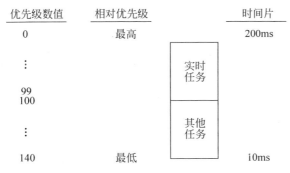

图 10-5 优先级与时间片的关系

10.3.2 进程与线程的创建和撤销

1. 进程与线程的创建

Linux 进程创建用两个系统调用完成,系统调用 fork() 负责复制父进程的 task_struct。如果子进程需要"另立门户",也就是执行别的可执行程序,可使用 exec() 系统调用,通过参数指定一个文件名实现。

fork() 生成子进程的 task_struct 结构,并设置子进程系统堆栈。fork() 实际上运行在父进程中,它创建子进程并返回所创建子进程的进程标识符(PID)。子进程调度运行时的开始位置是由子进程的 task_struct 结构中的指针 p→thread 指出的,thread 本身是一个数据结构,其中记录着进程切换时的堆栈指针、返回地址等关键信息。

进程创建主要完成进程基本情况的复制,生成子进程的 task_struct 结构,并且复制或共享父进程的其他资源,如内存、文件、信号等。

系统调用 vfork() 和 clone() 可以用来创建线程。创建线程与创建进程不同的是,除了 task_struct 和系统空间堆栈以外的全部或部分资源通过数据结构指针的复制遗传。这样,新创建的线(进)程与父进程共享资源。

进程实现了结构复制后,如果想要执行与父进程不同的代码,如执行某一个可执行文件,那就要放弃父进程的正文代码段,形成自己的执行代码,该工作由系统调用 exec() 来完成。

2. 进程与线程的撤销

进程在退出系统之前要释放其所有资源,如从父进程继承的资源存储空间、已打开的文件、工作目录、信号处理表等。线程在退出时需要释放的资源只有 task_struct 结构和系统堆栈。进程(或线程)结束时还有一个重要的动作,就是将当前进程状态改成僵死态(TASK_ZOMBIE)。

另外,进程自身只能释放那些外部资源,如内存、文件;有一个资源进程自身是无法释放的,就是进程(或线程)本身的 task_struct 结构,所以 task_struct 结构最后是由进程的父进程或内核初始进程(如果父进程已经死掉)调用 exit() 来释放的。

exit() 函数可以实现如下功能。

(1) 将进程(或线程)的状态改成僵死态。

(2) 向父进程报告子进程(或线程)的死去,让父进程"料理后事",包括将进程从进程树中删除。

当 CPU 执行完 exit() 后，需要执行进程调度程序 schedule() 重新进行调用。schedule() 按照一定的规则从系统中挑选一个最合适的进程投入运行。选中某个进程后要进行进程的切换。原来正在运行的进程虽然暂时被剥夺了运行权，却维持其 TASK_RUNNING 状态，等待下一次被 schedule() 选中时再继续运行。被撤销进程的进程状态变为 TASK_ZOMBIE，该状态使它在 schedule() 中永远不会再被选中。将进程的 task_struct 结构释放时，子进程就最终从系统中消失了。

10.3.3 进程调度

1. 进程切换方式

在 Linux 系统中，进程切换的方式有如下所述两种。

(1) 主动自愿方式，即通过系统调用阻塞自己，进程直接调用 schedule() 函数来进行进程切换。这种方式是可以预见的。

(2) 非主动方式。进程由系统空间返回用户空间，即从中断、系统调用或异常返回用户空间执行时，其可执行的时间片已经用完，系统将转入 schedule() 函数重新调度。

由于系统调用是在用户空间发生的，所以返回时要返回用户空间。这里要说明的是，在内核模式下，系统是不会发生调度的，也就是说，系统代码执行时不必考虑进程切换的问题。这一点对于系统的设计和实现有重要的意义。Linux 内核正是靠这个前提来简化其设计与实现的。

2. 进程切换动作

当运行 schedule() 函数时，按照一定的算法选择了另一个不同于当前进程的进程后，就要进行进程的切换。进程切换动作是由 schedule() 调用函数 switch_mm() 和 switch_to() 来实现的。

(1) switch_mm()：负责切换虚拟内存，寄存器 CR3 是指向新进程页目录起始位置的指针，虚拟内存的寻址需要从 CR3 开始。

(2) switch_to()：负责系统堆栈切换。因为 schedule() 运行在系统状态下，所以需要切换的是系统堆栈。当从系统调用返回，也就是从 schedule() 返回时，由于进入中断时保存了用户空间下的环境，如用户堆栈，所以可以保证切换后的正确运行。而这里的 switch_to() 的任务则是完成新进程内核模式下切入点和切入环境的设置。

3. 进程调度流程

schedule() 的工作流程如下。

(1) 指向当前正在运行的进程。

(2) 检查是否有内核软中断服务请求在等待。

(3) 判断当前进程状态，若为 TASK_INTERRUPTIBLE，则将其从就绪队列中摘下。

(4) 当前进程不可能再运行，决定选择其他进程。

(5) 遍历就绪队列，寻找优先权最大者。

(6) 选中要运行的进程后，调用 switch_mm()、switch_to() 来完成切换。

整个 schedule() 函数的实现非常简单，这是因为调度函数使用得非常频繁，应尽量减少占用系统的时间。

10.3.4 进程通信

Linux 支持的进程间通信手段有以下 6 种。

(1) 管道(Pipe)及有名管道(Named Pipe)：管道可用于有亲缘关系的进程间的通信，有名管道允许无亲缘关系的进程间进行通信。

(2) 信号(Signal)：信号用于一个进程通知另一个进程有事件发生。进程也可以给自己发送信号。

(3) 消息队列(Message)：消息队列是消息的链接表。

(4) 信号量(Semaphore)：信号量是进程间的同步手段。

(5) 共享内存：共享内存可以使多个进程访问同一块内存空间。它是针对其他通信机制运行效率较低而设计的。

(6) 套接字(Sockets)：套接字是更为一般的进程间通信机制，可用于不同机器上的进程之间的通信。

1. 管道

管道和有名管道属于最早的进程间通信机制。管道可用于具有亲缘关系的进程间的通信。有名管道克服了管道没有名字的限制，因此，除具有管道所具有的功能外，它还允许无亲缘关系的进程间进行通信。

管道具有以下特点。

(1) 管道是半双工的，数据只能向一个方向流动。管道只能用于父子进程或者兄弟进程之间(具有亲缘关系的进程)的通信。

(2) 单独构成一种独立的文件系统。对于管道两端的进程而言，管道就是一个文件，但它不是普通的文件，它不属于某种文件系统，而是"自立门户"，单独构成一种文件系统，并只存在于内存。

(3) 数据的读出和写入由管道的两端进行，一个进程向管道的一端写入的内容被管道另一端的进程读出。

2. 信号

信号是在软件层次上对中断机制的一种模拟，从原理上讲，一个进程收到一个信号与处理器收到一个中断请求可以说是一样的。信号是异步的，一个进程不必通过任何操作等待信号的到达，进程也不知道信号到底什么时候到达。

进程可以通过以下三种方式来响应一个信号。

(1) 忽略信号，即对信号不做任何处理。

(2) 捕捉信号。定义信号处理函数，当信号发生时，执行相应的处理函数。

(3) 执行默认操作，Linux 对每种信号都规定了默认操作。

Linux 究竟采用上述三种方式中的哪一个来响应信号，取决于传递给相应 API 函数的参数。从信号发送到信号处理函数的执行完毕，对于一个完整的信号生命周期来说，可以分为三个重要阶段，这三个阶段由如下所述四个重要事件来刻画。

(1) 信号的诞生。它指的是触发信号的事件发生，如检测到硬件异常、定时器超时及调用信号发送函数 kill()。

(2) 信号在目标进程中注册。信号在进程中注册指的是信号值加入进程的待处理信号集，只要信号在进程的等待处理信号集中，就表明进程已经知道这些信号的存在，但还没来得及处理,或者该信号被进程阻塞。

(3) 信号在进程中的注销。目标进程在执行过程中会检测是否有信号等待处理,如果存在待处理的信号,且该信号没有被进程阻塞,则在运行相应的信号处理函数前,要把信号从进程中注销。

(4) 信号生命终止。进程注销信号后,立即执行相应的信号处理函数,执行完毕后,信号的本次发送对进程的影响彻底结束。

3. 消息队列

UNIX System V 中增加了三个进程机制,统称为 System V IPC。组成 System V IPC 的三个进程通信机制是消息队列、信号量和共享内存。

消息队列是一个消息链。有写权限的进程向队列中添加消息,被赋予读权限的进程则读走队列中的消息。消息队列克服了信号承载信息量少,管道只能承载无格式字符流及管道缓冲区大小受限等缺点。

消息队列是一种进程间的异步通信方式,在这种方式下,发送方不必等待接收方检查它的消息,即在发送完消息后,发送方就可以从事其他的工作了。

4. 信号量

信号量(Semaphore)是一种对资源访问进行保护的方式。

信号量可以被看作一个二元结构。对于每次可以被多个实体占用的资源而言,信号量可以被看作计数器。如果资源可以供四个用户使用,那么就有四把使用资源的钥匙。只有当资源使用完毕时,申请该资源的进程才在信号量上阻塞。

进程使用信号量来协调它们的动作。程序执行时首先申请信号量,如果信号量已经被使用,则表明程序的另一个实例正在运行。程序可以等待信号量被释放、放弃并退出或者暂时继续其他工作,稍后再试信号量。信号量的这种用法被叫作互斥。

锁文件是获得与二元信号量同样效果的更为普遍的一种方式,它更易使用,而且其一些实现可工作在网络上,但是信号量则不行。另外,锁文件在超出二元的情况时就不容易使用推广了,而信号量可以用在多元的情况下。

5. 共享内存

所谓共享内存,就是一块预留出的内存区域,它允许一组进程都对其进行访问。

共享内存是 System V IPC 中三种通信机制最快的一种,而且也是最简单的一种。对于进程来说,获得共享内存后,它对内存的使用与其他内存是一样的。由一个进程对共享内存所进行的操作对其他进程都是立即可见的,进程只需要通过一个指向共享内存空间的指针来读取共享内存中的内容,就轻松获得了结果。然而,共享内存不能确保对内存操作的互斥性。一个进程可以向共享内存中的给定地址写入,而同时另外一个进程从相同的地址读出,这将会导致数据不一致。

因此,使用共享内存的进程必须自己确保读操作和写操作的严格互斥,可使用锁和原子操作解决这一问题,也可以使用信号量保证互斥访问共享内存区域。

共享内存在一些情况下可以代替消息队列,而且共享内存的读/写比使用消息队列要快。

10.4 Linux 内存管理

内存管理是操作系统的重要组成部分,物理内存一直是计算机中一种非常紧俏的资源。为了缓和内存不足的问题,操作系统中引入了虚拟内存的概念。

10.4.1 虚拟内存管理

虚拟地址空间被划分成若干分区,一个分区属于某个进程的一段连续的虚拟内存空间。Linux 采用的是页式管理方案,页的大小在不同的机器上是不同的,在 Intel x86 系统中页的大小是 4KB。

1. 内存管理单元

在虚拟内存系统中,一个必须解决的问题就是如何将逻辑地址转换为物理地址。逻辑地址到物理地址的转换工作是由内核和硬件内存管理单元(MMU)共同完成的,MMU 被集成在 CPU 中,它是 CPU 芯片的一部分。当需要进程进行地址转换时,内核通知 MMU 把某个进程的逻辑页面转换到某一特定的物理页面,MMU 在进程提出请求后完成实际的转换工作,如果地址转换无法完成,如给定的逻辑地址不合法,MMU 就给内核发出页面错误信号。

MMU 还负责增强内存保护功能,如果应用程序试图在一个已经标明只读的页面上进行写操作,MMU 就会通知内核。

2. 页目录、页表和快表

为了使分页机制在 32 位和 64 位体系结构下高效工作,Linux 采用四级分页策略。最初在 Alpha 系统中使用的是三级分页策略。在 Linux 2.6.10 之后加以扩展,并且从 2.6.11 版本以后使用的都是一种四级分页策略。四级目录分别是全局页目录、上级页目录、中间页目录和页表,每个虚拟地址划分成五个域,分别是全局目录、上级目录、中间目录、页号和页内位移,如图 10-6 所示。目录域是页目录的索引,系统有一个全局页目录,每个进程都有一个私有的页目录,其中的值是指向上级页目录的一个指针。上级页目录表中的表项指向中间页目录,中级页目录表中的表项指向最终的页表,页表的表项指向所需要的页面。

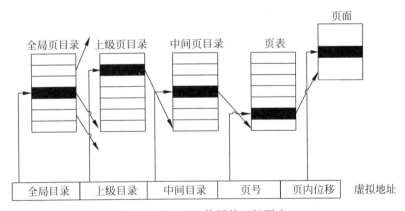

图 10-6 Linux 使用的四级页表

Pentium 处理器上使用两级页表,每页的上级目录和中间目录仅有一个表项,因此总目录项就可以有效地选择要使用的页表。类似地,在需要的时候可以使用三级分页,此时需要把上级目录域的大小设置为 0。

为了加快地址转换的速度,需要快表的支持,快表在 TLB 内。除了由于内核的某种操作致使 TLB 无效,而偶尔通知 CPU 之外,Linux 操作系统不会管理 TLB。

另外,Intel x86 系统中保存页目录地址的寄存器是 CR3,在地址转换过程中,通过该寄存器找到页目录。

3. 页表项

页表项中不仅保存了一个页面地址,还有一些标志位信息,这些标志位信息有以下几种。

（1）存在位：为1表示当前页面在内存,否则不在内存。

（2）读/写保护位：为1表示可读、可写,否则为只读。

（3）页标识：为1表示页面是用户页面,否则为内核页面。

（4）通写位：为1表示页面的高速缓存管理策略是可通写的(Write Through),否则为可回写(Write Back)。

（5）高速缓存位：为1表示关闭页面高速缓存,否则为不关闭。

（6）访问位：为1表示页面最近被访问过,否则为没有访问过。

（7）修改位：为1表示页面自上次清除后被修改过,否则为没有修改过。

（8）跟踪位：该标志位用来跟踪当前页面。

10.4.2 物理内存管理

1. 页面分配程序

Linux 内核中基本的物理内存管理器是页面分配程序,它负责分配和释放所有物理页面。Linux 的内存分配采用静态分配和动态分配两种方式进行。静态分配指的是在系统启动时进程获得内存连续空间,动态分配指的是进程通过页面分配程序获得内存空间。

页面分配程序使用伙伴算法(Buddy-heap Algorithm)跟踪可用的物理页面,并随时将进程释放的物理页面进行合并,从而得到较大的、连续的物理地址空间,以满足某些进程的需要。在 Linux 系统中,允许分配的最小单位是一个页面,如果进程需要的内存空间大小小于连续空闲空间的大小,页面分配程序将对连续空闲空间进行分割,以满足进程的实际需要。

Linux 系统采用双向链表的方式对连续空闲空间进行管理,即所有连续空闲空间之间均用一个向前指针和一个向后指针连接起来。内存的分配与回收均对该双向链表进行操作。

2. 页面置换

在 Linux 系统中,并非所有页面都可以置换出去,只有映射到用户空间的页面才会被换出,而系统空间的页面不会被换出。具体地说,内核代码和内核使用的全局变量占用的内存页面是静态的,它们在系统启动时装入,以后就不再移动;内核使用的局部变量占用的页面需要动态分配,但常驻内存,即一旦分配了内存就不会被换出;而用户进程的代码和数据结构所占用的页面是动态分配和释放的,即分配后才可使用,使用完毕被释放。

当系统中出现内存不足的情况时,内存管理子系统中有一个专门进程 kswapd 负责页面的换出工作。kswapd 工作主要分如下所述两部分。

（1）发现内存可用页面短缺的情况,找出若干不常用的内存页面,使它们从活跃状态变为不活跃状态,为页面置换做好准备。

（2）把不活跃状态的脏页面写入交换设备,以回收一些内存页。

Linux 系统中的交换设备为普通文件,但要求该文件的磁盘空间必须是连续的,且必须是本地硬盘。为了系统安全,在 Linux 系统中,通常将交换空间设置为一个单独的分区,即交换分区。

3. 页面调入

（1）页面错误。当 CPU 试图访问一个不在内存中的页面时,MMU 就会产生一次页面错误,此时,内核要解决这一错误。当错误产生时,内核函数 do_page_fault()被调用,用来处理页面错误,包括调入页面。

(2) 写副本。写副本是 Linux 内核中获得高效率的一种方法,其基本思想是把一个页面标记为只读,把它所含的 VMA 标识为可写。任何对页面的写操作都会与页面保护相冲突,然后触发一个页面错误。页面错误处理程序注意到这是由页面保护和 VMA 保护级别不一致引起的,它就创建一个该页的可写副本作为代替。

10.5 Linux 文件管理

Linux 的一个重要特征就是它支持多种文件系统,如 EXT2、MINIX、MSDOS、ISO 9660、HPFS 等。表 10-1 列出 Linux 支持的文件系统。

表 10-1 Linux 支持的文件系统

文件系统	描述
MINIX	Linux 最早支持的文件系统,其主要缺点是最大 64MB 的磁盘分区和最长 14 个字符的文件名限制
EXT	第一个 Linux 专用的文件系统,支持 2GB 磁盘分区、255 个字符的文件名,但其性能不是很好
XIAFS	在 MINIX 的基础上发展起来,克服了 MINIX 的主要缺点,但很快被更完善的文件系统所取代
EXT2	当前 Linux 上使用的标准文件系统,功能强大,易扩充,可移植
SYSTEM V	UNIX 早期支持的文件系统,它与 MINIX 有同样的限制
NFS	网络文件系统
ISO 9660	光盘使用的文件系统
/PROC	一个反映内核运行情况的虚拟文件系统,并不实际存在于磁盘上
MSDOS	DOS 文件系统
UMSDOS	该文件系统允许 MS-DOS 文件系统当作 Linux 固有的文件系统一样使用
VFAT	FAT 文件系统的扩展,支持长文件名
NTFS	Windows NT 的文件系统
HPFS	OS/2 的文件系统

10.5.1 虚拟文件系统

Linux 非常灵活,容易与其他操作系统共存。然而,每一种文件系统都有其自己的组织结构和自己的文件管理例程。不同文件系统之间的差别是巨大的,Linux 为了组织、管理并有效地使用这些文件系统,引入了虚拟文件系统(Virtual File System,VFS)。图 10-7 描述了 Linux 文件系统的逻辑关系。

在所有逻辑文件系统的最上层的是虚拟文件系统。VFS 借鉴了 UNIX 文件系统的许多思想,如文件系统的安装与卸载、超级块(Superblock)、索引节点(Inode)等。VFS 并不是一种实际的文件系统,它存在于内存空间中,在系统初启时建立,系统关闭时析构,磁盘上不存在 VFS。或者说 VFS 是管理 MINIX、EXT2 等文件系统的一组数据结构,它采用了虚拟的概念,处理实际文件系统之间的各种差别,从而在系统上层提供了一个统一的文件系统界面。例如,系统调用 sys_rename(文件更名)在 VFS 中只存在一个,但它却能完成各种文件系统的更名功能。它根据当前使用的文件系统确定是调用 EXT 的 ext_rename 还是 EXT2 的 ext2_

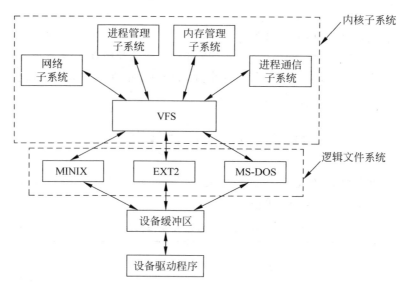

图 10-7 Linux 文件系统的逻辑关系

rename。

VFS 提供了一个统一的接口，MINIX、EXT2 及 MS-DOS 都需要 VFS 的支持。Linux 同等对待所有文件系统。概括地说，VFS 主要有以下四个作用。

(1) 对实际的文件系统 MINIX、EXT2 及 MS-DOS 的数据结构进行抽象，以一种统一的数据结构进行管理。

(2) 接收用户的系统调用要求，例如 write()、open() 及 link() 等。

(3) 支持多种实际文件系统之间的相互访问。

(4) 接收内核其他子系统的操作要求，特别是内存管理子系统的要求。

VFS 中使用了几个核心的数据结构，主要有超级块、索引节点、文件等。

1. 超级块

超级块是虚拟文件系统中重要的数据结构，用来描述整个虚拟文件系统信息。每个逻辑文件系统，如 MINIX、EXT2 等都有一个超级块，VFS 也有一个超级块。超级块主要有以下 7 个。

(1) 文件系统所在设备的标识。

(2) 文件系统中数据块的大小，以字节为单位。

(3) 锁标志位。如该位为 1，则其他进程不能对该超级块进行操作。

(4) 脏位(修改位)。如该位为 1，表示该超级块已被修改。

(5) 指向文件系统类型的指针。

(6) 超级块操作集合指针，指向某个特定的逻辑文件系统中用于超级块操作的函数集合。

(7) 指向文件系统根目录的索引节点，即该文件系统的第一个索引节点。

2. 索引节点

索引节点是描述文件系统属性的一个基本数据结构，可以描述文件、目录及符号链接等。每个索引节点都由 Inode 结构表示。

文件系统是由文件构成的，每个文件都必有唯一的 Inode 来标识，即 Inode 包含了此文件的所有关键信息，如文件所在的设备、文件类型、文件的大小、文件的时间属性、文件在设备上的位置、文件的用户属性等。如前文所述,VFS 是虚拟的文件系统,它的数据结构只存在于内存,因此 VFS Inode 是各种实际设备上的文件系统的文件索引节点在内存中的统一封装,是文件系统统一的 Inode 界面。其中主要字段的意义如下。

(1) 索引节点编号。
(2) 引用计数,记录引用文件的进程数。
(3) 文件系统所在设备的标识。
(4) 文件类型和访问权限。
(5) 链接此文件的目录项数。
(6) 索引节点拥有者的用户标识符。
(7) 索引节点拥有者所属的群组。
(8) 根设备。
(9) 文件大小(以字节为单位)。
(10) 文件的最近访问时间、修改时间和创建时间。
(11) 文件块的大小。
(12) 文件所占块数。
(13) 版本号。
(14) 文件在内存中所占页数和这些页所构成的链。
(15) 指向某文件系统在内存中的超级块指针。
(16) 索引节点目前的状态。
(17) 管道文件域。
(18) 套接字域。
(19) 记录索引节点的属性参数。
(20) 文件锁。
(21) 映射标识,用于指示可以将文件或设备的某个区域映像到内存中。
(22) 写文件计数,用来记录目前有多少个进程是以写入模式打开此文件的。
(23) 用于同步操作的信号量。
(24) VFS 索引节点的操作集。该操作集是函数指针的集合,完成 VFS 文件系统索引节点操作到实际文件系统索引节点操作的映射,实现文件的打开、寻址、读写,完成索引节点的创建、查询,实现目录的建立、删除以及文件的链接、重命名等操作。

VFS 是虚拟的,它无法涉及整个逻辑文件系统的细节,所以必然在逻辑文件系统之间有一些接口,该接口就是 VFS 设计的一些有关操作的数据结构。这些数据结构就好像是一个标准,Linux 支持的各种逻辑文件系统都有自己的操作函数,在安装这些逻辑文件系统时,其数据结构被初始化,并指向对应的函数。

10.5.2 文件系统的安装与卸载

系统启动时,根文件系统自动被安装,启动后看到的文件系统都是在系统启动时安装的。此外,用户也可以通过 mount、umount 操作随时安装或卸载文件系统,这两个命令是在 VFS 层执行的。每个文件系统都有自己的根目录。

1. 文件系统的注册

当内核被编译时,就已经确定了可以支持哪些文件系统。这些文件系统在系统引导时,在

VFS 中进行注册,如果文件系统作为内核可装载的模块,则在实际安装时进行注册,并在模块卸载时注销。每个文件系统都有一个初始化例程,它的作用是在 VFS 中进行注册,即填写一个 file_system_type 数据结构,其中包含了文件系统的名称及一个指向对应 VFS 超级块读取例程的地址。所有已经注册的 file_system_type 的结构链接成一个链表,链表上每个 file_system_type 节点反映了一种已注册的文件系统类型的有关信息,其主要包含的内容如下。

(1) 文件系统的名称,如 EXT2、ISO 9660 等。

(2) 函数指针,当安装选定的文件系统时,就由 VFS 调用此函数从设备上将此文件系统的超级块读入内存。

(3) 指明此文件系统类型是否需要设备支持。例如 proc 就不需要设备的支持。

(4) 指向下一个已注册的文件系统的指针。

2. 文件系统的安装

只有装载存储文件系统类型的设备,内核和文件系统才会开始协调工作。首先,VFS 必须分配一个 VFS 超级块,并传递安装信息给这个被装载的文件系统的超级块读取程序,所有 VFS 超级块都保存在 super_block 数据结构组成的 super_blocks 数组中。超级块读取程序必须根据它从物理设备读取的信息填充 VFS 超级块的字段,其中包括一个 super_operations 结构的指针。不管是什么文件系统,填充 VFS 超级块意味着必须从支持它的块设备读取描述该文件系统的信息。

超级块是一个在设备上定义了整个文件系统的块,处理整个文件系统的操作是对超级块的操作。

从图 10-8 中可以看到,整个文件系统的组织由 vfsmntlist 指针开始遍历整个链表,得到已安装的文件系统的索引结构 vfsmount,由 vfsmount 中的指针 mnt_sb 可以获得文件系统的 super_block,再从 super_block 得到文件系统的具体信息。如 s_type 指向 file_systems_type 文件系统类型链,由此可以得到文件系统的类型信息;s_mounted 指向文件系统的第一个 inode,从而可以进一步访问设备上的实际文件。

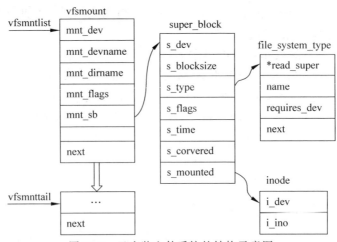

图 10-8 已安装文件系统的结构示意图

图 10-8 中,除了前文提到的 file_system_type、super_block 和 inode 数据结构外,还出现了 vfsmount 数据结构,每一个 vfsmount 结构存放一个已安装文件系统的具体信息。把这些结构用单向链表链接起来,就得到了 Linux 系统中所有已安装的文件系统链。

3. 文件系统的卸载

如果文件系统中的文件正在被使用,该文件系统是不能被卸载的。如果文件系统中的文件或目录正在使用,则 VFS 索引节点高速缓存中可能包含相应的 VFS 索引节点。根据文件所在设备的标识符查找是否有来自该文件系统的 VFS 索引节点,如果有,而且使用计数大于0,则说明该文件系统正在被使用,该文件系统不能被卸载;否则查看对应的超级块,如果该文件系统的 VFS 超级块标志为"脏",则必须将超级块信息写回磁盘,上述过程结束后,对应的 VFS 被释放,vfsmount 结构将从 vfsmntlist 链表中被删除。

10.5.3 EXT2 逻辑文件系统

EXT2 是 Linux 支持的逻辑文件系统之一,它是一个功能强大、易扩充、在性能上进行了全面优化的文件系统,也是当前 Linux 文件系统的标准。

1. 逻辑块、片和物理块

逻辑文件系统操作的基本单位是逻辑块,逻辑块的大小一般是物理块大小的整数倍。只有在进行 I/O 操作时,才进行逻辑块到物理块的映射。

在 EXT2 中还有一个重要的概念是片(Fragment)。每个文件都要占用整数个逻辑块,除非文件的大小恰巧是逻辑块的整数倍,否则最后一个逻辑块就会有一些空间的浪费。EXT2 使用片来解决这个问题。

片也是一个逻辑空间的概念,其大小为 1~4KB,片的大小总是小于逻辑块的大小。假设逻辑块的大小为 4KB,片的大小为 1KB,物理块的大小也是 1KB,当用户创建一个大小为 3KB 的文件时,系统就分配给用户 3 个片,而不会分配 1 个逻辑块;当文件的大小增加到 4KB 时,系统才分配给该用户 1 个逻辑块,而原来的 3 个片被清空;如果文件继续增加到 5KB,则占用 1 个逻辑块和 1 片。上述 3 种情况下,文件占用的物理块分别是 3 个、4 个和 5 个。如果不采用片的概念,则文件要占用 4 个、4 个和 8 个物理块。可见,片的使用减少了磁盘空间的浪费。

2. EXT2 的磁盘布局

文件系统的逻辑空间要通过逻辑块到物理块的映射转换为磁盘等介质上的物理空间。因此,对逻辑空间进行组织和管理的好坏必然影响物理空间的使用情况。

1) 布局因素

文件系统在磁盘上布局时,主要考虑以下因素。

(1) 保证数据的安全性。如果文件系统向磁盘写数据时发生错误,要保证文件系统不会遭到破坏。

(2) 文件系统中使用的数据结构要能高效地支持所有操作。

(3) 磁盘布局要有利于文件查询速度的提高。

(4) 磁盘布局要尽可能节省磁盘空间。

2) 布局映像

EXT2 的磁盘布局在逻辑空间中的映像如图 10-9 所示。

(1) 超级块是用来描述 EXT2 文件系统整体信息的数据结构,是 EXT2 的核心。

(2) 组描述符是一个名为 ext2_group_desc 的数据结构,它描述一个块组的整体信息。每个块组都有一个组描述符,所有组描述符形成一个组描述符表。

(3) 位图。在 EXT2 中,采用位图描述数据块和索引节点的使用情况。每个块组有两个

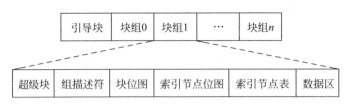

图 10-9　EXT2 的磁盘布局在逻辑空间中的映像

位图,一个描述该块组数据块的使用情况,一个描述索引节点的使用情况。这两个位图分别称为块位图和索引节点位图。

(4) 索引节点表。一个块组中的所有索引节点都存储在该块组的索引节点表中,并且按索引节点号排序。索引节点表通常要占用几个物理块的空间。

3. EXT2 的目录

文件系统的一个重要问题是查找文件,在 EXT2 中,目录是一个特殊的文件,它是由结构 ext2_dir_entry 组成的列表。目录中有文件和子目录,目录中的每一项对应一个 ext2_dir_entry 结构,其中包括索引节点号、目录项长度、文件名长度和文件名。

系统通过索引节点号可以找到文件或目录文件所在的位置。文件名的长度在系统中有一定的限制,要么文件名最长不能超过 255 个字符,要么文件名的长度可以不限,但系统自动将其变为 4 的整数倍,不足的地方用 0 填充。

每个目录中都有两个特殊的文件,即"."和"..",分别代表当前目录和父目录。它们是无法被删除的,其作用是进行相对路径的查找。

4. 链接文件

链接是实现文件共享的方式。EXT2 把文件和文件的属性信息分开存储,文件的属性信息用索引节点来描述。目录项是用来联系文件名和索引节点的。在每个目录项中,文件名与索引节点号一一对应的关系称为链接。一个索引节点号可以对应多个不同的文件名,这种链接称为硬链接。

系统提供了命令 ln 为一个已经存在的文件建立一个新的硬链接。例如建立一个文件 file2,并把它链接到 file1 上,file2 和 file1 就具有相同的索引节点。llink_count 的值反映了链接到该索引节点上的文件数,在建立了一个新的硬链接后,llink_count 的值将加 1。

在删除文件时,首先对 llink_count 的值减 1,如果 llink_count 的值为 0,则可删除该文件,否则仅仅去掉文件的一个硬链接,实际的文件并没有真正删除。

同一个文件系统中,索引节点是系统用来辨认文件的唯一标志,而在两个不同的文件系统中,可能出现相同的索引节点号,因此硬链接只允许出现在同一个文件系统中。

要在多个文件系统中的文件之间建立链接,必须使用符号链接。符号链接与硬链接最大的不同在于,符号链接不是与索引节点建立链接,而是建立一条指向某个文件的路径。因此,当删除一个文件时,它的符号链接也就失去了作用,而删除一个符号链接时,对该文件本身没有任何影响。

5. EXT3 逻辑文件系统

为了增强文件系统的健壮性,EXT3 中增加了日志文件系统。作为 EXT2 文件系统的改进,EXT3 设计成与 EXT2 高度兼容。事实上,两个系统中的所有核心数据结构和磁盘布局都是相同的。此外,一个作为 EXT2 系统被卸载的文件系统随后可以作为 EXT3 系统被加载,并提供日志能力。

日志是一个以环形缓冲器形式组织的文件,可以存储在主文件系统所在的设备上,也可以存储在其他设备上。由于日志操作本身不被日志记录,这些操作并不是被日志所在的 EXT3 文件系统处理,而是使用一个独立的日志块设备来执行日志的读/写操作。

如果把每个磁盘改动的日志记录项写到磁盘,可能开销很大,EXT3 可以配置为保存所有磁盘改动的日志或者仅保存文件系统元数据(i 节点、超级块、位映射等)改动的日志。只记录元数据会使系统开销较小,性能也更好,但是不能保证文件数据不会损坏。

10.6 Linux 设备管理

Linux 系统采用设备文件统一管理硬件设备,从而将硬件设备的特性及管理细节对用户隐藏起来,实现用户程序与设备的无关性。

10.6.1 Linux 设备管理概述

用户是通过文件系统与设备接口的。所有设备作为一个特殊文件,在管理上有以下 5 个特点。

(1) 每个设备都对应文件系统中的一个索引节点,都有一个文件名。

(2) 应用程序可以通过系统调用 open() 打开设备文件,建立与设备的连接。

(3) 打开设备后,可以通过 read()、write() 和 ioctl() 等与对文件的操作相同的系统调用对设备进行操作。

(4) 设备驱动程序是系统内核的一部分,它们为系统内核提供了一个标准的接口。例如,终端设备驱动程序为内核提供一个文件 I/O 接口,SCSI 设备驱动程序为内核提供 SCSI 设备接口。

(5) 大多数设备驱动程序可以在需要时动态装入,不需要时卸载。

图 10-10 所示为设备、设备驱动与文件系统和进程的关系。处于应用层的进程通过文件名与某个打开的文件相联系,在文件系统层按照文件系统的操作规则对该文件进行相应处理。对于一般文件(即磁盘文件),要进行从文件的逻辑空间到设备的逻辑空间的映射;对于设备文件,文件的逻辑空间等价于设备的逻辑空间,因此在该层不需要进行映射。在设备驱动层,进行从设备逻辑空间到设备物理空间的映射工作时,可以确定一般文件所在的磁盘位置或设备文件所在的具体设备。最后再做驱动底层的物理设备的读/写工作。

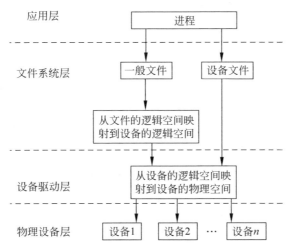

图 10-10 设备、设备驱动与文件系统和进程的关系

10.6.2　Linux 设备的类型

在 Linux 系统中，硬件设备分成字符设备、块设备和网络设备三种类型。

1. 字符设备

字符设备(Character Device)是以字节流方式访问的设备，字符设备驱动程序实现对字符设备的访问。字符终端和串口是字符设备的例子。

字符设备可以像文件一样被访问，它和普通文件之间的唯一差别在于，对普通文件的访问可以前后移动访问指针，而大多数字符设备是只能顺序访问的数据通道。访问字符设备要通过文件系统内的设备名称进行，这些名称称为特殊文件或设备文件。

主设备号标识设备对应的驱动程序，内核利用主设备号在 open()操作中将设备与相应的驱动程序对应起来。次设备号由主设备号已经确定的驱动程序使用，内核的其他部分不会用到它，而只是把它传递给驱动程序。一个驱动程序经常控制多个设备，而次设备号为驱动程序提供了一种区分不同设备的方法。

2. 块设备

与字符设备一样，块设备(Block Device)也可以像文件一样被访问。块设备能够容纳文件系统。在大多数 Linux 系统中，块设备上包含整数个块，而每块包含 $2^n \times 512B$(n 为自然数)数据。Linux 允许应用程序读/写块设备，一次可以传递一块大小的数据。因此，块设备和字符设备的区别仅仅在于内核内部管理数据的方式不同。另外，块设备的接口支持可安装(mount)文件系统。

对于块设备来说，读/写操作是以数据块为单位进行的。为了使高速的 CPU 同低速的块设备能够协调工作，提高读/写效率，操作系统设置了缓冲机制。当进行读/写的时候，首先对缓冲区读/写，只有缓冲区没有需要读的数据或需要写的数据没有地方写时，才真正启动设备控制器去控制设备本身进行数据交换。而对于设备本身的数据交换，同样也需要缓冲区。对块设备的读/写由操作函数 blk_read()和 blk_write()完成，真正需要读/写的时候由每个设备的 request()函数根据其参数与块设备进行数据交换。

3. 网络设备

任何网络事件都要经过一个网络接口，即一个能够和其他主机交换数据的设备。通常这个接口是个硬件设备，但也可能是个纯软件设备。网络接口由内核中的网络子系统驱动，负责发送和接收数据包。尽管 Telnet 和 FTP 都是面向流的，它们都使用了同一个设备，但这个设备看到的只是数据包，而不是独立的流。

Linux 访问网络接口的方法是给它们分配一个唯一的名字(如 eth0)，但这个名字在文件系统中不存在对应的节点项。内核和网络驱动程序间的通信完全不同于内核和字符设备及块设备驱动程序之间的通信，内核调用一套和数据包传输相关的函数。

网络设备(Network Device)是 Linux 系统中非常特殊的一类设备，主要体现在以下两个方面。

(1) 网络接口不存在于 Linux 的文件系统中，而是在核心中用一个 Device 数据结构表示。每一个字符设备或块设备在文件系统中都存在一个相应的特殊设备文件来表示该设备，如 /dev/hda1、/dev/sda1、/dev/tty1 等。网络设备在做数据包发送和接收时，直接通过接口访问，不需要进行文件的操作；而对字符设备和块设备的访问都需通过文件操作界面。

(2) 网络接口在系统初始化时实时生成。对于核心支持的网络设备，如果其实际的物理设备不存在,将不可能有与之相对应的 Device 结构。而对于字符设备和块设备,即使该物理设备不存在,在/dev 下也必定有相应的特殊文件与之相对应。在系统初始化时,核心对所有内核支持的字符设备和块设备进行登记,初始化该设备的文件操作界面,而不管该设备在物理上是否存在。

网络驱动程序涉及大量系统调用和内核接口,但作为一个最简单的网络设备驱动程序,至少应该具有以下内容。

(1) 该网络设备的检测及初始化函数,供核心启动初始化时调用。
(2) 该网络设备的初始化函数,供 register_netdev() 调用。
(3) 提供该网络设备的打开和关闭操作。
(4) 提供该网络设备的数据传输函数,负责向硬件发送数据包。
(5) 提供该网络设备的中断服务程序,处理数据传输完毕的善后事宜和数据的接收。当物理网络设备有新数据到达或数据传输完毕时,向系统发送硬件中断请求,该函数就是用来响应该中断请求的。

10.6.3 中断

支持设备请求更好、更有效的方法是,当操作系统发出请求外设操作后,转去完成其他工作;当外设完成任务后,向操作系统发出中断信号。通过这种方式,操作系统可以同时支持多个设备的请求。

不管系统采用什么类型的 CPU,必须用一些硬件来支持中断。大多数 CPU 因为管脚电压的变化而导致暂停处理的工作,而转去执行一段特殊的代码来处理中断。

多数通用微处理器采用这样的方式来处理中断,当有硬件中断发生时,CPU 停止它正在处理的指令,跳转到内存中的一个地址。这个地址中含有中断处理过程或一条可以指向中断处理过程的指令。中断处理程序一般运行在 CPU 的中断模式下,在这种模式下,CPU 将中断按优先级排列,处理低优先级的中断时,高优先级的中断可以中断低优先级的中断。

1. 中断的初始化

核心的中断处理数据结构的设置由设备驱动程序负责,设备驱动程序利用 Linux 内核提供的一些服务例程来使能或屏蔽中断。不同的设备驱动程序,内核提供的中断服务例程的地址不同。

对于 PC 体系结构,有些中断的中断号是固定的。系统初始化时,驱动程序只要申请这个中断即可,例如,软盘驱动器固定使用中断号 IRQ6。对于 PCI 设备的设备驱动程序,其设备占用的中断号是固定的;但对于 ISA 设备的设备驱动程序,其设备占用的中断号不固定,Linux 系统允许设备驱动程序自动探测中断。探测过程是,设备驱动程序通过一些操作使相应设备发出中断,中断控制器接收设备发出的中断。然后,Linux 系统读取设备控制器的内容,并将当前值传递给该设备的设备驱动程序。ISA 设备驱动程序知道其设备占用的中断号之后,就可以注册它的中断处理程序了。

2. 中断处理程序

中断处理程序要做的第一件事就是响应中断,这样中断控制器就可以继续处理其他事情了。

当一个设备驱动程序的中断处理例程被 Linux 系统内核调用后,它首先确定中断的原因。为了找到中断的原因,设备驱动程序读取中断设备相应状态寄存器的值。查明中断原因后,设备驱动程序执行一段代码处理这个中断。

10.6.4 缓存和刷新机制

Linux 使用了多种与内存管理相关的高速缓存。

1. 缓冲区高速缓存

缓冲区高速缓存是块设备使用的数据缓冲区,这些缓冲区中包含从设备中读取的数据块或写入设备的数据块。缓冲区高速缓存由设备标识号和块标号索引组成,因此可以快速地找出数据块。如果数据能够在缓冲区高速缓存中找到,系统就没有必要到物理块设备上进行实际的磁盘读操作。

2. 页高速缓存

用来加速对磁盘上的程序文件的访问速度,缓存某个程序文件的逻辑内容,并通过虚拟文件系统(VFS)索引节点和偏移量访问。当页从磁盘读到物理内存时,就缓存在页高速缓存中。

3. 交换高速缓存

只有修改后的页才保存在交换文件中。修改后的页写入交换文件后,如果该页再次被交换但未被修改,就没有必要写入交换文件,只需要丢弃该页。交换高速缓存包含了一个页表项链表,系统中的每个物理页对应一个页表项。对交换的页,该页表项包含保存该页的交换文件信息,以及该页在交换文件中的位置信息。如果某个交换页表项非零,则表明保存在交换文件中的对应物理页没有被修改,如果该项在后续的操作中被修改,则处于交换缓存中的页表被清零。系统需要从物理内存中交换某个页面时,它首先分析交换缓存中的信息,如果缓存中包含了该物理页的一个非零页表项,则说明该页交换出内存后还没有被修改过,此时系统只需要丢弃该页。

4. 硬件高速缓存

常见的硬件高速缓存是快表,它用于存储页表的部分内容,以提高逻辑地址到物理地址转换的速度。

10.6.5 磁盘调度

在 Linux 2.4 中,默认的磁盘调度算法是电梯调度(Elevator Scheduler)算法,而在 Linux 2.6 中,除电梯算法外还额外增加了最后期限 I/O 调度(Deadline I/O Scheduler)和预期 I/O 调度(Anticipatory I/O Scheduler)两种算法。

1. 电梯调度算法

电梯调度算法为磁盘读写请求保持一个队列,并且在该队列上执行排序和合并功能。一般来说,电梯调度程序通过块号对请求队列进行排序。因而,当磁盘请求被处理的时候,磁盘驱动器向一个方向移动,以满足其在该方向上遇到的每个请求。这种策略可以按照如下方式进行改进。

在一个新的请求添加到队列中时,会依次考虑如下四个操作。

(1) 如果新的请求与队列中等待的请求的数据处于同一磁盘扇区或者直接相邻的扇区,那么现有的请求和新的请求可以合并成一个请求。

(2) 如果队列中的一个请求已经存在很长时间了,新的请求将被插入队列的尾部。

(3) 如果存在合适的位置,新的请求将被按顺序插入队列中。

(4) 如果没有合适的位置,新的请求将被插入队列的尾部。

2. 最后期限 I/O 调度程序

上述处理列表中的第二个操作是为了防止请求长时间得不到满足,但是这并不十分有效。因为该方式并没有试图为服务请求提供一个最后期限,只是在一个合理延迟后停止插入排序的请求。

电梯调度程序表现出两个方面的问题。第一个问题是,由于队列动态更新的原因,一个相距较远的请求可能会延迟相当长的时间。例如,考虑磁盘块请求序列为 20,30,700,25,电梯调度程序会重新排序,顺序为 20,25,30,700,其中 20 放到了队列的开头。如果不断地有低块号的请求序列到达,那么对 700 块的请求将一直被延迟。

考虑到读和写请求的不同,还有一个更严重的问题。典型地,一个写请求是异步的。也就是说,一旦进程发出了写请求,其不必等待该请求被实际执行。当一个应用程序发出了一个写请求,内核将数据复制到一个合适的缓冲区,在时间允许的时候写出去。一旦数据放到了内核的缓冲区中,应用程序可以继续进行。然而,对于很多读操作来说,进程必须等待,直到所请求的数据在应用程序运行前发送给应用程序。这样一个写请求的流(如向磁盘上写一个大文件)可以阻塞一个读请求很长时间,从而阻塞进程。

为了克服这些问题,最后期限 I/O 调度程序使用了三个队列,如图 10-11 所示。每个新来的请求被放置到排序的电梯队列中,这些队列与前面所述一致。此外,同样的请求还被放置在一个 FIFO 的读队列(如果该请求是读请求)或一个 FIFO 的写队列(如果该请求是写请求)。这样,读和写队列维护了一个按照请求发生时间为顺序的请求列表。对每个请求都有一个到期时间,对于读请求默认值为 0.5s,对于写请求默认值为 5s。通常,调度程序从排序队列中分派服务。当一个请求得到满足时,它将从排序队列的头部移走,同时也从对应的 FIFO 队列移走。然而,当 FIFO 队列头部的请求超过其到期时间时,调度程序将从该 FIFO 队列中派遣任务,取出到期的请求,再加上接下来的几个队列中的请求。当任何一个请求被服务时,它也从排序队列中移出。

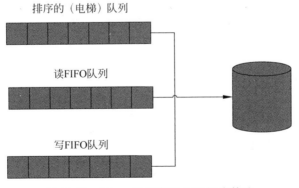

图 10-11 Linux 最后期限 I/O 调度算法

可见,最后期限 I/O 调度程序方式克服了"饥饿"问题和读写不一致的问题。

3. 预期 I/O 调度算法

最初的电梯调度算法和最后期限调度算法都是用来在现有的请求得到满足的情况下调度新的请求,因而可以尽量保持磁盘的运转。然而,当存在很多同步读请求时,这一策略可能不能达到预期效果。典型地,一个应用程序会在一个读请求得到满足并且数据可用之后才发出下一个读请求,在接收上次读请求的数据和发出下一次读请求之间有个很小的延迟,利用这个延迟,调度程序可以转向其他等待的请求,并服务该请求。

由于局部性原理,相同进程的连续读请求会发生在相邻的磁盘块上。如果调度程序在满足一个读请求后能延迟一小段时间,看看是否有新的附加的读请求发生,这样可以增强整个系统的性能。这就是预期调度算法背后的原理,并在 Linux 2.6 中得以实现。

在 Linux 中,预期 I/O 调度算法是对最后期限调度算法的补充。当一个读请求被分派时,预期 I/O 调度程序会将调度系统的执行延迟 6ms,具体的延迟时间取决于配置文件。在这一小段延迟中发出上一条读请求的应用程序有机会发出另一条读请求,并且该请求发生在相同的磁盘区域。如果是这样,新的请求会立刻享受服务。如果没有新的请求发生,调度程序会继续使用最后期限 I/O 调度算法。

下面是 Linux 上调度算法的两个测试。第一个测试包含了读取一个 200MB 的文件,同时后台进行一个长的写文件流。第二个测试包括在后台读一个大的文件,同时读取内核源代码树目录中的每个文件。结果如表 10-2 所示。

表 10-2 Linux 调度算法性能测试

调度算法	测试 1	测试 2
Linux 2.4 上的电梯调度算法	45s	30m28s
Linux 2.6 上的最后期限 I/O 调度算法	40s	3m30s
Linux 2.6 上的预期 I/O 调度算法	4.6s	15s

可以看出,性能的提升取决于工作负载的性质。但是在两个测试中,预期 I/O 调度算法提供了显著的性能提升。

自测题

思考与练习题

1. 内核设计的目标是什么?
2. 有几种内核设计类型? Linux 属于哪一种? 为什么?
3. Linux 中的进程有哪几种状态?
4. 虚拟文件系统有什么作用?
5. 超级块的作用是什么?
6. VFS 的索引节点采用什么数据结构?
7. EXT2 的磁盘布局主要考虑哪些因素?
8. EXT2 的链接文件有几种? 其分别有什么特点?
9. 什么是管道? Linux 系统中提供的管道有几种? 分别用于什么场合?
10. 组成 System V IPC 的三种进程通信机制是什么?
11. 什么是信号量? 什么情况下可以使用信号量?

第11章

操作系统安全

操作系统是计算机资源的管理者,它直接与硬件打交道,并为用户提供接口;它是计算机其他软件的基础和核心,其他软件是建立在操作系统之上的。如果没有操作系统安全机制的支持,就不可能保障计算机上信息的安全。在网络环境中,网络的安全依赖于各主机系统的安全,没有操作系统的安全,就谈不上主机系统和网络系统的安全。因此,操作系统的安全是整个计算机系统安全的基础。

本章讨论操作系统的安全性,介绍安全操作系统的相关概念及其重要组成部分,其中包括硬件安全机制、自主存取控制、强制存取控制、最小特权管理、系统审计、可信通道等。本章还介绍了计算机系统的安全测评准则,并重点介绍了美国国防部可信计算机系统评测准则和中国计算机信息系统安全保护等级划分准则。通过对 Linux、Windows、Android OS 及 Mac OS&iOS 等一些主流操作系统安全机制的介绍,使读者对安全操作系统的理解与具体实施有更加深刻的认识。本章最后引入了云计算操作系统中两款典型的云平台综合管理系统 Windows Azure 及 Chrome OS,旨在将信息技术前沿与操作系统安全基本理论相结合,使读者进一步了解并掌握操作系统安全的发展现状与未来趋势。

11.1 操作系统安全概述

11.1.1 操作系统的脆弱性

一个安全的信息系统应该满足用户系统的保密性(Confidentiality)、完整性(Integrity)及可用性(Availability)的要求,亦即 CIA 要求。随着网络技术的飞速发展,信息资源的共享进一步加强,特别是 Internet 的大规模应用以及金融、公安、保险等重要网络的接入,越来越多的系统遭到入侵和攻击的威胁,这些威胁大多数是通过挖掘操作系统和应用服务程序的弱点或缺陷实现的。

建立一个安全的信息系统比建立一个正确无误的信息系统要简单得多,但是,目前市场上尚无任何一个大型操作系统可以做到完全正确,所有大型操作系统的生产厂商都定期推出新的操作系统版本,其中包括修改后的代码,而这些改动绝大多数是为了纠正系统中的错误或弥补其缺陷而进行的。实际上,从来没有一个操作系统的运行是完美无缺的,也没有一个厂商敢保证其操作系统不会出错,计算机界已经承认了这样一个事实:任何操作系统都是有缺陷的,但是,绝大多数操作系统是可靠的,基本完成其设计功能。

就计算机安全而言,一个操作系统仅仅完成其大部分的设计功能是远远不够的,当人们发现计算机操作系统的某个功能模块上有瑕疵时,可以忽略它,这对整个操作系统的功能影响甚微。但是,操作系统安全的每个漏洞都会使整个系统的安全机制变得毫无价值,这个漏洞如果被蓄意入侵者发现,后果将是十分严重的,这如同墙上有洞的房间,虽然可以居住,却无法将盗贼拒之门外。

另外,从安全角度来看,操作系统软件的配置是很困难的,配置时一个很小的错误就可能导致一系列安全漏洞。例如,文件系统常被配置得没有安全性,所以应对其进行仔细的检查,当配置文件的所有权和权限时,常常由于文件的账户所有权或文件权限设置不正确而导致潜在漏洞。

对操作系统安全构成威胁的主要因素有以下6种。

1. 计算机病毒

计算机病毒是在计算机执行程序中插入的破坏计算机功能或者毁坏数据,影响计算机使用,并能自我复制的一组计算机指令或者程序代码。计算机病毒有以下四个基本特点。

(1) 隐蔽性。病毒程序代码驻留在外存上或内存中,无法以操作系统提供的文件管理方法观察到。有的病毒程序设计得非常巧妙,甚至用一般的系统分析软件工具都无法发现它的存在。

(2) 传染性。当利用软盘、活动硬盘、网络等载体交换信息时,病毒程序趁机以用户不能察觉的方式随之传播,即使在同一计算机上,病毒程序也能在外存的不同区域间复制,附着到多个文件上。

(3) 潜伏性。病毒程序感染正常的计算机后,一般不会立即发作,而是潜伏下来,等到激发条件满足时才产生其作用。

(4) 破坏性。当病毒发作时,有的破坏性极强,通常会在屏幕上输出一些不正常的信息,同时破坏外存上的数据文件和程序。如果是开机型病毒,可能会使计算机无法启动,有些"良性"病毒不破坏系统内现存的信息,只是大量地侵占外存存储空间,或使计算机运行速度变慢,或造成网络阻塞。

2. 特洛伊木马

特洛伊木马是一段计算机程序,表面上在执行合法功能,实际上却完成了用户不曾料到的非法功能,受骗者是程序的用户,入侵者是这段程序的开发者。特洛伊木马必须具有以下四项功能才能成功地入侵计算机系统。

(1) 入侵者要写一段程序进行非法操作,程序的行为方式不会引起用户的怀疑。

(2) 必须设计出某种策略诱使受骗者接受这段程序。

(3) 必须使受骗者运行该程序。

(4) 入侵者必须有某种手段回收由特洛伊木马发作为其带来的实际利益。

特洛伊木马程序与病毒程序不同,它是一个独立的应用程序,不具备自我复制能力,但它同病毒程序一样,具有潜伏性,且常常具有更大的欺骗性和危害性;特洛伊木马也可能包含蠕虫或病毒程序。

3. 隐蔽通道

隐蔽通道可定义为系统中不受安全策略控制的、违反安全策略的信息泄露路径。按信息传递的方式和方法区分,隐蔽通道分为以下两种。

(1) 存储隐蔽通道。存储隐蔽通道在系统中通过两个进程利用不受安全策略控制的存储单元传递信息。前一个进程通过改变存储单元的内容发送信息,后一个进程通过观察存储单元的变化接收信息。

(2) 时间隐蔽通道。时间隐蔽通道在系统中通过两个进程利用一个不安全策略控制的广义存储单元传递信息。前一个进程通过改变广义存储单元的内容发送信息,后一个进程通过观察广义存储单元的变化接收信息,并利用实时时钟进行测量。广义存储单元只能在短时间内保留前一个进程发送的信息,后一个进程必须迅速地接收广义存储单元的信息,否则信息将消失。

判断一个隐蔽通道是否是时间隐蔽通道,关键是看它有没有一个实时时钟、间隔定时器或其他计时装置。不需要时钟或定时器的隐蔽通道是存储隐蔽通道。

4. 天窗

天窗是嵌在操作系统中的一段非法代码,渗透者利用该代码提供的方法侵入操作系统而不受检查,天窗由专门的命令激活,一般不容易发现。天窗所嵌入的软件拥有渗透者所没有的特权。通常,天窗设置在操作系统内部,而不在应用程序中,天窗很像是操作系统里可供渗透的一个缺陷。的确,安装天窗就是为了渗透,天窗可能是由操作系统生产厂家的一个不道德的雇员装入的,安装天窗的技术很像特洛伊木马的安装技术,但在操作系统中实现就更为困难,与特洛伊木马和隐蔽通道不同,天窗只能利用操作系统的缺陷或者混入系统的开发队伍中进行安装。

5. 栈和缓冲区溢出

系统外的攻击者访问目标系统,最可能采取的方式就是利用栈或缓冲区溢出。本质上讲,该攻击就是利用程序中存在的错误,如程序员没有对输入域进行边界检查等。常见情形是攻击者向程序发送比预期体量大得多的数据,通过试验和错误,或者通过检查被攻击程序的源代码发现对方程序的弱点,并写一段程序来完成以下任务。

(1) 令一个程序的输入域、命令行参数或者一个输入缓冲区溢出,直到写入栈中。

(2) 使用任务(3)装载的攻击代码的地址覆盖栈内当前的返回地址。

(3) 为紧邻的栈空间写一段代码,包括攻击者想要执行的命令,如产生一个 shell 等。

因此,栈和缓冲区溢出的结果是一个根 shell 或者其他特权命令的执行。例如,一个网页表格要求用户录入用户名,攻击者就可以发送用户名,同时附加额外字符,最终使缓冲区溢出并且写栈,在栈中添加一个新的返回地址(对应攻击者想要执行的代码),接着读缓冲区操作返回时必然返回攻击者地址,进而执行攻击代码。

6. 逻辑炸弹

某程序通常处于潜伏状态,仅在条件满足的情况下会被激活和执行,对系统功能造成严重破坏,这种情况被称为逻辑炸弹。

逻辑炸弹往往被添加到被感染程序的起始位置,运行前会检查各种是否满足运行炸弹的条件。若不满足就归还给主程序,炸弹仍然安静地等待;若满足设定的爆炸条件后,炸弹的其余代码就会执行。逻辑炸弹往往导致机器终止、显示更改、数据破坏、硬件失效、磁盘异常以及操作系统运行速度减慢或崩溃等危害。逻辑炸弹虽不能复制自身,也不能感染其他程序,但这些攻击已经使它成为一种极具破坏性的恶意代码类型。

11.1.2 安全操作系统的重要性

根据计算机软件系统的组成,软件安全可划分为应用软件安全、数据库安全、操作系统安全和网络安全。操作系统用于管理计算机资源,控制整个系统的运行,它直接和硬件打交道,并为用户提供接口,是计算机软件的基础。数据库通常是建立在操作系统之上的,若没有操作系统安全机制的支持,数据库就不可能具有存取控制的安全可信性。在网络环境中,网络的安全可信性依赖于各主机系统的安全可信性,而主机系统的安全又依赖于操作系统的安全性。因此,若没有操作系统的安全性,就没有主机系统的安全性,从而就不可能有网络系统的安全性。计算机应用软件都建立在操作系统的安全系统之上,它们都是通过操作系统完成对系统中信息的存取和处理。因此,可以说操作系统的安全是整个计算机系统安全的基础,没有操作系统安全,就不可能真正解决数据库安全、网络安全和其他应用系统的安全问题。

数据加密在信息处理中具有相当重要的作用,它是保密通信中必不可少的手段,也是保护存储文件的有效方法,但数据加密、解密所涉及的密钥分配、转储等过程必须用计算机实现。如果不相信操作系统可以保护数据文件,那就不应相信它总能适时地加密文件并能妥善地保护密钥。操作系统安全是基础,要解决计算机内信息的安全性,必须解决操作系统的安全性,因此,操作系统安全是计算机安全的必要条件。

当前,网络信息安全问题已引起人们的广泛关注,但随着防火墙、网络保密机、网络安全服务器、安全管理中心等安全产品的研制和使用,人们不得不思考这样的问题,这些安全产品的基础——操作系统可靠、坚固吗?

因此,操作系统安全是计算机信息系统安全的一个不可缺少的方面,研究和开发安全的操作系统具有非常重要的意义。

11.2 操作系统的安全机制

操作系统是硬件与其他应用软件之间的桥梁,它提供的安全服务有内存保护、文件保护、存取控制和对用户的身份鉴别等。

操作系统的安全性可以从以下四个方面加以考虑。

(1) 物理上分离。进程使用不同的物理实体,例如,将不同的打印机设置成不同的安全级别。

(2) 时间上分离。具有不同安全要求的进程在不同的时间运行。

(3) 逻辑上分离。用户感觉到操作系统是在没有其他进程的情况下运行的,而操作系统限制程序的存取,使得程序不能存取其被允许范围外的实体。

(4) 密码上分离。进程以一种其他进程不了解的方式隐藏数据及计算。

安全分离可能导致资源利用率严重下降。例如,时间分离与进程的并发执行背道而驰,因此,必须放下安全的沉重包袱,允许具有不同安全需求的进程并发执行。

操作系统安全的主要目标是:

(1) 按系统安全策略对用户的操作进行存取控制,防止用户对计算机资源的非法存取。

(2) 标识系统中的用户和身份鉴别。

(3) 监督系统运行的安全性。

(4) 保证系统自身的安全性和完整性。

实现这些目标,需要建立相应的安全机制,这将涉及硬件安全机制和软件安全机制。

11.2.1 硬件安全机制

绝大多数实现操作系统安全的硬件机制也是传统操作系统所要求的,优秀的硬件保护性能是高效、可靠的操作系统的基础。计算机硬件安全的目标是,保证其自身的可靠性和为系统提供基本安全机制。

1. 存储保护

对于操作系统,存储保护是最基本的要求。所谓存储保护,就是保护用户在存储器中的数据,保护单元为存储器中的最小数据范围,可以为字节、页面或段,保护单元越小,存储保护精度越高。存储保护机制应防止用户程序对操作系统的影响,在多道程序运行的环境中,需要存储保护机制对进程的存储区域进行隔离。

大多数系统中,进程的虚拟地址空间至少被分成两部分:用户空间和系统空间。二者的隔离是静态的,驻留在内存中的操作系统可以由所有进程共享。虽然系统允许多个进程共享一些物理页面,但用户之间是相互隔离的。

当系统的地址空间被分为两部分时,应禁止用户模式下的进程对系统空间进行写操作,而当在系统模式下运行时,则允许进程对所有的虚拟地址空间进行读/写操作。用户模式到系统模式的转换由一个特殊的指令完成,该指令将限制进程只能对系统空间的一部分进行访问。这些访问限制一般是由硬件根据该进程的特权模式实施。

2. 运行保护

一个安全的操作系统应进行分层设计,而运行域是基于保护环的等级式结构。运行域是进程运行的区域,最内层的环具有最高的特权,而最外层的环具有最低的特权。一般来说,最内层是操作系统,它控制整个计算机系统的运行;靠近操作系统的是系统应用环,如数据库管理系统或事务处理系统;再外层则是控制各种不同用户的应用环,如图 11-1 所示。

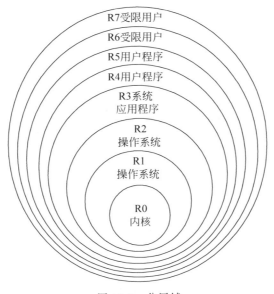

图 11-1 分层域

在这里,最重要的安全概念是,等级域机制应该保护某一环不被其外层环侵入,并且允许在某一环内的进程能够有效地控制与利用该环以及低于该环特权的环。一个进程可以在任意时刻、任意一个环内运行,在运行期间还可以从一个环转移到另外一个环。当一个进程在某个环内运行时,进程隔离机制将保护该进程免遭在同一环内同时运行的其他进程的破坏,也就是说,系统将隔离同一环内同时运行的各个进程。

为了实现两域结构,在段描述符中有两类访问模式信息,一类用于系统域,一类用于用户域,这种访问模式信息决定了对该段可进行的访问模式,如图 11-2 所示。

如果要实现多级域,就需要在每个段描述符中保存一个分立的 W(写)、R(读)、E(执行)比特集,而比特集的大小取决于要设立多少个等级。

可以根据等级原则简化段描述符。如果环 N 对某个段具有一个给定的访问模式,那么 0~N-1 的环都具有这种访问模式,因此,对于每种访问模式,仅需要在该描述符中指出具有该访问模式的最大环号。所以,在描述符中,不用为每个环都保存相应的访问模式信息。对于一个给定的内存段,仅需要三个区域来表示三种访问模式,在这三个区域中只要保存具有该访问模式的最大环号即可,如图 11-3 所示。

图 11-2 两域结构中的段描述符

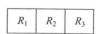

图 11-3 多域结构中的段描述符

三个环号为环界,R_1、R_2 和 R_3 分别表示对该段可以进行写、读和执行操作的环界。例如,在某个段描述符中,环界集(4,5,7)表示:

(1) 0~4 环可对该段进行写操作。
(2) 0~5 环可对该段进行读操作。
(3) 0~7 环可运行该段内的代码。

实际上,如果某环内的某一进程对内存的某段具有写操作的权限,那就不必限制其对象段的读和执行操作的权限。此外,如果进程对某段具有读操作的权限,那当然允许其执行该段的内容,所以,可以设定

$$R_1 \leqslant R_2 \leqslant R_3$$

如果某段对具有较低特权的环是可写的,那么在较高特权环内执行该段的内容将是危险的,因为该段内容中可能含有破坏系统运行的非法程序(如特洛伊木马),所以,从安全性的角度考虑,不允许低特权环内编写的程序在高特权环内运行。

环界集为(0,0,0)的段只允许最内环(具有最高特权)的访问,而环界集(7,7,7)则表示任何环都可以对该段进行任何形式的访问操作。由于 0 环是最高特权环,所以一般不限制 0 环内的用户对段的访问模式。

对于一个给定的段,每个进程都有一个相应的段描述符以及相应的访问描述信息。利用环界集最直观和最简单的方法是,对于一个给定的段,为每个进程分配一个相应的环界集,不同的进程对该段的环界可能是不同的。当两个进程共享某一段时,若这两个进程在同一环内,那么对该段的环界集是相同的,所以它们对共享段的访问模式也是相同的。反之,处于两个不同环内的进程对某段的访问模式可能是不同的。这种方法不能解决在同一环内两个进程对共享段设立不同访问模式的问题。解决的方法是,将段的环界集定义为系统属性,它只说明某环内的进程对该段具有什么样的访问模式,即哪个环内的进程可以访问该段以及可以进行何种模式的访问,而不考虑究竟是哪个进程访问该段。所以,对于一个给定段,不是为每个进程分配一个相应的环界集,而是为所有进程都分配一个相同的环界集。同时,在段描述符中再增加三个访问模式位 W、R、E。该访问模式位对不同的进程是不同的。这时,对一个给定段的访问条件是,仅当一个进程在环界集限定的环内运行且相应的访问模式位打开时,才允许该进程对该段进行相应的访问操作。每个进程的段描述符中都包含上述两类信息,环界集对所有进程都是相同的,而对不同的进程可设置不同的访问模式集,这样在同一环内运行的两个进程共享某个段且欲使一个进程只对该段进行读访问,而另一个进程仅对该段进行写访问时,只要按需设置两个进程相应的访问模式进行访问,而它们的环界集则是相同的。

在一个进程内往往会发生过程调用,通过这些调用,该进程可以在几个环内往复转移。为了安全起见,在发生过程调用时,需要对过程进行检验。

3. I/O 保护

在一个操作系统的所有功能中,I/O 一般是最复杂的,人们往往首先从系统的 I/O 部分寻找操作系统安全方面的缺陷。绝大多数情况下,I/O 是仅由操作系统完成的一个特权操作,所有操作系统都对读/写文件操作提供一个相应的高层系统调用,在此过程中,用户不需要控制 I/O 操作的细节。

I/O 介质访问控制最简单的方式是将设备看作是一个客体,仿佛它们都处于安全防线之外。由于所有的 I/O 不是向设备写数据,就是从设备接收数据,因此一个进行 I/O 操作的进程必须受到对设备的读/写两种访问控制。这就意味着设备到介质间的路径可以不受约束,而处理器到设备间的路径则需要施加一定的读/写访问控制。

若要对系统中的信息提供足够的保护,防止未授权的用户的非法访问或毁坏,只靠硬件是不够的,必须由操作系统的安全机制与适当的硬件安全机制相结合。

11.2.2 软件安全机制

1. 注册与登录

注册的目的是标识用户的身份,并为用户取一个用户标识符。用户标识符在系统中必须唯一,并且不能被伪造。

用户登录时,系统要对用户的身份进行鉴别,例如,系统提示用户输入口令,然后判断用户输入的口令是否与系统中存在的口令一致。这种口令机制是简便易行的鉴别手段,但该手段比较脆弱,许多用户常常使用自己的姓名或生日作为口令,这种口令很不安全。较安全的口令应不小于 6 个字符并同时含有数字和字母。口令应经常改变。

另外,生物技术是一种比较有前途的鉴别用户身份的方法,如利用指纹、视网膜来进行身份验证。

在用户进入系统进行一切活动之前,系统要对用户的身份进行认证,认证机制要做到以下四点。

(1) 系统要为每个用户提供唯一的一个标识,系统通过该标识维护每个用户的记账信息。同时,系统还将用户的标识与该用户所有的审计操作联系起来。

(2) 系统要维护认证数据,包括证实用户身份的信息以及用户策略属性信息,如用户属于哪个组。只有系统管理员才能控制用户的标识信息,允许用户在一定范围内修改自己的口令等认证数据。

(3) 系统要保护认证数据,防止被非法用户使用。即使在用户输入无效的身份数据时,系统仍然要执行全部的认证过程。当用户连续输入无效数据,超过系统管理员指定的次数而认证仍然失败时,系统应关闭登录会话,并发送警告消息给系统管理员,将此事件记录在审计档案中。系统提供一种保护机制,当连续或不连续的登录失败次数超过管理员指定的次数时,该用户的身份就不能再使用。

(4) 系统应能对所有活动用户和所有用户账户进行维护并显示其状态信息。

对于口令，要求满足以下条件。

(1) 当用户选择了一个其他用户已使用的口令时，系统不能通知该用户。

(2) 系统要使用单向加密方式存储口令，访问加密口令必须具有特权。

(3) 口令输入或显示在设备上时，要自动隐藏口令明文。

(4) 在普通操作过程中，系统默认情况下应禁止使用空口令。

(5) 系统应提供一种机制允许用户更换自己的口令，更换口令时，系统要重新进行身份认证。

(6) 口令的使用要有一定的期限，当超过期限时，系统应通知用户修改口令，过期口令将失效。系统管理员口令的有效期通常比普通用户短。

(7) 系统在指定的时间段内，同一用户的口令不得重用。

(8) 系统要有一定的手段确保用户输入口令的复杂性。

口令的质量是一个非常关键的因素，它涉及以下三点。

(1) 口令空间。口令空间的大小是字母表规模和口令长度的函数。满足一定操作环境下安全要求的口令空间的最小尺寸可以使用下面的公式：

$$S = G/P$$
$$G = L * R$$

其中，S 代表口令空间；L 代表口令的最大有效期；R 代表单位时间内可能的口令猜测数；P 代表口令有效期内被猜测出的可能性。

(2) 口令加密算法。单向加密函数可以用于加密口令，加密算法的安全性十分重要。此外，如果口令加密只依赖于口令或其他固定信息，可能造成不同用户加密后的口令是相同的。当一个用户发现另一个用户加密后口令与自己的相同时，他就知道即使他们的口令明文不同，自己的口令对两个账号都是有效的。为了减少这种可能性，加密算法可以使用诸如系统名或用户账号作为加密因素。

(3) 口令的长度。口令的安全性由口令在有效期内被猜出的可能性决定。可能性越小，口令越安全。在其他条件相同的情况下，口令越长，安全性越大；口令有效期越短，口令被猜出的可能性越小。下面的公式给出了计算口令长度的方法：

$$S = A^M$$

其中，S 是口令空间；A 代表字母表中字母的个数；M 代表口令的长度。

系统管理员应承担的责任是：

(1) 初始化系统口令。系统中有一些标准用户是事先注册了的。在允许普通用户访问系统之前，系统管理员应能为所有标准用户更改口令。

(2) 初始化口令分配。系统管理员应负责为每个用户产生和分配初始口令，但要防止口令暴露给系统管理员。

(3) 口令更改认证。当用户忘记口令，或者系统管理员认为某个用户口令已经被破坏，这时，系统管理员应能产生一个新口令，更改用户的口令，而事前他可能不知道用户的口令。系统管理员在进行该操作时，必须遵循初始口令的分配规则来分配新口令。当口令必须更换时，系统应进行主动的用户身份鉴别。

(4) 用户标识符。在系统的整个生存期内，用户标识符在系统中应是唯一的。换句话说，用户标识符不能重名。

为了确保口令的安全性，用户的职责是：

(1) 具有很强的安全意识。用户不得将自己的口令告诉他人。要时刻关注安全性是否被破坏。

(2) 定期更改口令。口令应周期性地改动,要保证在口令的有效期内,被暴露的可能性足够低。

2. 存取控制

在计算机系统中,安全机制的主要内容是存取控制,它包括以下三个任务。

(1) 授权。确定可以授予哪些用户存取数据的权利。

(2) 确定存取权限。读、写、执行、删除、追加等存取方式的组合。

(3) 实施存取权限。

在操作系统安全领域中,存取控制一般都涉及自主存取控制和强制存取控制两种形式。

自主存取控制(Discretionary Access Control, DAC)是最常用的一类存取控制机制,是用来决定一个用户是否有权访问数据的一种访问约束机制。在自主存取控制机制下,文件的拥有者可以按照自己的意愿精确地指定系统中的其他用户对其文件的访问权。也就是说,使用自主存取控制机制,一个用户可以自主地说明其资源允许系统中哪些用户以何种权限进行访问。

为了实现自主存取控制机制,系统要将存取控制矩阵中的信息以某种形式保存在系统中。实现的方式是基于矩阵的行或列表达访问控制信息。

基于行的自主存取控制机制,就是每个用户都附加一个该用户可以访问的系统中信息的表。根据表中信息的不同又可分为以下三种形式。

(1) 能力表。对于每个用户,系统有一个能力表,表中指定用户是否可以对系统中的文件进行访问以及进行何种模式的访问(如读、写及执行)。

(2) 前缀表。给每个用户赋予一个前缀表,其中包括受保护文件名和用户对它的访问权限。当用户要访问某个文件时,自主存取控制机制将检查用户的前缀是否具有它所请求的访问权。

(3) 口令。每个文件有一个口令,当用户对文件进行访问前,必须向操作系统提供该文件的口令,如果正确,它才可以访问该文件。

基于列的自主存取控制机制对系统中的每个文件都附加一个可访问它的用户的明细表。它有两种形式。

(1) 保护位。这种方法对所有用户、用户组以及文件的拥有者指明一个访问模式集合。保护位机制不能完备地表达访问控制矩阵,一般很少使用。

(2) 存取控制表。存取控制表是国际上流行的一种十分有效的自主存取控制模式,它在每个文件上都附加一个用户明细表,表中的每一项包括用户的身份和用户对该文件的访问权限。

在强制存取控制(Mandatory Access Control, MAC)下,系统中的每个进程、每个文件、每个 IPC(消息队列、信号量集合和共享存储区)都被赋予了相应的安全属性,这些安全属性是不能改变的。它由系统安全管理员或操作系统自动地按照严格的规则来设置,不像存取控制表那样,由用户或用户程序直接或间接地修改。当一个进程访问一个文件时,调用强制存取控制机制,根据进程的安全属性和访问方式,比较进程的安全属性和文件的安全属性,从而确定是否允许进程对文件的访问。代表用户的进程不能改变自身的或任何文件的安全属性,包括不能改变属于用户自己的文件的安全属性,而且,进程也不能通过授权其他用户文件存取权限简单地实现文件共享。如果判定拥有某个安全属性的用户不能访问某个文件,那么任何人,包括文件的拥有者,都不能访问该文件。

3. 最小特权管理

为了使进程正常地运行,系统中的某些进程需要有一些可违反系统安全策略的操作能力,这些进程一般是系统管理员进程。一般的定义是,一个特权就是可违反系统安全策略的一个操作的能力。

在现有的多用户操作系统,如 UNIX、Linux 中,超级用户具有所有特权,普通用户不具有任何特权。这种特权管理方式便于系统维护和配置,但不利于系统的安全性。一旦超级用户的口令丢失或超级用户被冒充,将会对系统造成极大的损失。另外,超级用户的误操作也是系统极大的安全隐患。因此,必须实行最小特权管理机制。

最小特权管理的思想是系统不应给予用户超过执行任务所需特权以外的特权,从而减少由于特权用户口令丢失所引起的损失。

例如,可在系统中定义以下五个特权管理职责,任何一个用户都不能获取足够的权利破坏系统的安全策略。

(1) 系统安全管理员。其职责是对系统资源和应用定义安全级;限制隐蔽通道活动的机构;定义用户和自主存取控制;为所有用户赋予安全级。

(2) 审计员。其职责是设置审计参数;修改和删除审计系统产生的原始信息;控制审计归档。

(3) 操作员。其职责是启动和停止系统,进行磁盘一致性检查等操作;格式化新的存储介质;设置终端参数;允许或限制用户登录,但不能改变口令、用户的安全级和其他有关安全性的登录参数;产生原始的系统记账数据。

(4) 安全操作员。其职责是完成操作员的所有责任;例行的备份和恢复;安装和拆卸可安装介质。

(5) 网络管理员。其职责是管理网络软件,如 TCP/IP;设置网络联接服务器;启动和停止远程文件系统和网络文件系统。

4. 可信通道

在计算机系统中,用户是通过不可信的中间应用层和操作系统相互作用的。但在用户登录、定义用户的安全属性、改变文件的安全级别等操作时,用户必须确实与安全核心通信,而不是与一个特洛伊木马打交道。系统必须防止特洛伊木马模仿登录过程,窃取用户的口令。特权用户在操作时,也要有办法证实从终端上输出的信息是正确的,而不是来自特洛伊木马。这些都需要一个机制来保障用户和内核的通信,这种机制就是由可信通道提供的。

提供可信通道的一个办法是给每个用户两台终端,一台做日常工作,另一台用于与内核的硬连接。这种方法十分简单,但太昂贵。对用户建立可信通道的一种现实方法是使用通用终端,通过它给内核发送信号,该信号是不可信软件不能拦截、覆盖或伪造的。

5. 隐蔽通道

我国的《计算机信息系统安全保护等级划分标准》(GB 17859-1999)将隐蔽通道定义为允许进程以危害系统安全策略的方式传输信息的通信信道。在实施多级安全策略的系统中,安全策略可归结为"不上读不下写"。因此,所谓危害安全策略的方式,意味着违反"不上读不下写"的策略。存在上读下写的动作,即存在从高安全级进程向低安全级进程的信息流动。这种信息传递是通过某些本来不用于信息传递的系统共享资源实现的。图 11-4 给出了隐蔽通道工作的一般模式,图中"×"表明双方采用正常资源通信时无法通过存取检查。

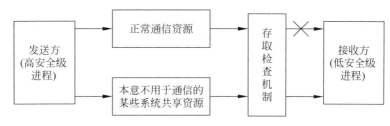

图 11-4 隐蔽通道的工作模式

根据共享资源性质的不同,隐蔽通道可分为隐蔽存储通道和隐蔽时间通道两类。

隐蔽存储通道是指一个进程直接或间接地写一个存储单元,而另一个进程可以直接或间接地读这个存储单元而构成的信道。隐蔽时间通道是指一个进程通过调节自己对系统资源的使用向另一个进程发送信息,后者通过观察响应时间的改变获得信息而构成的信道。

6. 安全审计

一个系统的安全审计就是对系统中有关安全活动进行记录、检查及审核。它的主要目的就是检测和阻止非法用户对计算机系统的入侵,并显示合法用户的误操作。审计作为一个事后追查的手段来保证系统的安全,它对涉及系统安全的操作做出一个完整的记录。审计为系统进行事故原因的查询、定位,事故发生前的预测、报警以及事故发生后的实时处理提供详细、可靠的依据和支持。在有违反系统安全规则的事件发生后能够有效地追查事件发生的地点和过程。

审计事件是系统审计用户动作的最基本单位。系统将所有要求审计或可以审计的用户动作归纳为一个可区分、可识别、可标志用户行为和可记录的审计单位,即审计事件。例如,创建一个文件 file1,这一动作是通过系统调用 create("file1",mode) 实现的。为了反映用户的这一动作,系统可以设置事件 create,该事件就在用户调用上述系统调用时由核心记录下来。

操作系统的审计记录一般包括事件的日期和时间、引起事件的用户标识符、事件的类型、事件的成功与失败等。

审计日志是存放审计结果的二进制文件。每次审计进程启动后,都会按照已设置好的路径和命名规则产生一个新的日志文件。

7. 病毒防护

正常的程序由用户调用,再由系统分配资源,完成用户提交的任务。计算机病毒一般依附在正常的程序或数据上,当用户执行正常的程序时,它先于程序执行,并首先取得系统的控制权,要求操作系统为其分配系统资源,再完成其病毒动作。

一般来说,完全防止计算机病毒是非常困难的,但是通过安全操作系统的强制存取控制机制可以起到一定的保护作用。通过强制存取控制机制可以将信息分为三个区域:系统管理区、用户区和病毒保护区。区域的隔离机制将进入系统的用户分为两类:普通用户和系统管理员。不具有特权的普通用户在用户区域安全级登录;系统管理员在系统管理区的安全级登录。系统管理区不能被一般用户读/写,这样,系统的安全控制信息、安全审计信息等通过隔离的方法得到保护。用户区的数据和程序可以被用户进行读/写,病毒保护区的数据和文件不能被用户进程写,但可以被用户进程读出。这样,可以把一般通用的命令和程序放在病毒保护区,供用户使用,由于该区域对一般用户只能读、不可写,从而防止了病毒的传染。

在用户区域,由于用户的安全级别不同,即使计算机病毒发作也只能传染同级别用户的程序和数据,缩小了病毒传染的范围。

11.3 操作系统安全评测

操作系统的安全评测是实现一个安全操作系统的一种极为重要的环节。许多国家对计算机信息安全的可信度评测进行了长期的研究,形成了一些指导实践的原则。

11.3.1 操作系统安全评测方法

一个操作系统是安全的,是指它满足某一给定的安全策略。操作系统的安全性是与设计密切相关的,必须保证设计者和用户都相信设计准确地表达了模型,而代码准确地表达了设计。评测操作系统安全性的方法有三种:形式化验证、非形式化确认及入侵测试。这些方法可以独立使用,也可以将它们综合起来评估操作系统的安全性。

1. 形式化验证

分析操作系统安全性最精确的方法是形式化验证。在形式化验证中,安全操作系统被简化为一个要证明的定理。定理断言该安全操作系统是正确的,即它提供了所应提供的安全特性,而不提供任何其他功能。但是,证明整个操作系统安全的工作量是相当大的。另外,形式化验证也是一个复杂的过程,对于某些大型的实用系统,试图描述及验证它是不可能的,那些在设计时并未考虑形式化验证的系统更是如此。这两个难点大大降低了有效地使用形式化验证的可能性。

2. 非形式化确认

确认是比验证更为普遍的术语,它包括验证,也包括一些不太严格、但能让人们相信程序正确性的方法。完成一个安全操作系统的确认有以下三种不同的方法。

(1) 安全需求检查。通过源代码或系统运行时所表现的安全功能交叉检查操作系统的每个安全需求。其目标是,认证系统所做的每件事是否都在安全功能需求表中列出,这一过程有助于说明系统完成了预期的安全任务。

(2) 设计及代码的安全检查。

(3) 模块及系统安全测试。

3. 入侵测试

在这种方法中,试图摧毁正在测试中的操作系统。在掌握操作系统安全漏洞的基础上,试图发现并利用系统中的安全缺陷。

一般来说,评价一个计算机系统安全性能的高低,应从两个方面进行:一方面要测试系统有哪些安全功能;另一方面要测试系统的安全功能在系统中得以实现的、可被信任的程度。通常通过文档说明、系统测试及形式化验证加以说明。

11.3.2 国内外计算机系统安全评测准则

为了对现有计算机系统的安全性进行统一的评价,为计算机系统制造商提供一个权威的系统安全性标准,需要有一个计算机系统安全评测准则。

美国国防部于1983年推出了历史上第一个计算机系统安全评测标准《可信计算机系统评测准则(*Trusted Computer System Evaluation Criteria*,TCSEC)》,因该准则使用了橘色封皮,又被称为橘皮书。TCSEC带动了国际计算机系统安全评测的研究,德国、英国、加拿大、西欧等纷纷制定了各自的计算机系统安全评测标准。我国也制定了强制性国家标准 GB 17859-1999《计算机信息系统安全保护等级划分准则》和推荐标准 GB/T 18336-2001《信息技术 安全技术 信息技术 安全性评估准则》。表 11-1 给出了国内外计算机系统安全评测标准的概况。

表 11-1 国内外计算机系统安全评测标准的概况

标准名称	颁布的国家和组织	颁布年份
美国 TCSEC	美国国防部	1983
美国 TCSEC 修订版	美国国防部	1985
德国标准	西德	1988
英国标准	英国	1989
加拿大标准 V1	加拿大	1989
欧洲 ITSEC	西欧四国(英、法、荷、德)	1990
联邦标准草案(FC)	美国	1992
加拿大标准 V3	加拿大	1993
CC V1	美、荷、法、德、英、加	1996
中国军标 GJB 2646-96	中国国防科学技术委员会	1996
CC	美、荷、法、德、英、加	1999
中国 GB 17859-1999	中国国家质量技术监督局	1999
中国 GB/T 18336-2001	中国国家质量技术监督局	2001

1. 德国标准

德国标准是由德国(西德)信息安全局推出的计算机系统安全评价标准,又称德国绿皮书。该标准定义了 10 个功能类,并用 F1~F10 加以标识。其中,F1~F5 对应美国 TCSEC 的 C1~B3 等级的功能需求,F6 定义的是数据和程序的高完整性需求,F7 定义了高可用性,F8~F10 面向数据通信环境。另外,该标准定义了 79 个表示保证能力的质量等级 Q0~Q78,分别大致地对应到 TCSEC 标准 D~A1 级的保证需求。该标准的功能类和保证类可以任意组合,潜在地产生 80 种不同的评价结果,很多组合结果超过了 TCESC 标准的需求范围。

2. 加拿大标准

加拿大政府设计了它自己的可信任计算机标准,即《加拿大可信计算机产品评估标准》(Canadian Trusted Computer Product Evaluation Criteria,CTCPEC)。CTCPEC 提出了在开发或评估过程中产品的功能和保证。功能包括机密、完整性、可用性和可说明性。保证说明安全产品实现安全策略的可信程度。

3. 英国标准

英国标准是由英国贸易工业部和国防部联合开发的计算机安全评价标准。该标准定义了一种称为声明语言的元语言,允许开发商借助这种语言为产品给出有关安全功能的声明。采用声明语言的目的是提供一个开放的需求描述结构,开发商可以借助这种结构描述产品的质量声明,独立的评价者可以借助这种结构来验证那些声明的真实性。该标准定义了 6 个评价保证等级 L1~L6,大致对应到 TCSEC 标准的 C1~A1。

4. 欧洲标准

20 世纪 90 年代,西欧四国联合提出了信息技术安全评价标准(ITSEC),ITSEC 又称白皮书。该标准除吸收了 TCSEC 的成功经验外,还提出了信息安全的保密性、完整性、可用性的概念,首次把可信计算基(TCB)的概念提高到可信信息技术的高度来认识。ITSEC 定义了以下 7 个安全级别。

(1) E6:形式化验证级。
(2) E5:形式化分析级。
(3) E4:半形式化分析级。
(4) E3:数字化测试分析级。
(5) E2:数字化测试级。
(6) E1:功能测试级。
(7) E0:不能充分满足保证级。

5. 联邦标准草案

联邦标准是由美国国家标准与技术协会和国家安全局联合开发的,拟用于取代 TCSEC 标准的计算机安全评价标准。该标准与欧洲的 ITSEC 标准相似,它把安全功能和安全保证分离成两个独立的部分。该标准只有草案,没有正式版本,因为草案推出后,该标准的开发组转移到了与加拿大及 ITSEC 标准的开发组联合开发共同的 CC 的工作之中。该标准提出了保护轮廓定义书和安全目标定义书的概念。

11.3.3 美国国防部可信计算机系统评测准则

TCSEC 是美国国防部根据国防信息系统的保密需求制定的,首次公布于 1983 年,后来在美国国防部国家计算机安全中心(NCSC)的支持下制定了一系列相关准则,例如,可信任数据库解释(Trusted Database Interpretation)和可信任网络解释(Trusted Network Interpretation)。1985 年,TCSEC 再次修改后发布,并一直沿用至今。

美国可信计算机系统评测准则,在用户登录、授权管理、访问控制、审计跟踪、隐蔽通道分析、可信通路建立、安全检测、生命周期保障、文档写作等各个方面,均提出了规范性要求,并根据所采用的安全策略、系统所具备的安全功能,将系统分为四类 7 个安全级别,即 D 类、C 类、B 类和 A 类,其中 C 类和 B 类又有若干个子类或级别。

1. D 类

D 类只有一个级别——D 级,是安全性最低的级别。该级别说明了整个系统是不可信任的。对硬件来说,没有任何保护作用,操作系统容易受到损害;不提供身份验证和访问控制。例如 MS-DOS、Macintosh System 7.x 等操作系统属于这个级别。

2. C 类

C 类为自主保护类,由 C1 和 C2 两个级别组成。

(1) C1 级,又称为自主安全保护(Discretionary Security Protection)系统,它实际上描述了一个典型的 UNIX 系统上可用的安全评测级别。对硬件来说,存在某种程度的保护。用户必须通过用户注册名和口令让系统识别。存在一定的自主存取控制机制(DAC),这些自主存取控制使得文件和目录的拥有者或系统管理员能够阻止某些人访问某些程序和数据,UNIX 的 owner/group/other(拥有者/同组用户/其他用户)存取控制机制是典型的实例。

但在该级别中,系统没有提供阻止管理账户行为的方法,可能导致不审慎的系统管理员无意中损害了系统的安全。

另外,许多日常系统管理的任务只能通过超级用户执行。由于系统无法区分是哪个用户以 root(根)身份注册系统执行了超级用户命令,因而容易引发信息安全问题,且出了问题之后难以追究责任。

(2) C2级,又称受控制的存取控制系统。它具有以用户为单位的自主存取控制机制(DAC),且引入了审计机制。

除了C1级包含的安全特性外,C2级还包括其他受控访问环境的安全特性。它具有进一步限制用户执行某些命令或访问某些文件的能力,这不仅基于许可权限,而且基于身份验证级别。另外,这种安全级别要求对系统加以审计,包括为系统中发生的每一事件编写一个审计记录。审计用来跟踪记录所有与安全有关的事件,例如那些由系统管理员执行的活动。

3. B类

B类为强制保护类,由B1、B2和B3级别组成。

(1) B1级(标记安全保护级)。B1级要求具有C2级全部功能,并引入强制型存取控制(MAC)机制,以及相应的主体、客体安全级标记和标记管理。它是支持多级安全的第一个级别,该级别说明了一个处于强制性访问控制之下的对象,不允许文件的拥有者改变其存取许可权限。

(2) B2级(结构保护级)。B2级要求具有形式化的安全模型、描述式顶层设计说明(DTDS)、更完善的MAC机制、可信通路机制、系统结构化设计、最小特权管理、隐蔽通道分析和处理等安全特征。它要求计算机系统中所有的对象都加标记,而且给设备分配单个或多个安全级别。这是提供较高安全级别的对象与另一个较低安全级别的对象相互通信的第一个级别。

(3) B3级(安全域级)。B3级要求具有全面的存取控制机制、严格的系统结构化设计及可信计算基(TCB)最小复杂性设计、审计实时报告机制、更好地分析和解决隐蔽通道问题等安全特征。它使用安全硬件的办法增强域的安全性,例如,内存管理硬件用于保护安全域免遭无授权访问或其他安全域对象的修改。该级别还要求用户的终端通过一条可信途径连接到系统上。

4. A类

A类为验证保护类,是TCSEC中最高的安全级别,也称为A1级别。它包含一个严格的设计、控制和验证过程。该级别包括其低级别所具有的所有特性。设计必须是从数学上经过验证的,而且必须进行隐蔽通道和可信任分布的分析。可信任分布的含义是,硬件和软件在传输过程中受到保护,不可破坏安全系统。

A1级要求具有系统形式化顶层设计说明(FTDS),并形式化验证FTDS与形式化模型的一致性,用形式化技术解决隐蔽通道问题等。

美国国防部采购的系统要求其安全级别至少达到B类,商业用途的系统也追求达到C类安全级别。国外厂商向我国推销的计算机系统基本上是B类以下的产品,自主开发符合TCSEC的B类安全级别的操作系统一直是我国近几年来研究的热点,尤其是自主开发达到TCSEC B2级的安全操作系统是我国研究人员首选的开发目标。

11.3.4 CC(ISO/IEC 15408-1999)

1993年,美国在对TCSEC进行修改、补充的基础上,发布了美国信息技术评价联邦准则(Federal Criteria,FC)。国际标准化组织统一现有多种准则,于1996年推出国际通用准则(Common Criteria,CC)V1.0,于1999年推出国际标准CC V2.1(ISO/IEC 15408-1999)。CC结合了FC及TCSEC的主要特性,它强调将安全的功能与保障分离。

CC是第一个信息技术安全评价国际标准,是信息技术安全评价标准以及信息技术发展的一个重要里程碑。它分为三个部分:"简介和一般模型",介绍了CC中的有关术语、基本概念、一般模型以及与评估有关的一些框架;"安全功能需求",按"类-子类-组件"的方式提出安全功能需求;"安全认证需求",定义了评估保证级别,介绍了"保护轮廓"和"安全目标"的评估,并按"类-子类-组件"的方式提出安全保证要求。这三个部分相互依存,缺一不可。

CC的一个核心思想是信息安全提供的安全功能和对信息安全技术的保证承诺之间相互独立。该思想在CC标准中主要反映在两个方面:信息系统的安全功能和安全保证措施之间相互独立,并且通过独立的安全功能需求和安全保证需求来定义一个产品或系统的完整信息安全需求;信息系统的安全功能及说明与对信息系统安全性的评价完全独立。CC的另一个核心思想是安全工程的思想,即通过对信息安全产品的开发、评价及使用全过程的各个环节实施安全工程来确保产品的安全性。

11.3.5 中国计算机信息系统安全保护等级划分准则

1999年10月19日,中国国家技术监督局发布了中华人民共和国国家标准GB 17859-1999《计算机信息系统安全保护等级划分准则》,该准则参考了美国《美国可信计算机系统评估》(TCSEC)和《可信计算机网络系统说明》(NCSC-TG-005),将计算机信息系统安全保护能力划分为5个等级。

1. 第一级:用户自主保护级

每个用户对属于他的客体具有控制权,如不允许其他用户写他的文件而允许其他用户读他的文件。存取控制的权限可基于三个层次:客体的拥有者、同组用户和其他用户。另外,系统中的用户必须用一个注册名和一个口令验证其身份,目的在于标明主体是以某个身份进行工作的,避免非授权用户登录系统。同时,要确保用户不能访问和修改用来控制客体存取的敏感信息和用来进行身份鉴别的数据。

2. 第二级:系统审计保护级

与第一级相比,增加了以下内容。

(1) 自主存取控制的粒度更细,要达到系统中的任何一个单一用户。

(2) 审计机制。审计系统中受保护客体被访问的情况,用户身份鉴别机制的使用,系统管理员、系统安全管理员、操作员对系统的操作,以及其他与系统安全有关的事件。要确保审计日志不被非授权用户访问和破坏。

(3) 对系统中的所有用户进行唯一的标识,系统能通过用户标识号确认相应的用户。

(4) 客体复用。当释放一个客体时,将释放其目前所保存的信息;当它再次被分配时,新主体不能据此获得原主体的任何信息。

3. 第三级:安全标记保护级

在第二级的基础上增加了下述安全功能。

(1) 强制存取控制机制。

(2) 在网络环境中,要使用完整性敏感标记确保信息在传送过程中没有受损。

(3) 系统要提供有关安全策略模型的非形式化描述。

(4) 系统中主体对客体的访问要同时满足强制访问控制检查和自主访问控制检查。

(5) 在审计记录的内容中,对客体增加和删除事件要包括客体的安全级别。

4. 第四级：结构化保护级

该级别要求具备以下安全功能。

（1）可信计算基（TCB）建立在一个明确定义的形式化安全策略模型之上。

（2）对系统中的所有主体和客体实行自主访问控制和强制访问控制。

（3）进行隐蔽存储信道分析。

（4）为用户注册建立可信通路机制。

（5）可信计算基（TCB）必须结构化为关键保护元素和非关键保护元素。TCB的接口定义必须明确，其设计和实现要能经受更充分的测试和更完整的复审。

（6）支持系统管理员和操作员的职能划分，提供了可信功能管理。

5. 第五级：访问验证保护级

该保护级的关键功能为：

（1）可信计算基（TCB）满足访问监控器需求，它仲裁主体对客体的全部访问，其本身足够小，能够分析和测试。在构建TCB时，要清除那些对实施安全策略不必要的代码，在设计和实现时，从系统工程角度将其复杂性降低到最小程度。

（2）扩充审计机制，当发生与安全相关的事件时能发出信号。

（3）系统具有很强的抗渗透能力。

11.4　分布式操作系统安全

分布式系统的安全比集中式系统更为重要，也更为复杂。身份认证和访问控制是任何一个安全操作系统必须考虑的问题。在分布式系统中，访问控制可以由路由器和应用程序分别予以实现。既然是用网络实现信息通信，就有必要使用加密和数字签名来保护通信内容的安全，并检验网上信息发送者的身份。

11.4.1　加密和数据签名

加密可以对计算机系统中的信息进行安全保护，更多的用户要求用加密的方法对其网络上通信的信息进行保护。加密（encryption）使用密钥将数据编码，加密后的数据称为密文，而加密前的数据称为明文。从密文转换为明文的过程称为解密。

衡量加密算法安全性的方式是计算安全（computationally secure）。如果不能通过现有的资源进行系统的分析来破解系统，加密算法就是计算安全的。加密分为两类：对称加密和非对称加密。除了对整体信息进行加密，还可以对文件进行数字签名。

1. 对称加密

（1）对称加密。对称加密是指加密和解密使用同样密钥的算法。

$$E(p,k)=C$$
$$D(C,k)=p$$

其中：

E代表加密算法；D代表解密算法；p代表明文；k代表加密密钥；C代表密文。

既然加密和解密使用相同的密钥，该密钥的秘密保存是关键。一般来说，密钥在计算机中占有的位数越多，系统就越安全。1977年公布的《数据加密标准》（*Data Encryption Standard*，DES）使用64位的密钥，其中8位用来做检验位。所以实际上有56位的密钥是用作安全目的。DES 的安全是建立在密钥的安全上，而不是算法的安全上。这种安全通过密钥的长度来加强。

(2) 使用对称密钥加密的数字签名。在网络上传输数据时，有两种基本方法对文件进行数字签名。第一种方法是用私钥加密的数据签名。使用一个安全 Hash 函数，该函数称为摘要函数，典型的有 128 位。将该摘要函数应用于整个消息，产生一个依赖于消息中每一位信息的值。利用共享的私钥可以计算摘要，最简单的方法是计算消息的 Hash 值，再用私钥加密摘要，然后与加密后的摘要一同发送。第二种方法是将密钥添加在消息后面，然后计算 Hash 值，再进行数据发送。

2. 非对称加密

非对称加密包含两个密钥，一个公钥和一个私钥。加密使用的密钥与解密使用的密钥不是同一个密钥。如果使用公钥加密，可以用对应的私钥进行解密。

$$E(p,k_u)=C$$
$$D(C,k_r)=p$$

其中：

E 代表加密算法；D 代表解密算法；p 代表明文；k_u 代表公钥；k_r 代表私钥；C 代表密文。

如果加密一段信息由私钥加密，可以用对应的公钥以下面的方式解密。

$$E(p,k_r)=C$$
$$D(C,k_u)=p$$

其中：

E 代表加密算法；D 代表解密算法；p 代表明文；k_u 代表公钥；k_r 代表私钥；C 代表密文。

不能用加密消息的密钥对其进行解密。私钥应当由用户秘密地保存，公钥可以通过公共列表服务向大家公布。这样，即使有人知道了其中一个密钥，也很难得到另一个。

11.4.2 身份认证

在一个分布式环境中，提供身份认证机制是必需的。认证或检验用户的身份可以通过三个方法进行。

(1) 用口令来检验用户的身份，这是最普通的方法，但也是最不安全的。

(2) 使用用户持有的一些信息，如密钥等检验用户的身份。

(3) 使用用户自身的一些信息，如用户的指纹或视网膜等检验用户的身份，这是最安全、最昂贵的方法。

在分布式系统中使用这些方法时，一定要解决以下问题。

(1) 窃听。防止从通信线路上窃听信息。

(2) 多口令管理。如果要访问一个多机系统，每个系统都要保留用户的 ID 和口令，如何对这些口令进行管理。

(3) 重演。认证信息在网络上传送时，即使是加了密的，别人仍可以复制它，并在一段时间后重新发送，这样一来，导致系统被不适当地访问。

(4) 信赖。认证行为是单向的，还是用户也有能力去验证并在信任后合法地执行服务。

在分布式系统中，要解决这些问题，通常使用一个认证证书管理系统。认证证书是由分布式系统中的计算机产生,通常具有时间有效期,经过认证后可以方便地访问多种资源的信息包。时间有效性防止了一段时间后重演的发生。

1. 证书表

证书表基于公钥加密算法。用户的身份标识信息成为一个认证证书,可以放在证书表中。认证部门检验用户的身份通过认证授权和检验用户的公钥。图11-5描述了一个远程过程是如何利用证书表调用服务的。

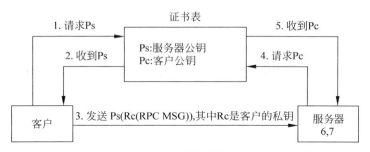

图 11-5　用作安全 RPC 的证书表

认证证书是通过数字签名来认证的,下面以目录服务为例说明证书表是如何发挥作用。

目录服务提供了证书表的位置,但它假定存在一个可信赖的认证部门来创建这些认证证书。认证证书是由发布人以他自己的私钥加密签署的。由此将证书持有人的姓名与发布人的密钥联系在一起。认证证书包含的元素有:

(1) 版本号。

(2) 序列号。序列号是发行证书的部门发布的唯一的整数值。

(3) 算法标识符。算法标识符标识了认证部门签署认证证书时所采用的算法,认证部门用其私钥签署每一份证书。

(4) 发行者和认证部门。

(5) 有效期。有效期提供了有效的最初和最迟日期。

(6) 正文。证书要证明的标识。

(7) 公钥信息。为证书所标识的正文提供公钥和算法标识符。

(8) 签名。

任何拥有认证部门公钥的用户都可恢复并验证证书表内每个认证证书的真实性。

在使用证书的过程中存在一个潜在的问题,就是认证证书过期之前的证书废除。这通过保持一个废除列表来实现。该列表是与证书一同保存的,当需要确认证书是否真实有效时可以查询该表,废除列表还保持一个由证书部门的私钥签署的消息摘要以保持并确保列表的完整性。

2. 集中式证书分送中心

一个集中式证书分送中心依赖某一地点来管理所分送的全部认证证书。所以,证书分送中心就成为分布式系统中一个关键的因素。如果证书分送中心崩溃或受到危害,整个分布式系统都会受到影响。证书分送中心在认证数据库管理器中保存了一份所有合法用户的私钥和系统服务的副本。证书中心使用这些私钥向每个想利用服务的用户分发服务证书,服务证书必须以客户使用服务的形式表现出来。对每个用户和每个服务,都有一个唯一的服务证书。一个用户可能有若干个服务证书,而每个服务证书都必须对应一项服务。服务证书只在一个有限的时间内对特定的服务有效。如果用户的服务证书过期了,用户必须使用用户的系统认证证书从分送中心处获得一个新的服务证书。

Kerberos 是第一个广泛应用的分布式认证协议。Kerberos 系统包含以下四个阶段。

(1) 阶段 0:注册 Kerberos。在任何一个用户建立会话之前,必须离线(off-line)地在 Kerberos 密钥分送中心建立用户的标识。完成之后,用户的 ID 和口令在 Kerberos 数据库管理器中以加密的方式保存。这样就认为用户已经注册,并可以利用 Kerberos 协议的网络服务。

(2) 阶段 1:获得一个系统票据。Kerberos 认证证书称为票据。该阶段获得一个系统票据,用来从阶段 2 的票据授予服务(Ticket Granting Service,TGS)中获得服务票据。获得的 Kerberos 系统票据以 TGS 的一个特别私钥加密。该系统票据中有客户的身份信息。加密 Kerberos 票据的目的是验证票据的合法性。

(3) 阶段 2:获得服务票据。客户向 TGS 发送一个经过会话密钥加密的数据包,会话密钥是由客户与 TGS 共享的。当 TGS 使用密钥将系统票据解密后,它可以验证系统证书中的信息是否与接收到的数据包中的信息相符合。如果符合,TGS 就可以确定请求是合法的。认定请求合法后,TGS 向客户发送一个数据包,数据包内包括使用服务器的私钥加密的服务票据、服务的名称、有效时间以及一个临时标签。该数据包是由客户与服务器共享的会话密钥加密的。如果临时标签相符合,客户就知道这是正确的回应。此时已经有了使用 Kerberos 中所列某项服务的密钥。

(4) 阶段 3:使用间接服务。客户有了服务票据,就可以使用服务了。服务票据允许此项服务对客户的标识进行身份认证。为了使用服务,客户向服务器发送一个数据包,包中包含了服务票据和客户的标识。服务票据是以服务器的私钥进行加密的,并且包含了客户的身份标识和时间戳。如果时间戳没有过期并且身份标识也符合,那么客户就通过了身份验证,可以自由地使用服务了。

11.4.3 防火墙

当一个开放的分布式系统设计成允许信息在所有相连接的系统间自由流动时,分布式操作系统必须提供访问控制的功能,这样只有需要共享的信息才能共享。分布式系统中的访问控制必须依赖硬件的协助,即采用所谓的防火墙技术来实现。

防火墙必须避免系统受到各种不安全因素的威胁,并防止所有的威胁通过此墙进入它所保护的系统中。防火墙一般分为两种类型:包过滤网关和代理服务。

1. 包过滤网关

包过滤网关防火墙用于指明哪些信息允许通过防火墙,哪些信息不允许通过。防火墙可以进行配置,配置的目的是指定哪些内部的计算机服务可以与外部世界共享。

包过滤网关防火墙一般在连接内部系统与外部世界的路由器上实现。一般的路由器都可以实现包过滤的功能,但是防火墙路由器能够提供更友好的用户界面,可以更方便地对基于安全的过滤进行配置。防火墙通过检查网络地址,确定从某一地址传来的信息是否可以通过。

2. 代理服务

代理服务是对内部客户提供的一个访问外部世界的服务。提供服务的同时,它还增加了一些安全的措施。代理服务有以下两种基本类型。

(1) 应用层次的网关代理服务。应用层次的网关代理服务通过重写所有主要的应用程序来提供访问控制。新的应用程序位于一个所有用户都可以使用的集中式主机上,该主机被称为设防主机,代表关键的安全点。应用程序运行时先进行安全认证。应用层次的网关代理服务是对包过滤网关的补充。

(2) 电路层次的网关代理服务。电路层次的网关代理服务与应用层次的网关代理服务相似,二者都是为单个应用程序设计的,不同的是电路层次的网关代理服务对用户是透明的,特别是外部的用户可以通过 TCP 端口与网络连接。在电路层次的网关代理服务中,防火墙提供了 TCP 的端口并双向传递数据,就像一段线路一样。电路层次的网关代理服务在较低的层次上运行,它需要修改客户以获得目的地址,修改后的客户经常只用作外部的连接,所有的过滤动作都是单独对源地址和目的地址执行的,并没有特定命令的附加信息。修改后的客户和电路层次的网关代理服务保存了一份所传递字节数量的日志,日志中有 TCP 的目的地址。如果一个已知的站点有安全上的问题,系统管理员可以使用该日志,去通知系统中任何与这个站点相连接的成员。

11.5 Linux 操作系统安全性

Linux 是一个多用户、多任务的操作系统,该类操作系统的基本功能就是防止同一台机器上的不同用户之间相互干扰,所以 Linux 的设计宗旨就是要考虑安全性问题。

Linux 的安全性借助以下四种方式提供功能。

(1) 系统调用。用户进程通过 Linux 系统调用接口,显式地从内核获得服务,内核根据调用进程的要求执行用户请求。

(2) 异常。进程的某些不正常操作,如除数为 0、用户堆栈溢出等将引起硬件异常,异常发生后内核将干预并处理之。

(3) 中断。内核处理外围设备的中断,设备通过中断机制通知内核 I/O 完成状态的变化。

(4) 由一组特殊的系统进程执行系统级的任务。例如,控制活动进程的数目或维护空闲内存空间。

系统具有两个执行状态:核心态和用户态。运行内核中程序的进程处于核心态,运行核外程序的进程处于用户态。系统保证用户态下的进程只能存取它自己的指令和数据,而不能存取内核和其他进程的指令和数据,并且保证特权指令只能在核心态执行,如中断、异常等不能在用户态下使用。用户程序可以使用系统调用进入核心,运行完系统调用后,再返回用户态。系统调用是用户态进程进入系统内核的唯一入口,用户对系统资源中信息的存取要通过系统调用实现。

11.5.1 标识与鉴别

1. 标识

Linux 的各种管理功能都限制在一个超级用户(root)中。作为超级用户,它可以控制一切,包括用户账号、文件和目录、网络资源等。超级用户管理所有资源的变化,例如,每个账号都是具有不同用户名、不同口令和不同访问权限的一个单独实体。这样就允许超级用户授权或拒绝任何用户、用户组合和所有用户的访问。用户可以生成自己的文件,安装自己的程序等,系统为用户分配用户目录,每个用户都可以得到一个主目录和一块硬盘空间。这块硬盘空间与系统区域和其他用户占用的区域分割开来,这样,可以防止一般用户的活动影响其他文件系统。

系统还为每个用户提供一定程度的保密,作为超级用户,可以控制哪些用户能够进行访问以及他们可以把文件存放在哪里,控制用户能够访问哪些资源,用户如何进行访问等。

用户登录到系统中时,需要输入用户名标识其身份,内部实现时,系统管理员在创建用户账户时,为其分配一个唯一的标识号(UID)。

系统文件/etc/passwd(简称口令文件)中含有每个用户的信息,包括用户的登录名、经过加密的口令、用户号、用户组号、用户注释、用户主目录和用户所有的 shell 程序,其中,用户标识号(UID)和用户组号(GID)用于唯一地标识用户和同组用户及用户的访问权限。系统中,超级用户的 UID 为 0,每个用户可以属于一个或多个用户组,每个组由一个 GID 唯一地标识。在大型的分布式系统中,为了统一对用户进行管理,通常将每台工作站上的口令文件存放在网络服务器上,如 Sun 公司的网络信息系统(NIS)、开发软件基金会的分布式计算机环境(DCE)等。

2. 鉴别

用户名是标识,而口令是确认证据。用户登录时,需要输入口令来鉴别用户的身份。当用户输入口令后,Linux 系统使用改进的《数据加密标准》(*Data Encryption Standard*,DES)算法对其进行加密,并将结果与存储在/etc/passwd 或 NIS 数据库中的用户口令进行比较,若二者匹配,说明该用户的登录合法,否则拒绝用户登录。

11.5.2 存取控制

Linux 系统的存取控制机制通过文件系统实现。

1. 存取权限

命令 ls 可列出文件或目录对系统内不同用户给予的存取权限。例如:
-rw-r--r--　1 root　root　1973 Mar 7 10:20　passwd
存取权限共有 9 位,分为三组,用于指出不同类型的用户对该文件的访问权限。权限有以下三种。

(1) r:允许读。
(2) w:允许写。
(3) x:允许执行。
用户有以下三种类型。
(1) owner:文件主,即文件的拥有者。
(2) group:同组用户。
(3) other:其他用户。

图 11-6 给出了文件存取权限的图形解释,其中,文件主具有读、写文件的权限,同组用户和其他用户只可读文件。

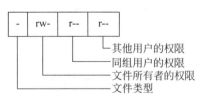

图 11-6　文件存取权限

2. 改变权限

改变文件的存取权限可以使用 chmod 命令,合理的文件授权可防止偶然性地覆盖或删除文件。改变文件的属主可用命令 chown,改变文件的组可用命令 chgrp。

11.5.3 审计与加密

1. 审计

Linux 系统的审计机制能监控系统中发生的事件,以保证安全机制正确工作并及时对系统异常进行报警提示。审计结果常写在系统的日志文件中,丰富的日志为系统的安全运行提供了保障。常见的日志文件如表 11-2 所示。

表 11-2 Linux 系统的日志文件

日志文件	说 明
acct 或 pacct	记录每个用户使用过的命令
aculog	记录拨出 modems 记录
lastlog	记录用户最后一次成功登录的时间和最后一次失败登录的时间
loginlog	不良的登录尝试记录
messages	记录输出到系统主控台以及由 syslog 系统服务程序产生的信息
sulog	记录 su 命令的使用情况
utmp	记录当前登录的每个用户
utmpx	扩展的 utmp
wtmp	记录每一次用户登录和注销的历史信息
wtmpx	扩展的 wtmp
void.log	记录使用外部介质,如软盘或光盘出现的错误
xferlog	记录 FTP 的存取情况

Linux 把输出的日志信息放入标准或共享的日志文件里,大部分日志信息存放在/var/log 目录中。

当前的 Linux 系统很多都达到了 TCSEC 规定的 C2 级安全标准。

2. 加密

加密是指一个消息用一个数学函数和一个专门的加密口令转换为另一个消息的过程,解密是它的反过程。

在 Linux 系统中提供了加密程序,使用加密命令可以对指定文件进行加密。

Linux 可以提供点对点的加密方法,以保护传输中的数据。当数据在因特网上传输时,要经过许多网关,在数据传输过程中很容易被窃取。这种添加的 Linux 应用程序可以进行数据加密,这样,即使数据被截获,窃取者得到的也是一堆乱码。Secure Shell 就是有效地利用加密来保证远程登录的安全。

在使用 passwd 修改密码时,如果输入的密码不够安全,系统会给出警告,说明密码选择得很糟糕,这时,最好换一个密码。绝对避免使用用户名当密码。在 Linux 系统中,为了安全起见,还把密码放在其他地方,即/etc/shadow。在/etc/passwd 文件中的密码串被替换成了 x,系统在使用密码时,发现 x 标记后寻找 shadow 文件,完成相应的操作。而 shadow 文件只有 root 用户才可存取。

11.5.4 网络安全

当前的 Linux 系统通常在网络环境中运行,默认支持 TCP/IP 协议,网络安全性主要指防止本机或本网络被非法入侵、访问,从而达到保护本系统可靠、正常运行的目的。

1. 网络的使用限制

Linux 系统有能力提供网络访问控制和有选择地允许用户和主机与其他主机的连接。相关的配置文件如下。

/etc/inetd.conf:文件中指出系统提供哪些服务。

/etc/services:文件中列出了端口号、协议和对应的名称。

使用文件/etc/hosts.allow 和/etc/hosts.deny 可以很容易地控制哪些 IP 地址禁止登录,哪些可以登录。有了服务限制条件,可以更好地管理系统。

Linux 系统可以限制网上访问常用的 telnet、ftp、rlogin 等网络操作命令,最简单的方法是修改/etc/services 中相应的端口号,使其完全拒绝某个访问,或者对网上的访问做有条件的限制。

(1) 当远程使用 FTP 访问系统时,Linux 系统首先验证用户名和密码,无误后查看/etc/ftpusers 文件(不受欢迎的用户表),一旦其中包含登录用户的用户名,则系统自动拒绝连接,从而达到限制的作用。

(2) Linux 系统没有对 telnet 的控制,但/etc/profile 文件是系统默认的 shell 变量文件,所有用户登录时必须首先执行它,故可修改该文件达到安全访问的目的。

(3) 所谓用户等价,就是用户不用输入密码,即可以用相同的用户信息登录到另一台主机中,用户等价的文件名为.rhosts,存放在根目录下或用户主目录下。它的形式如表 11-3 所示。

表 11-3 用户等价文件的内容

主 机 名	用 户 名
Ash020000	root
Ash020001	dgxt

主机等价类似于用户等价,它是指在两台计算机除根目录以外的所有区域有效,主机等价文件为/etc/equiv。

使用用户等价和主机等价,用户可以不用口令而登录到远程系统上。

2. 网络入侵检测

标准的 Linux 发布版本还配备了入侵检测工具,利用它可以使系统具备较强的入侵检测能力。这些入侵检测能力包括让 Linux 记录入侵企图,当攻击发生时及时给出警报;让 Linux 在规定情况的攻击发生时,采取事先确定的措施;让 Linux 系统发出一些错误信息,例如模仿成其他操作系统。

11.5.5 备份

无论采取怎样的安全措施,都不能完全保证系统不产生崩溃的可能性。系统的安全性和可靠性是与备份密切相关的,定期备份是一件非常重要的工作,它可使灾难发生后将系统恢复到一个稳定的状态,将损失降低到最小。

备份的常用类型有零时间备份、整体备份和增量备份。系统的备份应根据具体情况制定合理的策略。

Linux 系统中，提供了几个专门的备份程序，如 dump/restore 和 backup。网络备份程序有 rdump/restore、rcp、ftp、rdist 等。

最安全的备份方法是把数据备份到其他地方，如网络、磁带、可移动磁盘和可擦写光盘等。

11.6 Windows 2000/XP 操作系统安全

11.6.1 Windows 2000/XP 安全模型

Windows 2000/XP 的安全模型影响整个 Windows 2000/XP 操作系统。由于对象的访问必须经过一个核心区域的验证，因此没有得到正确授权的用户不能访问对象。

首先，用户必须在 Windows 2000/XP 拥有一个账号，规定该账号在系统中的特权。在 Windows 2000/XP 中，特权是指用户对整个系统能够做的事情，如关闭系统、添加设备和更改系统时间等。权限专指用户对系统资源所能做的事情，如对某文件的读、写操作和对打印机队列的管理等。系统中有一个安全账号数据库，其中存放用户账号和该账号所具有的特权，用户对系统资源所具有的权限和特定的资源一起存放。

在 Windows 2000/XP 中，安全模型由本地安全认证、安全账号管理器和安全参考监督器构成。除此之外，还包括注册、访问控制和对象安全服务等，如图 11-7 所示。

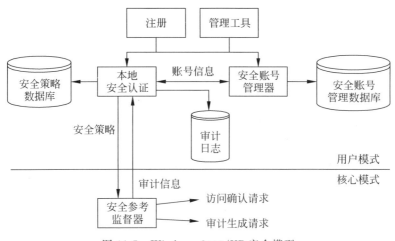

图 11-7　Windows 2000/XP 安全模型

1. 用户和用户组

在 Windows 2000/XP 中，每个用户必须有一个账号，用于登录和访问系统中的计算机资源和网络资源。用户账号包含的内容如表 11-4 所示。

表 11-4　用户账号包含的信息

项　　目	说　　明
用户名（Username）	用户登录名
用户全称（Full Name）	用户全称
用户密码（Password）	用户登录密码
隶属的工作组（Group）	用户隶属于哪个工作组
用户环境配置文件（Profile）	设置和记录登录的工作配置文件

续表

项　　目	说　　明
可在哪些时间登录(Logon Hours)	设置用户只能在允许的时间内登录
可在哪些站点登录(Logon Computer)	限制用户只能在允许的工作站登录
账号有效日期(Expiration Date)	有效日期过期后,用户无法登录
登录脚本文件(Logon Script)	设置用户在登录时自动运行的文件
主目录(Home Directory)	设置用户登录后的工作目录
拨入(Dialin)	设置用户是否可以通过拨号的方式连接到网络上

系统有两种默认类型的账号:管理员账号(Administrator)和访问者账号(Guest)。管理员账号可以创建新账号,创建新账号的工具是系统的标准配置,它是随系统同时安装的。

Windows 2000/XP 支持工作组。通过工作组,可以方便地给一组相关的用户授予特权和权限。一个用户可以属于一个或多个工作组。Windows 2000/XP 提供了许多内置的工作组:管理员(Administrators)、备份操作员(Backup Operators)、打印操作员(Printer Operators)、特权用户(Power Users)、一般用户(Users)和访问用户(Guests)。

2. 域和委托

域模型是 Windows 2000/XP 网络系统的核心,所有 Windows 网络的相关内容都是围绕着域来组织的。与工作组相比,域模型在安全方面有非常突出的优越性。

域是一些服务器的集合,这些服务器被归为一组,它们共享同一安全策略和用户账号数据库。域的集中化用户账号数据库和安全策略使得系统管理员可以用一个简单而有效的方法维护整个网络的安全。域由一个主域服务器、若干个备份域服务器和工作站组成。域可以把机构中不同的部门分开。设定正确的域配置可使管理员控制网络用户的访问。

维护域的安全和安全账号管理数据库的服务器称为主域服务器,而其他存有域的安全数据和用户账号信息的服务器则称为备份域服务器。主域服务器和备份域服务器都能验证用户登录上网的要求。备份域服务器的作用在于,当主域服务器崩溃时,提供一个备份并防止重要的数据丢失。每个域中允许有一个主域服务器。安全账号数据库的原件就存放在主域服务器中,并且只能在主域服务器中对数据进行维护。在备份域服务器中,不允许对数据进行任何改动。

委托是一种管理方法,它将两个域连接在一起,并允许域中的用户互相访问。委托关系可使用户账号和工作组在建立它们的域之外的域中使用。委托分为受委托域和委托域,受委托域使用的用户账号可以被委托域使用。这样,用户只需一个用户名和口令就可以访问多个域。

3. 活动目录

活动目录是 Windows 2000/XP 网络体系结构中一个基本且不可分割的部分。它提供了一套为分布式网络环境设计的目录服务。活动目录使得组织机构可以有效地对有关网络资源和用户的信息进行共享和管理。另外,目录服务在网络安全方面扮演着中心授权机构的角色,从而使操作系统可以轻松地验证用户的身份并控制其对网络资源的访问。

活动目录允许组织机构按层次、面向对象的方式存储信息,并提供支持分布式网络环境的多主复制机制。

(1) 层次式组织。活动目录使用对象表示用户、组、主机、设备及应用程序等网络资源,使用容器表示组织或相关对象的集合。它将信息组织为由这些对象和容器组成的树结构。

(2) 面向对象的存储。活动目录用对象的形式存储相关网络元素的信息,这些对象可以被设置一些属性来描述对象的特征。这种方式允许系统在目录中存储各种各样的信息并且密切控制对信息的访问。

(3) 多主复制。为了在分布式环境中提供高性能、可用性和灵活性，活动目录使用多主复制机制，该机制允许组织机构创建多个目录副本，并把它们放置在网络中的各个位置上。网络中任一位置上的变更都将被自动复制到整个网络上。

活动目录服务有以下特点。

(1) 简化管理。以层次化组织用户和网络资源，活动目录使管理员拥有对用户账号、客户、服务器和应用程序进行管理的单一点，从而减少了冗余的管理任务，同时让管理员管理对象组或容器而不是每个单独的对象，增加了管理的准确性。

(2) 加强安全性。强大且一致的安全服务对企业网络而言是必不可少的。管理用户验证和访问控制的工作单调且容易出错。活动目录集中进行管理并加强了与组织机构的商业过程一致的且基于角色的安全性。

(3) 扩展的互操作性。将不同的系统结合在一起，并增强目录及管理任务，活动目录提供了一个中枢集成点。

4. 登录

Windows 2000/XP 的登录分为本地登录和网络登录。通过登录系统建立一个安全环境并为用户完成一些有用的工作。

5. 资源访问控制

Windows 2000/XP 的安全达到了美国可信计算机系统评测准则 (TCSEC) 中的 C2 级，实现了用户级自主访问控制，如图 11-8 所示。

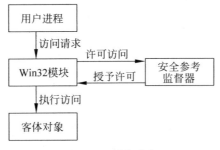

图 11-8　对象访问

为了实现进程间的安全访问，Windows 2000/XP 中的对象采用了安全描述符 (Security Descriptor)，安全描述符主要由用户、工作组、访问控制列表和系统访问控制列表组成，如图 11-9 所示。

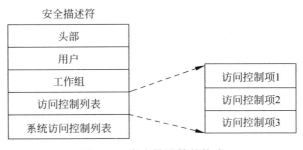

图 11-9　安全描述符的构成

当某个进程要访问一个对象时,进程与对象的访问控制列表进行比较,以决定是否可以访问该对象。访问控制列表由访问控制项组成,每个访问控制项标识用户和工作组对该对象的访问权限。

一般情况下,访问控制列表有三个访问控制项,分别代表拒绝对该对象的访问、允许对该对象读取和写入、允许执行该对象。

在 Windows 2000/XP 中,用户进程不直接访问对象,而是由 Win32 代表用户访问对象。这样做的好处是由操作系统负责实施对对象的访问,使得对象更加安全。

当进程请求 Win32 对对象执行一种操作时,Win32 借助安全参考监督器进行校验,安全参考监督器首先检查用户的特权,然后将进程的访问令牌与对象的访问控制列表进行比较,决定进程是否可以访问该对象。

6. 审计子系统

Windows 2000/XP 达到了美国可信计算机系统评测准则(TCSEC)的 C2 级标准,具有审计功能。系统有三种日志:系统日志、应用程序日志和安全日志,可以使用事件查看器浏览和按条件过滤显示。系统日志和应用程序日志是系统和应用程序生成的错误警告和其他信息,用户可随时进行查看。安全日志则是审计数据,只能由审计管理员查看和管理。

Windows 2000/XP 的审计子系统默认情况下是关闭的,审计管理员可以在服务器的域用户管理或工作站的用户管理中打开审计,并设置审计事件类。事件分为 7 类:系统类、登录类、对象存取类、特权应用类、账号管理类、安全策略管理类和详细审计类。对于每类事件,可以选择审计失败或成功。对于对象存取类的审计,管理员还可以在资源管理器中进一步指定各文件和目录的具体审计标准,如读、写、修改、删除、运行等操作。

审计数据以二进制结构的形式存放在磁盘上,每条记录都包含事件发生的时间、事件源、事件号和所属类别、机器名、用户名和事件本身的详细描述。

用户登录时,WinLogon 进程为用户创建访问令牌,其中包含用户及所属组的标识符,它们作为用户的身份标识。文件等客体则含有自主访问控制列表(DACL),用于标明哪些用户有权访问该客体。系统中还有系统访问控制列表(SACL),用于标明哪些用户的访问需要被系统记录。

当用户进程访问客体对象时,通过 Win32 子系统向核心请求访问服务,核心的安全参考监督器将访问令牌与客体的 DACL 进行比较,确定是否拥有访问权限,同时检查客体的 SACL,确定本次访问是否在既定的审计范围内,若是,则送至审计子系统。整个审计过程如图 11-10 所示。

11.6.2 Windows 的注册表、文件系统及系统的激活和授权机制

1. 注册表

Windows 将它所有的配置信息存储在一个称为注册表的数据库中。注册表中包含用户、应用程序、硬件、网络协议和操作系统的信息。

注册表是一个具有容错功能的数据库,一般情况下不会崩溃。

Windows 的注册表分为两种主要文件。

(1) User.dat:注册表通过该文件存放各个用户特定的一些设置,例如用户的桌面设置和用户引导菜单的内容等。

(2) System.dat:注册表通过该文件存放系统的一般硬件与软件的设置。

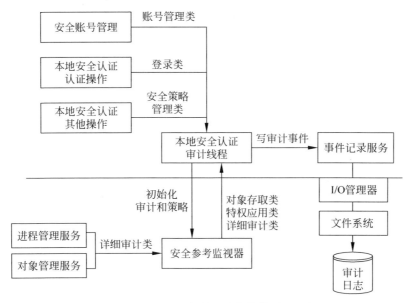

图 11-10 审计子系统结构图

Windows 的注册表中设有保护层,保护这些文件中的数据。所有的注册表文件均以加密的二进制格式存储。如果没有相应的工具和用户授权,无法读取这些文件。

注册表文件标有只读或隐藏系统文件类的标记,防止被他人无意中删除或发现。即使拥有管理员特权的用户也无法删除注册表,用户可以通过注册表编辑器(Registry Editor)查看和编辑注册表,通过注册表可以修改系统底层的配置。

2. 文件系统

NTFS 是 Windows NT 引进的文件系统,也是 Microsoft 重点推荐的文件系统。NTFS 有许多安全特性。

NTFS 文件系统具有可恢复性。NTFS 文件系统可在系统崩溃和磁盘失效的情况下恢复,在失效情况发生后,NTFS 重新构建磁盘的 NTFS 文件系统。NTFS 通过事件处理模型达到这一目的。在事件处理模型中,每个重要的文件系统修改都被看成是一次原子操作,要么成功,要么失败,不允许有中间状态。另外,NTFS 保留有文件系统关键数据的冗余存储,从而不会因为磁盘扇区的失效而丢失用于描述文件系统结构的数据。

NTFS 文件系统具有安全性。NTFS 主要采用两种措施对文件系统进行安全性保护,一是对文件和目录权限的设置,二是对文件和目录进行加密。

NTFS 卷上的每个文件和目录在创建时,创建人就是文件的拥有者,文件的拥有者控制文件和目录权限的设置,并由他赋予其他用户的访问权限。

NTFS 为了保证文件和目录的安全和可靠,制定了以下的权限设置规则。

(1) 只有被赋予了权限或是属于拥有这种权限组的用户,才能对文件或目录进行访问。

(2) 权限是累计的。如果组 A 的用户对一个文件拥有写的权限,组 B 的用户只有读的权限,而组 C 同属于两个组,则组 C 将具有写的权限。

(3) 拒绝访问权限的优先级高于其他所有权限。

(4) 文件权限始终优先于目录权限。

(5) 当用户在相应权限的目录中创建新的文件和子目录时,创建的文件和子目录继承该目录的权限。

（6）创建文件或目录的用户总是可以随时更改文件或目录的权限设置来控制其他用户对该文件或目录的访问。

通过文件和目录的权限设置，用户可以共享相应权限的文件数据，不仅为不同用户完成共同任务提供了基础，而且还节省了大量的磁盘空间。

另外，NTFS 还提供了文件加密技术，可以将磁盘上的文件加密存放。

11.7 主流操作系统安全机制

11.7.1 Windows Vista/Windows 7/Windows 10 操作系统

1. Windows Vista 安全体系

Windows Vista 是 Microsoft 公司所研发的具有创新历史意义的一个版本，旨在改变用户之前对 Windows 操作系统不安全、不可靠的看法。Windows Vista 较上一个版本 Windows XP 增加了上百种新功能，其中包括被称为 Aero 的全新图形用户界面、加强后的搜索功能、新的媒体创作工具以及重新设计的网络、音频、输出（打印）和显示子系统。此外，Windows Vista 也使用点对点技术（Peer-to-Peer）提升了计算机系统在家庭网络中的显示通信能力，使在不同计算机或装置之间分享文件与多媒体内容变得更简单。

微软也在 Windows Vista 的安全性方面进行改良，较 Windows XP 增加了用户账户控制（User Account Control，UAC）以及内置的恶意软件查杀工具（Windows Defender）等。微软实施了更加强硬的安全控制，如采用地址空间布局随机化（Address Space Layout Randomization，ASLR）和分层的办法，以增加操作系统的安全性。总体分析，Windows Vista 操作系统的安全体系结构包含通用基础设施、安全基础设施和安全应用三部分，如图 11-11 所示。

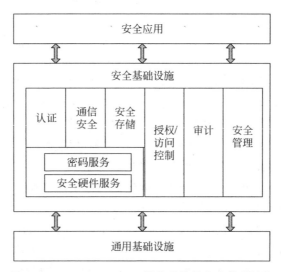

图 11-11　Windows Vista 操作系统的安全体系结构

通用基础设施层向上提供最基本的网络、计算及存储服务。安全基础设施涵盖内容最广，包括认证、存储、通信、访问控制等一系列安全服务，同时也为操作系统自身、操作系统服务以及网络提供安全服务。安全应用层构建于安全基础设施和通用基础设施之上，提供应用安全。

2. Windows Vista 安全机制

1) 权限保护

鉴于软硬件及环境不同,权限保护分为用户账号控制、网络权限保护及智能卡登录体系三类。

(1) 用户账号控制(UAC)是微软为提高系统安全性而引入的技术,本质是要求用户在执行可能会影响计算机运行的操作或者影响其他用户的操作之前,如在应用程序安装和运行、操作系统配置和修改等情形下,提供权限或者管理员的密码,这样可有效防止恶意软件的侵害,大大提升了系统的安全性。通常情况下,用户账号控制模式如下:

① 用户登录默认权限为非管理员。

② 需要管理员权限时必须通过特定的用户界面升级至管理员级别。

(2) 网络权限保护为远程接入设备提供了隔离与管理。例如一台感染病毒的笔记本电脑在内部网络设施中继续使用时就有可能感染整个内部网络。网络权限保护的具体措施如下:

① 任何设备必须通过系统健康检查后,才能接入内部网络。

② 若未通过健康检查,则隔离至受控网络后进行安全补丁、防病毒软件等的安装与更新,修复完成后才可接入。

(3) 智能卡提供了用户身份双重认证的登录体系。要通过身份认证,用户必须提供代表身份的智能卡,接着输入对应的密码,以实现智能卡与密码的双重身份验证。在 Windows Vista 中,微软设计并提供了一套完整的加密服务提供程序(Cryptographic Service Provider,CSP)来简化智能卡的部署。此外,登录系统进一步优化,加强与不同类型凭证供应方交互的能力,提供多身份认证结合的解决方案。

2) 基础平台保护

Vista 的基础平台安全主要从 4 个方面加以保障,分别是安全软件开发周期、系统服务保护、防止缓存溢出和 64 位平台的安全改进。

(1) 安全软件开发周期。

2003 年夏爆发的冲击波病毒 Blaster 给微软公司及其用户带来了巨大的损失,数十万台计算机被感染,约给全球造成 20 亿~100 亿美元的损失。安全开发生命周期(Security Development Lifecycle,SDL)成为这期间微软加强系统安全的有效举措。SDL 本质是基于产品生命周期的开发流程,将操作系统的安全特性考虑并融合至设计、开发、测试、审查及维护/响应各个阶段。

(2) 系统服务保护。

鉴于系统服务程序被恶意软件攻击的次数日益增多,微软在 Windows Vista 操作系统中提供了系统服务保护功能,包括两部分:一部分系统服务程序运行在较低权限的用户账号下,如 LocalService 等;一部分系统服务程序有相应的配置文件,用以指定该服务可以执行的文件、注册表和网络行为。这样即使一个系统程序被攻击,由于不能修改重要的系统文件和注册信息,或者连接网络,它所造成的危害也会得到限制。

(3) 防止缓存溢出。

缓存溢出是操作系统最为严重的安全漏洞。冲击波病毒 Blaster 也正是缓存溢出的典型案例,其结果导致恶意代码被远程执行而使得系统操作异常、不停重启,甚至导致系统崩溃。防止缓存溢出的有效措施包括 NX(No Execution)保护以及寻址空间随机分布(Address Space Layout Randomization,ASLR)。NX 保护可以指定特定页面为数据页面,不允许运行指令,因此一旦 IP 寄存器指向了数据页面,会直接导致硬件异常;ASLR 针对 NX 保护不起作用的特殊攻击(系统函数入口地址可事先确定),Windows Vista 随机从 256 个地址空间中选出一个载入 DLL/EXE,大大降低了系统函数入口地址的可确定性。

(4) 64 位平台。

有问题的驱动程序将为整个系统带来巨大的安全隐患。最典型的如 Rootkit 工具通过修改操作系统本身来实现对文件、特定注册表、网络端口等对象的隐藏。微软在 64 位的 Windows Vista 中设计如下的安全策略:驱动程序数字认证,此技术确保设备驱动程序必须提供数字认证才能被加载;内核修改保护,此技术用来对操作系统的核心状态进行保护,防止未经认证的代码自由修改操作系统的核心态。

3) 数据保护

信息时代下计算机中信息的安全性和保密性至关重要。微软基于 BitLocker、加密文件系统、版权保护、USB 设备控制等技术对 Windows Vista 系统下的数据进行保护。

(1) BitLocker。

BitLocker 技术又称为安全启动技术或磁盘锁,是 Vista 中新增的一种数据保护功能,主要用于解决计算机设备丢失导致的数据失窃或恶意泄露等问题。BitLocker 基于 TPM(Trusted Platform Module)1.2 平台,集硬件和软件保护机制于一身,因此极大地提高了安全性能。当物理设备丢失或被窃取后,仍能提供对 Windows 客户端的安全保证,可有效应对攻击者试图以其他 OS 启动系统,进而非法获取 Windows 系统文件权限的恶意窃取事件。

(2) 加密文件系统。

不同于传统的加密文件系统(EFS)仅对数据卷加密的机制,Windows Vista 引入了磁盘全加密(Full Volume Encryption)功能,对系统数据也进行了加密保护,如将临时文件和虚拟内存的页面文件覆盖在加密范围内,如图 11-12 所示。

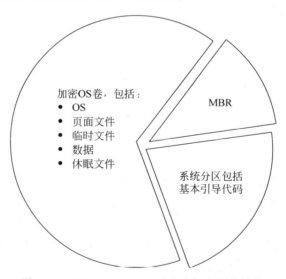

图 11-12　Windows Vista 磁盘全加密硬件结构

(3) 版权保护。

数据资源已跻身为社会发展的新能源,版权保护作为对其有效加密及授权管理的技术愈发重要。版权保护的目的在于保护文档所有者的合法权益,保证文档的使用权只能由被授权用户所有,而文档的使用方式也需遵循相应设置。Windows Vista 提供了访问版权保护的 Office 文档的客户端(RMS Client)。

(4) USB 设备控制。

对 USB 设备以及其他可移动存储介质的管控是系统管理员需要解决的关键问题。因为 USB 设备或其他可移动存储介质在可随身携带并方便复制数据信息的同时,也带来了隐患,如果 USB 设备或其他可移动存储介质的文件已被病毒感染,系统就有可能被感染。在 Windows Vista 中,系统管理员可通过使用 Group Policy 对 USB 设备或其他移动存储介质的安装进行管理。

4) 有害软件及恶意入侵防护

Windows Vista 从安全中心、反间谍软件和有害软件删除工具、防火墙和 IE 安全升级等方面防止有害软件和恶意入侵。

(1) 安全中心。

Windows 安全中心最初是从 Windows XP SP2 开始出现的,主要目的是给用户提供一个系统安全配置信息综合控制面板,方便用户及时看到系统中各个安全特性的状态信息,包括防火墙状态提示、杀毒软件状态提示、自动更新提示等系统基本安全信息。Windows Vista 安全中心除具有基本的安全状态信息(防火墙、自动更新、杀毒软件)外,还增加了反间谍软件、Internet Explorer 的安全设置和用户账号控制。

(2) 反间谍软件和有害软件删除工具。

间谍软件由 ASC(反间谍软件联盟)于 2005 年 8 月提出,至今并未有一个明确的定义。ASC 将间谍软件和其他潜在的有害技术描述为:能够削弱用户对其使用经验、隐私和系统安全的物质控制能力;使用用户的系统资源,包括安装在他们计算机上的程序;或者搜集、使用并散播用户的个人信息或敏感信息。为应对间谍软件的日益泛滥,Windows Vista 集成了微软公司自身的反间谍软件——Windows Defender,用以检测和清除间谍软件和其他种类的有害软件,如键盘记录器、Rootkits 等。为进一步提高安全性,微软公司还提供了有害软件删除工具(Malicious Software Removal Tool,MSRT),MSRT 的病毒检测涵盖了最流行的病毒类型。

(3) 防火墙。

防火墙也称防护墙,由 Check Point 创立者 Gil Shwed 于 1993 年发明并引入国际互联网,是一种位于内部网络与外部网络之间的网络安全系统,通常是软、硬件结合来保护内部网免受非法用户的侵入。防火墙主要由服务访问规则、验证工具、包过滤和应用网关 4 个部分组成。计算机流入流出的所有网络通信和数据包均要经过此防火墙。

Windows Vista 中的防火墙可以控制应用程序的对外网络连接(application-aware outbound filtering),使得内部网络中的 P2P 软件或是网络聊天软件的使用可控。如果机器被感染,outbound filtering 可在一定程度上降低危害性。

(4) IE 安全升级。

IE(Internet Explorer)是微软公司推出的一款网页浏览器,在 IE 7 版本以前称为网络探路者,但在 IE 7 以后官方便统称 IE 浏览器。作为最为流行的互联网访问应用程序,IE 自然成为病毒和间谍软件传播的主要途径。为降低其安全漏洞的危害性,Windows Vista 中的 IE 7 引入了保护模式,运行特征为:

(1) IE 7 运行权限低于普通用户程序。

(2) IE 7 仅对文件系统的特定部分执行写操作。

(3) IE 7 不能对高权限的其他进程进行操作。

(4) 敏感操作由代理进程(broker process)执行。

Windows Vista 中的 IE 7 进行了较大的安全改进，如提供了网络钓鱼的网页过滤器，定义了 ActiveX Opt-In 的使用规则，设置了危险配置警告，重新设计了安全信息状态条等。

3. Windows 7 安全机制的改进

Windows 7 操作系统是基于 Windows XP 和 Vista 的优、缺点进化而来的新系统。除基本的系统改进和新服务外，Windows 7 提供了更多的安全功能，加强了审计和监控功能以及对远程通信和数据加密的功能，此外，Windows 7 还新开发了内部保护机制以加强系统内部安全性能，如内核修复保护、服务强化、数据执行防御、地址空间布局随机化和强制性完整性级别等。

Windows 7 的所有改进都是以安全为中心的。首先，该系统用于开发微软的安全开发生命周期(SDL)框架并用于支持通用标准要求，允许其达到评估确认等级 EAL 4，该等级符合联邦信息处理标准 FIPS 140-2；其次，通过利用其他安全工具(如组策略)可以控制桌面安全的每个方面。Windows 7 引入了一整套防御体系来抵抗对于操作系统的攻击，防御体系涉及攻击者可能使用的诸多技术，如图 11-13 所示。

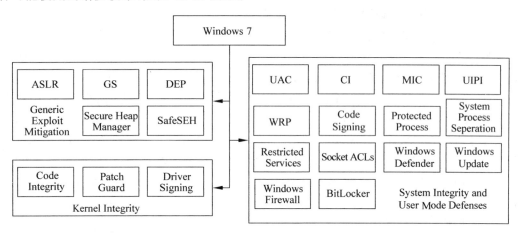

图 11-13 Windows 7 防御体系

具体分析，Windows 7 通过 GS、SafeSEH、ASLR、DEP 等关键技术进行防护，在不同关键路径点给攻击者制造了层层障碍，增加了缓冲区溢出攻击难度，提升了系统的安全性。GS 栈保护技术保护了返回地址和函数指针；SafeSEH 技术保护了 SEH 节点；ASLR 技术使攻击者无法定位 ShellCode 地址和系统调用；DEP 技术使位于栈和堆等位置的 ShellCode 无法正常执行。这些技术各自独立又相互补充，构成了 Windows 7 抵御缓冲区溢出机制的完整体系。与 Window Vista 相比，Windows 7 安全维护变得简单，操作更加人性化。Windows 7 安全机制方面的改进包括以下几方面。

(1) UAC(用户账户控制)的改变。

UAC 是微软操作系统 Vista 首创，其设计目的是帮助用户更好地保护系统安全，将可疑进程排除在内核之外，防止恶意软件的入侵。然而，UAC 阻止未经许可操作的能力非常强大，因此许多 Vista 用户都对 UAC 功能很不适应。鉴于此情形，Windows 7 对 UAC 功能进行了改进，在保障系统安全性的前提下，尽量减少 UAC 弹出提示框的次数而不影响操作的流畅性。改善后的 UAC 是 Windows 7 安全体系的重要组成部分，也是所有 Windows 7 用户最常接触到的一个功能。

Windows 7 让用户调整 UAC 的敏感度,甚至暂时关闭 UAC,可以减少重复的提示,如用户使用了 IE 的下载功能,只要不重启操作系统,下载程序就不会出现 UAC。具体来说,用户可针对 UAC 进行 4 种选项配置。

① 用户在安装软件或修改 Windows 系统设置时总是提醒用户。

② 用户在安装软件时提醒用户,在修改 Windows 设置时不提醒用户(默认)。

③ 用户在安装软件时提醒用户,但是关闭 UAC 安全桌面,即提示用户时桌面其他区域不会失效。

④ 从来不提醒用户(不推荐)。

(2) BitLocker(磁盘锁)的改变。

BitLocker 驱动器加密技术也是 Vista 中新增的一种数据保护功能,主要用于解决计算机设备丢失导致的数据失窃或恶意泄露等问题。Windows 7 修改了 BitLocker 潜在被破解的漏洞,加强了 TPM(受信任的平台模块),可实现基于硬件的全盘加密,包括 U 盘和移动硬盘。BitLocker 的密钥可以保存在磁盘或移动硬盘中,也支持打印保存,适合于对安全性要求较高的企业或个人用户。BitLocker 操作起来很简单,用户只需要在控制面板中打开 BitLocker,选择需要加密的磁盘,单击启用 BitLocker 即可。

(3) 操作中心。

在 Windows Vista 中用户可通过安全中心对系统的安全特性进行设置。Windows 7 已将该功能融合到操作中心(Action Center)的功能之中,改进后的操作中心能显示并处理计算机系统安全及维护的相关消息,包括安全性和维护两大板块,是所有计算机重大问题解决和维护的行动中心。用户可以通过单击位于通知区域的图标或者在开始菜单、控制面板搜索进入操作中心,也可以非常方便地解决包括安全和计算机维护的问题,如恶意软件清除、安全软件安装和更新等。

(4) 内网直接访问特性。

Windows 7 给用户提供一个内网直接访问(Direct Access)的全新功能,让远程用户不借助 VPN 就可以通过互联网安全地接入企业内网。管理员可以通过应用组策略设置或其他方法管理远程计算机,甚至可以在远程计算机接入互联网时自动对其进行更新,而不管这台计算机是否已经接入企业内网。

(5) AppLocker 管理应用程序。

软件限制策略是一个很不错的安全措施。在 Windows XP 和 Vista 系统中都带有这样的考虑,但这两个系统软件限制策略的使用频率很低。因此,Windows 7 进一步改良开发出了名为 AppLocker 的功能,可以方便地对用户在计算机上的操作进行限制,例如可运行哪些程序,安装哪些文件,运行哪些脚本。AppLocker 的使用简单、灵活,例如管理员可结合整个域的组策略使用,也可以在单机上结合本地安全策略使用。

(6) PowerShell v2 命令。

Windows 7 带来了一个强大的工具——Windows PowerShell,这是一种命令行界面和脚本语言,专门为系统管理而设计。Windows PowerShell 使得 IT 管理员可以更容易地进行系统管理和加速自动化,管理员还可以将多个命令行结合起来组成脚本。对于同一任务来说,使用命令行的方式要比图形界面更节省步骤。Windows 7 还集成了 PowerShell 集成脚本环境(Integrated Scripting Environment),即 PowerShell 的图形界面版本。

(7) Suite B(加密支持)算法。

Suite B 是由美国国家安全局(NSA)制定的支持政府和军事系统的秘密(Secret)和绝密(Top Secret)通信上的强制密码算法。Suite B 是非常严格的密码算法,按照安全需求不同,可分为128位、256位甚至更高级别。其中,128位或是256位密钥的 AES 和 SHA-256 被指定为保护机密情报最高到秘密(Secret)级。保护绝密(Top Secret)信息则要求使用256位的 AES 密钥并结合 SHA-384。Windows 7 采用这样高规格标准的加密算法将其安全性提升到了一个新的高度。

(8) Direct Access(直接访问)。

Direct Access 是 Windows 7 中一项新的功能,主要目的是保证外网用户可在不需要建立 VPN 连接的情况下,高速、安全地从 Internet 直接访问公司防火墙之后的资源。Direct Access 功能利用 IPv6 自动地在外网客户机和内网服务器之间建立双向连接,并采用 IPSec 进行计算机之间的验证,大大提升了资源访问的效率。

(9) 生物识别系统安全特性。

生物识别技术主要是指通过人类生物特征进行身份认证的一种技术,这里的生物特征通常具有唯一的、可测量或可自动识别和验证、遗传性或终身不变等特点。因此,该技术被广泛用于身份鉴定,如采集指纹、视网膜扫描、DNA 以及其他独特的物理特征的验证。在 Windows Vista 系统中的指纹识别功能是通过第三方程序实现的,而 Windows 7 中已经内置了指纹识别功能,新的控制面板称为生物识别设备控制面板,提供能删除生物识别信息的平台、疑难解答,以及登录时是否打开生物识别功能。

(10) Windows 过滤平台。

Windows 7 中,Windows 过滤平台(Filtering Platform)通过 Windows Vista 系统中引入的 API 集将 Windows 防火墙嵌入他们所开发的软件中,方便第三方软件在恰当的时候开启或关闭 Windows 防火墙的部分设置。

(11) 域名系统安全扩展。

Windows 7 支持域名系统安全扩展(DNSSec)并将安全性扩展到了 DNS 平台,因此 DNS 域就可以使用数字签名技术来鉴定所接收到的数据的可信度,避免受到攻击或扰乱。

(12) IE 8 浏览器。

Windows 7 自带的浏览器是 IE 8,其所提供的安全性包括以下几方面。

① Smart Screen 过滤器:代替/扩展了 IE 7 中的网络钓鱼过滤器。
② 跨网站脚本 XSS 过滤:防御跨网站脚本攻击。
③ 域名突出显示:对 URL 的重点部分进行强调,让用户清楚自己所访问站点是否正确。
④ 更好地针对 ActiveX 的安全管理与控制。
⑤ 数据执行保护(DEP)默认为开启状态。

4. Windows 10 安全机制

Windows 10 系统在安全性方面进行了诸多改进,主要包括以生物特征为代表的 Windows Hello 的加入、基于虚拟化的安全技术、内置反恶意软件工具与浏览器 Microsoft Edge 的安全策略等,这些改进让 Windows 10 系统有了较强的自我防护能力。

1) 强双因素身份验证

Windows 10 用户注册后,设备本身成为认证所需的第一个因素。第二个因素是将 Windows Hello——一种生物特征验证模式引入到身份验证中,通过人脸识别、指纹识别和虹膜识别在 Windows 10 设备上实现生物特征登录。从安全的角度来看,这意味着攻击者需要拥有一个用户的物理设备,除了使用用户凭据的方式外,还需要访问用户 PIN 或生物特征信息。不同于传统的人脸识别技术,Windows 10 的面部识别采用红外成像技术,不仅对光线的依赖性低,安全性保障也更高。

2) 基于虚拟化的安全技术

Windows 10 使用基于虚拟化的安全解决方案(Virtualization Based Security,VBS)来提高安全性。VBS 使用一种白名单机制,仅允许受信任的应用程序启动,将最重要的服务以及数据和操作系统中的其他组件隔离。

Windows 10 使用 Hyper-V 作为虚拟化平台,Hyper-V 对根分区有控制权,能实现额外的限制并提供安全服务。开启 VBS 时,Hyper-V 会创建一台特别的虚拟机,该虚拟机具备高信任级别,可以执行安全指令,且不受根分区侵扰。此外,Hyper-V 虚拟机管理程序不是内核驱动启动,而是通过统一可扩展固件接口(Unified Extensible Firmware Interface,UEFI)在计算机启动的早期启动,这样受攻击概率较小。

Windows 10 能对用户模式的二进制文件和脚本强制执行代码完整性,而 VBS 处理内核模式代码,任何未签名代码都不能在内核环境执行。运行在特别虚拟机的可信代码将根分区扩展页表执行权限授予存放签名代码的页面。由于页面不能同时既可写又可执行,因此恶意软件不能进入内核模式。

Windows 10 基于 VBS 的两个最突出安全功能是凭据保护(Credential Guard)和设备保护(Device Guard),它们保护内核免受恶意软件的侵害,并防止攻击者远程控制机器。

(1) 凭据保护:它使用隔离技术,确保只有受信任的代码可以访问机密。这可以用来抵挡 DMA 攻击(直接内存访问攻击)、pass-the-hash 和 pass-the-ticket 攻击。

(2) 设备保护:它是 AppLocker 的后续,控制着所有代码的启动和执行,包括可执行文件、动态链接库、内核模式驱动和脚本(如 PowerShell)。它基于系统管理员配置的代码完整性策略来识别程序是否受信任。

尽管这两个安全功能有助于锁定环境并阻止定向威胁攻击及 APT(Advanced Persistent Threat)攻击,但对硬件要求非常高,一般来说只有企业级硬件才包含此类功能。基于 VBS 的安全性取决于平台和 CPU 功能,使用这项技术必须满足以下 4 个要求。

(1) Windows 10 Enterprise。

(2) UEFI 固件 2.3.1 和安全启动支持。

(3) CPU 支持 Intel VT-x/AMD-V 虚拟化功能,这包括:

① 64 位结构。

② CPU 支持二级地址转换技术(Second Level Address Translation,SLAT),SLAT 主要用于 Hyper-V 中,帮助执行更多内存管理功能,减少在客户机物理地址与实体机物理地址之间转换的系统资源浪费,减少运行虚拟机时 Hypervisor 的 CPU 和虚拟机的内存占用。

(4) Intel VT(Virtualization Technology)-d/AMD-Vi IOMMU(Input/Output Memory Management Unit),也就是说需要硬件内存管理单元的支持。

3) 采用内置反恶意软件工具

微软开发出了反恶意软件扫描接口(AMSI)工具,为终端安全供应商提供了丰富的接口,以更好地对目标组件进行内存缓冲区安全扫描,或选择需要扫描的内容,可在内存中捕捉恶意脚本。任何应用程序都可以调用这个接口,任何注册反恶意软件引擎都能处理提交给 AMSI 的内容。Windows Defender 目前正在使用 AMSI。此外,Windows Defender 实时防护组件对于没有安装第三方恶意程序保护软件的用户是默认开启的,其主要目的是防止恶意程序的安装和运行,通过实时扫描文件和进程判断恶意程序。

4) Microsoft Edge

Microsoft Edge 替代 IE 成为 Windows 10 中的默认浏览器。Microsoft Edge 使用 CSP(Content Security Policy)和 HSTS(HTTP Strict Transport Security)技术来抵御 XSS(Cross Site Scripting)攻击,大大降低了攻击的成功概率,同时通过 Containers 和多进程机制使 Microsoft Edge 免受漏洞利用,采用 SmartScreen 关键技术阻止用户访问带有恶意内容的网页。此外,Microsoft Edge 不再支持 VML、BHO 和 ActiveX,大大避免被广告软件和恶意浏览器加载项利用的威胁。

11.7.2 Android 操作系统

Android 译为"机器人",Android OS 发布于 2007 年 11 月 5 日,是 Google 与 OHA(Open Handset Alliance,开放手机联盟)合作开发的一种基于 Linux 2.6 平台的开源智能手机操作系统平台。Android OS 整体架构如图 11-14 所示,分为以下 4 个层次。

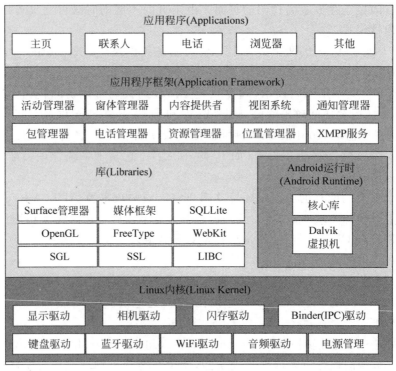

图 11-14　Android OS 整体架构

(1) 应用程序层(Applications)。

Applications 层是 Android OS 的用户应用层,该层包括一系列核心应用程序包,例如 E-mail 客户端、SMS 短消息程序、浏览器等。应用程序是用 Java 语言编写且运行在虚拟机上的程序。

(2) 应用程序框架层(Application Framework)。

Application Framework 层是专门为应用程序的开发而设计的,无论是 Android 系统提供的应用程序,还是开发人员自己编写的应用程序,都需要使用应用程序框架。应用程序框架既可大幅度简化代码的编写,又可提高程序的复用性,允许开发人员完全访问核心应用程序所使用的 API 框架,是开发者进行 Android 开发的基础。

(3) 本地库及运行环境(Libraries and Android Runtime)。

Android 本地库居于 Linux 内核上面,是一套 C/C++库,被上层诸多系统组件调用从而实现不同的功能。Android 运行环境包括 Libraries(核心库)和 Dalvik(虚拟机)两部分。核心库由 Java 语言编写,提供了 Java 语言核心库中包含的大部分功能,Dalvik 虚拟机负责运行程序,不仅效率更高,而且占用内存更少。

(4) Linux 内核层(Linux Kernel)。

Android 内核为 Linux 2.6 内核,它主要提供安全性、内存管理、进程管理、驱动模型及网络协议栈等核心系统服务。

分析上述整体架构,Android 基于 Linux 2.6 的内核,因而 Android OS 的安全可由 Linux 2.6 的安全机制来共同实现。虽然 Linux 2.6 已拥有相对完善的安全机制,但目前 Android OS 的安全仍然存在以下问题。

(1) Android 内核存在大量漏洞。
(2) Android 缺乏功能强大的病毒保护软件或者防火墙。
(3) Android 缺乏安全审核及监管保护机制。
(4) Android 软件开发工具包(SDK)存在较多安全隐患。

在深入理解 Android 系统结构的前提下,针对目前常见攻击,开始分析其安全体系,可以从以下三方面进行研究与增强。

(1) Linux 内核安全。可进一步对 Linux 下的常见安全机制进行了解和分析,如用户权限、进程与内存空间。

(2) Android 系统安全。可构建自己的安全体系,如内存管理、进程沙箱、权限管理、签名验证等。

(3) 应用程序安全。可进一步改进传统的软件应用层安全,如病毒查杀、恶意应用检测工具等。

Android 安全机制见图 11-15 Android 安全模型,其主要设计思想是:默认没有任何一个程序可以运行任何会影响其他程序的操作,不论是操作系统还是用户进程。

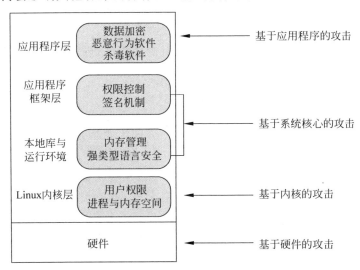

图 11-15 Android 安全模型

Android 系统不仅继承了 Linux 的安全机制,而且结合移动终端的具体应用特点,构建了自己的安全机制。

(1) 内存管理。

Android 的 Ashmem(Anonymous Shared Memory,匿名共享内存)是一种共享内存的机制,它基于 mmap 系统调用,不同进程可以将同一段物理内存映射到各自的虚拟地址控制,从而实现共享。Ashmem 以内核驱动的形式管理/dev/ashmem 设备文件,具有在文件系统中创建辅助内存管理系统来有效地管理内存的特点。

(2) 进程沙箱。

Android 使用沙箱的概念来实现应用程序之间的分离和权限,以允许或拒绝一个应用程序访问设备的资源,如文件和目录、网络等。

类似 Linux 中一个用户标识(UID)识别一个给定用户,Android 中一个 UID 识别一个应用程序。应用程序安装时由 Dalvik 虚拟机向其分配 UID,并在设备存续期内保持不变。事实上,Android 提供一种所谓的共享 UID 机制,使具备信任关系的应用程序可以运行于同一进程空间。通常,这种信任关系由应用程序的数字签名确定,并且需要应用程序在 manifest 文件中使用相同的 UID。无论是直接运行于操作系统之上的应用程序,还是运行于 Dalvik 虚拟机的应用程序,都得到同样的安全隔离与保护,被限制在各自沙箱内的应用程序互不干扰。

(3) 权限管理。

Android 系统提供了大约 134 个 Permission 用于保护系统资源的访问,并提供了对应的 API 接口访问这些系统资源。Permission 本质上就是一种访问控制机制,一个应用程序如果在开发时没有申请对应的 Permission,则在运行时不能进行相应的操作。应用程序想要通过这些 API 接口访问系统资源时,必须申请对应的 Permission,例如联网、读写内存卡和获取位置服务等。

(4) 签名验证。

Android 系统中所有的程序都必须有签名证书,否则是不允许安装的。签名机制在 Android 应用程序的安全中有着十分重要的作用,可表明 Apk 安装程序的发行机构或者开发者,可确定应用程序的来源。在 Android 系统中主要有三个地方会进行签名检查。

① 程序进行安装时。

② 程序进行升级时。

③ 资源共享时。

Android 系统允许开发者使用自签名的证书对应用程序进行签名,并通过使用 Java 的数字证书相关的机制来给 Apk 文件加盖数字证书。

11.7.3 Mac OS & iOS 操作系统

随着 Macbook、Macbook Pro 和 Macbook Air 等铺天盖地地占据电子产品市场,苹果系的 Mac OS X 也由最初的小众操作系统跃居为今天的主流操作系统之一,占据较大的 OS 市场份额,而其移动平台上的衍生品 iOS 已然成为当今占市场份额最大的移动操作系统。

对比 Mac OS X 和 iOS 的架构,iOS 实际上是完整 Mac OS X 精简之后的版本,和 Mac OS X 有两大主要区别:首先 iOS 架构是基于 ARM(而不是 Intel X86 或 X86_64);其次,为满足移动设备的局限性或特性需求,有一些组件被简化了或干脆被移除了。苹果官方在 Mac OS X 和 iOS 文档中展示了操作系统的通用分层体系结构,如图 11-16 所示。

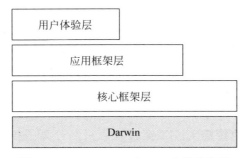

图 11-16　Mac OS X 和 iOS 分层结构图

（1）用户体验层：包括 Aqua、Dashboard、Spotlight 和辅助功能（Accessibility）等。在 iOS 中，用户体验层包括 SpringBoard，同时还支持 Spotlight。

（2）应用框架层：包括 Cocoa、Carbon 和 Java，而 iOS 中只有 Cocoa Touch（Cocoa 的衍生品）。

（3）核心框架层：包括核心框架、Open GL 和 QuickTime，也称为图形和媒体层。

（4）Darwin：操作系统核心，包括内核和 UNIX Shell 环境。Darwin 完全开源，是整个系统的基础，并提供了底层 API。

本节仅对 iOS 操作系统进行安全性分析。基于图 11-16 的通用分层体系结构，iOS 的系统架构细化为以下四个层次（从下至上）。

（1）核心操作系统层（Core OS layer）。

Core OS 是用 FreeBSD 和 Mach 所改写的 Darwin，是开源、符合 POSIX 标准的一个 UNIX 核心，最具 UNIX 色彩。这一层包含或者说是提供了整个 iPhone OS 的一些基础功能，例如硬件驱动、内存管理、程序管理、线程管理（POSIX）、文件系统、网络（BSD Socket）以及标准输入输出等，所有这些功能都会通过 C 语言的 API 来提供。

（2）核心服务层（Core Services layer）。

Core Services 在 Core OS 基础上提供了更为丰富的功能，包括 Foundation.Framework 和 Core Foundation.Framework，提供了一系列处理字串、排列、组合、日历、时间等的基本功能。Foundation 是属于 Objective-C 的 API，Core Foundation 是属于 C 的 API。另外，Core Services 还提供了其他的功能，例如 Security、Core Location、SQLite 和 Address Book。其中，Security 用来处理认证，实现密码管理和安全性管理；Core Location 用来处理 GPS 定位；SQLite 是轻量级的数据库；而 Address Book 则用来处理电话簿资料。

（3）媒体层（Media layer）。

Media 层提供了图片、音乐、影片等多媒体功能。图像分为 2D 图像和 3D 图像，前者由 Quartz2D 来支持，后者则是用 OpenGL ES 来实现。与音乐对应的模组是 Core Audio 和 Open AL（Audio Library），Media Player 可实现影片的播放，还提供 Core Animation 加强对动画的支持。

（4）可轻触层（Cocoa Touch layer）。

Cocoa Touch 是 Objective-C 的 API，其中最核心的部分是 UIKit.Framework、应用程序界面上的各种组件均由它来提供呈现；此外，它还负责处理屏幕上的多点触摸事件、文字的输出、图片和网页的显示、相机或文件的存取以及加速感应的部分等。

iOS 主要采用了以下 7 种安全机制。

(1) 代码签名机制。

所有二进制文件(binary)和类库在被内核允许执行之前都必须经过受信任机构(例如苹果公司)的签名。此外,内存中只有来自那些已签名来源的页才会被执行,因而代码签名意味着应用无法动态地改变行为或完成自身升级,可以有效防止用户从因特网上下载和执行文件,而必须从苹果的App Store下载。

(2) 权限分离。

IOS使用用户、组和其他传统UNIX文件权限机制分离了各进程。例如,用户可以直接访问的很多应用,如Web浏览器、邮件客户端或第三方应用,就是以用户Mobile的身份运行的;而多数重要的系统进程则是以特权用户root的身份运行的;其他系统进程则以诸如_wireless和_mdnsresponder这样的用户身份运行。利用这一模型,那些完全控制了Web浏览器这类进程的攻击者执行的代码会被限制为以用户Mobile的身份运行。

(3) DEP。

DEP(Data Execution Prevention),数据执行保护。处理器能区分哪部分内存是可执行代码以及哪部分内存是数据。DEP不允许数据执行,只允许代码执行。当漏洞攻击试图运行有效载荷时,它会将有效载荷注入进程并执行该有效载荷。DEP会让这种攻击行不通,因为有效载荷会被识别为数据而非代码。DEP与iOS中代码签名机制的作用原理相似。

(4) ASLP。

ASLP(Address Space Layout Randomization),地址空间布局随机化。在iOS中,二进制文件、库文件、动态链接文件、栈和堆内存地址的位置全部是随机的。当系统同时具有DEP和ASLR机制时,针对该系统编写漏洞攻击代码的一般方法就完全无效了。在实际应用中,这通常意味着攻击者需要两个漏洞,一个用来获取代码执行权,另一个用来获取内存地址以执行ROP(Return-Oriented Programming),不然攻击者就需要一个极其特殊的漏洞来做到这两点。

(5) 更小的受攻击面。

受攻击面是指处理攻击者所提供输入的代码。若苹果公司的某些代码中存在漏洞,如果攻击者没法接触这些代码,或者苹果公司根本不会在iOS中包含这些代码,那么攻击者就没法针对这些漏洞开展攻击。因此,关键的做法就是尽可能降低攻击者可以访问(尤其是可以远程访问)的代码量。

(6) 精简的操作系统。

除了减少可能被攻击者利用的代码,苹果公司还精简掉了若干应用,以防为攻击者在进行漏洞攻击时和得手之后提供便利。例如,iOS设备上没有Shell(/bin/sh)。

(7) 沙盒机制。

与之前提到的UNIX权限系统相比,沙盒可对进程可执行的行动提供更细粒度的控制。

首先,它限制了恶意软件对设备造成的破坏,即使恶意软件侥幸通过了App Store的审查流程,被下载到设备上并开始执行,该应用还是会被沙盒规则所限制;其次,沙盒还让漏洞攻击变得更困难,即使攻击者在减小的受攻击面上找到了漏洞,并绕过ASLR和DEP执行了代码,有效载荷也还是会被限制在沙盒里可访问的内容中。

总之,所有这些保护机制虽然不能完全杜绝恶意软件和漏洞攻击,但也大大加大了攻击的难度。

11.8 云操作系统

11.8.1 Windows Azure

Windows Azure Platform 是微软的云计算平台,其在微软的整体云计算解决方案中发挥关键作用。它包括以下三部分。

(1) 云计算操作系统(Windows Azure)。

(2) 云关系型数据库(SQL Azure)。

(3) 为开发者提供的服务集合或云中间件(Windows Azure Platform AppFabric)。

Windows Azure 作为云服务操作系统,是构建高效、可靠、可动态扩展应用的重要平台,它提供了一个可扩展的开发环境、托管服务环境和服务管理环境,其中包括提供基于虚拟机的计算服务和基于 Blobs、Tables、Queues、Drives 等的存储服务,还为开发者提供了云平台管理和动态分配资源的控制手段。它主要由四大部分组成:计算服务、存储服务、管理服务和开发环境,如图 11-17 所示。

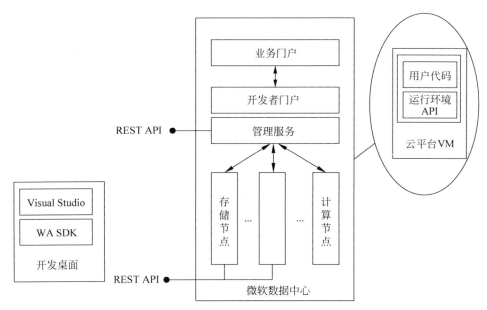

图 11-17 Windows Azure 的组成

在 Windows Azure 的四个组成部分中,只有开发环境是安装在用户的计算机上的,用于用户开发和测试 Windows Azure 的应用程序,其余三部分都是 Windows Azure Platform 的一部分,安装在微软数据中心。开发人员在构建 Windows Azure 应用程序和服务时,不仅可以使用熟悉的 Microsoft Visual Studio、Eclipse 等开发工具,而且支持各种流行的标准与协议,包括 SOAP、REST、XML 和 HTTPS 等。

Windows Azure 必须提供私密性、完整性、用户数据可用性和可靠性来允许用户和他们的代理商通过自己和微软追踪服务管理。

1) 私密性

私密性确保用户的数据只能被授权实体访问。Windows Azure 通过以下机制提供私密性。

(1) 身份和访问控制：确保只有适当的被验证过的实体可以被允许访问。

(2) 隔离：通过保证适当的容器在逻辑上和物理上的分离来实现最小化数据交互。

(3) 加密：在 Windows Azure 内部使用，来保护控制渠道并且可提供给需要严格数据保护机制的用户。

(4) 数据删除：删除操作将删除所有相关数据项的引用使得它无法再通过存储 API 访问。

2) 完整性

对客户数据的完整性保护是通过 Fabric VM 设计本身提供的，每个 VM 被连接到三个本地虚拟硬盘驱动(VHDs)。

(1) D：驱动器包含多个版本的 Guest OS 中的一个，保证最新的相关补丁，并能由用户自己选择。

(2) E：驱动器包含一个被 FC 创建的映像，该映像是基于用户提供的程序包的。

(3) C：驱动器包含配置信息、Paging 文件和其他存储。

至于 Windows Azure 存储，完整性是通过使用简单的访问控制模型来实现的。每个存储账户有两个存储账户密钥，来控制所有在存储账户中数据的访问，因此对存储密钥的访问提供了完全的对相应数据的控制。

Fabric 自身的完整性在从引导程序到操作中都被精心管理。正如之前说过的，在 VM (Virtual Machine，虚拟机)上运行并托管 Fabric 内部节点的 Root OS 是有经验的操作系统。一些节点启动后，它启动 FA(Fabric Agent，结构代理)并等待连接以及来自 FC(Fabric Controller，结构控制器)的命令。FC 使用双向 SSL 验证连接到新启动的节点。FC 向 FAs 的通信是单向推送的，这样攻击在命令链中的高层组件就很困难，因为底层组件不可能直接将命令发送给高层组件。

3) 可靠性

云计算平台本质上是外包计算环境，它们必须能够经常向用户和其指定的代理商证明其运行的安全性。Windows Azure 实现了多层次的监测、记录和报告。监视代理(MA)从包括 FC 和 Root OS 在内的许多地方获取监视和诊断日志信息并写到日志文件中，并最终将这些信息的子集推送到一个预先配置好的 Windows Azure 存储账户中。除此之外，监视数据分析服务(MDS)能够读取多种监视和诊断日志数据并总结信息，将其写到集成化日志中。

11.8.2 Google Chrome OS

Google Chrome OS 是一款 Google 开发的基于 Linux 的开源操作系统，于 2010 年 12 月 7 日正式发布。最初 Google Chrome OS 是以上网本作为主要目标的轻便型操作系统。Google 将操作系统设计得尽量快捷简便，具有速度快、简便和安全的特点，能够使用户在短短的几秒钟内登录。Google Chrome OS 的设计考虑了操作系统的安全，使用户不用在处理病毒、恶意软件和安全更新方面花太多心思。Google Chrome OS 同时支持 X86 和 ARM 架构，其软件结构极其简单，可以理解为在 Linux 的内核上运行一个使用新的窗口系统的 Chrome 浏览器。对于开发人员来说，所有现有的 Web 应用都可以完美地在 Chrome OS 中运行，开发者也可以用不同的开发语言为其开发新的 Web 应用。

Chrome OS 具体的安全性优势在于：

(1) Chrome OS 在启动每一个步骤时都需要验证安全签名。若任何一个步骤均验证失败,意味着可能有恶意软件入侵,系统将会自动重启。因为理论上,重启能清除任何威胁系统的恶意软件,之后再重新下载,可确保系统安全。

(2) Chrome OS 的所有程序都在沙盒中运行,这样一切操作都被隔离在沙盒中,并不会影响到整个系统的安全。此外,Chrome OS 将自动更新设置为一个必需的规则,会自动安装最新版本的软件,即系统永远是自动更新的。为了进一步的安全,启动目录是只读的,不允许任何程序修改,在操作系统层面做好防护。

(3) Chrome OS 存储在本地的数据也要加密。即使是计算机丢失之后,硬盘上的数据被黑客强行读取也不会泄密。

Google 称 Chrome OS 是一款无恶意软件的操作系统,诸多专家对此产生歧义,并指出了 Chrome OS 可能存在的安全问题,例如:

(1) Browser Kernel 会读取文件系统,然后加载到内存的 Cache 中,Rending Engine 需要从 Cache 读数据。

(2) 无法在 Sandbox 中运行的第三方软件,如 flash、Silverlight 等的安全完全自保障。

(3) Rending Engine 通过严格限制的 IPC 机制仍可以向 Browser Kernel 发送消息。

(4) 同源策略不如新型浏览器 Gazelle 严格和优化,有时在一个进程内还是能够访问不同来源的数据。

(5) 自动升级方面基于 Omaha 策略,每过 5 分钟检查一次 update,如果有更新就下载到本地,下次启动浏览器会更新。

11.9　要点及小结

本章讨论了操作系统的安全性,介绍了安全操作系统的相关概念及其重要组成部分,其中包括硬件安全机制、自主存取控制、强制存取控制、最小特权管理、系统审计和可信通道等。本章还介绍了计算机系统的安全测评准则,并重点介绍了美国国防部可信计算机系统评测准则、CC(ISO/IEC 15408-1999)和中国计算机信息系统安全保护等级划分准则。通过对 Linux、Windows 2000/XP、Windows Vista/Windows 7/Windows 10、Android OS 及 Mac OS & iOS 等一些主流操作系统安全机制的介绍,使读者对安全操作系统的理解与具体实施有更加深刻的认识。本章最后引入了云计算操作系统中两款典型的云平台综合管理系统:Windows Azure 及 Chrome OS,旨在将信息技术前沿与操作系统安全基本理论相结合,使读者进一步了解并掌握操作系统安全的发展现状与未来趋势。

思考与练习题

自测题

1. 什么是自主存取控制?什么是强制存取控制机制?
2. 最小特权管理的思想是什么?系统一般可分为哪几个特权管理职责?
3. 什么是安全审计?
4. 我国《计算机信息系统安全保护等级划分准则》中,将计算机信息系统安全保护能力划分为几个等级?
5. 对称加密和非对称加密的区别是什么?
6. Linux 系统的安全性通过哪些手段完成?

7. Windows 2000/XP 的安全模型包括哪些内容？
8. 理解 Windows Vista 的安全机制，阐述 Windows 7 的改进有哪些。
9. 对比分析 Android OS 与 iOS 的安全性差异。
10. 阐述云操作系统 Windows Azure 的安全设计思路。
11. 了解 Windows 10 基于虚拟化技术的两个最重要的安全功能。

参 考 文 献

[1] 郁红英,李春强. 计算机操作系统[M]. 北京:清华大学出版社,2008.
[2] 郁红英,冯庚豹. 计算机操作系统[M]. 北京:人民邮电出版社,2004.
[3] Silberschatz A,Galvin P B,Gagne G. 操作系统概念[M]. 郑扣银,译. 9版. 北京:高等教育出版社,2018.
[4] 唐塑飞. 计算机组成原理[M]. 北京:高等教育出版社,2008.
[5] 王志刚,胡玉平. 计算机操作系统[M]. 武汉:武汉大学出版社,2007.
[6] 谭耀铭. 操作系统概论[M]. 北京:光明日报出版社,2005.
[7] Tanenbaum A S. 现代操作系统[M]. 陈向群,等译. 3版. 北京:机械工业出版社,2009.
[8] Stallings W. 操作系统——精髓与设计原理[M]. 陈向群,陈渝,译. 7版. 北京:电子工业出版社,2012.
[9] 孟庆昌. 操作系统[M]. 北京:电子工业出版社,2004.
[10] 汤子瀛,哲凤屏,汤小丹. 计算机操作系统[M]. 北京:电子工业出版社,1996.
[11] 尤晋元,史美林,陈向群,等. Windows操作系统原理[M]. 北京:机械工业出版社,2001.
[12] Nutt G. 操作系统[M]. 罗宇,吕硕,等译. 北京:机械工业出版社,2006.
[13] Stallings W. 操作系统——内核与设计原理[M]. 魏迎梅,王涌,等译. 北京:电子工业出版社,2002.
[14] Tanenbaum A S,Woodhull A S. 操作系统设计与实现[M]. 陈渝,谌卫军,等译. 北京:电子工业出版社,2007.
[15] Bic L F,Shaw A C. 操作系统原理[M]. 梁洪亮,等译. 北京:清华大学出版社,2005.
[16] 范磊. Linux内核代码[M]. 北京:人民邮电出版社,2002.
[17] 毛德操,胡希明. Linux内核源代码情景分析(上册)[M]. 杭州:浙江大学出版社,2001.
[18] 李善平,陈文智,等. 边干边学——Linux内核指导[M]. 2版. 杭州:浙江大学出版社,2008.
[19] Bovet D P,Cesati M. Understanding Linux Kernel[M]. America:O'reilly,2001.
[20] 沈晴霓,卿斯汉. 操作系统安全设计[M]. 北京:机械工业出版社,2013.
[21] 王继刚,刘韫晖. 基于BMP架构的多核差异化运行技术研究[J]. 计算机工程与应用,2019,55(07):66-70.
[22] Open Invention Network LLC. Virtualized Multicore Systems with Extended Instruction Heterogeneity:USPTO 10,552,369[P],2018-5-8[2020-3-16].
[23] Perez T D,Neves M V,Medaglia D,et al. Orthogonal Persistence in Nonvolatile Memory Architectures:A Persistent Heap Design and Its Implementation for a Java Virtual Machine[J]. Software:Practice and Experience,2020,50(4).
[24] 吴丽芳. 非易失性存储发展现状及展望[J]. 电脑知识与技术,2016,12(22):229-231.
[25] 刘鸽,叶宏,虞保忠,等. 多分区环境下多核操作系统结构研究[J]. 信息安全与技术,2016,7(1):43-45.
[26] YLite. 分布式、嵌入式、集群三种操作系统[EB/OL]. https://blog.csdn.net/baidu_18197725/article/details/102768092,2019-10-27[2020-3-16].
[27] 追梦者. 基于多核处理器的RTOS多核扩展分析与研究[EB/OL]. http://blog.sina.com.cn/s/blog_70dd16910101axyw.html,2013-28-30[2020-3-16].
[28] 孙昊. 基于Linux环境下的集群存储系统的研究与实现[D]. 镇江:江苏大学,2018.
[29] Audi Ag. System for Operating an Instrument Cluster of a Vehicle and a Mobile Electronic Device Which Can Be Detachably Held by a Holder on the Vehicle:USPTO 20160288646[P/OL]. https://www.freepatentsonline.com/WO2015113749.html. 2015-08-06[2020-3-16].
[30] Aspiring Sky Co. Limited. Hybrid Non-Volatile Memory Devices With Static Random Access Memory (SRAM) Array And Non-Volatile Memory (NVM) Array:USPTO 10,559,344[P],2015-5-13[2020-3-16].
[31] 陈波. 面向分布式非易失性内存的新型存储系统的设计与实现[D]. 镇江:江苏大学,2019.

[32] 王纪奎.成就存储专家之路：存储从入门到精通[M].北京：清华大学出版社,2009.

[33] 方浩俊,黄运新,印中举,等.闪存控制器、固态硬盘及其控制器、闪存命令管理方法：111796771A[P],2020-10-20.

[34] 赵文哲,曾雁星,毛瑜锋,等.闪存控制器、闪存控制方法和固态硬盘：106502581B[P],2019-05-28.

[35] format.闪存（Flash 存储器）的工作原理[EB/OL].https://www.cnblogs.com/format/articles/836879.html,2007-07-30[2020-1-21].

[36] 沈晴霓,卿斯汉.操作系统安全设计[M].北京：机械工业出版社,2013.

图书资源支持

感谢您一直以来对清华版图书的支持和爱护。为了配合本书的使用,本书提供配套的资源,有需求的读者请扫描下方的"书圈"微信公众号二维码,在图书专区下载,也可以拨打电话或发送电子邮件咨询。

如果您在使用本书的过程中遇到了什么问题,或者有相关图书出版计划,也请您发邮件告诉我们,以便我们更好地为您服务。

我们的联系方式:

地　　址:北京市海淀区双清路学研大厦 A 座 714

邮　　编:100084

电　　话:010-83470236　010-83470237

客服邮箱:2301891038@qq.com

QQ:2301891038(请写明您的单位和姓名)

资源下载:关注公众号"书圈"下载配套资源。

资源下载、样书申请

书圈

获取最新书目

观看课程直播